冶金试验研究方法

陈建设　主编

北　京

冶金工业出版社

2022

内 容 简 介

  本书共分 11 章，包括如何进行误差分析与数据处理，科技文献检索方法，试验设计的方法，化学平衡、相平衡及固体电解质电池的相关知识，进行冶金试验研究的相关方法（包括温场获得与测量技术、真空技术、气体净化与气氛控制、冶金粉体与熔体的性质测定技术），常用的现代物理测试方法及如何进行科技论文写作。附录为教学及进行冶金试验研究所需要的资料和数据。

  本书可以使冶金工程专业的本科生了解试验研究工作的程序，掌握试验方法和技能，培养学生分析和解决冶金工程实际问题的能力。本书也可供冶金科研及生产单位的工程技术人员参考。

图书在版编目（CIP）数据

冶金试验研究方法/陈建设主编. —北京：冶金工业出版社，2005. 10
（2022. 9 重印）

ISBN 978-7-5024-3825-8

Ⅰ. ①冶…　Ⅱ. ①陈…　Ⅲ. ①冶金—试验—研究方法　Ⅳ. ①TF-33

中国版本图书馆 CIP 数据核字（2005）第 100581 号

冶金试验研究方法

出版发行	冶金工业出版社	**电　话**	（010）64027926
地　址	北京市东城区嵩祝院北巷 39 号	**邮　编**	100009
网　址	www.mip1953.com	**电子信箱**	service@ mip1953.com

责任编辑　郭冬艳　美术编辑　彭子赫
责任校对　侯　珺　李文彦　责任印制　李玉山
北京虎彩文化传播有限公司印刷
2005 年 10 月第 1 版，2022 年 9 月第 10 次印刷
787mm×1092mm　1/16；18.5 印张；489 千字；285 页
定价 29.00 元

投稿电话　（010）64027932　投稿信箱　tougao@cnmip.com.cn
营销中心电话　（010）64044283
冶金工业出版社天猫旗舰店　yjgycbs.tmall.com
（本书如有印装质量问题，本社营销中心负责退换）

前　言

为适应教学改革及学科建设的需要，按照一级学科"冶金工程"专业构思，在多年教学实践的基础上，我们编写了"冶金试验研究方法"，以满足冶金工程专业本科生的教学要求。编写本教材的目的是使冶金工程专业本科生了解试验研究工作的程序，掌握试验方法和技能，培养学生分析和解决冶金工程实际问题的能力，使科研工作事半功倍。除课堂教学外，本书还是冶金工程专业学生进行毕业论文的主要参考资料。本书同时可供冶金科研及生产单位的工程技术人员使用。

全书共分 11 章：第 1 章介绍如何进行误差分析与数据处理，第 2 章介绍科技文献检索方法，第 3 章介绍了试验设计的方法，第 4 章、第 5 章介绍了化学平衡、相平衡及固体电解质电池的相关知识，第 6 章至第 9 章介绍了进行冶金试验研究的相关方法，包括温场获得与测量技术、真空技术、气体净化与气氛控制、冶金粉体与熔体的性质测定技术，第 10 章、第 11 章则分别介绍了常用的现代物理测试方法及如何进行科技论文写作。附录为教学及进行冶金试验研究所需的资料和数据。

东北大学陈建设任本书主编并编写第 1 章、第 3 章、第 7 章及附录，付贵勤编写第 2 章、第 6 章，黄振奇编写第 4 章、第 5 章及第 11 章，张勤编写第 8 章、第 9 章及第 10 章。

本书在编写过程中，得到了魏绪钧教授、李广田教授的指导与帮助，朱苗勇教授、刘奎仁教授提出了宝贵意见，在此表示衷心的感谢。

本书由东北大学资助出版。在编写过程中，参考了国内外有关书籍和资料，参阅了其中的一些内容和实例，在此对这些图书或资料的作者表示感谢。

本书涉及的内容较广，由于编者水平有限，书中不足之处，恳请读者批评指正。

编　者

2005 年 4 月

目　录

绪　论

A　实验是检验科学真理的标准和鉴定新观念的准绳

科学是从实验中发展起来的。没有对自然界的观察和实验就没有科学，也就不能发展科学。许多科学上的新发现都是在实验中产生的，如电磁感应现象，是法拉第在实验中发现的；作为现代原子能源基础的原子核裂变是在 1938 年底在实验工作中发现的；先有半导体的实验研究，后来才有晶体管，再后来才发展出集成电路等等。

认识来源于实践，实验是科学实践。实验是在受控的条件下对现象和某些过程的观察。这样对被观测的对象和所研究的问题可以研究得很清楚，能够得出正确的结论。要把一个问题研究清楚，常常要进行多次实验。实验既是掌握理论的重要环节，又是将所掌握的知识应用于实际的桥梁。由此可以看出实验对科学发展的重要作用。

高等学校的学生，基本任务是学习，毕业后为经济建设服务，必须把基础打好。打基础是为了将来从事研究工作，从事创造性的劳动。学生就应在打基础中学会实验研究，在实验研究中打好基础。通过实验研究可以使已学过的概念掌握得更为牢固，可以培养洞察力和迅速抓住事物本质的能力，可以培养从事科学实验的严肃态度和严密的作风，可以学会从事科学研究的本领，养成用实验方法研究科学问题的习惯。著名物理学家卢瑟福培养的研究生中先后有 11 人获得诺贝尔奖，另外还有两名他曾经的助手也获得诺贝尔奖。他培养人才的一个重要特点是，从实验出发，理论和实验相结合。他认为：实验是检验真理的标准和鉴定新观念的准绳。他有句名言："一个勇敢的实验不可怀疑地证明了一个伟大的成果。"

科学研究是经济建设中极其重要的一环，在校学生必须打好实验研究的基础。研究方法的学习是其中一个环节。通过研究方法的学习，可以学到参加实验研究的本领；通过参加实验研究，从中得到锻炼，增长才干，为以后的科学研究打好基础。

B　冶金试验研究工作的阶段划分

科学研究基本上可以归纳为三类，即基础研究、应用研究和发展研究。

基础研究：是进步的源泉。主要是为了弄清和理解所要研究对象的内在规律，一般不考虑实际应用问题。

应用研究：主要是以使用为目的，探索科学知识具体应用的可能性。

发展研究：是将科学技术知识最终变为生产的实验过程。发展研究技术上接近成熟，因此设计要求严格，选题必须慎重，否则就会造成较大的损失。

试验研究工作的步骤，取决于其类型、目的与要求。对于理论性的研究课题，实验室所用的设备、方法即可满足要求。对于直接用于生产实践的课题，需将试验规模逐渐扩大，以获取指导设计和生产的可靠数据。为此，其研究工作，按其规模由小到大，分为若干阶段。试验过程可分为实验室试验阶段、扩大实验室试验阶段和半工业试验阶段。各阶段特点如下。

　　a　实验室试验阶段

　　实验室试验主要是解决技术上的可行性问题，属于探索性质。其基本任务是对几种可能的方法进行试验，分析比较，确定最优方案及获取相应试验数据。

　　实验室试验是后续扩大实验室试验及半工业试验的基础。但是，由于实验室试验是分批进行的，各因素之间的交互作用、各环节的相互影响往往不能充分暴露出来。导致所得数据与实际相比可能会有较大出入，因而有必要按实验室试验阶段提供的数据资料，逐渐扩大试验规模，使其尽量接近于生产实际。

　　一般说来，实验室所得数据只提供了技术上的可行性，不能作为指导生产及进行设计的依据，因此还需进行扩大试验及半工业试验。

　　b　扩大实验室试验阶段

　　扩大实验室试验是介于实验室试验和半工业性试验之间的一种中间试验，是在实验室试验的基础上进行的。其主要目的是进一步肯定实验室试验的结果和取得接近半工业试验的各项指标。在研究内容比较简单的情况下，扩大实验室试验可代替半工业试验，其研究结果可直接用于生产。在大多数情况下，扩大实验室试验是为了查明在实验室规模下不能肯定的一些重要条件，因而扩大实验室试验仍起着初步研究的作用，所取得数据依旧不能作为指导生产和进行设计的依据。

　　与实验室试验相比，扩大实验室试验，大部或全部是连续操作，比较接近工业生产的要求；其规模较大，运行时间较长；各环节之间的相互影响暴露得较充分，试验结果的可靠性更高。而且原材料消耗较大，费用较高，加之参加人员较多，故需精心组织，密切配合，协同工作。

　　扩大实验室试验要求对产物（包括中间产物）进行系统科学的取样和分析化验，对所使用的原材料要做详细的统计记录，对物料平衡、热平衡、主要设备能力事先要进行估算。扩大实验室试验所取得的数据应能满足半工业试验要求。

　　c　半工业试验阶段

　　半工业试验的主要任务是克服在扩大实验室试验中发现的不稳定现象，经长时间运转验证所用设备的适应性和相互之间的配合性，获得工业生产规模下的物料平衡与热平衡数据，进一步肯定产品的质量和各项技术经济指标。同时借以计算单位生产成本。初步制定出操作规程，查明劳动条件并制定出劳动保护及环境保护等措施，为设计提供必需的资料等。

　　半工业试验，一般是针对新技术、新工艺进行的，其规模因具体情况而定。半工业试验规模应达到扩大实验室试验的 500 ~ 1000 倍。

　　半工业试验的设备应为生产设备的雏形或一个生产单位的雏形，要求操作连续化、机械化或自动化。

　　通过半工业试验，应能帮助解决将来生产上所有可能碰到的问题，为工业设计积累必要的数据。

C　冶金试验研究工作的程序

　　在实验室试验阶段，一般可按下页所示程序进行。

　　事实上，该程序在不同程度上是相互重叠和交叉的。有的课题在文献工作之后并不能立即确定试验方案，而是对几个可能方案首先进行探索性试验，经比较后再确定其中的一个方案。有的课题由于可供借鉴的经验和知识较多，一开始就能确定试验方案。文献资料工作只是为了制定较细的试验计划，有时则是在试验进行过程中，还需要查阅文献，借以分析研究某些具体问题。

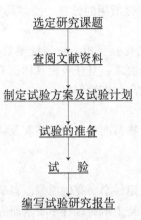

由于试验过程中各程序间的交叉重叠，使得各程序的时间很难预先确定，通常设备是决定试验方法的重要因素。在一般情况下，文献工作、试验准备和正式试验所占的时间较多。文献工作占用的时间多少，与研究的内容及对工作熟练的程度有关。

a　选定研究课题

选题是进行科学研究的第一步，它直接影响着研究工作能否完成以及该项研究工作有无价值，是具有重大意义的事情。选题的一般原则是为生产服务，理论与实践相结合。在选题方向上，既要研究解决目前和长远的生产实践中提出的各种科学理论与技术课题，又要走到生产实践前面，更加深入地进行理论研究，揭示自然规律，为生产开辟新的途径。

b　文献资料工作

文献资料工作是进行试验研究的一项基本功。查阅文献资料可以从前人工作的经验和教训中得到启迪，从而更好地安排研究计划。研究者通过文献资料工作，可以了解有关问题的发展历史、现状及动向，确定研究方向，提出科学预见；了解别人的科学构思，从中得到启发，以形成和完善新的概念；了解和借鉴别人成功的经验，并在其基础上有所创新，有所提高；了解别人失败的教训，少走弯路，减少人力、物力和时间的浪费。

c　制订试验方案及试验计划

制定试验方案是试验研究的关键环节。在文献工作的基础上，对各种可能的方案要进行分析比较，最终确定一个最佳方案。在对方案的比较、选择过程中，一般遵循如下原则：

在进行基础理论研究时，需采用先进的设备及试验手段，以获取准确可靠的信息。

在进行实用性课题研究时，选择方案的基本原则是：（1）技术上先进可行；（2）经济上合理；（3）不造成环境污染；（4）试验过程安全。

试验研究计划是根据试验方案制定的，其作用和目的，就是使试验方案的内容和要求得以付诸实施。制定试验研究计划应包括下列主要内容：

（1）前言。包括试验题目（包括小题目）名称、目的要求、欲解决的问题及要达到的目标、采用的方法及措施等。

（2）试验总表。可用流程图的形式，将试验过程的全部内容（各项指标，试验条件和波动范围）列于表中。

（3）试验进度安排。将试验分为若干阶段，根据试验内容，按日期安排试验进度。

（4）物料清单。根据试验总表，计算出所需物料及试剂的用量、规格、等级、物理性质、化学成分及特殊要求等，对矿物原料（熔剂、试料等）还需说明来源、产地、组成等。需要自制的试剂，要订出制备计划及制备方法，并说明在何处进行。

（5）设备仪器清单。对试验研究所用的设备、仪器及其备用配件，以图表形式列出名称、规格和数量，特殊情况要予以说明。

（6）化验分析。试验研究中的化验分析，物理检测要在计划总表中估计出工作总量。如需其他专业人员协作，应明确提出要求，且任务要具体；若是自己进行化验或检验，则应就其方法，所需设备、仪器、试剂等做出详细计划。

d　试验准备

准备工作一般包括技术准备、物料准备、设备装配及调试、化验分析工作的配合及科研人员的训练等几个方面。

e　试验

试验是研究的中心环节，它决定科学研究的质量。科研人员应具有严谨的科学态度、精细准确的作风、熟练的操作技能。在整个试验过程中要求研究人员：

（1）根据试验条件及设备制定整个试验工作进行的步骤，明确仪器、设备的使用方法。并在试验过程中严格按照操作程序进行。

（2）认真操作，仔细观察试验中的各种现象，要细心分析，如实记录。

（3）做好原始记录。对所有试验资料、数据都要编号、记录，所有的记录应清晰、完整、准确。

f　编写试验研究报告

试验结束后，应及时分析试验数据及归纳总结，得出试验结论，并以报告的形式概括。试验报告应包括课题的来源、研究的目的意义，试验所用的仪器设备、原料、实验方法，实验结果与分析和结论等。

D　研究工作者的基本素质

作为一个研究工作者应该努力使自己具备下列基本素质：

（1）事业心，即对科学事业的热爱和献身精神。没有对所从事的事业的高度热忱和对科学真理近乎"狂热"的追求，是不可能做出成就的。在通往科学研究成功的道路上布满了荆棘和各种难以想像的障碍，没有克服困难的勇气，没有坚定的信念，没有不达目的誓不罢休的精神，绝不会从智慧之树上摘下成功的果实。

（2）强烈的和难以满足的好奇心。科学上的好奇心表现在对自然现象背后的原因有浓厚的兴趣和强烈的追求。这是研究工作者所必备的心理素质之一。对所出现的特殊现象不惊奇，不兴奋，而是麻木不仁，无动于衷，就失去一个研究人员应有的进取心。

（3）高度的洞察力、理解力和灵活运用已有知识的能力。洞察力即善于拨开现象的迷雾，迅速抓住事物本质的能力。这种能力的获得不仅与所掌握的专业知识丰富程度有关，而且与平时的思想修养和思考习惯有关。学习并掌握辩证唯物主义观点对于提高观察事物的洞察力是有益且必要的。所谓理解力就是将外部的现象同自己的知识、经验加以比较，迅速对号的思维过程。兴趣广泛和喜欢学习本专业以外的知识的人常有较强的理解力。至于灵活运用已有的知识，就是驾驭知识，为解释某个问题，解决某项任务，使知识在头脑中重新组合的能力。善于联想和寻求类比有助于提高这种能力。

（4）勤奋的工作态度和坚忍不拔的精神。科研工作是一项艰苦的劳动，不仅需要付出必要的体力劳动，尤其要付出极大的脑力劳动。因此必须投入非常的精力和进行韧性的战斗，才会有所收获。非常之人，做非常之事，出非常之力，才能有非常之功。

　　（5）丰富的想像力。想像是科学的翅膀，是研究工作者一个很宝贵的素质。想像力丰富的人常常能够在经验和论据不足的情况下，提出各种各样的假说。虽然想像不等于论证，假说也不等于理论，但思想上的自由驰骋在许多情况下能为科学研究提供很有价值的追踪线索。

　　（6）怀疑精神。人类对自然界的认识史就是不断怀疑、不断探索的历史。怀疑精神主要表现在不为传统观念所束缚，敢于对那些传统的东西抱批判的态度。科学史上每一次重大的科学技术进展都是对传统思想的挑战。

1 误差分析与数据处理

冶金生产和科学试验中，测得的数据只能达到一定程度的准确性。但对准确性的要求在不同的情况下则有所不同，既不能盲目追求过高造成人力和物力的浪费，也不能过低而造成测得数据没有价值，所以对准确性的要求必须适当。进行试验时，首先要了解试验所能达到的精度和产生误差的主要因素，试验以后要科学地分析和处理数据的误差，这对试验水平的提高有一定的指导作用。通过了解误差的种类、产生原因和性质可以抓住提高准确度的关键，通过误差分析可以寻求较合适的试验方法和选择合适的仪器设备。

1.1 代表值及误差

冶金试验中，测量得到的数值并不完全一样，而是一组数值的集合。处理这些试验测定值时，必须从数值集合中求出一个代表值，使其能代表所测得的一组数值。代表值在数据处理中是很重要的，且经常碰到。

冶金试验中，由于工具不准、方法不完善等各种因素的影响，会导致测量结果失真，这种失真就称为误差。一切试验结果都有误差，误差自始至终存在于所有科学试验中，因此必须对测得的数据进行处理，并用一定的方法表示出试验误差的大小。

1.1.1 代表值

代表值有中位值和平均值。其中中位值是将所测定的数值按其大小顺序排列，取位于正中间的数值，这是取代表值最简单的方法。

平均值有算术平均值、均方根平均值、几何平均值等，在冶金试验中常用算术平均值作为代表值。

设 $x_1, x_2, \cdots, x_n$ 代表各次观测值，n 代表观测次数，则算术平均值 $\bar{x}$ 的计算式：

$$\bar{x} = \frac{x_1 + x_2 + \cdots + x_n}{n} = \frac{\sum x_i}{n} \tag{1-1}$$

1.1.2 误差及误差分类

对于数值集合分布性质特征，常用离散度表示，它是说明以平均值为中心，数值是怎样分布的。如图 1-1 所示，当分布曲线形成幅度很窄的陡峭尖峰时（曲线 a），表示大部分数值都集中在平均值附近，则离散度小；相反，曲线形成平缓的突起时（曲线 b），表示数值分布在较宽的范围内，离散度大。对离散度的表示方法，一般用偏差表示，指观测值与平均值之差，通常所说的误差是指观测值与真值（观测次数无限多时求得的平均值）之差。习惯上常将二者混用而不加区别。

误差有不同的分类方法，就其性质和产生的原

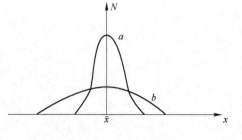

图 1-1 数值分布图

因，可将误差分为系统误差、随机误差和过失误差三种。

1.1.2.1 系统误差

系统误差是由于仪表未经校正、测量方法不当、化学试剂纯度不够或观测者的习惯与偏见等而产生的。它恒偏于一个方向，数值的大小按一定规律变化或者固定不变，它决定了测量结果的准确性。单纯靠增加测量次数不能消除系统误差。只有对上述原因分别加以考虑，采用不同的实验技术或不同的实验方法，改变试验条件，调换仪器和试验人员，提高化学试剂纯度等，才能确定有无系统误差的存在，并设法消除或使之减小。单凭一种方法，所得结果往往不是十分可靠的。

1.1.2.2 随机误差

测量中如果消除了引起系统误差的因素，而所测数据仍在末位或末两位有差别，称这类误差为随机误差。

随机误差有时大、有时小、有时正、有时负，方向不一定。产生这些波动的原因，是因为有某些无法控制的偶然因素影响的结果。如测量仪器灵敏度的有限性，温度、压力等无法控制的微小变化等都是引起随机误差的因素。随机误差产生的原因一般不详，因而无法控制，但用同一仪器在同样条件下，对一个物理量做多次测量，若观测次数足够多，则可发现随机误差完全服从统计规律，这种规律可用图 1-2 的曲线表示。此曲线称为误差正态分布曲线，曲线的函数形式为：

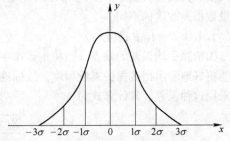

图 1-2 误差正态分布图

$$y = \frac{1}{\sqrt{2\pi}\sigma} e^{-\frac{x^2}{2\sigma^2}}$$

或

$$y = \frac{h}{\sqrt{\pi}} e^{-h^2 x^2}$$

式中 h 称为精密度指数，σ 为标准误差。h 与 σ 的关系式为：

$$h = \frac{1}{\sqrt{2}\sigma}$$

由图 1-2 可以看出，误差小的数据比误差大的数据出现的几率大，故误差出现的几率与误差大小有关。由于正态分布曲线以 y 轴对称，因此数值大小相同，符号相反的正、负误差出现的几率近乎相等。当没有系统误差时，无限多次测量结果的平均值可以代表真值，其标准误差为 σ。由数理统计可以得出，误差在 $\pm\sigma$ 内出现的几率为 68.3%；在 $\pm2\sigma$ 内出现的几率为 95.5%；在 $\pm3\sigma$ 内出现的几率为 99.7%。可见，误差超过 $\pm3\sigma$ 出现的几率只有不到 0.3%，因此当多次重复测量中个别数据误差的绝对值大于 3σ 时，这个数值可以舍弃。

1.1.2.3 过失误差

过失误差是一种与事实不相符的误差，主要是由于粗心大意或操作不正确等原因所引起，如读错刻度、记录错误、计算错误等。此类误差无规律可循，只要多加注意、细心操作就可避免。

1.1.3 误差表示与计算

误差的大小一般用绝对误差或相对误差来表示。绝对误差与被观测对象的大小无关，以

$\pm x$表示；相对误差与被观测对象的大小有关，以$\pm x\%$表示。绝对误差有平均误差、标准误差与方差。

1.1.3.1　平均误差（δ）

平均误差是测量值x_i与平均值$\bar{x}$之偏差d_i绝对值之和的平均值，若n表示测量次数，则计算式为：

$$\delta = \frac{\Sigma |x_i - \bar{x}|}{n} = \frac{\Sigma |d_i|}{n} \qquad (1\text{-}2)$$

平均误差的优点是计算简单，但它无法表示出各测量值彼此符合的情况。因为在一组测量数据中偏差彼此接近，而另一组测量数据中偏差有大、中、小之分，二者所得平均误差可能相同，这样就无法分辨出测量数据的离散程度。如甲测量某数据两次，其偏差均为2，而乙也测量两次，其偏差分别为1及3。那么甲、乙二者的平均误差均为2，并没有反映出甲、乙二者测量数据离散度的不同。

1.1.3.2　标准误差（σ）

为消除平均误差的缺点，而将偏差作平方处理，这样较大的误差就会更显著地反映出来，就能更好地表示出数据的离散程度。故标准误差是表示精密度的较好方法，在近代科学试验中多采用这种误差，其计算式为：

$$\sigma = \sqrt{\frac{\Sigma (x_i - \bar{x})^2}{n-1}} = \sqrt{\frac{\Sigma d_i^2}{n-1}} \qquad (1\text{-}3)$$

标准误差的平方即为方差σ^2，在数据运算过程中常被使用。

1.1.3.3　或然误差（P）

在一组测量数据中若不计正、负号，误差大于或小于P的测量值将各占测量次数的50%，误差落在$+P$与$-P$之间的测量次数占总测量次数的一半。也就是说，如果再做一次测量，应有50%的几率其偏差小于或然误差P。P的计算式为：

$$P = 0.675\sqrt{\frac{\Sigma d_i^2}{n-1}} = 0.675\sigma \qquad (1\text{-}4)$$

1.1.3.4　相对误差

以上三种均为绝对误差，为建立绝对误差与被测对象大小的关系而引入了相对误差，其定义式为：

$$\delta_{相对} = \frac{\delta}{\bar{x}} \times 100\% \qquad (1\text{-}5)$$

$$\sigma_{相对} = \frac{\sigma}{\bar{x}} \times 100\% \qquad (1\text{-}6)$$

测量结果的精密度可表示为$\bar{x} \pm \sigma$（或$\bar{x} \pm \delta$），σ（或δ）越小，表示测量的精密度越高。有时也用相对误差表示精密度$\bar{x} \pm \sigma_{相对}$（或$\bar{x} \pm \delta_{相对}$）。

不论用绝对误差还是用相对误差来表示，其误差一般只取一位有效数字，最多不超过两位。

1.1.3.5　仪表示值误差、示值相对误差、示值引用误差、仪表的精度级别

$$仪表示值误差 = 指示值 - 计量检定值$$

$$仪表示值相对误差 = \frac{仪表示值误差}{指示值} \times 100\%$$

$$仪表引用误差 = \frac{仪表示值误差}{指示满量程值}$$

仪表所允许的最大引用误差称为仪表精度级别。

1.1.4 精密度与准确度

精密度指在测量中所测数据重复性的好坏，准确度指所测数据与真值的符合程度。如图 1-3 所示，其观测结果是：甲的精密度高但准确度不好；乙的精密度和准确度都不好；丙的精密度和准确度都好。由此可以看出：在一组测量数据中，尽管精密度很高，但准确度不一定很好；若准确度好，其精密度一定高。

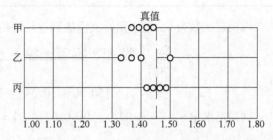

图 1-3　甲、乙、丙三人观测结果示意图

因此精密度好是保证准确度好的先决条件，没有良好的精密度就不能有好的精确度，但精密度好并不一定准确度好，这是由于系统误差所造成的。

1.2 可疑观测值的舍弃

在一组试验数据中，有时发现某一观测值与其余观测值相差很大，如果保留这一观测值，则对平均值有很大影响。如果有充足的理由确认此值是由于某种原因引起，或者说此观测值含有过失误差，则可以舍弃；若没有充足的理由，绝不能单纯为获得试验结果的一致性而随意舍弃，此时可根据误差理论来决定取舍。通常，判别过失误差的准则有以下四种。

1.2.1 3σ 准则（莱以特准则）

当观测次数大于 10 次,可用 3σ 准则舍弃可疑值,其依据如图 1-2 所示。图中误差超过 $\pm 3\sigma$ 的数据出现的几率小于 0.3%，所以在一组较多的数据中，对偏差大于 3σ 的数据可以舍弃。

具体步骤是：首先算出一组数据的算术平均值 $\bar{x}$ 和标准误差 σ，然后比较 $|d_i|$（$|x_i - \bar{x}|$）是否大于 3σ，若大于 3σ 即可舍弃，舍弃可疑值后再重新计算 $\bar{x}$ 和 σ。

1.2.2 乔文涅法则

在一组数据中，某数据与该组数据算术平均值的偏差大于该组数据或然误差的 K 倍时，可以舍弃。K 值见表 1-1。

表 1-1　舍弃可疑数据的 K 值表

观测次数	K	观测次数	K	观测次数	K
5	2.44	9	2.84	16	3.20
6	2.57	10	2.91	18	3.26
7	2.68	12	3.02	20	3.32
8	2.76	14	3.12	22	3.38

例 1-1　某矿中 Fe_2O_3 的质量分数的测定结果列于表 1-2，其中最后一个数值与其他数值相差较大，问是否可以舍弃？

表 1-2   Fe$_2$O$_3$含量表

样品号	1	2	3	4	5	6
Fe$_2$O$_3$（质量分数）/%	50. 30	50. 25	50. 27	50. 33	50. 34	50. 55

因测定次数为 6，故采用乔文涅法则进行评估。

$$\bar{x} = \frac{\Sigma x_i}{n} = \frac{50.30 + 50.25 + 50.27 + 50.33 + 50.34 + 50.55}{6} = 50.34$$

$$|d_1| = |x_1 - \bar{x}| = |50.30 - 50.34| = 0.04$$

同理可求出 $|d_2| = 0.09$，$|d_3| = 0.07$，$|d_4| = 0.01$，$|d_5| = 0$，$|d_6| = 0.21$

$$\sigma = \sqrt{\frac{\Sigma d_i^2}{n-1}} = \sqrt{\frac{0.0588}{5}} = 0.11$$

$$P = 0.675\sigma = 0.073$$

由 $n = 6$，查表 1-1 知 $K = 2.57$，则

$$PK = 0.073 \times 2.57 = 0.19$$

因为 $$|d_6| = 0.21 > 0.19$$

所以第六个观测值 50.55 可以舍弃。

1.2.3   罗曼诺夫斯基准则

当测量次数较少时，按 t 分布的实际误差分布范围来判别过失误差较为合理。罗曼诺夫斯基准则又称 t 检验准则，其特点是首先剔除一个可疑的测得值，然后按 t 分布检验被剔除的测量值是否含有过失误差。

设对某量作多次等精度独立测量，得

$$x_1, x_2, \cdots, x_n$$

若认为测量值 x_j 为可疑数据，将其剔除后计算平均值为（计算时不包括 x_j）

$$\bar{x} = \frac{1}{n-1} \sum_{\substack{i=1 \\ i \neq j}}^{n} x_i$$

并求得测量列的标准误差（计算时不包括 $d_j = x_j - \bar{x}$）

$$\sigma = \sqrt{\frac{\sum_{\substack{i=1 \\ i \neq j}}^{n} d_i^2}{n-2}}$$

根据测量次数 n 和选取的显著度 α，即可由表 1-3 查得 t 分布的检验系数 $K(n, \alpha)$。

表 1-3   罗曼诺夫斯基准则舍弃可疑数据的 K 值表

n \ α	0.05	0.01	n \ α	0.05	0.01	n \ α	0.05	0.01
4	4.97	11.46	6	3.04	5.04	8	2.62	3.96
5	3.56	6.53	7	2.78	4.36	9	2.51	3.71

n \ α	0.05	0.01	n \ α	0.05	0.01	n \ α	0.05	0.01
10	2.43	3.54	17	2.20	3.04	24	2.12	2.88
11	2.37	3.41	18	2.18	3.01	25	2.11	2.86
12	2.33	3.31	19	2.17	3.00	26	2.10	2.85
13	2.29	3.23	20	2.16	2.95	27	2.10	2.84
14	2.26	3.17	21	2.15	2.93	28	2.09	2.83
15	2.24	3.12	22	2.14	2.91	29	2.09	2.82
16	2.22	3.08	23	2.13	2.90	30	2.08	2.81

若 $|x_j - \bar{x}| > K\sigma$,则认为测量值 x_j 含有过失误差,剔除 x_j 是正确的;否则,认为 x_j 不含有过失误差,应予保留。

1.2.4 格罗布斯准则

设对某量作多次等精度独立测量,得

$$x_1, x_2, \cdots, x_n$$

当 x_i 服从正态分布时,计算得

$$\bar{x} = \frac{\sum_{i=1}^{n} x_i}{n}$$

$$d_j = x_j - \bar{x}$$

$$\sigma = \sqrt{\frac{\sum_{i=1}^{n} d_i^2}{n-1}}$$

为了检验 $x_i(i = 1, 2, \cdots, n)$ 中是否存在过失误差,将 x_i 按大小顺序排列成顺序统计量 $x_{(i)}$,而

$$x_{(1)} \leqslant x_{(2)} \leqslant \cdots \leqslant x_{(n)}$$

格罗布斯导出了 $g_{(n)} = \dfrac{x_{(n)} - \bar{x}}{\sigma}$ 及 $g_{(1)} = \dfrac{\bar{x} - x_{(1)}}{\sigma}$ 的分布,取定显著度 α(一般为 0.05 或 0.01),可得如表 1-4 所列的临界值 $g_0(n, \alpha)$。

若认为 $x_{(1)}$ 可疑,则有

$$g_{(1)} = \frac{\bar{x} - x_{(1)}}{\sigma}$$

若认为 $x_{(n)}$ 可疑,则有

$$g_{(n)} = \frac{x_{(n)} - \bar{x}}{\sigma}$$

当 $g_{(i)} \geqslant g_0(n, \alpha)$ 时,测量值 $x_{(i)}$ 含有过失误差,应予剔除。

表 1-4　临界值 $g_0(n,\alpha)$

n \ α	0.05	0.01	n \ α	0.05	0.01	n \ α	0.05	0.01
3	1.15	1.16	12	2.28	2.55	21	2.58	2.91
4	1.46	1.49	13	2.33	2.61	22	2.60	2.94
5	1.67	1.75	14	2.37	2.66	23	2.62	2.96
6	1.82	1.94	15	2.41	2.70	24	2.64	2.99
7	1.94	2.10	16	2.44	2.75	25	2.66	3.01
8	2.03	2.22	17	2.48	2.78	30	2.74	3.10
9	2.11	2.32	18	2.50	2.82	35	2.81	3.18
10	2.18	2.41	19	2.53	2.85	40	2.87	3.24
11	2.23	2.48	20	2.56	2.88	50	2.96	3.34

1.3　间接测量中误差的传递

冶金试验中有些物理量可直接测得，有时要利用测量的物理量代入某函数关系式，通过运算而得到所需要的结果，这称为间接测量。例如，某金属氧化反应的自由能变化（ΔG）可用下式计算：

$$\Delta G = - RT\ln p_{O_2}$$

式中，温度 T 和氧的分压 p_{O_2} 是直接测量值，而 ΔG 是用已测得的 T 和 p_{O_2} 的值代入上述函数关系式求得。这样，每个直接测量的准确度都会影响最后结果的准确性。由此可以查明直接测量的误差对函数误差的影响情况，从而找出影响函数误差的主要来源，以便选择适当的实验方法和合理配置仪器，以寻求测量的有利条件。因此研究误差的传递是鉴定试验质量的重要依据。下面具体讨论误差的传递。

1.3.1　平均误差与相对平均误差的传递

设有函数

$$N = f(u_1, u_2, \cdots, u_n)$$

式中，N 由 u_1，u_2，$\cdots$，u_n 各直接测量值所决定。

若已知测定 $u_1, u_2, \cdots, u_n$ 时的平均误差分别为 $\delta_{u_1}, \delta_{u_2}, \cdots, \delta_{u_n}$，且足够小，可以代替其微分 $\mathrm{d}u_1$，$\mathrm{d}u_2$，$\cdots$，$\mathrm{d}u_n$，将上面函数全微分并取其绝对值，以消除正负误差对消的影响，则可得到计算 N 的平均误差的公式：

$$\delta_N = \left|\frac{\partial N}{\partial u_1}\right|\delta_{u_1} + \left|\frac{\partial N}{\partial u_2}\right|\delta_{u_2} + \cdots + \left|\frac{\partial N}{\partial u_n}\right|\delta_{u_n} \tag{1-7}$$

两边取对数再求微分，然后将 $\mathrm{d}u_1$，$\mathrm{d}u_2$，$\cdots$，$\mathrm{d}u_n$ 等分别换成 $\delta_{u_1}, \delta_{u_2}, \cdots, \delta_{u_n}$，则可得到相对平均误差的表达式：

$$\frac{\delta_N}{N} = \frac{1}{f(u_1, u_2, \cdots, u_n)}\left[\left|\frac{\partial N}{\partial u_1}\right|\delta_{u_1} + \left|\frac{\partial N}{\partial u_2}\right|\delta_{u_2} + \cdots + \left|\frac{\partial N}{\partial u_n}\right|\delta_{u_n}\right] \tag{1-8}$$

由此可见，应用微分法进行函数相对平均误差的计算是较为简便的。有关函数平均误差和相对平均误差的计算公式列于表1-5。

表 1-5 常见函数平均误差计算公式

函数关系	平均误差	相对平均误差	函数关系	平均误差	相对平均误差
$u = x + y$	$\delta_x + \delta_y$	$\dfrac{\delta_x + \delta_y}{x + y}$	$u = \dfrac{x}{y}$	$\dfrac{x\delta_y + y\delta_x}{y^2}$	$\dfrac{\delta_x}{x} + \dfrac{\delta_y}{y}$
$u = x - y$	$\delta_x + \delta_y$	$\dfrac{\delta_x + \delta_y}{x - y}$	$u = x^n$	$nx^{n-1}\delta_x$	$\dfrac{n\delta_x}{x}$
$u = xy$	$x\delta_y + y\delta_x$	$\dfrac{\delta_x}{x} + \dfrac{\delta_y}{y}$	$u = \ln x$	$\dfrac{\delta_x}{x}$	$\dfrac{\delta_x}{x\ln x}$

例1-2 以溶剂的凝固点降低测分子量时，分子量（M）以下式计算

$$M = \frac{10000K_f W_B}{W_A(T_0 - T)}$$

式中，$W_B = 0.3g$（溶质重），用平均误差 $\Delta W_B = 0.0002g$ 的分析天平称量；$W_A = 20g$（溶剂重），用平均误差 $\Delta W_A = 0.05g$ 的粗天平称量；T_0 为溶剂的凝固点，T 为溶液的凝固点，均用准确度为 $0.002℃$ 的贝克曼温度计各测量三次，其值分别为：T_0（$5.801℃$，$5.790℃$，$5.802℃$），T（$5.500℃$，$5.504℃$，$5.495℃$）；K_f 为溶剂凝固点降低常数。问由上述提供的直接测量数据计算出的分子量（M），其最大相对误差是多少？

由三次测得溶剂凝固点数据求得平均值

$$\overline{T}_0 = \frac{5.801 + 5.790 + 5.802}{3} = 5.798℃$$

各次测量的偏差

$$\Delta T_{01} = 5.801 - 5.798 = 0.003℃$$

$$\Delta T_{02} = 5.790 - 5.798 = -0.008℃$$

$$\Delta T_{03} = 5.802 - 5.798 = 0.004℃$$

平均误差

$$\delta_{T_0} = \frac{0.003 + |-0.008| + 0.004}{3} = 0.005℃$$

同理求出 $T = 5.500℃$，$\delta_T = 0.003℃$。

则凝固点降低值为：

$$\Delta T_f = T_0 - T = (5.798 \pm 0.005) - (5.500 \pm 0.003) = 0.298 \pm 0.008$$

计算各观测值的相对平均误差

$$\frac{\delta_{\Delta T_f}}{\Delta T_f} = \frac{0.008}{0.298} = 2.7 \times 10^{-2}$$

$$\frac{\delta_{W_B}}{W_B} = \frac{0.0002}{0.3} = 6.6 \times 10^{-4}$$

$$\frac{\delta_{W_A}}{W_A} = \frac{0.05}{20} = 2.5 \times 10^{-3}$$

则分子量（M）的相对平均误差为：

$$\frac{\delta_M}{M} = \frac{\delta_{W_A}}{W_A} + \frac{\delta_{W_B}}{W_B} + \frac{\delta_{\Delta T_f}}{\Delta T_f} = 2.5 \times 10^{-3} + 6.6 \times 10^{-4} + 2.7 \times 10^{-2} = 0.030$$

结果表明，测定分子量的最大相对误差为 3%。通过上述计算可知，本实验误差主要来自温度差的测量，提高实验准确度的关键在于测温，因此必须采用精密温度计，而称量的精密度已符合要求，继续过分要求称量的精密度是不适宜的。使用粗天平称量溶剂其误差比测温所产生的误差小一个数量级，所以用粗天平符合要求。

由此可以看出，若试验前先计算各个观测值的误差及其对最终结果的影响，可以指导选择正确的实验方法和仪器设备，并能有意识地抓住测量的关键而得到质量较高的结果。

1.3.2　标准误差的传递

对于函数 $N = f(u_1, u_2, \cdots, u_n)$，间接测量 N 的标准误差与各直接测量的标准误差的关系为：

$$\sigma_N = \left[\left(\frac{\partial N}{\partial u_1} \right)^2 \sigma_{u_1}^2 + \left(\frac{\partial N}{\partial u_2} \right)^2 \sigma_{u_2}^2 + \cdots + \left(\frac{\partial N}{\partial u_n} \right)^2 \sigma_{u_n}^2 \right]^{\frac{1}{2}}$$

常用函数的标准误差计算公式如表 1-6。

表 1-6　常见函数标准误差计算公式

函数关系	标准误差	相对标准误差	函数关系	标准误差	相对标准误差
$u = x + y$	$\sqrt{\sigma_x^2 + \sigma_y^2}$	$\dfrac{\sqrt{\sigma_x^2 + \sigma_y^2}}{x + y}$	$u = \dfrac{x}{y}$	$\dfrac{\sqrt{y^2 \sigma_x^2 + x^2 \sigma_y^2}}{y^2}$	$\sqrt{\dfrac{\sigma_x^2}{x^2} + \dfrac{\sigma_y^2}{y^2}}$
$u = x - y$	$\sqrt{\sigma_x^2 + \sigma_y^2}$	$\dfrac{\sqrt{\sigma_x^2 + \sigma_y^2}}{x - y}$	$u = x^n$	$nx^{n-1} \sigma_x$	$\dfrac{n\sigma_x}{x}$
$u = x \cdot y$	$\sqrt{y^2 \sigma_x^2 + x^2 \sigma_y^2}$	$\sqrt{\dfrac{\sigma_x^2}{x^2} + \dfrac{\sigma_y^2}{y^2}}$	$u = \ln x$	$\dfrac{\sigma_x}{x}$	$\dfrac{\sigma_x}{x\ln x}$

例 1-3　测量一电热器的功率，测得电流 $I = 7.50 \pm 0.04\text{A}$，电压 $U = 8.0 \pm 0.1\text{V}$，求此电热器的功率 P 及其标准误差。

$$P = UI = 8.0 \times 7.50 = 60\text{W}$$

$$\sigma_P = \sqrt{U^2 \sigma_U^2 + I^2 \sigma_I^2} = \sqrt{8.0^2 \times 0.1^2 + 7.50^2 \times 0.04^2} = 0.8\text{W}$$

所以电热器的功率为：

$$P = 60 \pm 0.8\text{W}$$

1.4　试验数据的表示方法

试验数据的表示方法有列表法、作图法、方程式法三种。这三种方法各有优缺点。一组数据，不一定同时都需要用这三种方法表示，究竟用哪一种方法，视需要和问题的性质而定。下面分别对这三种表示方法的应用作一介绍。

1.4.1　列表法

试验得到的大量数据，经初步处理后，应该尽可能地列表，整齐而有规律地表达出来，使全部数据一目了然，这样，便于进一步处理运算与检查。

列表法是将试验数据中的自变量与因变量的各个数值依一定的形式和顺序对应列出来。其优点是：简单易做、形式紧凑、数据清楚、便于参考比较，同一表内可以同时表示几个变量间的变化而不混乱。列表时一般包括表的序号、名称、项目、说明及数据来源等。下面说明列表法的注意事项。

1.4.1.1　表的序号、名称及说明

报告中的表应按其先后顺序排出序号，并写出简明扼要的名称，一看就知其内容。如果过简而不足以说明原意时，可在名称下方或表的下方附以说明。表内数据要注明来源。

1.4.1.2　项目

表中每一行和每一列的第一栏要详细写出名称及单位，并尽量用符号代表，表内主项一般代表自变量（试验测定数据），副项代表因变量。

1.4.1.3　数据书写规则

（1）数据为零时记为"0"，数据空缺记为"—"。

（2）同一竖行的数值，小数点要上下对齐。

（3）当数值过大或过小时，可用指数表示，即 10^n 或 10^{-n}（n 为整数）。

（4）表内所有数值，有效数字位数应取舍适当，要与试验的准确度相对应。

（5）必要时要进行数值分度。通常试验测得的数据，其自变量和因变量的变化是不规则的，应用起来不太方便。为了使用方便，可对数据进行分度，把数据更有规则地排列起来，使自变量做等间距顺序变化，因变量亦随之做顺序渐变。数据分度一般有代入公式法、图解法和最小二乘法等。代入公式法是根据公式算出所需要的列表值。图解法是先根据原始数据（没被分度的数据）作图，如果做出的图是一光滑线，就可以从光滑线上读出所需要的列表值，由此列表，这样做出的表便于查阅。

1.4.2　作图法

利用图形表达试验结果，实际上就是用形象来表达科学的语言。这种方法能清楚地显示研究结果的变化规律和特点，如极大值、极小值、转折点、周期性、数量的变化速率以及其他奇异性等，其形式简明直观便于比较。如果曲线作得足够光滑，可对变量进行微分和积分，有时还可利用图形外推来求得难以用试验获得的值，用途极为广泛，其重要的用途有：

（1）求内插值。根据试验数据作图，可得到直线或曲线，根据图形就可找出某函数相应的自变量或因变量的数值。

（2）求外推值。在某些情况下，测量数据间的线性关系可用于外推至测量范围以外，求出某一函数的极限值或试验难以获得的数据。

（3）作切线求函数的微商。从曲线的斜率求函数的微商在数据处理中经常应用。

（4）求经验方程。若函数呈下列线性关系：

$$y = mx + b$$

由相应 x 和 y 的数据作图可得一直线，由直线的斜率和截距可求出函数式中的 m 和 b。对指数函数可取对数作图，仍可得到直线，由此可求得斜率和截距，亦可得到指数函数相应的数值。如反应速度常数 K 与活化能 E 的关系式

$$K = A\exp\left(-\frac{E}{RT}\right)$$

取对数：

$$\ln K = - \frac{E}{RT} + \ln A$$

根据不同温度下的 K 值，以 $\ln K$ 对 $1/T$ 作图，可得一条直线，由直线的斜率和截距可分别求得活化能 E 和碰撞频率 A 的数值。

（5）求转折点和极值。作图法在很多情况下很容易求出转折点和极值，这是作图法的最大优点。如电位滴定和电导滴定时等当点的求得，最高和最低恒沸点的测定等都是应用作图法。

为使作出的图能够准确地表达试验结果，就必须认真掌握作图技术，下面说明作图步骤及原则。

1.4.2.1　坐标系的选择

坐标系有直角坐标、三角坐标、极坐标等。最常用的是直角坐标，当表达三组分体系时，常用三角坐标。坐标系的坐标线应均匀准确，其坐标范围的大小应以既不超过试验的准确度也不影响试验数据的有效数字位数为准。

1.4.2.2　坐标轴的分度

坐标轴的分度系指规定坐标轴每一小格所代表的数值，分度应遵循下列原则：

（1）使用直角坐标作图时，习惯上以自变量为横轴，因变量为纵轴。分度的选择应使每一点都能够迅速方便地找到。为使用方便和便于计算，坐标轴每一小格所对应的数值最好为 1、2、5，忌用 3、7、9。如图 1-4a 分度合适，而图 1-4b 分度不合适，使用起来图 1-4a 较图 1-4b 方便得多。

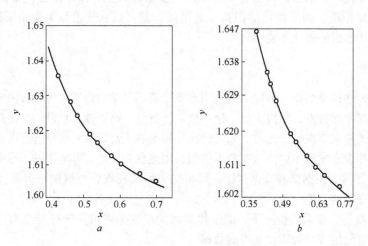

图 1-4　坐标分度图（Ⅰ）
a—分度合适；b—分度不合适

（2）坐标分度值不一定从 0 起。在一组数据中，自变量和因变量均有最低值和最高值。分度时，在最小分度不超过试验准确度的情况下，可用低于最低值的某一整数作为起点，高于最高值的某一整数作为终点，以使作出的图形能占满全幅并稍有余地，且能够明显地表达其变化规律。图 1-5 说明了坐标轴的分度情况，图 1-5a 分度过细，而图中 1-5b 则分度太粗。

（3）直线是最易作的图，使用起来也最方便。函数 $y = f(x)$，有时呈直线关系，但在很多情况下不呈直线关系，欲变成直线关系，可用取对数、倒数等方法（参看表 1-7）。

表 1-7 曲线函数变为直线函数的变换方式

方程式	变换	直线方程式	方程式	变换	直线方程式
$y = ax^b$	$Y = \lg y, X = \lg x$	$Y = \lg a + bX$	$y = \dfrac{x}{a + bx}$	$Y = \dfrac{x}{y}$	$Y = a + bx$
$y = a + \dfrac{b}{x}$	$X = \dfrac{1}{x}$	$y = a + bX$	$xy = z$	$Y = \lg y, X = \lg x, Z = \lg z$	$Y = Z - X$
$y = \dfrac{1}{a + bx}$	$Y = \dfrac{1}{y}$	$Y = a + bx$			

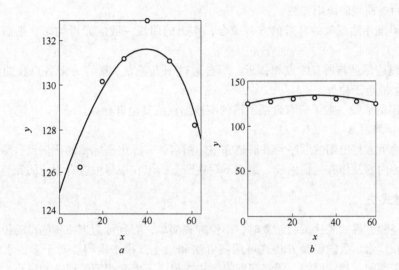

图 1-5 坐标分度图（Ⅱ）

a—分度过细；b—分度过粗

（4）分度的选择应该使作出的图形（直线或近于直线的曲线）尽可能有近于 1 的斜率。如图 1-6a 分度不合适，而图 b 的分度较好。

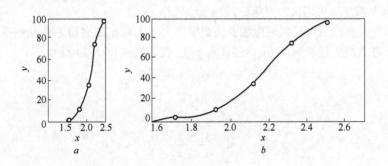

图 1-6 坐标分度图（Ⅲ）

a—分度不好；b—分度较好

1.4.2.3 坐标轴的标记

每个坐标轴必须标出名称、单位和分度值，标记力求整齐统一，标记的有效数字位数应与原有试验数据的有效数字位数相同。

1.4.2.4 根据数据描点

用准确的绘图工具把试验数据描出来，一般用圆点表示。如果用描出的点表示误差时，可用矩形表示，矩形中心线代表算术平均值，矩形竖直的两边代表自变量的误差，水平的上下两边代表因变量的误差。如果自变量和因变量的误差相等时，可用圆圈代表，圆的中心是算术平均值，半径值代表误差。若在一幅图上表示不同数据时，可用不同符号加以区别。

1.4.2.5 连曲线

把点描好后，当数据不够充足，图上点数过少，不足以确定自变量和因变量间的对应关系时，最好将各点间用直线连接构成折线图。当描出的点较多，完全有可能做出光滑连续曲线时，可用下面连曲线的原则作图。

（1）尽可能用绘图软件自带的方程拟合，作出的曲线一般应光滑均匀、细而清晰、只具少数转折点。

（2）曲线应尽量与所有的点相接近，不必通过图上各点及端点，但各点在曲线两旁的分布，在数量上应近于相等。

（3）连出的曲线一般不应有含混不清的不连续点或其他奇异点。

1.4.2.6 写图名

在图形的下方写出图的顺序号及清楚完整的图名，并标出坐标轴的比例尺。除此而外，一般不再写其他内容及作其他辅助线，数据不写在图上，但在报告中应有相应的完整的数据。

1.4.3 方程式法

用数学经验方程式表达试验结果时，不但方式简单，而且可为进一步的试验设计和理论探讨提供依据和线索。数学经验方程式可用图解法和最小二乘法求得。对于多因素影响的函数式，可用正交回归、旋转回归、混料回归等方法求得。下面介绍用图解法和最小二乘法求解数学经验方程式。

1.4.3.1 图解法

当用试验数据在直角坐标系中描点连线后得到的是一条直线，则该直线的方程为：

$$y = mx + b \tag{1-9}$$

式中，斜率 m 和截距 b 可用截距斜率法或端值法求得。

截距斜率法是将线或延长线在纵轴上的截距作为 b，与横轴的夹角为 θ，则斜率 $m = \tan\theta$。

端值法：在直线上任取两点 (x_1, y_1)、(x_2, y_2)，代入式（1-9）得到

$$y_1 = mx_1 + b$$

$$y_2 = mx_2 + b$$

从而

$$m = \frac{y_2 - y_1}{x_2 - x_1} \tag{1-10}$$

$$b = \frac{y_1 x_2 - y_2 x_1}{x_2 - x_1} \tag{1-11}$$

许多情况下，用试验数据作出的线并非直线，而是曲线，此时可依据经验和解析几何的原理，判断经验方程式应有的形式，然后再用试验数据验证，如果符合则成立，如果不符合则另立新式或加以改造，直至获得满意的结果为止。有时为方便起见，常将曲线方程经适当处理而改为直线方程或多项式表达。变换方式见表1-7。

例1-4 依下列 x 和 y 的试验数据作图，并变换成直线方程

x	0	1	2	3	4	5	6	7	8	9	10
y	∞	6.00	3.50	2.67	2.25	2.00	1.80	1.70	1.63	1.56	1.50
$X = \dfrac{1}{x}$		1.00	0.50	0.33	0.25	0.20	0.17	0.14	0.13	0.11	0.10

依据上表 x 和 y 的数据作图，得到图 1-7a，此曲线的方程为：

$$y = 1 + \frac{5}{x}$$

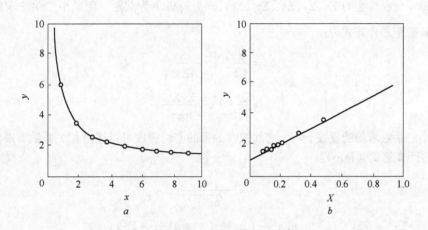

图 1-7　图解法求方程

a—根据例1-4 表中 x 和 y 作图；b—根据 y 与 X 作图

若变成直线方程，由表 1-7，设 $X = 1/x$，将数据变换后，以 y 与 X 作图 1-7b，其直线方程为

$$y = 5X + 1$$

对于形式更为复杂的函数，也可经过变换改为直线方程。以二次函数为例，二次函数（抛物线方程）的一般形式为

$$y = a + bx + cx^2 \tag{1-12}$$

取其曲线上任一点 (x_1, y_1) 代入式（1-12），得

$$y_1 = a + bx_1 + cx_1^2 \tag{1-13}$$

式（1-13）减式（1-12）可得：

$$y_1 - y = b(x_1 - x) + c(x_1^2 - x^2)$$

$$\frac{y_1 - y}{x_1 - x} = b + cx_1 + cx$$

令

$$\frac{y_1 - y}{x_1 - x} = Y, \quad b + cx_1 = B$$

则式（1-12）变成了直线方程式

$$Y = B + cx$$

1.4.3.2　最小二乘法

如果自变量和因变量呈直线关系，由于试验有误差，则依据试验数据所作出的直线只能是一条近似的直线；或者变量间不严格遵循某一直线函数，但从统计规律来看却近似地呈某一直线关系，依据上述情况的试验数据作出的直线，应满足于各点到直线的偏差平方之和为最小值。这种求出尽可能靠近试验点的直线方程的方法称为最小二乘法。

若 x 代表自变量，y 代表因变量，$x_1, x_2, \cdots, x_n$ 及 $y_1, y_2, \cdots, y_n$ 为实验值，$\sum\limits_{i=1}^{n} x$、$\sum\limits_{i=1}^{n} y$、$\sum\limits_{i=1}^{n} x_i^2$、$\sum\limits_{i=1}^{n} y_i^2$、$\sum\limits_{i=1}^{n} x_i y_i$ 分别简化为 Σx、Σy、Σx^2、Σy^2、Σxy，m 为斜率，b 为截距，用最小二乘法求得最佳直线的斜率和截距的计算式为：

$$m = \frac{\Sigma x \Sigma y - n \Sigma xy}{(\Sigma x)^2 - n \Sigma x^2} \tag{1-14}$$

$$b = \frac{\Sigma x \Sigma xy - \Sigma y \Sigma x^2}{(\Sigma x)^2 - n \Sigma x^2} \tag{1-15}$$

用最小二乘法求得的直线 x 与 y 之间线性关系的密切程度可以通过相关系数 r 来判断，相关系数 r 的计算见式（1-16）。

$$r = \frac{L_{xy}}{\sqrt{L_{xx} \cdot L_{yy}}} \tag{1-16}$$

式中，$L_{xx} = n \Sigma x^2 - (\Sigma x)^2$，$L_{yy} = n \Sigma y^2 - (\Sigma y)^2$，$L_{xy} = n \Sigma xy - \Sigma x \Sigma y$。

r 的绝对值等于 1 时，n 个实验值对应的点（x_i，y_i）正好位于一条直线上，此时称 x 与 y 为"完全线性相关"。而 x 与 y 之间完全不存在直线关系时，$r = 0$，此时称 x 与 y 为"完全线性不相关"。当 r 的绝对值介于 0 和 1 之间时，说明 x 与 y 之间存在一定的线性关系，$|r|$ 愈接近 1，x 与 y 之间的直线关系愈好。

通过计算相关系数判断变量 x 与 y 直线关系的好坏是相对的。附表 A-1 列出了不同信度（α）下的相关系数，用以检验线性关系，如果计算出的相关系数大于选取信度下的数值，说明 x 与 y 之间呈直线关系的概率为（$1 - \alpha$）。

例 1-5　用最小二乘法求出表 1-8 直线函数的经验方程式。

表 1-8　x 与 y 的关系表

x	1.0	3.0	5.0	8.0	10.0	15.0	20.0
y	5.4	10.5	15.3	23.2	28.1	40.4	52.8

$\Sigma x = 62.0$　$\Sigma y = 175.7$　$\Sigma xy = 2242.0$　$\Sigma x^2 = 824.0$　$\Sigma y^2 = 6121.35$　$n = 7$

设 x 与 y 间的直线函数方程式为 $y = mx + b$，则

$$m = \frac{\Sigma x \Sigma y - n \Sigma xy}{(\Sigma x)^2 - n \Sigma x^2} = \frac{62.0 \times 175.7 - 7 \times 2242.0}{62.0^2 - 7 \times 824.0} = 2.50$$

$$b = \frac{\Sigma x \Sigma xy - \Sigma y \Sigma x^2}{(\Sigma x)^2 - n \Sigma x^2} = \frac{62.0 \times 2242.0 - 175.7 \times 824.0}{62.0^2 - 7 \times 824.0} = 3.00$$

故　　　　　　　$y = 2.50x + 3.00$

$$r = \frac{L_{xy}}{\sqrt{L_{xx}L_{yy}}} = \frac{7 \times 2242.0 - 62.0 \times 175.7}{\sqrt{(7 \times 824.0 - 62.0^2) \times (7 \times 6121.35 - 175.7^2)}} = 1.000$$

查附表 A-1 可知，当 $\alpha = 0.01$ 时，$P(5, 0.01) = 0.874$

$r > P(5, 0.01)$，说明 x 与 y 之间呈直线关系的概率为 99% 以上。

思考题与习题

1-1 误差分析的意义何在？

1-2 误差有几种类型？总结系统误差与随机误差的异同点。

1-3 试验数据的准确度和精密度如何表示，它们之间有什么关系？

1-4 什么叫有效数字，有效数字的误差如何计算？

1-5 数据有几种表示方法，各有什么优缺点？

1-6 可疑观测值的取舍有哪些方法？简述其步骤。

1-7 测得某三角块的三个角度之和为 $180°00'02''$，试求测量的绝对误差和相对误差。

1-8 在万能测长仪上，测量某一被测件的长度为 50mm，已知其最大绝对误差为 $1\mu m$，试问该被测件的真实长度为多少？

1-9 在测量某一长度时，读数值为 2.31m，其最大绝对误差为 $20\mu m$，试求其最大相对误差。

1-10 使用凯特摆时，g 由公式 $g = 4\pi^2(h_1 + h_2)/T^2$ 给定。今测出长度 $(h_1 + h_2)$ 为 $(1.04230 \pm 0.00005)m$，振动时间 T 为 $(2.0480 \pm 0.0005)s$。试求 g 及其最大相对误差。如果 $(h_1 + h_2)$ 测出为 $(1.04220 \pm 0.0005)m$，为了使 g 的误差能小于 $0.001 m/s^2$，T 的测量必须精确到多少？

1-11 检定 2.5 级（即引用误差为 2.5%）、量程为 100V 的电压表，发现 50V 刻度点的示值误差 2V 为最大误差，问该电压表是否合格？

1-12 为什么在使用微安表等各种电表时，总希望指针在全量程的 2/3 范围内使用？

1-13 用两种方法测量 $L_1 = 50mm$，$L_2 = 80mm$，测量结果为 50.004mm，80.006mm。试评定两种方法测量精度的高低。

1-14 多级弹导火箭的射程为 10000km 时，其射击偏离预定点不超过 0.1km，优秀射手能在距离 50m 远处准确地射中直径为 2cm 的靶心，试评述哪一个射击精度高？

1-15 测量某物体重量共 8 次，测得数据（单位为 g）为：236.45，236.37，236.51，236.34，236.39，236.48，236.47，236.40。试求其算术平均值及其标准误差。

1-16 测量某电路电流共 5 次，测得数据（单位为 mA）为：168.41，168.54，168.59，168.40，168.50。试求其算术平均值及其标准误差、或然误差和平均误差。

1-17 对某量进行 15 次测量，测得数据为：28.53，28.52，28.50，28.52，28.53，28.53，28.50，28.49，28.49，28.51，28.53，28.52，28.49，28.40，28.50。若这些测得值已消除系统误差，试用莱以特准则、格罗布斯准则和乔文涅法则分别判别该测量列中是否含有过失误差的测量值。

1-18 竖罐炼锌中渣含锌与渣率有一定的关系，找出它们之间的关系后若乘以焦结团矿烧成率后即可直接换算成对于团矿的渣率。这样就可以在冶金计算中对渣含锌的损失进行较精确的计算。某厂经过试验得到下列数据：

罐渣含锌/%	5.34	4.1	4.87	3.56	2.89	2.42	1.06	0.79	0.55	0.25
罐渣渣率/%	39	38.8	38.5	38	37	33.5	33	32.8	30.5	29.5
蒸馏时间/min	70	75	80	85	90	95	100	105	110	115

试根据以上数据求取渣含锌与渣率关系的回归方程,用相关系数进行统计检验,将所得曲线绘成图。

1-19　在动力学研究中,反应速率常数与温度符合阿累尼乌斯(Arrhenius)方程:

$$K = A\exp\left(\frac{-E}{RT}\right)$$

在盐酸-络合浸出白钨精矿的动力学研究中,得到反应速率常数 K 与温度存在如下关系:

$t/℃$	98	90	80	70	60
K	10.8×10^{-3}	8.00×10^{-3}	5.71×10^{-3}	1.75×10^{-3}	0.720×10^{-3}

试用最小二乘法估算阿累尼乌斯(Arrhenius)公式中的参数 A 和 E,并作 $\ln K - \dfrac{1}{T}$ 图。

2 科技文献检索

人们通常把记录科学、技术知识的物质载体称为科技文献。科技文献是科技存在的表现形式。没有科技文献，就不可能有科学技术的延续；每一项科学研究都是以撰写出科技文献的形式来实现的，而且科技文献是传播科学技术的基本手段之一，正是借助于科技文献，才体现出科技的继承性和国际性。根据科技文献出版物的质量和数量，还可以判断某一科技门类的发展水平以及其在某一国家所取得的成就。

科技文献检索就是在大量的科技文献资料中，根据一定的方法迅速、准确地查出与用户需要相符合的、有参考价值的科技文献资料的过程。

对于大学生来说，了解文献检索，有利于专业知识的学习和知识面的开拓，也利于参加工作后及时更新专业知识，培养综合应用知识的能力和信息意识。

2.1 科技文献的种类及检索方法

2.1.1 科技文献的种类

2.1.1.1 按编辑出版形式进行分类

科技文献按照编辑出版形式的不同特点，可以分为：

（1）科技图书。科技图书大多是对科学研究成果和生产技术经验的概括论述，常常是作者收集大量资料，经过筛选、鉴别、融会贯通，进行全面归纳总结的产物。

科技图书的特点是：内容比较系统、全面、成熟、可靠，有一定的新颖性；但有时撰写、编辑时间长，传递信息的速度较慢。科技图书又可分为两大类型。

1）阅读性图书。包括教科书、专著、文集等。教科书一般只介绍基础知识和公认的见解。科学专著是专门就某一课题或研究对象进行比较全面深入论述的学术性著作。文集是由各种文章（论文、报告等）汇编而成的一种出版物。

2）参考工具书。包括百科全书、大全、年鉴、手册、辞典、指南、名录等。其内容可能是数据、事实、表格、图解，也可能是文章，是按一定的顺序编列的索引，以便人们迅速查到其中某些内容。

（2）科技期刊。期刊一般都由一个比较稳定的编辑机构，按照一定的宗旨和编辑原则，选登众多著者的文章；有时也采用增刊和特辑形式刊登某一著者的专著。

科技期刊的类型可从不同角度划分，按报道内容的学科范围可分为综合性期刊和专业性期刊；按期刊的内容性质可分为学术性期刊、资料性期刊、快报性期刊、消息性期刊、综论性期刊、检索性期刊、科普性期刊。目前，人们习惯按内容性质划分，现将常见的几种介绍如下。

1）学术性、技术性期刊。这类期刊主要刊登科研和生产方面的论文、技术报告、会议论文和实验报告等原始文献。它的信息量大，情报价值高，是科技期刊的核心部分。由学术团体、大专院校和研究所出版的英文科技期刊多数冠以"Acta"（学报）、"Journal"（会志、杂志）、"Transactions"（会刊）、"Proceedings"（会议记录）、"Bulletin"（通报、公报）等字样。

2）快报性期刊。这类期刊专门登载有关最新研究成果的短文，预报将要发表的论文并附上其摘要。其内容简洁，报道速度快。英文快报性期刊的刊名中常带有"Letters"（快报）、"Communications"（通讯）、"Bulletin"（简讯）等字样。

3）综论、述评性期刊。这类期刊专门登载综论、评述性文章，即综合叙述或评论目前某学科的进展情况或成就，分析当前的动态，预测未来的发展趋势，可使读者比较全面地了解该学科当前的水平与动向。文章多半是在原始论文的基础上经过分析、加工、综合而写成的。这类期刊学术性较强，对科研人员来说，有较高的参考价值。

（3）科技报告。科技报告又称科学技术报告或科学技术报告书，是科学工作者从事科学研究工作的阶段进展情况和最终研究成果报告。科技报告一般由政府部门所属的科研单位、学术机构、高等院校及其附设的研究部门、行业团体的科研机构出版。

大多数科技报告都与国家的研究活动有关，基本上反映了一个国家的技术水平。因为它所报道的研究成果一般必须经过主管部门组织有关单位审查鉴定，所以它所反映的内容具有较高的成熟性、可靠性和新颖性，是一种非常重要的信息来源。

（4）会议资料。在各种学术会议上发表的文献统称为会议文献。它含有大量的最新情报信息，是了解世界科学技术发展动向、水平和最新成就的主要渠道，是参考价值很高的科技文献。

科技会议文献具有论题集中、内容丰富专深、学术性强的特点，能反映某学科领域的研究现状，往往代表着这一门学科或某个专业的最新成果及现状，反映着国内外科学技术的最新发展水平和趋势，是了解各国科技发展水平和动向的重要文献源。

（5）专利资料。专利文献主要指专利局公布的申请文件和专利说明书。专利有专利号，国家用两个字母代替，US 是美国，GB 是英国，FR 是法国，CH 是瑞士，CA 是加拿大，中国是 CN。工业产权的主要形式就是专利权。专利权是指创造发明、新设计、新型式（式样），发明者（个人或企业）向本国或外国政府专利局提出申请，经由审查批准后所获得的在法律规定的有效期限内对该发明的垄断权（或称独占权）。严格地讲，专利包含两个含义：一方面是指专利权，即发明人在法律规定的有效期限内，对其发明享有的专有权利；另一方面是指取得专利权的发明本身。

专利一般分为 3 种类型：发明专利、实用新型专利和外观设计专利。

1）发明专利。一般说来，对于新的、水平较高的，能在工业上制造的产品或可使用的方法，均可授予发明专利。

2）实用新型专利，又称"小发明"，是指对机器、设备、用具等产品的形状、构造或其组合的革新设计方案授予的专利。它的创造性比发明专利低，但实用价值较高。

3）外观设计专利。在一件产品的形状、图案、色彩或其结合上做出了富有美感而且适于工业应用的新设计，便可申请外观设计专利。

我们所说的专利文献主要是指专利说明书，即发明者（个人或企业）为了获得某项发明的专利权，在申请专利时向专利局呈交的有关该发明的详细技术说明书。它说明该项发明的目的、用途、特点、效果及采用的原理与方法等。以专利说明书为核心的专利文献所提供的技术情报比较新颖、可靠、实用。因为它要通过实用性、新颖性、先进性三条标准的检验，否则就不能获得专利权，所以一直受到各国科技人员的重视，其利用率日益提高。

（6）技术标准。技术标准是标准化工作的产物。它包括各种标准化期刊、图书专著、标准化组织机构发表的有关手册、通报、汇编以及各种标准及检索工具等等。按其使用范围可分：国际标准、国家标准、专业标准或部颁标准、企业标准。它具有 4 个特点：严肃性、法律性、时效性、滞后性。

（7）产品样本。厂商为了推销产品而出版发行的一种商业性宣传资料，包括：产品目录、产品样本和产品说明书等等。产品资料一般都要涉及到产品性能、结构、原理、用途、用法和维修、保管等各方面的技术问题，具有技术情报价值。利用产品资料，可以调查了解和分析国外同类产品的技术发展过程、水平和发展动向等。还可作为引进技术，判断其质量和价值的主要依据。

（8）学位论文。学位论文是指高等学校和科研单位的毕业生、研究生在申请取得学士、硕士、博士学位时所必须提交的学术论文。学位论文包括学士论文、硕士论文和博士论文，其中博士论文水平较高。学位论文是原始研究成果，有一定的独创性，对研究工作有一定参考价值。

2.1.1.2 按加工程度不同进行分类

科技文献按其加工程度的不同，可以分为 3 个层次：

（1）一次文献。凡是以作者本人的研究或研制成果为依据而创作的原始文献，称为一次文献。如：期刊、论文、研究报告、专利说明书、会议文献等。

（2）二次文献。是对一次文献进行加工整理后产生的一类文献。如：书目、题录、简介、文摘等形式的检索工具。二次文献的重要作用不仅在于报道，更重要的是为查找一次文献提供线索。

（3）三次文献。就是在一、二次文献的基础上，经过综合分析而编写出来的文献。人们常把这类文献称为"情报研究"的成果。如：综述、专题述评、数据手册、学科年度总结、进展报告一次文献。

2.1.2 科技文献检索系统的结构

一个文献检索系统，要能够有效地被利用，必须有两个部分：文献描述项和索引项。文献描述项按照检索系统的简繁可分为题录型和文摘型两类。

（1）题录与文摘。题录是所有的检索系统都应具备的基本内容，它包括文献标题、作者、作者工作单位、发表时间、文献来源（期刊、会议、专利等）。有了题录，读者就可以方便地获得原文。

文摘也称摘要，是对一篇文献的内容所作的简略准确的描述。有些文摘与原文文献刊登在一起，叫做篇首文摘（Heading Abstract）。一般比较完整的检索系统每篇文献都附有摘要，以供读者了解与挑选文献。

（2）索引。索引（Index）原指一种通常按字顺排列，包括特别相关且被文献提及的全部项目（主题、人名等）的目录，它给出每个项目在文献中的出处，整个目录通常放在文献后面。检索系统中的索引是指按文献的特征（外表、内容）依一定的次序将文献（通常以文摘号）排列起来的目录，通过它可以得到相关的文摘。为了提高检索效率要经常用到各种索引，如主题索引、分类索引、著者索引、机构团体索引、号码索引等。索引在检索工具中虽然是辅助检索手段，但在实际检索工作中往往起着重要作用。任何一种检索工具，索引的种类愈多，其检索的途径愈多，检索效率也愈高。

2.1.3 科技文献检索的手段

（1）手工检索。手工检索是指以手工方式，利用图书馆卡片目录和书本式文摘、索引等检索工具进行的检索活动。

（2）计算机检索。借助于计算机设备进行人机对话的方式进行检索。计算机检索可分为计算机光盘检索和计算机网络检索。表 2-1 给出了两种检索手段的对比。

表 2-1　手工检索和计算机检索的对比

项　目	手　检	机　检
总体特征	手翻、眼看、大脑判断	策略、查寻、机器匹配
标引及索引特点	检索点较少	检索点较多
检索速度	较　慢	快
检索要求	专业知识、外语知识、检索工具知识	专业知识、外语知识、机检系统知识
查全查准率	查准率较高	查全率较高
综合效率	较　低	较　高

近年来，飞速发展的计算机网络技术在渗透社会各个层面的同时，也深深地影响信息检索领域，出现了越来越多的网络检索工具，计算机网络检索有以下特点：

1）检索功能强，可达到准确检索的目的；

2）信息资源庞大，数据更新及时，既可查到最新的信息，也可追溯检索过去的文献；

3）信息源可靠，每条信息都有出版日期、出处等版权资料；

4）检索速度快，省时省力。

2.1.4　计算机检索的基本方法

计算机文献信息检索是把用户的要求转换成检索表达式输入计算机，与数据库中文献记录的特征进行类比、组配，把完全匹配的记录完全检索出来的自动化检索过程。因此，计算机文献信息检索包含制定检索表达式、制定合理的检索策略、检索策略的调整三个过程。其中重点介绍检索表达式及构成要素。

2.1.4.1　检索表达式及构成要素

A　检索表达式的基本含义

检索表达式是一个既能反映检索课题内容又能为计算机识别的式子，是进行计算机文献信息检索的依据。它主要是运用各种逻辑运算符号、逻辑位置符号及逻辑限制符号，把检索词连接组配起来，确定检索词之间的关系，准确表达检索课题的内容。

B　构成检索表达式的基本要素

（1）检索词。检索词是指表达检索课题主题概念的名词术语，包括叙词和自由词。

叙词是规范词，大型数据库都有自己专用的词表，检索者可以从中选择合适的词进行检索。关键词是未经过规范化的人工语言，往往是各学科通用的专业名词术语、惯用语及新出现的专有名词。所以在检索时应从有关专业文献或专业词汇中选取关键词。使用关键词进行检索，字面匹配即算命中，由于关键词往往一词多义，容易产生误检，因此，在检索时要尽量做到运用概念组配来确定关键词。

（2）布尔逻辑运算符。规定检索之间相互关系的运算符号，称为布尔逻辑运算符。它们在检索表达式中起着逻辑组配作用，能把一些具有简单概念的检索词组配成一个具有复杂概念的检索式，以表达用户的检索需求。常用的布尔逻辑算符有三种，分别是逻辑"与"、逻辑"或"和逻辑"非"。它们所表示的逻辑关系如图 2-1 所示。

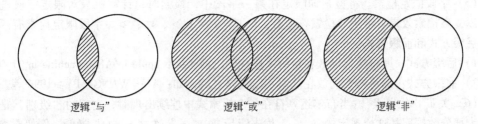

图 2-1 逻辑关系图

1) 逻辑"与"。逻辑"与"用于交叉概念和限定关系的组配，实现检索词概念范围的交集，它可以缩小检索范围，有利于提高检准率。

其运算符为"and"或"*"，其中"and"主要是用于英文的检索；"*"多用于中文的检索。两个检索词之间以"and"或"*"相连，表示要查找同时含有这两个词的文献集合。

检索举例：查找有关"冶金和材料"方面的文献

中文检索式 = "冶金 * 材料"；外文检索式 = "metallurgy and materials"。

2) 逻辑"或"。逻辑"或"用于检索词并列关系（同义词、近义词）的组配，实现检索词概念范围的并集，它可以扩大检索范围，防止漏检，有利于提高检全率。

运算符为"or"或"+"，其中"or"主要是用于外文的检索；"+"多用于中文的检索。检索词之间以"or"或"+"相连，表示检索含有所有检索词之一或同时含有所有检索词的文献集合。

检索举例：查找"熔盐或熔渣"方面的文献

中文检索式 = "熔盐 + 熔渣"；英文检索式 = "fused salt or slag"。

3) 逻辑"非"。逻辑"非"这种组配用于从原来的检索范围中排除不需要的和影响检索结果的概念，使检索结果更准确。

运算符为"not"或"-"，其中"not"主要是用于外文的检索；"-"多用于中文的检索。两个检索词之间以"not"或"-"相连，表示要查找含有前面的检索词而不包含有后面的检索词的文献集合。

例 2-1 查找"钢但不包含不锈钢"方面的文献

中文检索式 = "钢 - 不锈钢"；外文检索式 = "steel not stainless steel"。

(3) 截词检索。截词检索就是用截断的词的一个局部进行的检索。

截词方式：按截断的位置来分，截词可有后截断、前截断、中截断三种类型。截词符为："?"或"*"，分为有限截词（即一个截词符只代表一个字符）和无限截词（一个截词符可代表多个字符）。以无限截词举例说明：

1) 后截断：前方一致，如：comput? 表示 computer, computers, computing 等；

2) 前截断：后方一致，如:?computer 表示 minicomputer, microcomputer 等；

3) 中截断：中间一致，如:?comput? 表示 minicomputer, microcomputers 等。

截词检索在外文数据库中截的是词的后缀，在中文数据库中截的是词意。例如：北京?，分别检出了北京大学、北京科技大学、北京纺织学院学报等。

(4) 词间位置检索。运用布尔逻辑算符检索时，只对检索词进行逻辑组配，未限定检索词之间的位置以及检索词在记录中的位置关系。在有些情况下，若不限制检索词之间的位置关系会影响某些检索课题的查准率。因此，在检索系统中设置了位置限定运算符号，不同的检索系统有不同的符号。

（5）字段限定检索。将检索词限定在某一字段中，检索时，计算机只对限定字段进行运算，以提高检索效果。常用的检索符号有：in、=、<、>、≤、≥。字段限定检索有两种方式：后缀方式和前缀方式。

1）后缀方式：即将检索词放在后缀字段代码之前，如：apple in AB，machine in Ti 等；

2）前缀方式：即将检索词放在前缀字段代码之后，如：AU = WANG，PY≥1996 等。

（6）关于"优先级"。当布尔运算符在一个检索式中连续出现时，它们的"级别"是不同的。大部分数据库是这样规定的："-"优先级最高，"*"次之，"+"最低。例如要查找研究唐宋诗歌的文献，可以用"（唐+宋）*诗"、"唐*诗+宋*诗"，而不能用"唐+宋*诗"。"唐+宋*诗"查找的是含有"唐"的文献或者同时含有"宋"和"诗"的文献，这样就把涉及到的唐代、唐姓的文献都找出来了。

2.1.4.2　计算机检索策略的制定

主要指检索系统和文献数据库的选择和检索表达式的编辑，前者取决于现有的检索系统和文献数据库资源，后者则反映检索目标。研究检索策略主要是在于制定最优检索方案，做到最大限度节省时间，尽可能准确表达信息需求，获得满意的检索结果。制定计算机检索策略的具体步骤如下：

（1）分析检索课题，明确检索目的。这是人们构造检索策略的出发点，是选择文献数据库、编制检索表达式以及判断检索结果的依据。

（2）合理选择检索系统和文献数据库；

（3）确定检索词及检索途径；

（4）制定检索表达式和检索顺序。

2.1.4.3　调整计算机检索策略

调整检索策略之前，首先应分析造成检索结果不理想的原因。

（1）如果需要缩小检索范围，提高检准率，调整检索策略的方法有：1）减少同义词或同族相关词，提高检索词的专指度；2）增加限制概念，用逻辑"与"将它们连接起来；3）使用字段限制，或者限制检索词在制定的基本字段中出现，限制检索结果的类型、语种、出版国家；4）使用适当位置运算符；5）使用逻辑"非"算符，排除无关概念。

（2）如果属于需要扩大检索范围，提高检索结果的检全率，调整检索策略的方法有：1）降低检索词的专指度；2）减少"与"算符，增加同义词，并用逻辑"或"将它们连接起来；3）在词干相同的词后使用截词符（?）；4）去除已有的字段限制符、位置限制符（或者改用限制程度较低的位置运算符号）。

2.2　大型检索工具指南

2.2.1　《SCI》及其网络版检索指南

《科学引文索引》（Science Citation Index），简称《SCI》，由美国费城科学情报研究所（The Institute for Scientific Information,简称 ISI）在 1962 年创刊。它是一种国际性的、关于引证统计的综合性多学科出版物，原为年刊，1966 年改为季刊。

《SCI》系统的主题范围包含数、理、化、农、林、医、生命科学、天文、地理、环境、材料、工程技术等科学领域，根据"引用频率"的统计方法，ISI 从数万种科技期刊中，通过严格的标准和评估精心选出 3300 余种，作为文献核心信息源（核心期刊），逐篇摘录这些期刊中论文的题目、著者及其工作机构、文章类型、语种、年份、出处等项目，每年约摘录 50 万篇文献；同时还逐篇摘录这些期刊中每篇所引用的参考文献，以及其他类型出版物上所引用的参考文献，每年约摘录 700 万条引文信息。

《SCI》收录的文献能全面覆盖全世界最重要和最有影响力的研究成果。作为检索工具，《SCI》通过独特的"引文索引"（Citation Index）方式——即通过先期的文献被当前文献的引用，来说明文献之间的相关性及先前文献对当前文献的影响力。《SCI》不仅被公认是收录世界各国科学论文和综合性工程技术论文的权威性检索系统，而且也作为评价学术科学水平和指导科学研究的客观工具，受到世界各级科技决策机构和科研机构人员的高度重视和普遍青睐，具有很高的学术价值。

《SCI》收录文献主要来自美、英等 40 多个国家的科技期刊。目前，《SCI》的出版形式有印刷版、光盘版、网络版、联机版。ISI 通过 Internet 向用户提供引文索引系列数据库的检索和全文传递服务，其网络平台称为 Web of Science，网址 http://www.isiknowledge.com。

Web of Science 是 ISI 的三大引文数据库的 Web 版，包括三个数据库《SCI》及其姊妹篇《Social Science Citation Index》（简称《SSCI》）、《Arts & Humanities Citation Index》（简称《A & HCI》）。目前，《SCI》网络版收录 5300 多种国际科技期刊，主页如图 2-2 所示。

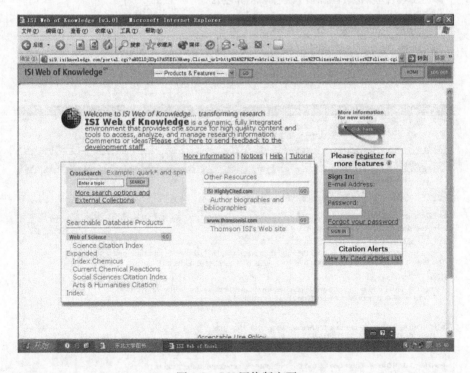

图 2-2 SCI 网络版主页

2.2.1.1 常用检索途径

Web of Science 常用检索途径有以下几种：

快速检索（Quick Search）、一般检索（General Search）、引文检索（Cited Reference Search）、化学结构检索（Structure Search）、高级检索（Advanced Search）和打开检索历史（Open Saved Search）。如图 2-3 所示。

A 一般检索（General Search）

点击"General Search"，进入一般检索如图 2-4 所示。

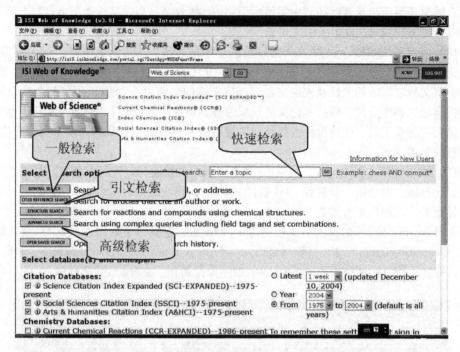

图 2-3   Web of Science 常用检索途径和数据库选择界面

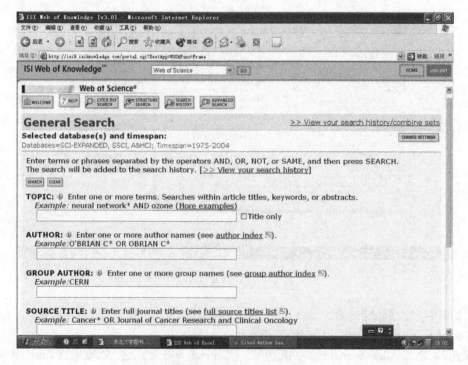

图 2-4   《SCI》的一般检索

通过主题、著者、来源期刊或著者地址检索文献，系统默认多个检索途径之间为逻辑"and"关系。

Topic（主题）：用在文献篇名（Title），文摘（Abstract）及关键词（Keywords）字段中可能出现的主题词检索，也可以只在 Title 中检索。

Author（著者）：Web of Science 标引收录文献的全部著者和编者。若在著者姓名中恰巧包含有禁用词，则用引号。例如：用 KOECHL "OR" 来检索 O·R。

Source Title（来源出版物）：可直接输入刊名缩写或从刊名列表中选取后进行粘贴。

Address（地址）：用著者地址中所包含词检索。在 ISI 中，不允许单独用缩写词检索。例：在地址字段中输入 LAB 一词检索是无效的，应该输入 America LAB。在地址字段中不能单独用于检索的缩写词有 "HOSP"、"DIV"、"ENGN"、"MED"、"CTR"、"COLL" 等。

一般检索的检索方法：

在主题（Topic）、著者（Author）、来源期刊（Source Title）、地址（Address）等字段输入相应数据，然后选择限制条件和命中结果的排列顺序（Set Limits and Sort Option）。

选择语种及文献类型（按 Ctrl-Click 可以选多项）；选择按相关度排序或者按时间排序显示命中结果。选择存储检索策略（Save Query）。

点击【SEARCH】开始搜索。

普通主题检索是常规检索方法之一，根据需要查询的主题，已知的某个研究人员的姓名，已知的某篇文献的来源期刊，某个作者的地址等信息展开检索，并得到需要了解的信息。

下面探讨如何利用 Web of Science 解决问题。

作为一名刚刚接触新课题的研究人员，如何快速了解某一课题的由来、最新进展、未来主要发展方向？

解决方案：利用主题检索方式，进行文献检索，在检索中将文献类型设置为 Review，通过查找某个研究领域的综述性文献，从宏观上把握这个课题方向。

例 2-2　了解目前关于不锈钢的研究动态。

选择一般检索，在 Topic 中输入"stainless steel"，如图 2-5 所示，其检索结果如图 2-6 所示。

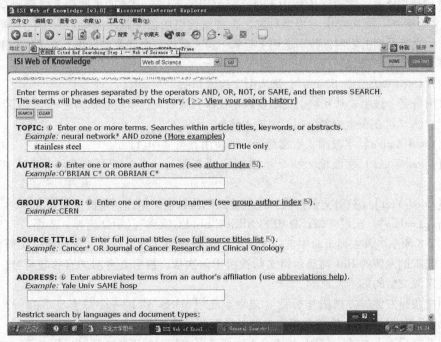

图 2-5　一般检索（General Search）举例

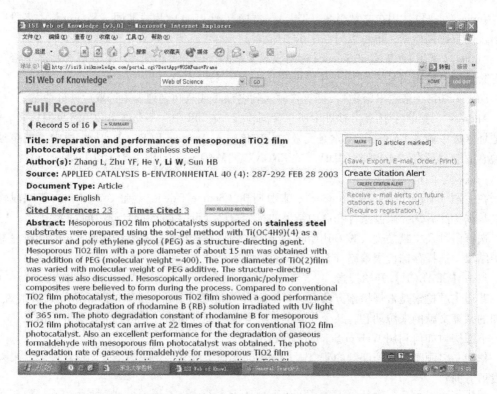

图 2-6 　一般检索（General Search）结果界面

B 　引文检索（Cited Reference Search）

引文检索是 ISI Web of Science 所特有的检索途径，目的要解决传统主题检索方式固有的缺陷（主题词选取不易，主题字段标引不易/滞后/理解不同，少数的主题词无法反映全文的内容），引文检索将一篇文献作为检索对象，直接检索引用该文献的文献；它不受时间、主题词、学科、文献类型的限制，特别适用于检索一篇文献或一个课题的发展，并了解和掌握研究思路。其具体检索步骤如下：

点击 "Cited Reference Search"，进入引文检索如图 2-7 所示。

以被引著者、被引文献和被引文献发表年代作为检索点，系统默认为逻辑 "AND" 关系。

检索方法（可在一个或多个字段中输入信息）：

在【Cited Author】字段输入引文著者，可使用算符（OR）；

在【Cited Works】字段输入引文所在期刊刊名缩写、书名缩写或专利号，可使用算符（OR）；

在【Cited Year】（被引文献年代）字段输入四位数字的年代，可使用算符（OR）。

点击【Lookup】，出现 "CITED REFERENCE SELECTION"（引文选择）界面。

如图 2-8 所示屏幕上列命中的引文文献，先按照引文著者排序，再按照引文著作排序。每篇引文文献的左侧的 Hits 列显示该文献被引用的次数，被引著者前如有省略符号，表示该著者不是来源文献的第一著者。

在引文条目左侧的方框内作标记（或者点击【Select All】将屏幕上显示的引文全作标记），点击【Next】翻页，重复选择需要的条目直到最后一页。

完成选择后，点击【Search】检索，查找所选引文文献的来源文献（引用文献）。

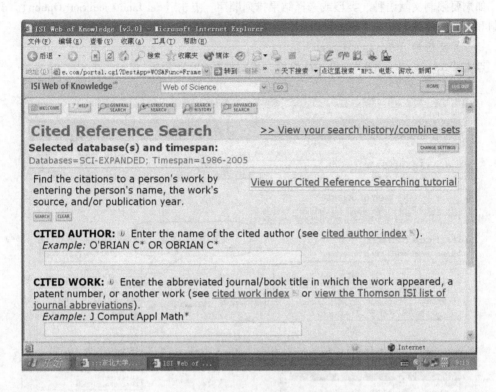

图 2-7 《SCI》引文检索界面

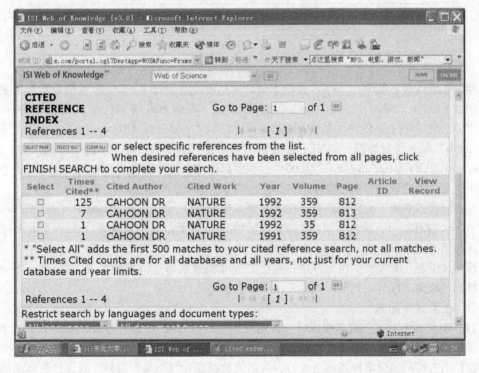

图 2-8 CITED REFERENCE SELECTION（引文选择）界面

　　如果要限制文献语种、类型或选择结果排列顺序，点击【Set Limits and Sort Option】。具体限制和选择的步骤与前面 General Search 方式基本相同。

　　C　高级检索（Advanced Search）

　　点击"Advanced Search"，进入高级检索界面如图 2-9 所示。

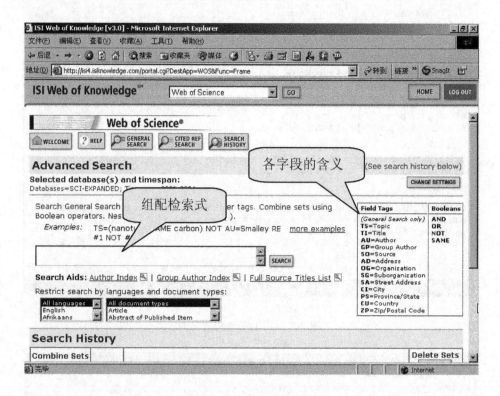

图 2-9　高级检索界面

　　检索式的构成：截词："＊"，在检索词的末尾输入通配符"＊"，即可检索所有相关的变量，例如 robot＊，可检中 robots，robotic，robotics，robotization 等词；布尔逻辑算符：AND、OR、NOT，各个检索字段均支持逻辑运算，如 TS＝"modeling AND system"，AU＝"wang l OR wang ls"等；位置算符：SAME，限定两词必须在同一个域或同一字段中出现。如"northeastern univ SAME metallurgy same 110004"，表示以 SAME 连接的所有检索词出现在同一个作者地址中，几个检索词的位置尽量接近。

　　在高级检索界面下允许用户直接键入专业的检索命令，如 TS＝（nanocry＊ SAME method）AND AU＝（ZHU＊），或#1 AND #2 等；同时将"利用预存的检索策略（Open histories）"正式列入检索方式中。

　　检索式组配：专家检索也允许用户对已完成的检索策略进行组配检索（Combine Search），可直接输入检索式序号。例如#1 and #2 nor #3。

　　D　检索结果处理

　　（1）浏览检索结果。实施检索后，首先分页（每页 10 条）显示检索结果的简单记录，简单记录包括文献的前三位著者、文献标题、出版物名称（刊名）、卷、期、起止页码和出版时间。窗口上方标明检索字段及检索内容、选用的数据库和其他限定条件，满足检索要求的记录数显示在窗口的左下方。点击文献标题，可以看到该条结果的全记录（Full Record），包含记录的全部字段。在全记录显示窗口的左上方,【Previous】、【Next】和【Summary】三个按钮的作用分别为转到上一条全记录、下一条全记录和分页列出简单记录。

(2)标记和去除标记(Mark & Unmark)。在将检索结果进行输出之前,需要将欲输出记录进行标记。在分页显示简单格式窗口,点击记录前面的方框,标记/去除标记这条记录。或者点击窗口左上方的【Mark Page】/【Unmark Page】或【Mark All】/【Unmark All】按钮,对当前页的 10 条记录或检索命中的全部记录作标记/去除标记。点击【Submit Marks】按钮,提交标记的记录。注意,提交标记仅提交当前页的标记记录。

在全记录显示窗口,点击窗口上方的【Mark/Unmark】,对记录作标记/去除标记。

点击窗口上方的【Marked List】,显示此次登录全部被标记的记录,右上方的【Clear Marked List】按钮用于清除全部标记。

(3)查看引用文献,即参考文献(Cited References)。

在全记录显示窗口,【Cited References】后面的数字为这篇文献所引用文献的数目。

点击【Cited References】,列出全部被引用文献的信息,包括著者、发表被引文献的出版物、卷、页和年。

(4)查看被引用次数(Times Cited)。

在全记录显示窗口,"Times Cited"后面的数字为这篇文献被其他文献引用的次数。

(5)查找相关记录(Find Related Records)。若某两篇文献引用的参考文献中至少有一篇是相同的,则称这两篇文献为相关记录。

在检索结果全记录显示窗口的右上方,点击【Find Related Records】按钮,列出在已定购文档中,与该文献相关的全部记录。可以进一步查看相关记录的全记录。

在被引用文献列表(Cited References)中,缺省情况为每篇文献都有标记,此时点击窗口右上方的【Find Related Records】,查找其相关记录;若去除一篇或数篇文献的标记,查到的相关记录中不包括那些引用了去除掉标记之参考文献的记录。

点击相关记录显示窗口上方的【Search Results】按钮,返回原始检索结果显示窗口。

(6)Export(输出检索结果)。在显示标记结果窗口,可以输出这些记录。输出的格式可以选择,缺省格式为简单记录,检索者可选择增加引用参考文献、地址、文摘等字段。输出多记录时可以按时间、第一著者、原始出版物或被引用次数排序,输出方式可选择以下之一:

【Format for Print】——以简单记录格式显示检索结果,借助浏览器的打印功能打印。

【Save to File】——以纯文本的格式将检索结果保存在检索终端存储设备上。

【Export to Reference Software】——以 cgi 格式将检索结果保存在存储设备上。

【E-mail】——以电子邮件的形式将检索结果送出。

2.2.2 《ISTP》及其网络版检索方法

《科学技术会议录索引》(Index to Scientific & Technical Proceedings),简称《ISTP》,由 ISI 编辑出版,主要报道每年召开的约 4000 个国际会议上发表的 17 万余篇科技会议论文,是最具权威性、利用率最高的会议文献的检索工具。

《ISTP》收录的包括专题讨论会、研究报告会等会议论文,必须是第一次出版的带有全文的会议记录。其内容涵盖生命科学、数学、物理学与化学、农业、生物学与环境科学、医学、工程科学及应用科学等,会议记录的语言不仅仅局限于英文,还包括其他语种。ISTP 收录的论文数量成为科研人员、科研与学术机构综合科研能力与水平的重要指标之一。

《ISTP》的出版形式有印刷版、光盘版、网络版。光盘版以滚动形式每季度出版一次,收录的时间跨度均为 5 年。网络版涵盖《ISTP》（科学技术会议记录索引）和 ISSHP（社会科学及人文科学会议录索引），检索平台为 Web of Science Proceedings，简称 WOSP。网络版访问地址为 http：//www.isiknowledge.com。

2.2.2.1　检索方法

《ISTP》网络版检索常用检索途径有四种基本方式：快速检索（Quick Search）、一般检索（General Research）、高级检索（Advanced Research）和打开历史检索（Open Saved Search）。一般检索界面提供了六个检索入口，有主题（Topic）、作者（Author）、来源名称（Source Title）、机构（Group Author）、会议（Conference）和地址（Address），基本满足了会议文献的主要检索要求，同时各检索字段之间可进行逻辑"and"运算。主页如图 2-10 所示。一般检索步骤如下。

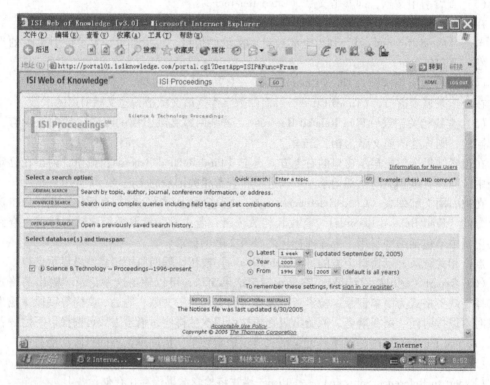

图 2-10　《ISTP》网络版主页

（1）进入 ISTP 后，选择检索界面。检索前先进行年代范围选择：可以选择某年或最近几周上载的数据，默认为 All years（1996 年至今）。

（2）点击【General Search】按钮进入检索词输入界面后，根据需要在以下六个字段中输入检索词，检索词间可用逻辑算符（and、or、not、same）连接。

Topic：主题词，在文献篇名、文摘及关键词字段检索，也可选择只在文献篇名（Title）中检索；Author：作者姓名，标准写法为姓氏全拼加上名的缩拼；Source Title：来源出版物全名；Conference：会议信息，如会议名称、地点、日期、主办者；Group Author：机构名称；Address：作者单位或地址。例如：输入 IBM same NY 检索作者地址为 IBM's New York facilities 的会议文献。

（3）输入检索词后，点击【Search】按钮检索。

General Search 方式还提供了两组限定选项（用 Ctrl-Click 可以进行多项选择）：

1）文献语种选项——默认为所有语种【All Languages】；

2）文献类型选项——默认为所有文献类型【All document types】。

2.2.2.2 检索结果的处理

A 简要格式的显示与标记

检索后命中记录以简要格式显示，包括题目、作者、会议信息、来源出版物信息。此时可以在记录左侧的小方块中划勾表示选中，然后点击【Submit】按钮来做标记，或者通过【Mark All】按钮给所有命中结果做标记。

点击文献题目的链接即可看到全记录。此时点击【Mark】按钮可对该记录做标记。点击【Summary】按钮回到简要格式显示。部分文献的全记录显示中有【Go To Web of Science】按钮，表示该会议文献由于同时刊登在期刊上而被《SCI》收录，点击该按钮可以直接连到 Web of Science 数据库界面，从而可获得其被引情况。

B 下载

将所需记录标记后，点击【Marked List】按钮，即显示所有标记记录的简要列表，选择输出字段和排序方式后，再选择【Format for Print】进行显示，然后利用浏览器的存盘和打印功能下载。也可以选择 E-mail 方式，将检索结果发至电子邮箱。

2.2.3 《EI》及其网络版检索方法

《工程索引》（Engineering Index）简称《EI》，由美国工程信息公司（Engineering Information Inc.）出版，包含世界上 4500 种期刊和 2000 种会议记录所报道的各个工程技术领域的文献资料，每年大约增加文献 20 多万篇。《EI》是世界上著名的工程技术方面的综合性大型检索工具。其特点如下：

（1）学科覆盖面广。《EI》主题范围涉及工程及相关学科的各个领域，包括电子、通讯和计算机工程，应用物理，汽车、运输工程，化工、陶瓷和食品技术，环境工程，土木、结构工程，能源技术和石油工程，信息科学，航空、航天工程，海洋工程，建筑技术，工业工程，冶金和材料科学，生物工程和医药设备，机械工程，电力、自动控制。

（2）资料来源广泛。收选了约 60 个国家 4500 余种刊物和 2000 多种会议记录的文献。

数据库收录的文献类型包括：期刊、会议文献、技术图书、科技报告、学位论文和政府出版物等。

目前《EI》的出版形式有四种，即印刷版、光盘版、联机版和网络版（Ei Compendex Web）。《Ei Compendex Web》是全球最全面的工程领域二次文献数据库，侧重提供应用科学和工程领域的文摘索引信息，并于 1998 年在中国推出 Internet 服务——Engineering Information Village（简称 Ei Village）。

Engineering Village 2（简称 EV2）是 Engineering Village 的第二版，方便信息检索。它提供多种工程数据库：Compendex、INSPECT、CRC ENGnetBASE、Techstreet 标准、Scirus、USPTO 专利等。Compendex 目前全球最全面的工程和应用科学领域的数据库，可检索 1970 年至今的文献。收录了 5000 多种工程类期刊、会议论文集和技术报告的 700 多万篇论文的参考文献和摘要。收录文献的语种主要为英语，也有少量的日、俄、法、德及汉语文献。

2.2.3.1 检索方式

Engineering Village 2 主要提供三种检索方式：简单检索（Easy Search）、快速检索（Quick Search）和专家检索（Expert Search）。系统默认为快速检索。

A　快速检索（Quick Search）

快速检索允许用户从下拉菜单中选择要检索的各个学科。如图 2-11 所示。

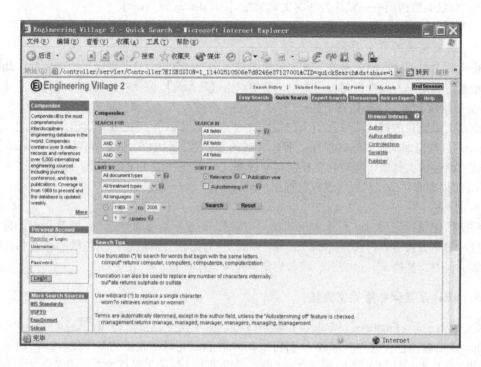

图 2-11　EV2 快速检索（Quick Search）界面

（1）数据库介绍。

Compendex 数据库。Compendex 是全球最全面的工程检索二次文献数据库，是最佳、最权威的信息来源。Compendex 数据库每周更新数据，以确保用户可以跟踪其所在领域的最新进展。

另外，相关数据库简单介绍如下：

1）USPTO 专利（USPTO Patents）。USPTO Patents 为美国专利和商标局的全文专利数据库，内容也是每周更新一次。

2）esp@cenet。通过 esp@cenet 可以查找在欧洲各国家专利局及欧洲专利局（EPO）、世界知识产权组织（WIPO）和日本所登记的专利，关于此数据库的更详细信息可以访问其网站。

3）Scirus。Scirus 是迄今为止在因特网上最全面的科技专用搜索引擎。它采用最新的搜索引擎技术，便于准确查找科技信息、确定大学网址，简单快速地查找所需的文献或报告。

（2）检索字段的选择。检索字段包括：All fields（所有字段）、Subject/Title/Abstract（主题词/题目/文摘）、Author（作者）、Author affiliation（作者单位）、Publisher（出版者）、Serial title（刊名）、Title（题目）及 Controlled term（Ei 控制词）等。

（3）检索基础。逻辑算符：and（与）、or（或）、not（非）；截词：＊代替任意多个字符，例如 comput＊检索 computer，computers，computerize，computerization；优先级算符：（）可用来改变运算顺序，词组必须置于双引号或者大括号中；如"expert system"或者{expert system}。

例 2-3　检索 2002～2005 年，主题词中含有"stainless steel"，发表在"Materials Science ＊"

期刊上的文献。

快速检索界面如图 2-12 所示。

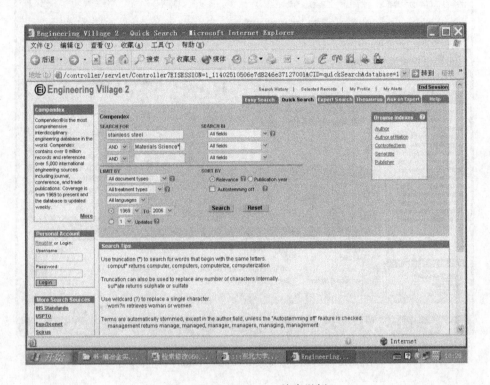

图 2-12 Quick Search 检索举例

如图 2-12 所示，在检索入口处输入"stainless steel"和"Materials Science ＊"，其检索字段分别为："Subject/Title/Abstract"（主题词/题目/文摘）和"Serial title"（刊名），时间限定为："2002～2005"。

B 专家检索（Expert Search）

Expert Search 中有一独立的检索框，用户采用"within"命令（wn）和字段码（如 AB-Abstract, TI-Title），可以在特定的字段内进行检索。专家检索的界面如图 2-13 所示。

用户可采用布尔运算符（AND, OR, NOT）连接检索词。例如，输入 Zhang, Hua wn AU AND Northeastern University wn AF，则检索出由 Northeastern University（AF-作者单位）的 Zhang, Hua（AU-作者）的文献。

采用布尔运算符"OR"连接术语，可以扩大检索范围（得到包含这些术语中任何一个术语的检索结果）。也可采用布尔运算符"AND"连接术语，以缩小检索范围（得到只有包含所有这些术语的检索结果）。可采用布尔运算符"NOT"连接术语，在检索结果中排除 NOT 后的检索词。例如：为了检索作为建筑物一部分的"windows"（窗口），而不是"Microsoft windows"（视窗操作系统），可输入："windows NOT Microsoft"。

可使用括号指定检索的顺序，括号内的术语和操作优先于括号外的术语和操作，也可使用多重括号。例如：（International Space Station OR Mir）AND gravitational effects AND（French wn LA or German wn LA or English wn LA），检索结果含有 International Space Station 或 MIR，且所有的结果均含有 gravitational effects 及所有的文献为法语（French）或德语（German）或英语

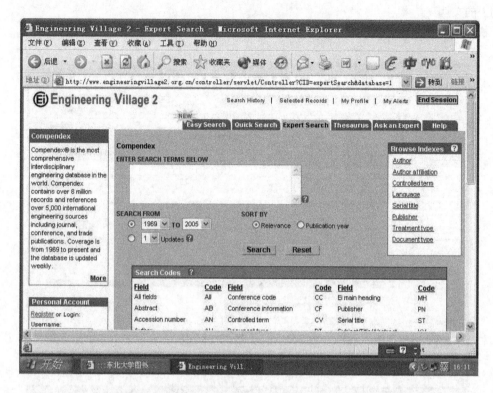

图 2-13　EV2 专家检索（Expert Search）检索界面

（English）。点击界面上部导航条中的 Search History 标签，启用合并前面的检索功能（Combining Previous Searches）可合并多重术语的检索。

2.2.3.2　索引检索（Browse Indexes）

使用作者（Authors）、作者单位（Author Affiliations）、刊名（Serial Titles）、出版商（Publisher）、受控词（Ei Controlled Terms）等字段检索时，可使用 AND，OR 和 NOT 将输入到同一检索窗口的词或词组连接起来。

在"Browse Indexes"栏选定检索字段，点击"Browse"按钮，浏览索引列表，选定的词或词组可以自动粘贴到检索窗口进行检索。粘贴到检索窗口上的检索词默认用 OR 连接，也可人工把"OR"编辑成"AND"或"NOT"。

2.2.3.3　检索结果的处理

（1）E-mail。选中要发出的信息，选择【edit】、【copy】，再打开 E-mail 系统，把光标放在正文栏中，选【edit】、【paste】，然后发出。

（2）打印。在浏览器中点击工具栏中的【print】图标。

（3）用字处理软件处理。选中信息，选【edit】、【copy】，然后再打开字处理软件，选好光标的位置，选【edit】、【paste】。

（4）选择浏览器上的"file"，点击【Save As】，将文件存为以 txt 为扩展名的文本文件。

2.2.4　中国期刊全文数据库及其检索方法

中国期刊全文数据库是由清华同方光盘股份有限公司、中国学术期刊（光盘版）电子杂志社等单位研制开发的，目前世界上最大的连续动态更新的中国期刊全文数据库，是 CNKI 中国基础设施工程项目之一。其内容涵盖国民经济和人民生活的各个领域，数据库分理工 A（数理科学）、理工 B（化学化工能源与材料）、理工 C（工业技术）、农业、医药卫生、文史哲、经济政治与法律、教育与社会科学、电子技术与信息科学等九大专辑，126 个专题文献数据库。公司提供网上包库、镜像站点、全文光盘三种服务模式供用户选择。收录 1994 年至今的全文文献，网上数据每日更新，光盘每月更新。

2.2.4.1　检索方式

数据库提供两种检索方式：初级检索和高级检索。高级检索界面如图 2-14 所示。

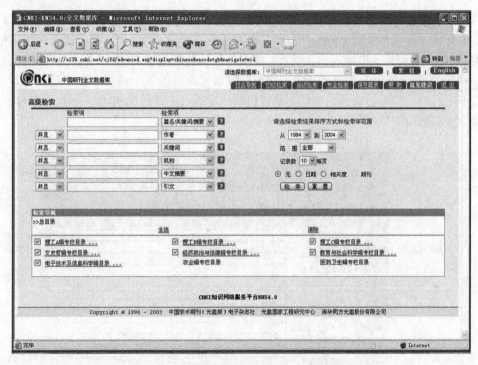

图 2-14　中国期刊全文数据库高级检索界面

高级检索采用布尔逻辑符"AND"、"OR"和"NOT"，将两个或几个检索提问式组配起来共同完成检索。这种检索方式适合检索条件多，要求检索速度快，命中率高，能熟练掌握逻辑组配运算的用户。高级检索结果直接显示每条记录的详细信息。

2.2.4.2　检索方法

数据库提供了多种检索入口，用户可参见初级和高级检索页面的【帮助】系统。

（1）当成功登录数据库后，不作任何选择，直接点击【检索】标签，显示数据库收录的所有文献；

（2）分类检索。总目录下是各专辑目录，每专辑按学科分类的方法层层划分。用户依次点击所选专辑、类目直到搜索到需要的类目，单击其前的方框打勾选择，然后点击【检索】即可。当用户需要查找、浏览某一类的或几类的所有文献时，采用分类检索。

（3）专项检索。数据库提供"篇名、关键词、作者、机构、中文刊名、基金项目、引文、全文、年、期"等专项检索入口，用户可根据自己掌握的信息和检索目的选择其中任何一个或几个检索途径与检索词形成检索提问式，分别或组配检索。

（4）时间选择。单击起始和终止年度中的选框，下拉出年代列表单击选择。默认时段为

1994 年至 2005 年。

（5）排序。即对检索结果按一定的顺序排列。有无序、相关度、更新日期三种选择。

2.2.4.3　检索结果的处理

选中结果后，可以选择 PDF 原文下载或 CAJ 原文下载，将原文下载到指定位置。

2.3　专利检索

2.3.1　中国专利信息检索系统

中国专利数据库收录 1985 年至今的中国专利的有关信息，包括专利申请号、公开号、申请日、公开日、说明书情况（1996 年以后的专利说明书附有全文）、专利申请代理机构信息、发明名称、IPC 分类号、申请人、发明人、文摘等，目前数据量 70 多万条。在网上提供免费检索，网址为 http：//www. search. cpo. cn. net。检索入口有专利申请号、申请日、公开/公告号、公开/公告日、IPC 分类号、文摘、国省代码、发明人、专利权/申请人、发明名称、申请人地址，主页如图 2-15 所示。

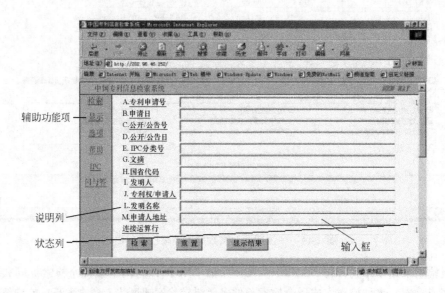

图 2-15　中国专利信息检索系统主页

（1）基本检索。选定检索入口，输入检索词，单击【检索】按钮后，会在状态列中显示一个数字，该数字表示检中篇数。单击"显示结果"即可将检索结果显示出来。

其他检索入口的检索方法与发明名称基本相同，但各检索入口在输入检索词时有一定的规定，请参考检索系统的【帮助】。

（2）IPC 分类检索。要查找某一类专利，可以通过 IPC 分类进行检索。点击辅助功能项中的【IPC】，进入 IPC 国际专利分类表，点击所需的部，例如"D 部纺织、造纸"，进入其下的大类表，点击【检索】，就可查出该大类下的所有专利文献。

2.3.2　Derwent World Patents Index

《德温特世界专利索引》（Derwent World Patents Index，简称 WPI）是英国德温特出版公司编辑出版的一种检索世界各国专利文献的专利检索工具，是目前国际上规模最大、专利文献报道范围最广、检索系统最方便的专利文献，目前收录有 40 多个专利权组织、700 多万条专利文献记录。

《Derwent Innovations Index》为 Derwent 开发的基于 Web 的专利信息数据库，以每周更新的速度，提供全球专利信息。Derwent Innovations Index 收录来自全球 40 多个专利机构（涵盖 100 多个国家）的一千多万条基本发明专利、二千多万条专利情报，资料回溯至 1963 年。

提供 Derwent 专业的专利情报文献加工技术，协助研究人员简捷有效地检索和利用专利，鸟瞰全球市场，全面掌握工程技术领域创新科技的动向与发展。《Derwent Innovations Index》还同时提供了直接到专利全文电子版的链接，用户只需点击记录【Original Document】就可以立刻连接到 "Thomson Patent Store"，获取专利申请书的全文电子版。

德温特世界专利索引的全记录主要包含以下一些内容：

（1）专利号。专利号是由专利出版机构分配给每一个专利文档的序列号码。

（2）标题。简洁的英文描述性标题醒目地指出专利说明书中所谈到的发明的本质及其新颖性。

（3）发明人。发明人的姓名以姓氏在前的格式表现，最多可以包含 30 个字符。

（4）专利权属机构。指在法律上拥有专利全部或部分权利的个人或公司。

（5）德温特存取号。德温特分配给每一个专利家族中第一个专利的唯一的分类号。

（6）摘要。采用英语书写，简洁、准确、相关，覆盖了发明最广泛的领域。

（7）图。有关专利的图画或图表被选出来作为发明的重要组成部分。

（8）德温特分类号。分类系统覆盖了 20 个学科领域，被细分成由学科代号和 2 位字符组成的类号。

（9）德温特人工号。由德温特索引专家给每项专利一个人工号码，用来指明发明的新技术何在，以及它的应用。

（10）专利出版日期、页数及语种。专利出版日期就是专利文档向公众公开的日期。页数即原始专利文档的页数。语种即指原始专利的语种。

（11）申请细节及日期。申请号码是专利局给专利文档分配的当地档案号码。申请日期是专利在专利局申请时的登记日期。

（12）优先申请信息及日期。首次申请号为优先申请号，首次申请日期也成为优先申请日期。

（13）国际专利分类号。国际专利分类方法是在国际上公认的分类体系，由世界知识产权组织控制，由专利局分配给每一个专利文档。

DII 提供格式检索（Form Search）、快速检索（Quick Search）、专家检索（Expert Search）和引用专利（Cited Patent Search）检索四种方式。格式检索（Form Search）是通过主题、专利权人、发明人、专利号、国际专利分类号、德温特分类号、德温特手工代码、德温特人藏号进行检索；引用专利检索（Cited Patent Search）是通过被引专利号、被引专利权人、被引专利发明人、被引专利的德温特人藏号进行检索。主页如图2-16所示。

检索之前需要选择数据库类型和时间范围。

2.3.2.1　Form Search（格式检索）

进入格式检索主页，如图 2-17 所示。

Topic（主题）——输入描述专利主题的单词或短语，在专利篇名（Title）、文摘（Abstract）及关键词（Keywords）字段中检索，也可选择只在专利篇名（Title）中检索。可使用算符（AND、OR、NOT、SAME 或 SENT）连接单词或短语。

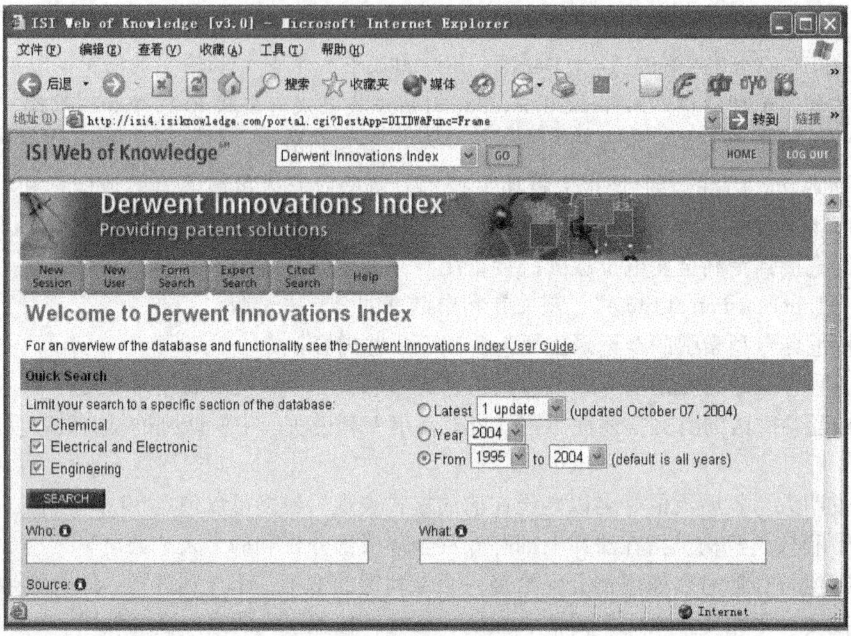

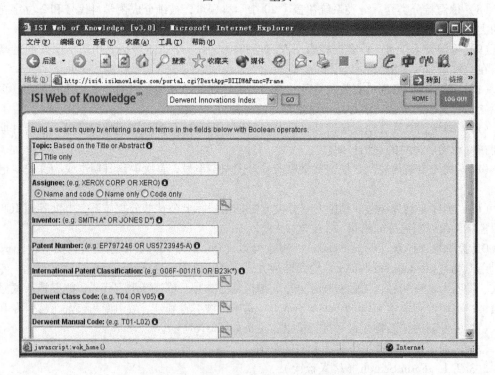

图 2-16　DII 主页

图 2-17　Form Search（格式检索）界面

　　Assignee（专利权人）——输入专利权人的代码和名称。可同时选择检索专利权人的代码和名称，或只选择检索专利权人的名称或代码。

　　Inventor（发明人）——输入专利发明者姓名。姓在前，名在后，中间跟一个空格。

Patent Number（专利号）——输入专利号进行检索。

International Patent Classfication（国际专利分类号）——输入国际专利分类号检索。

Derwent Class Code（德温特分类号）——输入德温特分类号进行检索。

德温特分类号共有20组，分为三个部分：其中化学部分包括（A-M）组，工程部分包括（P-Q）组，电力与电子部分包括（S-X）组。利用德温特分类号进行检索，可以提高读者检索的速度及准确性。获取德温特分类号的方法：点击德温特分类号检索框右侧的 list of class codes，即可获得按主题顺序排列的详细的德温特分类号。

Derwent Manual Code（德温特手工代码）——输入德温特手工代码检索。

德温特手工代码是德温特检索系统分配给各个专利的，用于表明该专利的技术创新方面。它揭示了专利技术的外部特征和应用领域。利用德温特手工代码进行检索，可以提高检索的速度及准确性。

获取德温特手工代码的方法有两种途径：其一：利用 Topic（主题）检索字段进行相关主题检索；从中找到一篇或几篇与自己相关的专利手工代码；利用德温特手工代码检索字段进行二次检索。其二：连接 http：//www. derwent. com/dwpireference/eng_ mc. html 输入主题词检索相关手工代码。

Derwent Primary Accession Number（德温特入藏号）——输入德温特入藏号。德温特入藏号是德温特分配给每个专利族中的第一个专利的唯一确认号。德温特入藏号由四位数的年号和六位数的系列号组成。

在希望检索的字段中输入检索词。各检索字段之间默认以"AND"连接，因此，使用更多的字段可以缩小检索的范围。可以按时间（最新的记录排在前面）、按第一发明者首字母、按第一专利所有者字母、按第一专利所有者代码排序检索结果。按【Search】运行检索，显示检索结果。可以通过【Save Query】保存刚才的检索命令，以便将来使用。

2.3.2.2　Cited Patent Search（引用专利检索）

通过被引专利号、被引专利权人、被引专利发明人、被引专利的德温特入藏号进行检索。四个检索框分别为："Cited Patent Number"（被引专利号）、"Cited Assignee"（被引专利权人的名称和代号）、"Cited Inventor"（被引专利发明人）以及"Cited Derwent Primary Accession Number"（被引专利的德温特入藏号）。

2.3.2.3　检索结果输出排序（Sort Option）

Latest Date（默认选项，依照收录文献的日期排序，最新的排在前面）/ Inventor（依照第一发明人的字母顺序排序）/ Patent Assignee Name（依照专利权人名称的字母顺序排序）/Patent Assignee Code（依照专利权人的代码排序）/Times Lited（被引用次数等）。

2.3.2.4　结果的显示、打印、下载和 E-mail

检索命中结果的简洁格式包括专利号、前3位发明人、专利名称及专利权人名称等。

在全记录格式，点击 Patents Cited by Inventor、Patents Cited by Examiner、Citing Patents、Articles Cited by Inventor，还可查看该专利引用其他专利的情况、该专利被引用的情况以及相关文献。

标记输出记录：在每条记录开始处的方框内作标记后，点击 SUBMIT；或者点击 MARK PAGE 将一页的 10 条记录全作标记（也可点击 UNMARK PAGE 删除标记）；翻页后，再选择需要标记的记录，重复 SUBMIT 或者 MARK PAGE，直到最后一页；然后点击屏幕上方的 MARKED LIST 按钮（该按钮只在做了标记并点击 SUBMIT 或 MARK PAGE 后才出现）。

选择输出字段：屏幕最下方列出了输出字段的选择项，可根据需要在方框内作标记。

下载时建议使用 FORMAT FOR PRINT 或 E-mail 格式。

用浏览器的命令打印或者保存命中结果；在"E-mail the records to:"框中输入收件人地址，点击"SEND E-mail"发送命中结果。

2.4　特种文献检索

特种科技文献信息源，是指除了科技图书、报刊以外的各类型科技文献，如科技报告、会议文献、技术标准、学位论文等信息资源。特种科技文献形式多样，数量庞大，内容涉及科技的各个专业领域，实用价值高，是科学研究工作不可缺少的信息源。

如今借助现代网络技术，我们可以通过网络检索很容易地获取这类信息，从时效性和方便性而言，其优越性是传统方法所无法比拟的。

2.4.1　《PQDD 博硕士论文库》

PQDD（ProQuest Digital Dissertations）是美国 UMI 公司出版的博硕士论文数据库，是 DAO（Dissertation Abstracts Ondisc）的网络版。它收录了欧美 1000 余所大学的 160 多万篇学位论文，是目前世界上最大和最广泛使用的学位论文数据库。内容覆盖理工和人文社科等广泛领域。PQDD 具有以下特点：

（1）收录年代长，从 1861 年开始；

（2）更新快，每周更新；

（3）1997 年以来的部分论文不但能看到文摘索引信息，还可以看到前 24 页的论文原文。

2.4.1.1　检索方式

A　基本检索

进入 PQDD 网站后，点击【Enter】图标就直接进入基本检索界面。如图 2-18 所示。

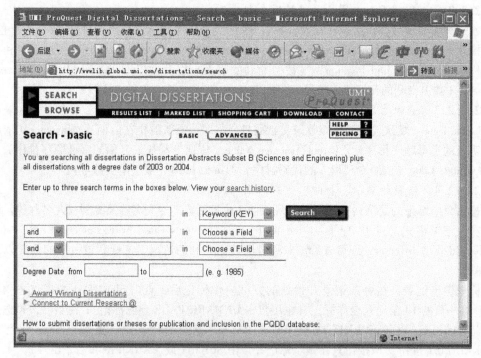

图 2-18　PQDD Basic Search（基本检索）界面

选择字段，输入检索词，选定逻辑算符，确定年代范围后，点击【Search】按钮，开始检索。

B　高级检索

如果需要进行更为详细的检索时，可以点击【Advanced】按钮进入高级检索。

高级检索（如图 2-19 所示）界面分为上下两部分：检索式输入框和检索式构造辅助表。辅助表包括四种方式：（1）Keywords + Fields 提供基本检索界面；（2）Search History 选择检索历史的某一步；（3）Subject Tree 选择学科；（4）School Index 选择学校。

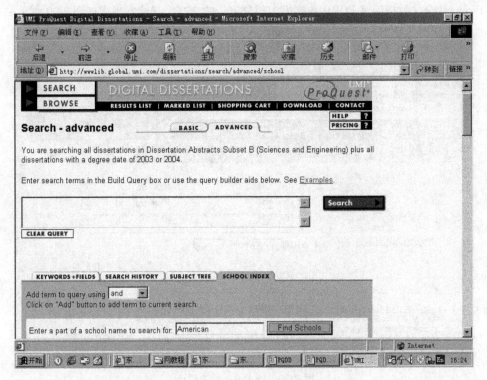

图 2-19　Advanced Search（高级检索）界面

通过点击【ADD】按钮将检索条件加入检索式输入框中来辅助构成检索式。

PQDD 共提供 14 个字段的检索，常用字段包括：题目（Title）、文摘（abstract）、作者（author）、导师（advisor）、学校（school）、学科（subject）、年代（year）、语种（language）等。

2.4.1.2　检索结果的处理

在基本检索界面递交检索词后，如果命中数目较少则直接显示命中论文的题目列表，包括题目、作者、学校名、年代等简单信息。列表上方可以设置每屏显示篇数及排序方式。论文左侧 "Folder" 图标前的小方块用于做标记，列表左上方的 "Mark All" 按钮用于将某次检索结果全部标记。点击 "Citation + Abstract" 某篇论文的全记录（较详细的文摘索引信息）。如果命中数目较多则点击命中文献数目，进而显示论文的题目列表。屏幕下方提供的基本检索界面可以随时对命中文献进行缩小范围检索，点击【Search History】可以看到检索历史。

凡能够获得前 24 页原文的论文。其下方有【24 Page Preview】字样，点开后可以看到前24 页的缩小扫描图像。选择一页后可以阅读该页原文，点击缩小图左侧的【Print All Preview

Pages】可以将 24 页在一个屏中集中显示。

一次下载多篇记录，可以先做标记，再用屏幕上方的"Marked List"按钮将所有标记过的记录集中显示。这时，检索结果上方有四个按钮：【Clear List】清除标记、【Print List】打印、【Email List】email 传递、【Down Load】存盘。实际上，存盘与打印操作利用的就是浏览器的保存与打印功能。

2.4.2　ProQuest 全文数据库

ProQuest 全文数据库是 PQDD 数据库中部分记录的全文。其检索界面如图 2-20 所示。

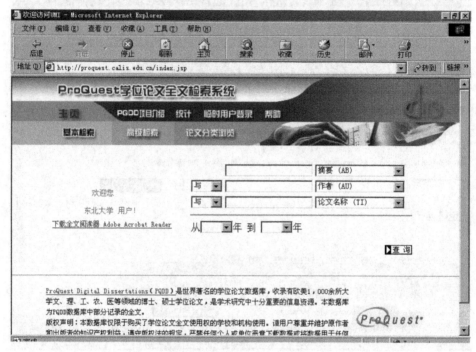

图 2-20　ProQuest 检索界面

2.4.3　《中国高等学校学位论文检索信息系统》

《中国高等学校学位论文（文摘）检索信息系统》是由 CALIS 全国工程中心（清华大学图书馆）承建。该数据库是反映高校特点和水平的文献数据库，涵盖各大学（51 个成员馆）中各类学科的学位论文；目前已完成 7 万余条记录，该库只收录题录和文摘，没有全文。该系统立足于 CERNET 的网络环境，面向全国 CERNET 网上用户，提供主动服务的开放型信息系统。检索方法如下：

（1）输入网址 http：//www. lib. tsinghua. edu. cn，点击【学位论文查询】。

（2）检索步骤。

1）在查询表达式输入框中输入一个或多个关键词，不要输入"AND"和"OR"这两个逻辑操作符。

2）指定这些关键词间的逻辑关系为"AND"、"OR"或"布尔表达式"。缺省逻辑关系为"AND"。

3）指定最大命中数：50，100，200，默认值为 100。

4）点击【查询】，提交检索。点击【取消】则取消检索框的检索词。

5）点击【查询】按钮后，弹出"学位论文检索结果窗口"。

另外，还可以通过中国学术期刊网来进行部分学位论文全文的检索，其使用方法与其期刊检索类似。万方数据资源系统中的中国学位论文全文数据库等也可以用来检索学位论文。

2.5 其他数据库

2.5.1 《万方数据资源系统》

《万方数据资源系统》是建立在 Internet 上的大型中文网络信息资源系统，由面向科技界的科技信息子系统和面向企业界、经济界服务的商务信息子系统组成。科技信息子系统集中国科技期刊全文、中国科技论文与引文、中国科研机构、中国科技名人、会议论文和学位论文等近百个数据库为一体，形成国内唯一完整的科技信息群，为科研机构和科技工作者提供全方位的信息服务。科技信息子系统共有一级栏目 6 个，包括数据库、科技期刊、科技要闻、科技名人、科技文献和科技论文；商务信息子系统以开展电子商务和为中小企业提供信息为目的，提供检索、统计、注册、客户信息管理、在线交易等服务。主要内容包括中国企业、公司及产品信息、经贸信息、产业标准和科技成果等栏目。商务信息子系统有企业与产品、企业风采、成果与专利、咨询服务、政策法规和经贸信息 6 个一级类目。

《万方数据资源系统》主要以"万方数据服务中心"的方式提供服务，包括万方数据库和科技期刊两部分。它是一个以科技信息为主，涵盖经济、文化、教育等相关信息的综合性信息服务系统，自 1997 年 8 月向社会开放。其主页如图 2-21 所示。

2.5.1.1 万方数据库

万方数据资源系统目前有百余个数据库，基本包括了当今国内使用频率较高的科技、商

图 2-21　万方数据库主页

贸、法律法规等数据库，是国内较为丰富的数据库集散地之一。

万方数据资源系统收入的数据库有：企业与产品库、百万商务库、台湾系列库、科技文献库、期刊会议库、科技成果库、科技决策库、论文引文库、中国专利库、科研机构库、科技名人库、学位论文库、新产品库、标准库、法规库、奖励项目库、数据库名录、高等院校库名录、火炬计划库等。其中，《中国企业、公司和产品数据库》（CECDB）是我国最具权威的企业综合信息库，全方位地展示出企业和产品信息，是万方数据资源系统的主打产品。在万方数据库中我们使用较多的是学位论文全文数据库和会议论文全文数据库。

2.5.1.2　科技期刊

该栏目是国内核心期刊收录率高的数字化期刊群，已经上网的科技期刊有 1800 多种，均为全文上网，与印刷版本同时发行，读者不仅可以阅读这些最新期刊全文，还可以进行回溯检索、统计等。万方数据资源系统根据期刊的收录范围对期刊进行了分类（图 2-22）。

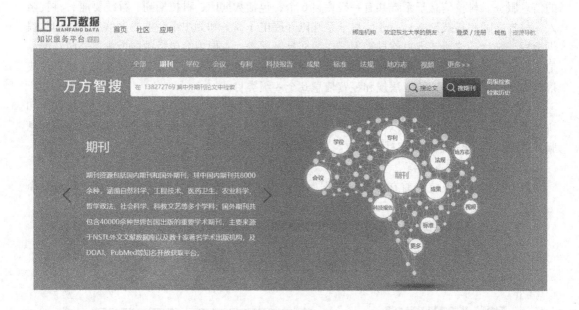

图 2-22　科技期刊分类

2.5.2　Elsevier Science 电子期刊全文数据库

Elsevier Science 数据库由世界著名的学术出版商之一荷兰 Elsevier Science 出版集团出版，提供电子期刊全文数据库 Science Direct Onsite（SDOS）服务。该数据库提供中国用户 1600 余种学术期刊的全文，主要收录 1995 年以来的文献。覆盖数学、物理、生命科学、化学、计算机、医学、环境科学、材料科学等方面的电子期刊。

Elsevier Science 数据库有两种访问方式："online" 和 "website"，用户可以通过检索和浏览两条途径获取论文。进入 Elsevier Science 全文数据库主页如图 2-23 所示。

2.5.2.1　浏览途径

浏览页面如图 2-24 所示。系统提供按字顺（Alphabetical List of Journals）和按分类（Category List of Journals）排列的期刊目录，分别组成期刊索引页或期刊浏览页界面。用户可在期刊

图 2-23 Science Direct Onsite 主页

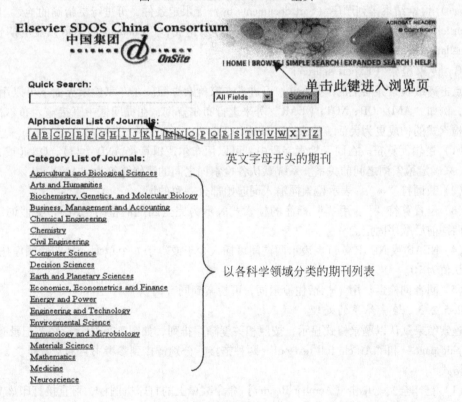

图 2-24 浏览页面

索引页中选择浏览的途径（字顺或分类），在期刊浏览页中选择自己所需的刊名。

选中刊名后，单击刊名，进入该刊所有卷期的列表，进而逐期浏览。单击目次页页面右侧的期刊封面图标，可连接到 Elsevier Science 出版公司网站上该期刊的主页。

在期刊索引页或期刊浏览页上方设有一个检索区，可进行快速检索。用户可在左侧检索框中输入检索词，再利用右侧下拉菜单选择检索字段。检索字段包括："All Fields"、"Author Name"、"Article Title"、"Abstract"。

2.5.2.2　检索途径

系统提供了以下三种检索界面：简单检索（Simple Search）、高级检索（Advanced Search）、专家检索（Expert Search）。

A　简单检索（Simple Search）

单击主页上的"Simple Search"按钮，进入简单检索界面。提问框中可输入检索词，可供选择的检索范围："any field, article title, abstract, author name, ISSN, PII, author key words, journal title"。

B　高级检索（Advanced Search）

点击主页上的"Expended Search"可进入高级检索界面（Advanced search）。高级检索界面分为上下两个区，分别为检索策略输入区和检索的限定区。在高级检索中有更多的字段选项，而且检索结果更精确。

在高级检索中主要有以下几个方面的选项：学科分类（Journal categories）、文章类型（Article type）、语种（language）、出版期（limit dates）检索结果每页显示的文档数（Documents per page）检索结果排列顺序（Sort documents by）等限定条件，可进行更精确的检索。论文类型（article type）的限定中，"Article"表示只显示论文；"Contents"表示只显示期刊题名；"Miscellaneous"表示只显示其他题材的论文。

C　专家检索（Expert search）

点击高级检索界面上的"Expert"可进入专家检索界面。在专家检索界面下可以用布尔运算符，例如"AND；OR；NOT；NEAR"等来进行布尔查询，在提问框中直接输入布尔检索式，因此检索式的构成更为灵活。检索式的构成如下。

（1）逻辑元算符。在同一检索字段中，可以用布尔逻辑算符 AND（与）、OR（或）、NOT（非）来确定检索词之间的关系。系统默认各检索词之间的逻辑算符为"AND"。

（2）截词符"*"。表示检索同输入词起始部分一致的词。

（3）位置算符""。用""标注的检索式表示为完全匹配的检索；ADJ，类似词组检索，表示两词前后顺序固定。

（4）NEAR 或 NEAR（n）。表示两词间可插入少于或等于 n 个单词，且前后顺序任意，系统默认值为10。

（5）同音词检索。用［］括住检索词，可检索到同音词。

2.5.2.3　检索结果的处理

检索结果默认以题录格式显示，按照相关度降序排列，如图2-25所示。每条记录有"Bibliographic page"和"Article full text pdf"两种链接，分别链接到参考书目和文章全文，全文为PDF格式。

（1）打印全文。单击【Acrobat Reader】命令菜单上的打印机图标，可直接打印该文章。

（2）保存全文。在欲保存的论文题名下，选中"Article Full Text PDF"按钮，单击鼠标右键，从弹出的菜单中选择"目标另存为"，保存该论文（PDF格式）。

（3）保存检索结果的题录。对欲保存的期刊或论文的题录，选中其题名前的小框，而后单击"Save Checked"按钮，即可生成一个新的题录列表。从浏览器的［文件］菜单，选择［另存为］，可按".txt格式"或".html"格式保存题录。

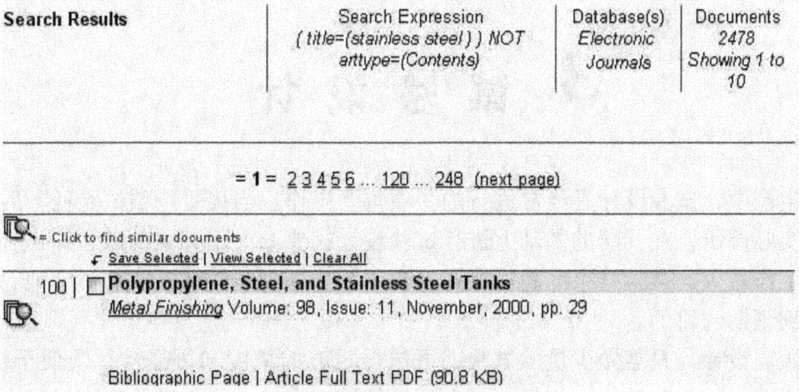

图 2-25 检索结果界面

思考题与习题

2-1　简述科技文献大致分为几类。

2-2　常用的检索工具有哪几种类型？举例说明各自的主要用途。

2-3　简要介绍 3 种以上世界知名的检索系统，简述其检索方法。

2-4　构成检索表达式的基本要素有哪些？

2-5　如何通过 SCI 了解"纳米碳管"这一课题的由来、最新进展以及未来的发展方向？

2-6　怎样了解某作者论文被 SCI 收录情况？

2-7　通过 ISTP 检索"不锈钢"这一课题的收录情况。

2-8　利用 EI 专家检索完成题目中有"连铸、电磁搅拌"，作者是"王林"的检索任务，要求检全。

2-9　检索东北大学 2004 年被 EI 数据库收录文献情况。

2-10　通过中国学术期刊网或维普全文电子期刊数据库检索某一领域，如"压电陶瓷"的最新进展情况。

2-11　检索国内外关于"冶金渣"利用的专利。

2-12　检索 2000～2005 年，关于"精炼渣"的硕士和博士学位论文。

3 试 验 设 计

在科研和生产中，试验设计是经常进行的一项重要工作。当接受一项试验任务后，首先进行文献检索和实际调研，在调研的基础上进行试验设计，要求应用有关的数学知识合理地安排试验，使试验工作量少、试验结果准确可靠并有利于数据处理，使试验能够科学地、有条不紊地进行，以达到预期的目的。

一个好的试验设计，只需做少量的试验就可取得足够的精度和可靠性，既便于统计分析，又能够得到有说服力的正确结论。相反，一个不好的试验设计，往往试验工作量很大，而试验结果的精度不高、可靠性差、统计分析也很困难。

试验设计方法很多，在冶金工作中常采用的有优选法、正交试验设计、正交回归设计、混料回归设计、逐步回归设计、旋转回归设计等。究竟采用哪一种设计方法，需要根据试验的目的和内容正确地、灵活地加以选择。

3.1 优选试验设计

优选试验设计有单因素优选和双因素优选，多因素一般多采用正交设计。

3.1.1 单因素优选试验设计

当只研究一个变化的因素对指标的影响时，比较广泛采用的是单因素优选法，其中有 0.618 法、平分法、分数法和分批试验法。下面介绍 0.618 法和分批试验法。

3.1.1.1 0.618 法（黄金分割法）

该法是序贯试验法，后面的试验取决于前面的试验结果。如在某一生产工序中，需加入一种原料，其适宜加入量为 1000~2000g，问最佳加入量是多少？对这一课题的解决，若采用间隔 5g 做一次试验，需做 199 次，但用 0.618 法只做 11 次就可达到前面 199 次的效果。具体做法如图 3-1 所示。先在 1000~2000g 之间的 0.618①及其对称点 0.382②处做第一组试验，其加入量分别为 1618g 和 1382g，比较两点的结果，若①比②好，则删去小于 1382g 部分，再在 1382~2000g 之间做 1618 的对称点的试验，其加入量为 1764g，比较①、③的结果又可删去一部分，这样每次都可去掉试验范围的 38.2%，试验范围逐步缩小，经过 11 次试验就可求出最佳加入量。反之不用优选法，需要做 199 次才能求出最佳点，而与 11 次优选试验等效。

图 3-1 0.618 法试验布点

3.1.1.2 分批试验法

前述 0.618 法试验次数少，但后面的试验安排取决于前面的试验结果。这种方法对试验周期长的不适用，此时可采用分批试验法，每批多做几个试验，同时进行比较，这样一批一批做下去，就可得到理想的结果。

试验布点取决于试验批数和每批的试验点数。对均匀分批试验而言，如果计划做两批试验，每批做两个试验点，可将试验范围七等分，如图 3-2 所示。第一批做③、④两点试验，比较结果，若④好，则删去①、②两点；第二批做⑤、⑥两点试验，比较结果从中找出最佳点。这样每做一批试验就可将试验范围减小一半，最后求得最佳值。均匀分批试验次数、等分份数及每一实验点的位置见表 3-1。

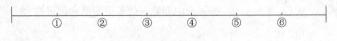

图 3-2 分批试验布点

表 3-1 均匀分批试验表

允许实验次数	等分份数	第一试验点位置	允许实验次数	等分份数	第一试验点位置
1	$a_1 = 2 \times 1 + 1 = 3$	①，②	3	$a_3 = 2 \times a_2 + 1 = 15$	⑦，⑧
2	$a_2 = 2 \times a_1 + 1 = 7$	③，④	4	$a_4 = 2 \times a_3 + 1 = 31$	⑮，⑯

当试验批数没有严格限制，而且因素变化较小就对指标有显著影响时，可采用比例分批试验法。以每批做四个试验为例，先将试验范围五等分，在四个分点上做第一批试验。如图 3-3 所示。比较结果，若③点好，则删去②、④两点以外的部分，然后将留下的②~④之间六等分，再在分点做第二批的四个试验，这样不断做下去，就可求得最佳点。

图 3-3 比例分割法

3.1.2 双因素优选试验设计

双因素优选试验设计有降维法、爬山法和陡度法，这里介绍爬山法。该法适宜于变化因素不能做大幅度调整的场合，多用于各生产工序的局部改进，以原有的生产工艺条件为起点，以此点作为矩形对角线的交点，在构成矩形格子的四个顶点（①、②、③、④）各做一次试验，比较结果，若③点好，如图 3-4 所示，则以③为中心在其他三个方向上⑤、⑥、⑦三点再做一批试验，比较结果，若⑥点好，则再以⑥为中心，在其他三个方向上继续试验，这样下去就可找到最佳点。

实际工作中一般采用"两头小中间大"的方法，也就是先在四个方向做小幅度的变化进行探索，找到有利方向后，再在确定的方向适当加大变化幅度，到快接近最佳点时，再减小变化幅度。

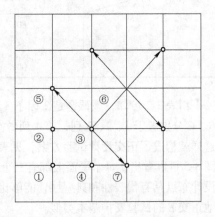

图 3-4 矩形格子爬山法

3.2 正交试验设计

正交试验设计是利用已经造好的表格（正交表）安排试验和进行数据分析的一种方法。它适用于多因素的条件试验，可从少数的试验中判断影响因素的主次，可确定出较好的组合方案及进一步试验的方向。正交设计与优选法配合使用，两者相辅相成就更为有利。

3.2.1　正交设计的试验安排

正交试验设计的基本工具是正交表。常用的正交表有 $L_8(2^7)$、$L_{12}(2^{11})$、$L_9(3^4)$、$L_{27}(3^{13})$、$L_{16}(4^5)$、$L_8(4\times2^4)$、$L_{18}(2\times3^7)$ 等等,使用时可参阅具体的表格。L 代表正交表,各数码的意义说明如下:

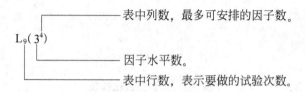

$$L_9(3^4)$$

—— 表中列数,最多可安排的因子数。

—— 因子水平数。

—— 表中行数,表示要做的试验次数。

因子:对试验指标可能会产生影响的原因称为因子,也可称为因素。

水平:在试验中因子所选取的具体状态称为水平。

$L_8(2^7)$ 正交表最多可以安排 7 因子 2 水平试验,共做八次。$L_9(3^4)$ 正交表最多可安排 4 因子 3 水平共做九次试验。$L_8(4\times2^4)$ 为混合正交表,最多可安排 1 因子 4 水平和 4 因子 2 水平共做八次试验,其他正交表可依此类推。

用正交表安排试验,首先根据试验目的确定试验指标,由此决定影响试验指标的因子,并选取各因子的水平,这样就可列出因子水平表。如:为提高某一冶金反应的转化率,选择反应温度 (80 ~ 90℃)、反应时间 (90 ~ 150min)、用碱量 (5% ~ 7%) 三个因素进行研究,从中选取最高转化率的组合方案。由课题可以列出因子水平表,见表 3-2。

表 3-2　因子水平表

水平＼因子	A 反应温度/℃	B 反应时间/min	C 用碱量（质量分数）/%
1	80	90	5
2	85	120	6
3	90	150	7

由表 3-2 可知,该课题是 3 因子 3 水平的试验,可以选择 $L_9(3^4)$ 正交表 (表 3-3),把 A、B、C 分别置于 1、2、3 列,第 4 列做空列,每列中的水平数码 1、2、3 分别变成相应的数值,这样就构成了正交设计试验方案,见表 3-4。该试验方案的九个试验点分布如图 3-5 所示。由图 3-5 可以看出,每个平面上都有三个试验点,在每行每列上都有一个试验点,所以正交试验设计布点具有代表性和典型性,能够比较全面的反映各因素各水平对指标影响的大致情况。其他正交表的试验安排基本类似。

表 3-3　$L_9(3^4)$

水平＼列号 行号	1 A	2 B	3 C	4 D	水平＼列号 行号	1 A	2 B	3 C	4 D
1	1	1	1	1	6	2	3	1	2
2	1	2	2	2	7	3	1	3	2
3	1	3	3	3	8	3	2	1	3
4	2	1	2	3	9	3	3	2	1
5	2	2	3	1					

表 3-4　转化率试验方案

实验号	水平组合	实　验　条　件		
		温度/℃	时间/min	加碱量(质量分数)/%
1	$A_1B_1C_1$	80	90	5
2	$A_1B_2C_2$	80	120	6
3	$A_1B_3C_3$	80	150	7
4	$A_2B_1C_2$	85	90	6
5	$A_2B_2C_3$	85	120	7
6	$A_2B_3C_1$	85	150	5
7	$A_3B_1C_3$	90	90	7
8	$A_3B_2C_1$	90	120	5
9	$A_3B_3C_2$	90	150	6

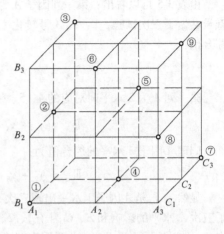

图 3-5　正交试验设计布点图

3.2.2　正交表的极差分析

3.2.2.1　试验数据计算

由正交表的极差分析可以分辨出影响因子的主次,预测更好的水平组合,并能为进一步的试验设计提供依据。以提高冶金反应的转化率为例,其试验结果列于表 3-5。

表 3-5　转化率实验数据与计算分析

水平　　　列　号 实验号	A/℃ 1	B/min 2	C(质量分数)/% 3	4	y (转化率)/%
1	1	1	1	1	31
2	1	2	2	2	54
3	1	3	3	3	38
4	2	1	2	3	53
5	2	2	3	1	49
6	2	3	1	2	42
7	3	1	3	2	57
8	3	2	1	3	62
9	3	3	2	1	64
Ⅰ	123	141	135		
Ⅱ	144	165	171		
Ⅲ	183	144	144		
K_1	41	47	45		
K_2	48	55	57		
K_3	61	48	48		
R	20	8	12		

由表 3-5 可以看出：第一列因子 A 为 1 水平，即温度为 80℃时，对应不同的反应时间和加碱量共做了三次试验，1、2、3 号转化率试验结果的代数和记为 I_A，I_A 称为 A 因子 1 水平的综合值：

$$I_A = y_1 + y_2 + y_3 = 31 + 54 + 38 = 123$$

第一列 A 为 2 水平时对应的 4、5、6 号试验，其和记为 II_A，称为 A 因子 2 水平综合值：

$$II_A = y_4 + y_5 + y_6 = 53 + 49 + 42 = 144$$

同理 A 因子 3 水平的综合值为：

$$III_A = y_7 + y_8 + y_9 = 57 + 62 + 64 = 183$$

显然，I_A 是 A 因子 1 水平出现三次，B、C 因子的 1、2、3 水平各出现一次，所以 I_A 反映了三次 A_1 水平的影响和 B、C 因子 1、2、3 水平各一次的影响。同样 II_A（或 III_A）也反应了三次 A_2（或 A_3）水平及 B、C 两因素三个水平各一次的影响。由此比较 I_A、II_A、III_A 大小时，可以认为 B、C 因子对 I_A、II_A、III_A 的影响大体相同。因此，把 I_A、II_A、III_A 之间的差异看作是由于 A 三个不同水平而引起的，这就是正交表提供的均匀可比性。

同理可以算出 B、C 因子各水平的综合值，其结果列于表 3-5。由上述分析可知：按正交表各列计算综合值的差异，反映了各列因素当水平不同时指标的影响。

具体计算中常将综合值被试验次数除得到综合平均值，记为 K_i（i 代表 1、2、3 水平）。如 A 因子 1 水平的综合平均值为 $K_{A1} = I_A/3 = 41$，同理可算出 A 因子 2、3 水平的 $K_{A2} = II_A/3 = 48$，$K_{A3} = III_A/3 = 61$，再将 B、C 因子的综合平均值引入表 3-5。由此再计算 K_i 的最大值与最小值之差，这个差值称为极差，记作 R，A、B、C 三因子极差的计算结果如下：

第一列（A 因子）$R_A = 61 - 41 = 20$
第二列（B 因子）$R_B = 55 - 47 = 8$
第三列（C 因子）$R_C = 57 - 45 = 12$

将其结果列于表 3-5。由上述分析可知：每列极差的大小，反映了该列因子由于水平变化对指标影响的大小。

3.2.2.2　分析试验结果

A　因子对指标影响的主次

由以上分析可知，可用极差的大小来描述因素对指标影响的主次。表 3-5 表明：

$$R_A(20) > R_C(12) > R_B(8)$$

根据 R 的大小顺序可排出影响因素的主次

$$\underrightarrow{\text{主　　　　　次}}$$
$$A,\quad C,\quad B$$

B　各因子水平的选取

选取因子水平与试验指标有关。若要求指标值越大越好，就应选取使指标增大的水平，也就是取各因子综合平均值最大值所对应的水平，即 $A_3B_2C_2$。而这种试验组合在正交表的九次试验中并没有，它是根据试验数据的计算分析预测到的最佳工艺条件，用预测的 $A_3B_2C_2$ 进行试验得到的转化率为 74%，试验证明计算分析的结论是正确的。这是因为根据正交表安排的试验具有代表性，能够比较全面地反映三个因素不同水平对指标的影响，使之能在试验的基础上经过计算分析后，从 27 种组合（图 3-5）中选择出最佳组合方案，其效果等于做 27 次试验

从中选择的最佳方案，由此也可以看出正交试
验设计的优越性。

　　C　确定进一步试验的方向

　　以 K_i 对应因子 A、B、C 的不同水平作图 3-
6，可以看出各因子改变水平对指标影响的变化
规律。反应时间（B）和用碱量（C）对指标的
影响均出现了峰值，B_2、C_2 对指标的影响最大，
则对 B、C 两因子上、下限范围的继续试验没有
必要。而因子 A（反应温度）对转化率的影响
是直线上升，在试验范围内以 90℃ 为最好，依

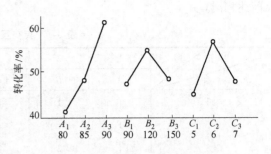

图 3-6　转化率与三因素的关系图

据其变化规律，继续升高温度，对转化率可能仍有好的影响效果，若条件允许，则有进一步在
温度的上限区继续进行试验的必要。可以看出，经过计算分析可以指出进一步试验的方向。

3.2.3　交互作用

　　前述的正交试验设计，只认为改变因子水平对指标有影响。而在有些情况下，不同因子各
水平的相互搭配对指标也会产生影响。这种因子间的相互联合搭配作用称为交互作用，如 A、
B 两因子的交互作用记为 $A \times B$。正交试验设计除了可分别研究各因子对指标的影响外，还可
分析各因子的交互作用对指标的影响。这也是正交试验设计的突出优点之一。

　　有交互作用的试验设计主要是表头设计，可参阅参考书所给出的交互作用（列表）或表
头（设计表），正确安排因子和交互作用所占有的列，不这样做就会把因子作用与交互作用混
杂在一起，得不出明确可靠的结果。下面以考查 A、B、C、D 4 因子 2 水平及交互作用 $A \times B$、
$A \times C$ 对指标的影响为例来说明有交互作用的试验设计。因为是 4 因子 2 水平及两个交互作用，
所以可选用 $L_8(2^7)$ 正交表，表头设计可参照 $L_8(2^7)$ 交互作用列于表 3-6。

表 3-6　$L_8(2^7)$ 二列间的交互作用

列　号	1	2	3	4	5	6	7
	(1)	3	2	5	4	7	6
		(2)	1	6	7	4	5
			(3)	7	6	5	4
				(4)	1	2	3
					(5)	3	2
						(6)	1
							(7)

　　表 3-6 中所有数字都是列号，现将因子 A 排入第 1 列，因子 B 排入第 2 列，那么交互作用
$A \times B$ 应排在哪一列？根据表 3-6，从（1）横着向右，再从（2）竖着向上，其交点是 3，则第
3 列就是第 1 列和第 2 列的交互作用列 $A \times B$，此时第 3 列就不能再安排其他因子，因子 C 则排
入第 4 列，（1）与（4）的交点是 5，第 5 列就是交互作用列 $A \times C$，至此将要求的交互作用列
排完，因子 D 可以排入第 6 列，这样就完成了有交互作用的正交设计，见表 3-7。对于其他
因子的交互作用可用类似的方法找到对应的列。对于不同因子不同水平的交互作用，可参
照不同的交互作用表做出表头设计，根据正交表所给出的试验方案组织试验。极差计算与

前述相同。

表 3-7 有交互作用的表头设计

因子 列 号 实验号	1 A	2 B	3 $A \times B$	4 C	5 $A \times C$	6 D	7
1	1	1	1	1	1	1	1
2	1	1	1	2	2	2	2
3	1	2	2	1	1	2	2
4	1	2	2	2	2	1	1
5	2	1	2	1	2	1	2
6	2	1	2	2	1	2	1
7	2	2	1	1	2	2	1
8	2	2	1	2	1	1	2

两因子各以什么水平搭配对指标影响最好？这个问题可通过两因子搭配表来计算各水平搭配下的数据之和进行比较，从中可选取最佳组合。例如，表 3-8 为两因子不同水平搭配表，与表 3-7 对应，当 A、B 都为 1 水平时（表 3-7 中的第 1、第 2 号试验），试验结果数据之和为 $y_1 + y_2$，将 A_1B_2、A_2B_1、A_2B_2 三种搭配的数据之和均列入表 3-8，比较大小就可以从中选取最佳搭配方案。

表 3-8 两因子组合表

A \ B	B_1	B_2	A \ B	B_1	B_2
A_1	$y_1 + y_2$	$y_3 + y_4$	A_2	$y_5 + y_6$	$y_7 + y_8$

3.2.4 因子水平数不同的正交试验设计

以上讨论的试验，每个因素的水平都相等，但在实际工作中常常会遇到因素水平不等的情况。试验因素中，有的因素水平个数自然形成，有确定的个数，不能任选；有的需对某一因素作重点考虑，多选几个水平；有的因素由于受某种条件的限制，不能多取水平。遇到这种水平数不等的情况，如果因素间无交互作用，通常可以直接选用混合型正交表进行正交设计。在可能的条件下，应尽量选小号混合型表，以减少试验次数。

在对因子水平数不同的正交试验设计进行直观分析时应注意的是：（1）计算每个因子各水平的综合平均值 K_i 时，综合值有几个指标相加就除以几；（2）由于各因子水平不同，其水平重复次数也就不等，水平取值范围也可能差异较大。因此，对极差 R_i 就有一定的影响。通常，为了消除这种影响，用 R_i' 来比较因子的主次

$$R_i' = d_b \times R_i$$

式中 d_b 是 R_i 的折算系数，由表 3-9 可以查到。于是，可由 R_i' 的大小来判定各因子的主次。然而，即使使用 R' 确定的主次因子也只具有相对的意义，还要结合专业知识以及生产实际加以综合考虑。

表 3-9 折算系数

水平数 b	2	3	4	5	6	7	8	9	10
d_b	0.71	0.52	0.45	0.40	0.37	0.35	0.34	0.32	0.31

例 3-1 运用固体还原方法研究钒钛磁铁矿的钒钛分离工艺条件，以 TiO_2 的回收率为评定指标。选择研究的因子和水平如下：

A 因子为钠盐种类及用量，选八个水平

A_1：NaCl 0%； A_2：NaCl 5%； A_3：NaCl 10%； A_4：NaCl 15%；

A_5：Na_2SO_4 5%； A_6：Na_2SO_4 10%； A_7：Na_2SO_4 15%；

A_8：NaCl ＋ Na_2SO_4 10% （各5%）

B（焦粉用量）

B_1：120%；B_2：150%

C（焙烧温度）

C_1：1000℃；C_2：1100℃

D（粒度）

D_1： － 0.03mm；D_2： － 0.075mm

E（磁场强度）

E_1：59683.5A/m （7500Oe）；E_2：95493.6A/m （12000Oe）

F（焙烧时间）

F_1：2h；F_2：3h

此题共有 6 个因子，1 个因子是 8 水平，其余 5 个因子均为 2 水平，对这样一个多因子不同水平的试验，首先要查是否有这样的混合正交表，结果从附录中查到 $L_{16}(8 \times 2^8)$ 可用。这就不需要采取其他方法处理，便可进行表头设计。试验结果列于表 3-10。

表 3-10 尾矿 TiO_2 回收率正交设计计算表

列号 实验号	A 1	B 2	C 3	D 4	E 5	6	7	8	F 9	δ/%
1	1	1	1	1	1	1	1	1	1	3.93
2	1	2	2	2	2	2	2	2	2	13.03
3	2	1	1	1	1	2	2	2	2	14.33
4	2	2	2	2	2	1	1	1	1	36.22
5	3	1	1	2	2	1	1	2	2	58.01
6	3	2	2	1	1	2	2	1	1	30.78
7	4	1	1	2	2	2	2	1	1	47.63
8	4	2	2	1	1	1	1	2	2	29.61
9	5	1	2	1	2	1	2	1	2	12.09
10	5	2	1	2	1	2	1	2	1	7.54
11	6	1	2	1	2	2	1	2	1	15.76
12	6	2	1	2	1	1	2	1	2	18.31
13	7	1	2	2	1	1	2	2	1	72.67

列　号 实验号	A 1	B 2	C 3	D 4	E 5	6	7	8	F 9	$\delta/\%$
14	7	2	1	1	2	2	1	1	2	28.20
15	8	1	2	2	1	2	1	1	2	40.32
16	8	2	1	1	2	1	2	2	1	4.55
Ⅰ		264.7	182.5	139.3	217.5				219.1	
Ⅱ		168.2	250.5	293.7	215.5				213.9	
K_1		33.1	22.8	17.4	27.2				27.4	
K_2		21.0	31.3	36.7	26.9				26.7	
R	42.0	12.1	8.5	19.3	0.3				0.7	
R'	14.3	8.6	6.0	13.7	0.2				0.5	

试验结果的分析如下：

对于因子 A：

$Ⅰ_A = 3.93 + 13.03 = 16.96, Ⅱ_A = 14.33 + 36.22 = 50.55, Ⅲ_A = 58.01 + 30.78 = 88.79,$

$Ⅳ_A = 47.63 + 29.61 = 77.24, Ⅴ_A = 12.09 + 7.54 = 19.63, Ⅵ_A = 15.76 + 18.31 = 34.07,$

$Ⅶ_A = 72.67 + 28.20 = 100.87, Ⅷ_A = 40.32 + 4.55 = 44.87$

$K_1 = 8.48, K_2 = 25.28, K_3 = 44.4, K_4 = 38.62, K_5 = 9.82, K_6 = 17.04, K_7 = 50.44, K_8 = 22.44$

对其他因子的计算结果均列于表 3-10 中。

由分析结果可知，因子 A、B、C、D 对 TiO_2 的回收率影响较大。各因子的主次顺序排列为 $A > D > B > C > F > E$。最优组合为 $A_7B_1C_2D_2E_1F_1$。

3.2.5　方差分析

前述极差分析方法简单，只需少量计算经综合比较就可得到较优的组合方案，但该法没有考虑误差，也没有一个标准定量地判断因子的影响作用是否显著。而正交表的方差分析可以把因子水平变化引起试验数据间的差异同误差所引起试验数据的差异区分开来，并能定量描述因子的影响作用是否显著。下面以表 3-5 为例来说明方差分析方法。

3.2.5.1　因子变动平方和（$S_{因}$）

定量描述由于因子水平变化而引起数据波动的量称为因子变动平方和，记为 $S_{因}$。因子各水平下数据的平均值大致围绕数据的总平均值而波动，因此，可用各水平下数据平均值与总平均值之差的平方和来估计由于因子水平变化而引起的数据波动，这个平方和就是因子变动平方和。

设因子水平数为 m，各水平重复试验次数为 k，数据总和为 T，则 $S_{因}$ 的计算公式为：

$$S_{因} = k \times \sum_{i=1}^{m} (\bar{y}_i - \bar{y})^2 \tag{3-1}$$

但用上式计算不方便，积累误差较大，将式（3-1）推导后便得到如下的实用计算公式：

$$S_{因} = \frac{1}{k} \times \sum_{i=1}^{m} (\sum_{j=1}^{k} y_{ij})^2 - \frac{T^2}{km} \tag{3-2}$$

3.2.5.2　误差变动平方和（S_e）

正交表各列已排满，没有空列时，在某一条件下重复试验，如果没有误差，都应等于真值。但实际上不可能，试验结果与真值均存在一定差异，该差异称为误差。由于误差的影响，得不到真值。只能用平均值代替，一般用各试验数据与平均值的偏差来近似地估计误差，为消除各偏差值正、负的互相抵消，而将偏差平方后再相加，这个偏差平方和就叫误差变动平方和。当正交表有空列时，可用空列的偏差平方和求得（与$S_{因}$计算相同）。因为空列没有安排因子，所以引起数据波动的原因不包含因子水平的改变，它只能是误差引起，其数值反映了试验误差的大小。

3.2.5.3 均方和

用$S_{因}$、S_e来估计因子水平改变引起的数据波动和误差引起的数据波动时，试验数据个数越多，平方和越大，可见$S_{因}$与S_e不仅与数据本身的变动有关，还与数据个数有关。为了消除数据个数的影响，引入了自由度的概念。自由度是指独立的个数，记为f。如：五个数据1、2、3、4、5存在下列关系式：

$$\frac{1 + 2 + 3 + 4 + 5}{5} = 3$$

数学式上称这五个数据中只有（5-1）个数对其平均值是独立的，所以$f = 5 - 1 = 4$。在正交试验设计中各自由度如下：

$$f_{总} = 总试验次数 - 1$$

$$f_{因} = 某因子的水平数 - 1$$

$$f_{A \times B} = f_A \times f_B$$

$$f_e = f_{总} - \Sigma f_{因}$$

将$S_{因}$、S_e除以其相对应的自由度，便消除了数据个数的影响。$S_{因}/f_{因}$称为因子变动均方和，S_e/f_e称为误差变动均方和。

3.2.5.4 总变动平方和（$S_{总}$）

由表3-5可看出，全部数据均围绕着总平均值y而波动，其总波动可用各数据y_{ij}与平均值$\bar{y}$之差的平方和来估计，该平方和称总变动平方和，计算公式为：

$$S_{总} = \sum_{i=1}^{m} \sum_{j=1}^{k} (y_{ij} - \bar{y})^2 \tag{3-3}$$

经变换推导后

$$S_{总} = \sum_{i=1}^{m} \sum_{j=1}^{k} y_{ij}^2 - \frac{T^2}{km} \tag{3-4}$$

总变动平方和可分解为两部分，即

$$S_{总} = S_{因} + S_e \tag{3-5}$$

3.2.5.5 显著性检验

比较$S_{因}/f_{因}$与S_e/f_e的大小，若$S_{因}/f_{因} \approx S_e/f_e$，说明该因子的水平改变对指标的影响在误差范围之内，各水平对指标的影响无显著差异；若$S_{因}/f_{因} > S_e/f_e$，表明因子水平变化对指标的影响超过了误差造成的影响。然而，究竟大多少才能确定因子对指标影响是否显著呢？为了有一个标准可以定量地确定显著影响因子的个数，而引入了F比计算，其计算公式为：

$$F = \frac{S_{因}/f_{因}}{S_e/f_e} \tag{3-6}$$

只有当 F 值大于 F 的临界值时，该因子对指标的影响才是显著的。

F 临界值是根据统计数学原理而编制的 F 分布表（见附表），F 分布表的横行 f_1 代表 F 比计算中分子的自由度，竖行 f_2 代表 F 比计算中分母的自由度，由 f_1 和 f_2 所查得表中的数值即为该条件下的 F 临界值。常用的 F 表有 $\alpha = 0.01、0.05、0.10、0.25$ 几种，α 称为信度，表示判断错误出现的概率。当 $F_A > F$，$\alpha = 0.05$ 时，则有 $(1 - \alpha) \times 100\% = 95\%$ 的把握说明因子 A 是显著的，这一判断错误的可能性为 5%。

显著性检验的做法是，首先计算 F_i，再根据 f_i、f_e 在选定的 α 下查 F 表，得到 F 临界值 $F^\alpha(f_i, f_e)$，再与 F_i 进行比较。

$F_i > F^{0.01}$，说明因子 i 对指标的影响高度显著，记为 ＊＊；

$F^{0.01} \geqslant F_i > F^{0.05}$，说明因子 i 对指标的影响是显著影响，记为 ＊；

$F^{0.05} \geqslant F_i > F^{0.10}$，说明因子 i 对指标具有一定影响，记为 ⊛。

下面以表 3-5 为例说明方差分析计算。

A　计算因子变动平方和

由式（3-2）知：

$$S_A = \frac{\mathrm{I}_A^2 + \mathrm{II}_A^2 + \mathrm{III}_A^2}{3} - \frac{T^2}{9} = 618$$

$$f_A = 3 - 1 = 2$$

同理 $S_B = 114$，$f_B = 2$，$S_C = 234$，$f_C = 2$。

B　计算误差变动平方和

正交表第 4 列是空列，可用该列计算误差

$$S_e = \frac{\mathrm{I}_4^2 + \mathrm{II}_4^2 + \mathrm{III}_4^2}{3} - \frac{T^2}{9} = 18$$

$$f_e = 3 - 1 = 2$$

C　显著性检验

$$F_A = \frac{S_A/f_A}{S_e/f_e} = \frac{618/2}{18/2} = 34.33$$

$$F_B = \frac{S_B/f_B}{S_e/f_e} = \frac{114/2}{18/2} = 6.33$$

$$F_C = \frac{S_C/f_C}{S_e/f_e} = \frac{234/2}{18/2} = 13.00$$

查 F 分布表知：$F^{0.01}(2,2) = 99.01$，$F^{0.05} = (2,2) = 19.00$，$F^{0.10}(2,2) = 9.00$。可见，$F^{0.01}(2,2) > F_A > F^{0.05}(2,2)$，$F^{0.05}(2,2) > F_C > F^{0.10}(2,2)$，而 $F_B < F^{0.10}(2,2)$。显著性检验结果表明，因子 A 对指标有显著影响，因子 C 对指标有一定的影响，显著性检验通常列成方差分析表进行，见表 3-11。

表 3-11　转化率试验方差分析表

方差来源	变动平方和	自由度	均方和	F 值	显著性
A	618	2	309	34.33	＊
B	114	2	57	63.33	
C	234	2	117	13.00	⊛
误差	18	2	9		

D　选择较优组合方案

由方差分析可见，因子 A、B、C 对转化率影响程度不同，由主到次的顺序是 A、C、B。由各因子的水平综合值Ⅰ、Ⅱ、Ⅲ可以看出较优的组合方案是 $A_3B_2C_2$，此结果与极差分析结果相一致。

3.3　回归正交试验设计

把正交试验设计与回归分析二者结合起来就构成了回归正交试验设计。它一方面科学地在正交表上安排较少的试验次数，以达到较好的试验结果；另一方面又利用回归分析的原理，处理已得到的实测数据，建立起各因素与指标的经验公式，从而定量地描述各因素对指标的影响，通过得到的经验公式还可进一步绘出等值图及求出极值，这对冶金工作者寻求最佳值是十分有利的。

回归正交试验设计有一次、二次回归正交设计，可以得到一次、二次回归方程。在冶金领域大部分问题用一次或二次回归方程就足以说明。

3.3.1　一次回归正交试验设计

一次回归正交设计利用二水平正交表，把正交表中的 1 与 2 改为"+1"与"-1"，并在第 1 列之前加 x_0，x_0 列全为"+1"，这样就构成了回归正交设计表。由第 2 列开始安排因子，因子安排完后再排交互作用列。对于三因子，若考虑交互作用，可选用 $L_8(2^7)$ 正交表，改造后得到回归正交表，表中 2~4 列安排因子 x_1、x_2、x_3，5~8 列均为交互作用列。可用类似的方法改造其他二水平正交表从而得到回归正交表。依据回归正交表就可进行试验设计，具体步骤如下：

（1）确定因子的变化范围及对因子编码。若研究因子 Z_1，Z_2，…，Z_p 与某项指标 y 的关系，首先要依据实际情况，并结合理论分析，确定各因子的变化范围，也就是确定各因子变化的上限和下限。把下限定为下水平（对应回归正交表中的"-1"），记为 Z_{1i}；把上限定为上水平（对应回归正交表中"+1"），记为 Z_{2i}；将二者的平均值定为零水平（也称基准水平），记为 Z_{0i}；二者之差的一半称为变化间距，记为 Δ_i。因子 Z_1，Z_2，…，Z_p 对应的规范变量分别以 x_1，x_2，…，x_p 来表示。它们之间的关系可用下式表示：

$$x_i = \frac{Z_i - Z_{2i}}{\Delta_i} + 1 \tag{3-7}$$

上式建立了因子 Z_i 与 x_i 取值的对应关系，这种对因子的变换称为因子编码，一般都列成如表 3-12 所示的编码表。

表 3-12　因子水平编码表

因　　子	Z_1	Z_2	…	Z_p
编码记号	x_1	x_2	…	x_p
下水平（-1）	Z_{11}	Z_{12}	…	Z_{1p}
上水平（+1）	Z_{21}	Z_{22}	…	Z_{2p}
变化区间（Δ）	Δ_1	Δ_2	…	Δ_p
零水平（0）	Z_{01}	Z_{02}	…	Z_{0p}

为了适应对因子水平进行编码的需要，依据前述方法将正交表中的 2 变成"-1"，1 水平改写为"+1"。这样，正交表中的"+1"和"-1"即表示因子水平的不同状态，也表示因

子水平变化的数量大小（与编码表对应）。

究竟选择哪一张二水平正交表，要根据因子的个数及对应因子相乘的交互作用而定，以二者之和不超过二水平正交表的列数为限，如对于三因子 x_1、x_2、x_3，其交互作用有 x_1x_2、x_1x_3、x_2x_3、$x_1x_2x_3$，总计有 7 列，可选用 $L_8(2^7)$ 正交表，经变换后得到如表 3-13 所示的回归正交表。依据表中 x_1、x_2、x_3 列所列出的数据（＋1，－1），再对照编码表中所对应的因子变化的上限和下限数值，就组成了具体的试验方案。表 3-13 中的 x_0 用于计算回归方程的常数项，5~8 列用于计算交互作用项系数。

表 3-13　$L_8(2^7)$ 三因子一次回归正交表

试验号	x_0	x_1	x_2	x_3	$x_4=x_1x_2$	$x_5=x_1x_3$	$x_6=x_2x_3$	$x_7=x_1x_2x_3$
1	1	1	1	1	1	1	1	1
2	1	1	1	－1	1	－1	－1	－1
3	1	1	－1	1	－1	1	－1	－1
4	1	1	－1	－1	－1	－1	1	1
5	1	－1	1	1	－1	－1	1	－1
6	1	－1	1	－1	－1	1	－1	1
7	1	－1	－1	1	1	－1	－1	1
8	1	－1	－1	－1	1	1	1	－1

（2）按照试验方案进行试验，获取试验数据。

（3）回归方程系数计算。回归正交设计后，假若进行 n 次试验，其试验结果为 y_1，y_2，…，y_n，其一次回归正交的数学模型为：

$$y = b_0 + b_1x_1 + b_2x_2 + \cdots + b_px_p$$

式中，b_0 为常数项，b_1，b_2，…，b_p 为各变量和交互作用项系数。

系数的计算公式如下：

$$b_0 = \frac{B_0}{N} = \frac{1}{N}\sum_{i=1}^{N} y_i \tag{3-8}$$

$$b_j = \frac{B_j}{N} = \frac{1}{N}\sum_{i=1}^{N} x_{ij}y_i \qquad (j = 1,2,\cdots,p) \tag{3-9}$$

通常将计算结果列成如表 3-14 所示的形式。如果对表 3-13 三因子一次回归方程的系数进行计算，依据式（3-8）及式（3-9）可得到：

$$b_0 = \frac{1}{8}\sum_{i=1}^{8} y_i = \frac{1}{8}(y_1 + y_2 + y_3 + y_4 + y_5 + y_6 + y_7 + y_8)$$

$$b_1 = \frac{1}{8}\sum_{i=1}^{8} x_{i1}y_i = \frac{1}{8}(y_1 + y_2 + y_3 + y_4 - y_5 - y_6 - y_7 - y_8)$$

表 3-14　一次回归正交设计的计算表

试验号	x_0	x_1	x_2	…	x_p	y
1	1	x_{11}	x_{12}	…	x_{1p}	y_1
2	1	x_{21}	x_{22}	…	x_{2p}	y_2

试验号	x_0	x_1	x_2	$\cdots$	x_p	y
$\vdots$	$\vdots$	$\vdots$	$\vdots$	$\cdots$	$\vdots$	$\vdots$
N	1	x_{N1}	x_{N2}	$\cdots$	x_{Np}	y_N
B_j	$\sum y_i$	$\sum x_{i1} y_i$	$\sum x_{i2} y_i$	$\cdots$	$\sum x_{ip} y_i$	$\sum y_i^2$
$b_j = \dfrac{B_j}{N}$	$\dfrac{B_0}{N}$	$\dfrac{B_1}{N}$	$\dfrac{B_2}{N}$	$\cdots$	$\dfrac{B_p}{N}$	$S_{总} = \sum\limits_{i=1}^{N} y_i^2 - \dfrac{B_0^2}{N}$
$Q_j = b_j B_j$	Q_0	Q_1	Q_2	$\cdots$	Q_p	$S_{剩} = S_{总} - S_{回} = S_{总} - \sum\limits_{j=1}^{p} Q_j$

同理可求出其他各项的系数。

（4）回归方程检验。回归方程的检验有 F 检验、t 检验和命中率检验。当要求不高时也可省略不做检验。当某一项的回归系数近于零时，可将该项从回归方程式中剔除。

1）F 检验

$$S_{总} = \sum_{i=1}^{N} y_i^2 - \frac{B_0^2}{N} \tag{3-10}$$

$$f_{总} = N - 1 \tag{3-11}$$

$$Q_j = b_j B_j = \frac{B_j^2}{N} \tag{3-12}$$

$$S_{回} = Q_1 + Q_2 + \cdots + Q_p = \sum_{j=1}^{p} Q_j \tag{3-13}$$

$$f_{回} = P \tag{3-14}$$

$$S_{剩} = S_{总} - S_{回} \tag{3-15}$$

$$f_{剩} = N - P - 1 \tag{3-16}$$

$$F = \frac{S_{回}/f_{回}}{S_{剩}/f_{剩}} = \frac{S_{回}/P}{S_{剩}/(N - P - 1)} \tag{3-17}$$

将计算得到的 F 值与 F^α 临界值相比较，若计算的 F 值大于 F^α 临界值，则回归方程在该信度 α 下显著，F 检验通过。

2）t 检验

t 检验也称零水平的重复试验。当 F 检验显著时，说明方程在试验点上与实测值拟合得很好，但不能说明该一次回归方程最好，因为在实践中会发生在被研究的区域内部出现拟合不好的现象，也就是说实测值与方程计算值出入很大，这样该回归方程就不适用。为消除这种情况的出现，应在零水平处安排重复试验，把零水平试验结果的平均值 $\bar{y}_0$ 与方程中常数项 b_0 的差异程度，与一定信度下的 t 临界值 $t^\alpha_{(f_{剩})}$ 比较，用来反映被研究区域中心处的拟合情况，即为 t 检验，计算式为：

$$t = \frac{|b_0 - \bar{y}_0|}{\sqrt{S_{剩}/(N - P - 1)}} \tag{3-18}$$

若 $t < t^\alpha_{(f_{剩})}$，说明拟合得好；反之则说明拟合得不好，即用一次回归方程不能描述，应建立

二次或更高次的回归方程。

3）命中检验

当不做 t 检验时，也可以做命中检验。在被研究的区域内取数个试验点，将试验得到的实测值与方程计算值进行比较，看其拟合情况并可算出误差，若拟合得不好，则应建立更高次的回归方程。下面通过实例说明回归正交设计的应用。

例 3-2 现有 $LaCl_3$-$CaCl_2$-$KCl \cdot NaCl$ 熔盐体系，欲研究 $LaCl_3$、$CaCl_2$ 质量分数的变化及不同温度对该熔盐体系电导率影响的规律。

本课题可用一次回归正交设计，以求出 $LaCl_3$、$CaCl_2$、温度对电导率影响的回归方程，具体步骤是：

（1）确定因子变化范围及编码。根据生产实践经验知，$LaCl_3$ 的变化范围是 $10\% \sim 30\%$，$CaCl_2$ 为 $0 \sim 20\%$，温度为 $750 \sim 850℃$。依据式（3-7）列出下列因子编码见表 3-15。

表 3-15　因子水平编码表

因　子	$CaCl_2/\%$	$LaCl_3/\%$	温度/℃	因　子	$CaCl_2/\%$	$LaCl_3/\%$	温度/℃
编码记号	x_1	x_2	x_3	上水平（+1）	20	30	850
基准水平（0）	10	20	800	下水平（-1）	0	10	750
变化间距（Δ）	10	10	50				

（2）选择正交表。该课题共考查三个因子，考虑交互作用可选用 $L_8(2^7)$ 正交表，依据前述变换办法可得回归正交表 3-16，与因子水平编码表 3-15 相对应即得到相应的试验方案，将实测数据 y_i 列入表中。

表 3-16　$LaCl_3$-$CaCl_2$-$KCl \cdot NaCl$ 熔盐体系电导率测定结果

序　号	x_0	x_1	x_2	x_3	$x_4=x_1x_2$	$x_5=x_1x_3$	$x_6=x_2x_3$	电导率 y
1	1	1	1	1	1	1	1	2.105
2	1	1	1	-1	1	-1	-1	1.790
3	1	1	-1	1	-1	1	-1	2.422
4	1	1	-1	-1	-1	-1	1	2.119
5	1	-1	1	1	-1	-1	1	2.626
6	1	-1	1	-1	-1	1	-1	2.340
7	1	-1	-1	1	1	-1	-1	2.813
8	1	-1	-1	-1	1	1	1	2.520
B_j	18.735	-1.863	-1.013	1.197	-0.2790	0.03724	0.004892	
b_j	2.342	-0.2328	-0.1266	0.1495	-0.03488	0.004655	0.000612	
Q_j	43.869	0.4334	0.1282	0.1789	0.009733	0.000173	0.000003	
9	0	0	0					2.385
10	0	0	0		$\bar{y}_0 = 2.354$			2.292
11	0	0	0					2.385

（3）回归系数计算。依据式（3-8）、式（3-9）、式（3-12）求得 B_j、b_j、Q_j，将计算值列入表 3-16。由此表得到如下回归方程式：

$$y = 2.342 - 0.2328x_1 - 0.1266x_2 + 0.1495x_3 - 3.488 \times 10^{-2}x_1x_2$$
$$+ 4.655 \times 10^{-3}x_1x_3 + 6.12 \times 10^{-4}x_2x_3$$

由此方程可以看出，该熔盐体系的电导率随 $CaCl_2$、$LaCl_3$ 浓度的增加而减小，随温度的升高而增大，由相应的系数可以看出 $CaCl_2$ 浓度的变化对电导率的影响最大，约是 $LaCl_3$ 影响的两倍，而交互作用项均不十分明显。

（4）回归方程检验

1）F 检验

$$S_{总} = 0.750463$$

$$S_{回} = 0.750412$$

$$S_{剩} = S_{总} - S_{回} = 0.000051$$

$$f_{总} = 7$$

$$f_{回} = 6$$

$$f_{剩} = 1$$

$$F = 2452.33$$

查表可知 $\quad F_{(6,1)}^{0.01} = 5859, \quad F_{(6,1)}^{0.05} = 234$

$$F_{(6,1)}^{0.01} > F > F_{(6,1)}^{0.05}$$

计算结果说明回归方程显著。

2）t 检验

在零水平安排三次重复试验（9、10、11 号），将数据代入式（3-18）得

$$t = 8.113$$

查表知 $t_{(1)}^{0.05} = 12.71$

$$t < t_{(1)}^{0.05}$$

计算结果说明，在所研究的区域内，回归方程的计算值与实测值拟合得很好。用所得到的三元一次回归方程描述电导率与 $CaCl_2$、$LaCl_3$、温度函数的关系已经反映了实际情况，不必再建立更高次的回归方程。

3.3.2 二次回归正交试验设计

二次回归的正交设计要比一次回归的正交设计复杂一些。P 个变量的二次回归方程为

$$y = b_0 + \sum_{i=1}^{P} b_i x_i + \sum_{i<j} b_{ij} x_i x_j + \sum_{i=1}^{P} b_{ii} x_i^2$$

为计算二次回归方程的系数，每个变量所取的水平数应大于 3，因而所要做的试验次数往往是比较多的。例如在 3 水平全因子试验中有 P 个变量，要做 3^P 次试验；当 $P=4$ 时，3 水平全因子试验次数是 81 次；当变量超过 4 个时，全因子试验次数过多，以至难以进行。为此，提出了一种"组合设计"。

所谓"组合设计"，就是在因子空间中选择几类具有不同特点的点，把它们适当组合起来而形成实验计划。下面以 $P=2$ 和 $P=3$ 的情况为例说明组合设计中试验点在因子空间中的分

布。

在两个变量 x_1、x_2 场合下，组合设计由 $N=9$ 个点组成，如图 3-7 所示。

一般 P 个变量的组合设计由下列 N 个点组成：

$$N = m_c + 2P + m_0 \qquad (3\text{-}19)$$

式中　m_c——2 水平（ +1 和 -1）全因子试验的试验点个数 2^P，或它部分实施时的试验点个数 2^{P-1}，2^{P-2} 等；

　　　$2P$——分布在 P 个坐标轴上的星号点，它们与中心点的距离 r 称为星号臂，r 是待定参数，根据一定的要求（如正交性）调节 r，就可以得到各种具有很好性质的设计（如正交设计）；

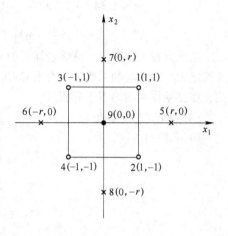

图 3-7　二因子回归正交试验点分布

　　　m_0——各变量都取零水平（中心点）重复试验次数。可以只做一次，也可以重复多次。

用组合设计安排的试验计划有一系列优点。首先其试验点比 3 水平的全因子试验要少得多，它可以在一次回归的基础上获得，这对试验者是方便的。因为如果一次回归不显著，那么只要在一次回归试验的基础上，再在星号点和中心点补充做一些试验，就可求得二次回归方程。

要使组合设计成为正交设计，还要确定适当的星号臂 r，其值可由表 3-17 查得。

$$
\begin{array}{c c c}
 & x_1 & x_2 \\
1 & 1 & 1 \\
2 & 1 & -1 \\
3 & -1 & 1 \\
4 & -1 & -1
\end{array}
$$
这四个点组成 2 水平(+1 和 -1)的全因子试验 2^2；

$$
\begin{array}{c c c}
5 & r & 0 \\
6 & -r & 0 \\
7 & 0 & r \\
8 & 0 & -r
\end{array}
$$
这四个点分布在 x_1 和 x_2 轴上的星号位置；

$$
\begin{array}{c c c}
9 & 0 & 0
\end{array}
$$
由 x_1 和 x_2 的零水平组成的中心试验点。

表 3-17　二次回归正交设计 r^2 值表

m_0	P（变量）				m_0	P（变量）			
	2	3	4	5$\left(\dfrac{1}{2}实施\right)$		2	3	4	5$\left(\dfrac{1}{2}实施\right)$
1	1.000	1.476	2.000	2.39	6	1.742	2.325	2.950	3.31
2	1.160	1.650	2.198	2.58	7	1.873	2.481	3.140	3.49
3	1.317	1.831	2.390	2.77	8	2.000	2.633	3.310	3.66
4	1.475	2.000	2.580	2.95	9	2.123	2.782	3.490	3.83
5	1.606	2.164	2.770	3.14	10	2.243	2.928	3.660	4.00

3.3.2.1 二次回归正交设计的统计分析

A 运用组合设计进行二次回归正交设计的步骤

a 确定因子的变化范围

设在某个问题中，有 P 个因子 x_1, x_2, $\cdots$, x_p，其中第 j 个因子的上、下界分别为 Z_{2j}, Z_{1j} ($j=1$, 2, $\cdots$, P)。根据二次回归正交设计的要求安排试验，规定各因子的零水平和变化区间如下：

$$Z_{0j} = \frac{Z_{1j} + Z_{2j}}{2} \tag{3-20}$$

$$\Delta_j = \frac{Z_{2j} - Z_{0j}}{r} \tag{3-21}$$

式中，r 根据二次正交设计确定。

b 编制因子水平编码表

与一次回归设计相类似，对因子的取值作线性变换

$$x_j = \frac{Z_j - Z_{0j}}{\Delta_j} \tag{3-22}$$

则有表 3-18。

表 3-18 因子水平编码表

因 子	Z_1	Z_2	$\cdots$	Z_p	因 子	Z_1	Z_2	$\cdots$	Z_p
编码记号	x_1	x_2	$\cdots$	x_p	编码记号	x_1	x_2	$\cdots$	x_p
r	Z_{21}	Z_{22}	$\cdots$	Z_{2p}	-1	$Z_{01}-\Delta_1$	$Z_{02}-\Delta_2$	$\cdots$	$Z_{0p}-\Delta_p$
1	$Z_{01}+\Delta_1$	$Z_{02}+\Delta_2$	$\cdots$	$Z_{0p}+\Delta_p$	$-r$	Z_{11}	Z_{12}	$\cdots$	Z_{1p}
0	Z_{01}	Z_{02}	$\cdots$	Z_{0p}					

选择相应的组合设计，并从表 3-17 查出使此设计具有正交性的星号臂 r，进行 $N = m_c + 2P + m_0$ 次试验。

B 回归系数的计算

$$B_j = \sum_{i=1}^{N} x_{ij}y_i \qquad (j = 0,1,2,\cdots,m) \tag{3-23}$$

$$d_j = \sum_{i=1}^{N} x_{ij}^2 \qquad (j = 0,1,2,\cdots,m) \tag{3-24}$$

$$b_j = \frac{B_j}{d_j} \qquad (j = 0,1,2,\cdots,m) \tag{3-25}$$

$$Q_j = B_j b_j \qquad (j = 0,1,2,\cdots,m) \tag{3-26}$$

C 回归方程检验

二次回归正交设计回归方程的检验同一次回归正交设计。

D 回归系数检验

二次回归系数的检验和正交试验设计系数的检验类似。经系数检验后，回归方程可以得到简化。

3.3.2.2 二次回归正交设计举例

例 3-3　钢铁制品在使用环境下产生腐蚀是一种普遍现象，严重影响其使用寿命。采用热浸镀技术在钢铁表面镀上一层铝稀土合金可起到很好的保护作用。但由于铝铁间亲和力较大，在热浸镀过程中铝铁间产生合金层，这层很脆，如果过厚会损害镀层的附着性，使镀层产生裂纹并脱落，影响镀层质量。为了控制铝铁合金层的厚度，需要了解合金层的生成厚度与各因素的关系，以便指导生产实践。下面用二次回归正交试验设计方法，建立合金层厚度与各影响因素间的回归方程。

（1）选定因子并确定其变化范围。通过实践知合金层厚度（δ）主要受浸镀温度（T）、浸镀时间（t）和稀土加入量（C）的影响较大，因此，取这三个因子为研究对象。

确定各因子的变化范围如下：

浸镀温度 T（℃）　　　　　　　　　　690 ~ 750

浸镀时间 t（s）　　　　　　　　　　　10 ~ 60

稀土加入量 C（质量分数，%）　　　　0 ~ 0.4

（2）因子编码。选择 3 因子二次回归正交表安排试验，取 $m_0 = 1$，此时 $r = 1.215$。按照式（3-20）、式（3-21）、式（3-22）计算，结果列入表 3-19 中。

表 3-19　因子编码表

因　子	温度 T/℃	时间 t/s	稀土加入量 C（质量分数）/%	因　子	温度 T/℃	时间 t/s	稀土加入量 C（质量分数）/%
编码记号	x_1	x_2	x_3	编码记号	x_1	x_2	x_3
r	750	60	0.4	Δ	24.7	20.6	0.16
1	744.7	55.6	0.36	−1	695.3	14.4	0.04
0	720	35	0.2	−r	690	10	0

（3）试验设计与计算。试验设计与计算列于表 3-20，于是得到回归方程：

$$y = 32.13 + 8.51x_1 + 11.76x_2 - 0.80x_3 + 2x_1x_3 - 1.25x_1x_3 - 0.25x_2x_3$$

$$- 0.56(x_1^2 - 0.73) - 2.93(x_2^2 - 0.73) + 1.13(x_3^2 - 0.73) \tag{3-27}$$

表 3-20　钢材热浸镀 AlRE 合金的试验结果

试验号	x_0	x_1 T	x_2 t	x_3 C	$x_4 = x_1x_2$	$x_5 = x_1x_3$	$x_6 = x_2x_3$	$x_7 = x_1^2 - 0.73$	$x_8 = x_2^2 - 0.73$	$x_9 = x_3^2 - 0.73$	厚度 y /μm
1	1	1	1	1	1	1	1	0.27	0.27	0.27	51
2	1	1	1	−1	1	−1	−1	0.27	0.27	0.27	56
3	1	1	−1	1	−1	1	−1	0.27	0.27	0.27	23
4	1	1	−1	−1	−1	−1	1	0.27	0.27	0.27	28
5	1	−1	1	1	−1	−1	1	0.27	0.27	0.27	33
6	1	−1	1	−1	−1	1	−1	0.27	0.27	0.27	34
7	1	−1	−1	1	1	−1	−1	0.27	0.27	0.27	14
8	1	−1	−1	−1	1	1	1	0.27	0.27	0.27	13
9	1	1.215	0	0	0	0	0	0.746	−0.73	−0.73	45
10	1	−1.215	0	0	0	0	0	0.746	−0.73	−0.73	21
11	1	0	1.215	0	0	0	0	−0.73	0.746	−0.73	43

试验号	x_0	x_1 T	x_2 t	x_3 C	$x_4=x_1x_2$	$x_5=x_1x_3$	$x_6=x_2x_3$	$x_7=$ $x_1^2-0.73$	$x_8=$ $x_2^2-0.73$	$x_9=$ $x_3^2-0.73$	厚度 y /μm
12	1	0	−1.215	0	0	0	0	−0.73	0.746	−0.73	16
13	1	0	0	1.215	0	0	0	−0.73	−0.73	0.746	36
14	1	0	0	−1.215	0	0	0	−0.73	−0.73	0.746	35
15	1	0	0	0	0	0	0	−0.73	−0.73	−0.73	34
d_j	15	10.95	10.95	10.95	8	8	8	4.36	4.36	4.36	
B_j	482	93.16	128.805	−8.875	16	−10	−2	−2.444	−12.776	4.936	
b_j	32.13	8.15	11.76	−0.8	2	−1.25	−0.25	−0.56	−2.93	1.13	
Q_j	15488.27	792.58	1515.13	7.05	32	12.5	0.5	1.37	37.44	5.59	

（4）回归方程的 F 检验

$$S_{总} = 2419.73$$

$$S_{回} = 2404.16$$

$$S_{剩} = S_{总} - S_{回} = 15.57$$

$$f_{总} = 14$$

$$f_{回} = 9$$

$$f_{剩} = 5$$

$$F = 85.78$$

查表可知

$$F_{(9,5)}^{0.01} = 10.15$$

$$F > F_{(9,5)}^{0.01}$$

计算结果说明回归方程高度显著。为了使用方便，根据 $x_j = \dfrac{Z_j - Z_{0j}}{\Delta_j}$，将方程（3-27）的规范变量 x_j 转换为自然变量 Z_j，经整理得方程（3-28）：

$$\delta = -661.91 + 1.5911T - 1.7636t + 202.5C + 3.937 \times 10^{-3}Tt - 3.075 \times 10^{-1}TC$$
$$- 7.38 \times 10^{-2}tC - 9.185 \times 10^{-4}T^2 - 6.921 \times 10^{-3}t^2 + 41.7C^2 \tag{3-28}$$

式中 δ——合金层厚度，μm；

T——浸镀温度，℃；

t——浸镀时间，s；

C——稀土添加量（质量分数），% 。

于是，可根据方程（3-28）对各因子与合金层厚度的关系进行分析，控制热镀条件。

3.4 混料回归试验设计

配方配比是冶金工作者经常研究的内容，通过试验求得各种成分的不同配比与指标的关系，并要求能够定量地描述。对这类问题的解决可用混料回归试验设计。

混料回归设计能够合理地选择少量的试验点，通过一些不同百分比的组合试验，再经数据处理可得到试验指标与各成分之间的回归方程。

在混料回归设计中，每个变量都要表示成混料或合成的比例，这样每个变量的比值一定大于或等于零且总和为 1，这就构成了混料回归设计是受特殊条件约束的设计。若用 x_1，x_2，…，x_n 表示混料系统中的各个变量，则其约束条件如下：

$$\begin{cases} x_i \geq 0 \quad (i = 1,2,\cdots,n) \\ x_1 + x_2 + \cdots + x_n = 1 \end{cases} \tag{3-29}$$

由此就决定了混料回归设计中的数学模型不同于一般回归设计中的数学模型。若 y 为试验指标，其对应几个变量（也称分量）的混料回归方程式如下：

二次式

$$y = \sum_{i=1}^{n} b_i x_i + \sum_{i<j} b_{ij} x_i x_j \tag{3-30}$$

三次式

$$y = \sum_{i=1}^{n} b_i x_i + \sum_{i<j} b_{ij} x_i x_j + \sum_{i<j} r_{ij} x_i x_j (x_i - x_j) + \sum_{i<j<k} b_{ijk} x_i x_j x_k \tag{3-31}$$

四次式（$n \geq 3$）

$$y = \sum_{i=1}^{n} b_i x_i + \sum_{i<j} b_{ij} x_i x_j + \sum_{i<j} r_{ij} x_i x_j (x_i - x_j) + \sum_{i<j} s_{ij} x_i x_j (x_i - x_j)^2$$

$$+ \sum_{i<j<k} b_{ijk} x_i^2 x_j x_k + \sum_{i<j<k} b_{ijk} x_i x_j^2 x_k + \sum_{i<j<k} b_{ijkk} x_i x_j x_k^2 + \sum_{i<j<k<l} b_{ijkl} x_i x_j x_k x_l \tag{3-32}$$

下面用图形说明混料回归设计的几何意义。对三分量而言，依据式（3-29）可以认为是一等边三角形。取空间直角坐标系 O-$x_1 x_2 x_3$（图 3-8），分别在三个坐标轴上取三个点 $A(1,0,0)$、$B(0,1,0)$、$C(0,0,1)$。若满足式（3-31）的要求，则各分量 x_1、x_2、x_3 只能在 $\triangle ABC$ 上取值。这样三分量的混料设计会出现三种情况。即顶点的单一组分试验、边上的两组分试验、三角形内的三组分试验。对四分量或更多分量的混料回归设计亦可用类似的方法。

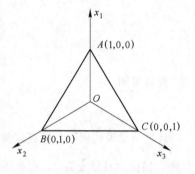

图 3-8　混料回归设计的几何意义

混料回归设计有多种设计方案，如单纯形格子设计、单纯形重心设计、有下界约束或兼受上、下界约束的设计等。这里介绍常用的单纯形格子设计。

3.4.1　试验布点

以三分量为例，画出等边三角形，如果将三边二等分，则此三角形有六个试验点（图 3-9a），其中包括三个顶点①、②、③和三个边的中点④、⑤、⑥。此三角形的三个顶点与三个边的中点的总体称为二阶格子点集，记为 {3、2}，其中 3 表示正规单纯形的顶点个数，2 表示每边的等分段数。若将三角形各边三等分，对应各分点连成与对应边平行的直线，所形成小等边三角形的顶点，也就是这些格子的顶点，其总体称为三阶格子点集 {3，3}。前面的 3 表示正规单纯形顶点个数、后面的 3 表明每边的等分数，共有 10 个试验点，如图 3-9b 所示。同理可以作出其他各种格子点集。三顶点正规单纯形的四阶格子点集记为 {3，4}，共有 15 个试验点，如图 3-9c 所示。对四顶点正规单纯形的二阶和三阶格子点集分别用 {4，2} 和 {4，3} 表示，共有 10 个和 20 个试验点。试验点数及相应的完全规范多项式回归方程阶数 d 之间的关系见表 3-21。

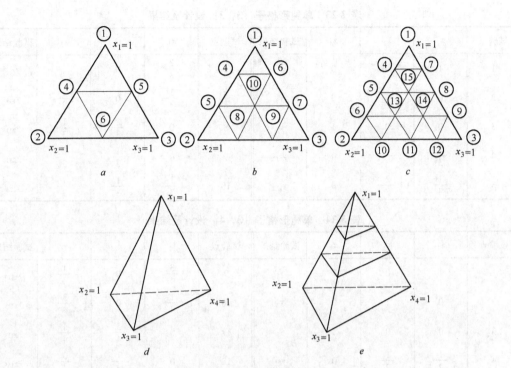

图 3-9 混料回归设计试验布点

表 3-21 单纯形格子设计试验点数

点数 / 阶数 / 分量	2	3	4	点数 / 阶数 / 分量	2	3	4
3	6	10	15	6	21	56	126
4	10	20	35	8	36	120	330
5	15	35	70	10	55	220	715

依据图 3-9 可以做出相应各点的坐标，由各点坐标就组成了相应的试验计划。用 y 表示试验结果，可列出 $\{3，2\}$、$\{3，3\}$、$\{3，4\}$ 的试验设计表，见表 3-22、表 3-23、表 3-24。为了使结果的标记与分量的坐标相一致，使其表达清晰、数据处理方便，各试验结果标注相应的下标，如

y_i——x_i 为 1，其余分量皆为零的试验点试验结果；

y_{ij}——x_i 为 1/2，x_j 为 1/2，其余分量为零的试验结果；

y_{iiij}——x_i 为 3/4，x_j 为 1/4，其余分量为零的试验结果。

表 3-22 单纯形格子 $\{3，2\}$ 设计及结果

试验点	x_1	x_2	x_3	试验结果	试验点	x_1	x_2	x_3	试验结果
1	1	0	0	y_1	4	$\frac{1}{2}$	$\frac{1}{2}$	0	y_{12}
2	0	1	0	y_2	5	$\frac{1}{2}$	0	$\frac{1}{2}$	y_{13}
3	0	0	1	y_3	6	0	$\frac{1}{2}$	$\frac{1}{2}$	y_{23}

表 3-23 单纯形格子 {3，3} 设计及结果

试验点	x_1	x_2	x_3	试验结果	试验点	x_1	x_2	x_3	试验结果
1	1	0	0	y_1	6	$\frac{2}{3}$	0	$\frac{1}{3}$	y_{113}
2	0	1	0	y_2	7	$\frac{1}{3}$	0	$\frac{2}{3}$	y_{133}
3	0	0	1	y_3	8	0	$\frac{2}{3}$	$\frac{1}{3}$	y_{223}
4	$\frac{2}{3}$	$\frac{1}{3}$	0	y_{112}	9	0	$\frac{1}{3}$	$\frac{2}{3}$	y_{233}
5	$\frac{1}{3}$	$\frac{2}{3}$	0	y_{122}	10	$\frac{1}{3}$	$\frac{1}{3}$	$\frac{1}{3}$	y_{123}

表 3-24 单纯形格子 {3，4} 设计及结果

试验点	x_1	x_2	x_3	试验结果	试验点	x_1	x_2	x_3	试验结果
1	1	0	0	y_1	9	$\frac{3}{4}$	0	$\frac{1}{4}$	y_{1113}
2	0	1	0	y_2	10	$\frac{1}{4}$	0	$\frac{3}{4}$	y_{1333}
3	0	0	1	y_3	11	0	$\frac{3}{4}$	$\frac{1}{4}$	y_{2223}
4	$\frac{1}{2}$	$\frac{1}{2}$	0	y_{12}	12	0	$\frac{1}{4}$	$\frac{3}{4}$	y_{2333}
5	$\frac{1}{2}$	0	$\frac{1}{2}$	y_{13}	13	$\frac{1}{2}$	$\frac{1}{4}$	$\frac{1}{4}$	y_{1123}
6	0	$\frac{1}{2}$	$\frac{1}{2}$	y_{23}	14	$\frac{1}{4}$	$\frac{1}{2}$	$\frac{1}{4}$	y_{1223}
7	$\frac{3}{4}$	$\frac{1}{4}$	0	y_{1112}	15	$\frac{1}{4}$	$\frac{1}{4}$	$\frac{1}{2}$	y_{1233}
8	$\frac{1}{4}$	$\frac{3}{4}$	0	y_{1222}					

3.4.2 回归系数计算

采用单纯形格子设计，每个回归系数的值只取决于按一定规律对应的一些格子点的试验结果。而与其他设计点上的试验结果无关，故系数的计算较为简单。各回归系数可以表达成相应设计点上试验结果的简单线性组合。根据式（3-30）可将三分量二阶回归方程的形式写为：

$$y = b_1 x_1 + b_2 x_2 + b_3 x_3 + b_{12} x_1 x_2 + b_{13} x_1 x_3 + b_{23} x_2 x_3$$

令 $x_1 = 1$，$x_2 = x_3 = 0$，则 $b_1 = y_1$。

同理，当 $x_2 = 1$，$x_1 = x_3 = 0$ 时，$b_2 = y_2$；令 $x_1 = x_2 = 1/2$，$x_3 = 0$，则 $b_{12} = 4y_{12} - 2(y_1 + y_2)$；$x_2 = x_3 = 1/2$、$x_1 = 0$ 时，$b_{23} = 4y_{23} - 2(y_2 + y_3)$。

二次多项式回归方程系数计算的通式可写为：

$$b_i = y_i$$

$$b_{ij} = 4y_{ij} - 2(y_i + y_j) \qquad (i < j, i, j = 1, 2, 3)$$

同理可推出三次多相式回归方程系数的计算公式：

$$b_i = y_i$$

$$b_{ij} = \frac{9}{4}(y_{iij} + y_{iij} - y_i - y_j)$$

$$r_{ij} = \frac{9}{4}(3y_{iij} - 3y_{iij} - y_i + y_j)$$

$$b_{ijk} = 27y_{ijk} - \frac{27}{4}(y_{iij} + y_{ijj} + y_{iik} + y_{ikk} + y_{jjk} + y_{jkk}) + \frac{9}{2}(y_i + y_j + y_k)$$

$$(i < j < k; \ i,j,k = 1,2,3)$$

{3，4} 多项式回归方程的计算公式为：

$$b_i = y_i$$

$$b_{ij} = 4y_{ij} - 2(y_i + y_j)$$

$$r_{ij} = \frac{8}{3}(-y_i + 4y_{iiij} - 2y_{iijj} + y_j)$$

$$s_{ij} = \frac{8}{3}(-y_i + 4y_{iiij} - 6y_{ij} + 4y_{ijjj} - y_j)$$

$$b_{iijk} = 32(3y_{iijk} - y_{ijjk} - y_{ijkk}) + \frac{8}{3}(6y_i - y_j - y_k) - 16(y_{ij} + y_{ik})$$

$$- \frac{16}{3}(5y_{iiij} + 5y_{iiik} - 3y_{ijjj} - 3y_{ikkk} - y_{jjjk} - y_{jkkk}) \quad (i < j < k; \ i,j,k = 1,2,3)$$

例 3-4 利用铝电解槽添加稀土氧化物直接电解制取稀土铝合金，需进行一系列的基础研究，其中 Na_3AlF_6-Al_2O_3-La_2O_3 熔盐体系初晶温度的研究是基础研究之一。采用分子比为 2.7 的冰晶石，并添加 2% MgF_2、3% CaF_2（均为质量分数），Al_2O_3 和 La_2O_3 的加入量根据其在冰晶石中的溶解度确定。Al_2O_3、La_2O_3 在熔盐体系中的变化范围分别为 0～6% 及 0～8%，通过试验求出 Al_2O_3、La_2O_3 不同添加量对初晶温度的影响规律。

为解决上述问题，可采用混料回归试验设计，用单纯形格子 {3，4} 设计，具体步骤是：

（1）确定因子变化水平。依据题意可列出因子编码水平表，见表 3-25。

表 3-25 因子编码水平表

编码　因子　水平	$Na_3AlF_694\%$，$Al_2O_36\%$	$Na_3AlF_692\%$，$La_2O_38\%$	Na_3AlF_6
	x_1	x_2	x_3
0 水平	Na_3AlF_6 0 Al_2O_3 0	Na_3AlF_6 0 La_2O_3 0	Na_3AlF_6 0
$\frac{1}{4}$水平	Na_3AlF_6 23.5% Al_2O_3 1.5%	Na_3AlF_6 23% La_2O_3 2%	Na_3AlF_6 25%
$\frac{1}{2}$水平	Na_3AlF_6 47% Al_2O_3 3%	Na_3AlF_6 46% La_2O_3 4%	Na_3AlF_6 50%
$\frac{3}{4}$水平	Na_3AlF_6 70.5% Al_2O_3 4.5%	Na_3AlF_6 69% La_2O_3 6%	Na_3AlF_6 75%
1 水平	Na_3AlF_6 94% Al_2O_3 6%	Na_3AlF_6 92% La_2O_3 8%	Na_3AlF_6 100%

（2）试验方案及结果。试验布点如图 3-10 所示，试验方案及结果见表 3-26。

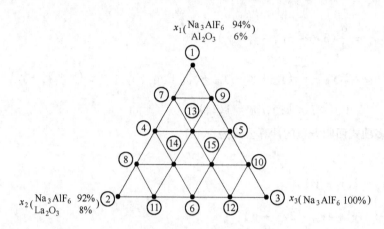

图 3-10　试验布点图

表 3-26　初晶温度试验方案及结果

序　号	熔　盐　组　成			初晶温度 $t/℃$
	x_1（$Na_3AlF_6$94%　$Al_2O_3$6%）	x_2（$Na_3AlF_6$92%　$La_2O_3$8%）	x_3（Na_3AlF_6）	
1	1	0	0	$t_1 = 950.6$
2	0	1	0	$t_2 = 956.2$
3	0	0	1	$t_3 = 981.5$
4	$\frac{1}{2}$	$\frac{1}{2}$	0	$t_{12} = 952.5$
5	$\frac{1}{2}$	0	$\frac{1}{2}$	$t_{13} = 966.0$
6	0	$\frac{1}{2}$	$\frac{1}{2}$	$t_{23} = 968.6$
7	$\frac{3}{4}$	$\frac{1}{4}$	0	$t_{1112} = 952.2$
8	$\frac{1}{4}$	$\frac{3}{4}$	0	$t_{1222} = 955.5$
9	$\frac{3}{4}$	0	$\frac{1}{4}$	$t_{1113} = 958.3$
10	$\frac{1}{4}$	0	$\frac{3}{4}$	$t_{1333} = 974.6$
11	0	$\frac{3}{4}$	$\frac{1}{4}$	$t_{2223} = 963.5$
12	0	$\frac{1}{4}$	$\frac{3}{4}$	$t_{2333} = 977.3$
13	$\frac{1}{2}$	$\frac{1}{4}$	$\frac{1}{4}$	$t_{1123} = 959.9$
14	$\frac{1}{4}$	$\frac{1}{2}$	$\frac{1}{4}$	$t_{1223} = 962.0$
15	$\frac{1}{4}$	$\frac{1}{4}$	$\frac{1}{2}$	$t_{1233} = 967.8$

（3）回归方程系数计算

将表 3-26 的试验结果代入 {3，4} 回归方程系数的计算公式而求得各项系数。根据四次式的通式便可写出下列回归方程：

$$t = 950.6x_1 + 956.2x_2 + 981.5x_3 - 3.6x_1x_2 - 0.2x_1x_3 - x_2x_3 - 2.667x_1x_2(x_1 - x_2)$$
$$- 4.533x_1x_3(x_1 - x_3) - 6.133x_2x_3(x_2 - x_3) - 24x_1x_2(x_1 - x_2)^2 + 9.333x_1x_3(x_1 - x_3)^2$$
$$+ 37.07x_2x_3(x_2 - x_3)^2 + 29.07x_1^2x_2x_3 + 82.4x_1x_2^2x_3 - 53.87x_1x_2x_3^2 \tag{3-33}$$

为使用方便，将式（3-33）的规范变量变成自然变量。令 C_1 表示 $Al_2O_3\%$，C_2 表示 $La_2O_3\%$，则

$$x_1 = \frac{C_1}{6}; \quad x_2 = \frac{C_2}{8}; \quad x_3 = 1 - \frac{C_1}{6} - \frac{C_2}{8}$$

代入式（3-33）整理后得到式（3-34）：

$$t = 981.5 - 2.872C_1 + 2.113C_2 - 1.669C_1^2 - 4.25C_1C_2 - 3.168C_2^2$$
$$+ 0.3876C_1^3 + 1.405C_1^2C_2 + 1.6C_1C_2^2 + 0.6032C_2^3 - 0.0288C_1^4$$
$$- 0.1256C_1^3C_2 - 0.2576C_1^2C_2^2 - 0.1367C_1C_2^3 - 0.0362C_2^4 \tag{3-34}$$

为检验式（3-34）回归方程的精度，特配制了四种不同组成的熔盐测定其初晶温度，对方程进行命中检验，检验结果列于表 3-27。其结果计算值与试验值的绝对偏差均小于 2℃，表明方程十分精确。

表 3-27　初晶温度命中率检验表

序　号	熔盐组成（质量分数）/%			实验值/℃	计算值/℃	绝对偏差/℃	相对偏差/%
	Na_3AlF_6	Al_2O_3	La_2O_3				
1	94.50	4.50	1.00	955.2	957.1	1.9	0.20
2	93.25	0.75	6.00	961.0	961.7	0.7	0.07
3	98.25	0.75	1.00	975.7	976.6	0.9	0.09
4	95.33	2.00	2.67	963.6	964.3	0.7	0.07

思考题与习题

3-1　何谓优选法？

3-2　0.618 法在单因素试验中的意义是什么，其优点与不足之处有哪些，该法是否为最优的单因素优选法，为什么？

3-3　何谓正交试验设计，正交表有什么特性？

3-4　正交试验设计、回归正交试验设计数据处理时分别需要做何种检验？

3-5　何谓极差，极差分析的实质是什么，有什么优缺点？

3-6　分析单、多因素试验极差分析的异同。

3-7　用 $L_8(2^7)$ 正交表进行 A、B、C、D 4因子2水平试验，试验结果为：

试验号	1	2	3	4	5	6	7	8
指标 y/%	86	95	91	94	91	96	83	88

试计算极差值，确定各因素对试验指标影响的主次以及最优组合条件。

3-8　何谓方差，方差分析有什么特点？

3-9　采用 3 因子 3 水平正交试验设计研究某氧化剂转化率的试验，试验结果见下表。试对该试验结果分
　　　别进行极差分析和方差分析，确定各因子对转化率影响的显著程度并找出最优试验条件。

列　号 试验号	A 温度/℃	B 时间/min	C 试剂用量/倍	y 转化率/%
1	50	30	1.2	51
2	50	45	1.6	71
3	50	60	2.0	58
4	65	30	1.6	82
5	65	45	2.0	69
6	65	60	1.2	59
7	80	30	2.0	77
8	80	45	1.2	85
9	80	60	1.6	84

3-10　为符合环保要求，某冶炼厂含有锌和镉的废水需经处理达标后才能排放，用正交表摸索沉淀条件。
　　　其因素水平表为

因　素 水　平	pH 值	凝聚剂	沉淀剂	$CaCl_2$	废水浓度
1	7 ~ 8	加	NaOH	加	稀
2	8 ~ 9	不加	Na_2CO_3	不加	浓
3	9 ~ 10				
4	10 ~ 11				

　　　选用混合型正交表安排试验，试验结果综合评分如下：

试验号	1	2	3	4	5	6	7	8
综合评分	45	70	55	65	85	95	90	100

　　　试计算 R 值，找出最优组合方案。

4 化学平衡与相平衡

4.1 化合物稳定性的判据—$\Delta G^{\ominus}$

绝大多数冶金反应是在高温条件下进行的，并且是固相、液相与气相间的多相反应。还有相当一部分冶金反应是纯物质凝聚相和气相间的反应。气相-凝聚相反应的特点是，凝聚相反应物是纯物质，当以纯物质作为标准态时，其活度为 1。所以，反应的吉布斯自由能变 ΔG 是温度和压力（若有多种气体参加反应，还包括气相组成）的函数。

（1）对于同类型的化合物，例如 CaO 和 MgO 都是氧化物，哪个较稳定，一般是根据与 1mol 氧结合成氧化物的反应 $\frac{2x}{y}M + O_2 = \frac{2}{y}M_xO_y$ 的标准生成自由能变 $\Delta G^{\ominus}$ 来比较。$\Delta G^{\ominus}$ 越负，氧化物越稳定。例如，对于 CaO 和 MgO

$$2Ca + O_2 = 2CaO, \quad \Delta G^{\ominus}(1600K) = -938.96kJ/mol$$

$$2Mg + O_2 = 2MgO, \quad \Delta G^{\ominus}(1600K) = -804.66kJ/mol$$

可见在 1600K 时，CaO 比 MgO 稳定。

（2）对于同种元素的不同化合物来说，以 1mol 该物质为基础。如 CaO、CaS 和 CaC，n_{Ca} 必须相同。例如：

$$Fe(l) + \frac{1}{2}O_2 = FeO(s), \quad \Delta G^{\ominus}(1773K) = -152756J/mol$$

$$Fe(l) + \frac{1}{2}S_2 = FeS(s), \quad \Delta G^{\ominus}(1773K) = -57029J/mol$$

$$Fe(l) + \frac{1}{3}C = \frac{1}{3}Fe_3C(s), \quad \Delta G^{\ominus}(1773K) = -2557J/mol$$

则其稳定性增强的顺序为：Fe_3C，FeS，FeO。

（3）对于同种物质、不同价态的化合物（如氧化物）来说，以 1mol 氧为基础。以 V 的不同价态氧化物 VO、V_2O_3、VO_2、V_2O_5 为例，讨论 VO 和 V_2O_3 的稳定性。

$$2V(s) + O_2 = 2VO(s), \quad \Delta G_1^{\ominus} = -849.4 - 160.1T, kJ/mol;$$

$$\frac{4}{3}V(s) + O_2 = \frac{2}{3}V_2O_3(s), \quad \Delta G_2^{\ominus} = -802.0 + 153.4T, kJ/mol;$$

$\Delta G_1^{\ominus}(2000K) = -529.2kJ/mol$，$\Delta G_2^{\ominus}(2000K) = -485.2kJ/mol$。可见，2000K 时，VO 比 V_2O_3 稳定。因此存在下述反应：

$$\frac{2}{3}V(s) + \frac{2}{3}V_2O_3(s) = 2VO(s), \quad \Delta G_3^{\ominus} = -47400 + 1.7T, kJ/mol;$$

2000K 时 $\Delta G_3^{\ominus} = -44000 J/mol$。

（4）另外，可以用化合物的分解压判定化合物的稳定性。以氧化反应为例：

$$\frac{2x}{y}M(s) + O_2(g) = \frac{2}{y}M_xO_y(s)$$

$$\Delta G^{\ominus} = RT\ln\left(\frac{p_{O_{2(平衡)}}}{p^{\ominus}}\right)$$

则 $\lg p_{O_{2(平衡)}} = \dfrac{\Delta G^{\ominus}}{19.147T} + 5.00572$。氧化物分解压是温度的函数，当温度一定时，$\Delta G^{\ominus}$ 负值越大，$p_{O_{2(平衡)}}$ 越小，氧化物越稳定。同理，化合物的分解压越小，化合物就越稳定。

4.2　化合物的位图

4.2.1　化学反应等温方程式

生成氧化物反应的通式为：

$$\frac{2x}{y}M(s) + O_2(g) = \frac{2}{y}M_xO_y(s)$$

$$\Delta G^{\ominus} = RT\ln\left(\frac{p_{O_{2(平衡)}}}{p^{\ominus}}\right)$$

称 $RT\ln\,(p_{O_{2(平衡)}}/p^{\ominus})$ 为氧化物 M_xO_y 的氧位，亦即元素与 1mol 氧反应时的自由能。同理，元素与 1mol 氮、碳、硫、磷等反应，则有氮位、碳位、硫位、磷位：$RT\ln\,(p_{N_{2(平衡)}}/p^{\ominus})$、$RT\ln a_C$、$RT\ln\,(p_{S_{2(平衡)}}/p^{\ominus})$、$RT\ln\,(p_{P_{2(平衡)}}/p^{\ominus})$。

4.2.2　氧势图的制作

4.2.2.1　氧标尺 $\lg p_{O_2}$

将元素与 1mol 氧反应的自由能变化与氧位画在一张图上，称为氧势图。考虑平衡过程：
$O_2(1atm) = O_2(p_{O_2})$

$$\Delta\mu = \mu_{O_2} - \mu_{O_2}^{\ominus} = \mu_{O_2}^{\ominus} + \frac{RT\ln p_{O_2}}{p^{\ominus}} - \mu_{O_2}^{\ominus} = RT\ln\frac{p_{O_2}}{p^{\ominus}}$$

而 $\Delta\mu = RT\ln\dfrac{p_{O_2}}{p^{\ominus}} = 2.303RT\lg\dfrac{p_{O_2}}{p^{\ominus}} = 19.147T\lg\dfrac{p_{O_2}}{p^{\ominus}}$。

当 $T = 0K$ 时，$\Delta\mu = 19.147T\lg\dfrac{p_{O_2}}{p^{\ominus}} = 0$，在氧势图上为 O 点；若 $p_{O_2} = 100kPa$，无论 T 如何变化，$\Delta\mu = 19.147T\lg p_{O_2}/p^{\ominus} \equiv 0$。在氧势图上可用 $O\text{-}O'$ 水平线表示。称该线为 $p_{O_2} = 100kPa$ 的等 p_{O_2} 线，与图中氧标尺交点的读数为 $p_{O_2}/p^{\ominus} = 10^0$。

当 T 为常数时，若 $p_{O_2} = 100 \times 10^2 kPa$，$\Delta\mu = 2 \times 19.147T$。这是过 O 点的又一条等 p_{O_2} 线（见图 4-1 中线 $O\text{—}B$）。该线与氧标尺交点的读数为 $p_{O_2}/p^{\ominus} = 10^2$。

同理，当 T 为常数时，若 $p_{O_2} = 100 \times 10^{-2}kPa$，$\Delta\mu = -2 \times 19.147T$。它表示过 O 点的又一条等 p_{O_2} 线（见图 4-1 中线 $O\text{—}A$）。该线与氧标尺交点的读数为 $p_{O_2}/p^{\ominus} = 10^{-2}$。

于是，可通过横坐标 $T = 0K$ 时，纵坐标 $\Delta G = 0$ 的点（即氧标尺的原点），向右作出若干

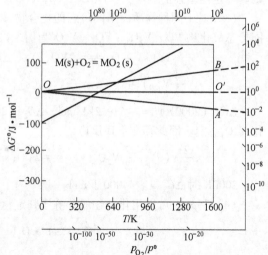

图 4-1　氧位图上的氧标尺

条斜率为 $R\ln p_{O_2}/p^{\ominus}$ 的射线，表示氧的等分压线。在 $\Delta G\text{-}T$ 图的右侧，画一条垂线，分别标出氧分压的 lg 值，即氧标尺，如图 4-1 所示。

4.2.2.2 $\lg(p_{H_2}/p_{H_2O})$ 标尺

以氢作还原剂还原金属氧化物，有如下三个反应：

$$2MO + 2H_2 \Longrightarrow 2M + 2H_2O$$

$$2H_2 + O_2 \Longrightarrow 2H_2O$$

$$2M + O_2 \Longrightarrow 2MO$$

它们同时处于平衡状态时，其中两个是独立反应。故

$$RT\ln p_{O_2}(H_2O) = RT\ln p_{O_2}(MO)$$

对于反应 $2H_2 + O_2 \Longrightarrow 2H_2O$，$\Delta G = \Delta G^{\ominus} + RT\ln\left(\dfrac{p_{H_2O}}{p_{H_2}}\right)^2 - RT\ln p_{O_2}$，kJ/mol。

当 $p_{O_2} = 100kPa$，$p_{H_2O}/p_{H_2} = 1$ 时，$\Delta G^{\ominus} = -503.5kJ$，对应辅助坐标上的 H 点。当 $T = \text{const}$，$\Delta G = \Delta G^{\ominus} = -503.5 + 0.116T$ 时，即氢与氧的反应线。

当 $p_{O_2} = 100kPa$，$p_{H_2O}/p_{H_2} \neq 1$ 时

$$\Delta G = \Delta G^{\ominus} + RT\ln\left(\frac{p_{H_2O}}{p_{H_2}}\right)^2 = -503.5 + \left[0.116 - 2RT\ln\frac{p_{H_2}}{p_{H_2O}}\right]T$$

若 T 为常数时，$\dfrac{p_{H_2}}{p_{H_2O}} > 1$，$\lg\dfrac{p_{H_2}}{p_{H_2O}} > 0$，$\Delta G$ 值减小。反之 ΔG 值增加。

设 $\dfrac{p_{H_2}}{p_{H_2O}} = 10^1$，$\Delta G = -503.5 + [0.116 - 2 \times 2.303]T$；又设 $\dfrac{p_{H_2}}{p_{H_2O}} = 10^2$，则 $\Delta G = -503.5 + [0.116 - 2 \times 2.303 \times 2]T$。依此类推，即可得到从 H 点发出的在 $\Delta G^{\ominus}$ 以下的一组射线。

设 $\dfrac{p_{H_2}}{p_{H_2O}} = 10^{-1}$，$\Delta G = -503.5 + [0.116 + 2 \times 2.303]T$；设 $\dfrac{p_{H_2}}{p_{H_2O}} = 10^{-2}$，$\Delta G = -503.5 + [0.116 + 2 \times 2.303 \times 2]T$ 等。同理得到从 H 点发出的在 $\Delta G^{\ominus}$ 以上的射线。如图 4-2 所示。

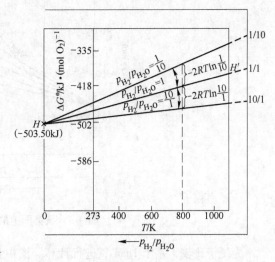

图 4-2 氧势图上的 $\lg(p_{H_2}/p_{H_2O})$ 标尺

4.2.2.3 $\lg(p_{CO}/p_{CO_2})$ 标尺

以 CO 作还原剂还原金属氧化物，有如下三个反应：

$$2MO + 2CO \Longrightarrow 2M + 2CO_2$$

$$2CO + O_2 \Longrightarrow 2CO_2$$

$$2M + O_2 \Longrightarrow 2MO$$

它们同时处于平衡状态时，其中两个是独立反应。所以

$$RT\ln p_{O_2}(2CO + O_2 \rightleftharpoons 2CO_2) = RT\ln p_{O_2}(MO)$$

对于反应 $2CO + O_2 \rightleftharpoons 2CO_2$，$\Delta G = \Delta G^\ominus + RT\ln\left(\dfrac{p_{CO_2}}{p_{CO}}\right)^2 - RT\ln p_{O_2}$（kJ/mol）

当 $p_{O_2} = 100kPa$，$p_{CO_2}/p_{CO} = 1$ 时，$\Delta G^\ominus = -558.68$ kJ，对应辅助坐标上的 C 点。当 T 为常数时，$\Delta G = \Delta G^\ominus = -558.68 + 0.1693T$，即 CO 与 CO_2 的反应线。

当 $p_{O_2} = 100kPa$，$p_{CO_2}/p_{CO} \neq 1$ 时，

$$\Delta G = \Delta G^\ominus + RT\ln\left(\dfrac{p_{CO_2}}{p_{CO}}\right)^2 = -558.685 + \left[0.1693 - 2RT\ln\dfrac{p_{CO}}{p_{CO_2}}\right]T$$。若 T 为常数，$\dfrac{p_{CO}}{p_{CO_2}} > 1$，log $\dfrac{p_{CO}}{p_{CO_2}} > 0$，$\Delta G$ 值减小。反之 ΔG 增加。

设 $\dfrac{p_{CO}}{p_{CO_2}} = 10^1$，$\Delta G = -558.68 + [0.1693 - 2 \times 2.303]T$；设 $\dfrac{p_{CO}}{p_{CO_2}} = 10^2$，$\Delta G = -558.68 + [0.1603 \times 2.303 \times 2]T$ 等。即从 C 点发出的在 $\Delta G^\ominus$ 以下的射线。

设 $\dfrac{p_{CO}}{p_{CO_2}} = 10^{-1}$，$\Delta G = -558.68 + [0.1693 + 2 \times 2.303]T$；设 $\dfrac{p_{CO}}{p_{CO_2}} = 10^{-2}$，$\Delta G = -558.68 + [0.1693 + 2 \times 2.303 \times 2]T$ 等。即从 C 点发出的在 $\Delta G^\ominus$ 以上的射线，如图 4-3 所示。

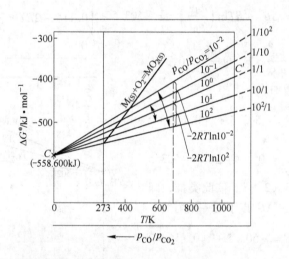

图 4-3　氧势图上的 $\lg(p_{CO}/p_{CO_2})$ 标尺

为便于比较，基于 1mol 氧进行计算。图中包括温度标尺，上、下、右框，从外向内分别是 p_{O_2}、p_{H_2}/p_{H_2O}、p_{CO}/p_{CO_2} 标尺。左框外的辅助线上自下而上有三个点：C、H 和 Ω，分别标志查找 p_{CO}/p_{CO_2}、p_{H_2}/p_{H_2O}、p_{O_2} 标尺的起始点，如图 4-4 所示。

若求某反应（如 $2Fe + O_2 = 2FeO$）在某温度（1000℃）下的平衡氧分压 p_{O_2} 值，可在氧势图上找到 1000℃，作垂线与 $2Fe + O_2 = 2FeO$ 反应线相交于 Q，连接 $\Omega—Q$ 成一直线。其延长线落在氧标尺上，氧标尺标注的值即为 1000℃时 FeO 的分解氧分压。

若想控制上述反应的氧分压，可通过 p_{CO}/p_{CO_2} 或 p_{H_2}/p_{H_2O} 的比来实现。为了求它们的比值，可连接 $H—Q$ 或 $C—Q$，其延长线落在各自标尺上。所得数值即为所求。

例 4-1　通过氧势图查找 1000K 时 FeO 的分解压、用 CO 还原 FeO 时的 p_{CO}/p_{CO_2}、用 H_2 还原

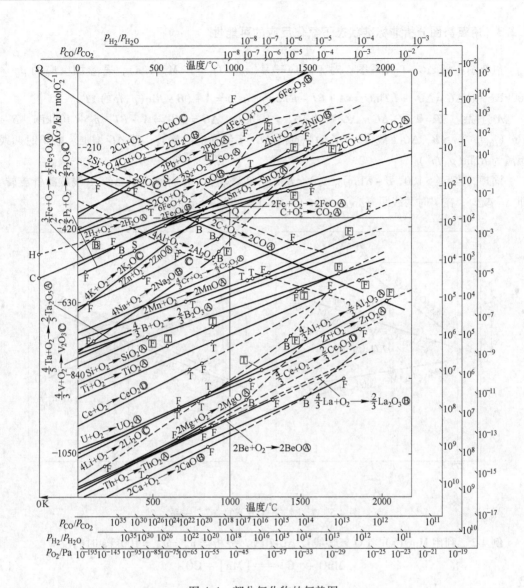

图 4-4　部分氧化物的氧势图

图中各线在 273K 时的精度：Ⓐ ±4.184kJ；Ⓑ ±12.55kJ；Ⓒ ±41.84kJ；Ⓓ ＞4.184kJ；

相变点：熔点 F；沸点 B；升华点 S；多晶型转变点 T；氧化性相变

点用方框中字母表示，元素相变点直接用字母表示

FeO 时的 p_{H_2}/p_{H_2O}。

　　解：在氧势图上找到 1000K 温度点，经该点作垂线与 FeO 的 $\Delta G^{\ominus}$-T 线相交于 Q 点。将点 Ω 和点 Q 连成直线，其延长线与 p_{O_2} 标尺线交点指示的数值，即为 FeO 的分解压。

　　将点 C 和点 Q 连成直线，其延长线与 p_{CO}/p_{CO_2} 标尺线交点指示的数值，即为 CO 还原 FeO 时的 p_{CO}/p_{CO_2}。

　　连接点 H 与点 Q，并延长，与 p_{H_2}/p_{H_2O} 标尺线交点指示的数值，即为用 H_2 还原 FeO 时的 p_{H_2}/p_{H_2O}。

4.2.3　用氧势图分析非标准状态下氧化反应的可能性

氧势图亦即 $\Delta G^{\ominus}$-T 关系图。对于反应 $\frac{2x}{y}M(s) + O_2 = \frac{2}{y}M_xO_y(s)$，若参加反应的 $p_{O_2} \neq$ 100kPa，则 $\Delta G = \Delta G^{\ominus} + RT\ln Q_p = A + BT - RT\ln(p_{O_2}/p^{\ominus}) = A + (B - R\ln(p_{O_2}/p^{\ominus}))T$。

A 为截距。$T = 0$ 时，$\Delta G = \Delta G^{\ominus} = A$；$p_{O_2} = 100$kPa，$\Delta G = \Delta G^{\ominus} = A + BT$；$p_{O_2} < 100$kPa，$B - R\ln(p_{O_2}/p^{\ominus}) > B$，$\Delta G$-$T$ 线将以 0K 为原点沿 $\Delta G^{\ominus}$-T 线逆时针旋转，即 ΔG 增加。在 T 时两线距离为 $RT\ln(p_{O_2}/p^{\ominus})$。

同理，当 $p_{O_2} > 100$，$B - R\ln(p_{O_2}/p^{\ominus}) < B$，$\Delta G$-$T$ 线将以 0K 为原点沿 $\Delta G^{\ominus}$-T 线顺时针旋转，即 ΔG 减少。在 T 时两线距离亦为 $RT\ln(p_{O_2}/p^{\ominus})$，见图 4-5$a$。

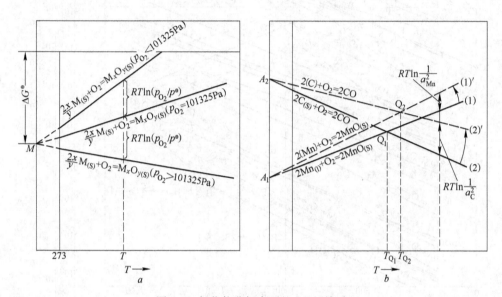

图 4-5　氧化物非标态下的 ΔG-T 关系

例 4-2　利用 MnO(s)、CO 氧势线及 ΔG-T 线，分析当 $p_{O_2} = p_{CO} = 100$kPa 时的反应

$$MnO + [C] == [Mn] + CO \tag{1}$$

及

$$MnO + C == Mn_{(1)} + CO \tag{2}$$

的区别。

解：对于反应（2）

$$C + \frac{1}{2}O_2 == CO \tag{3（生成 CO 的氧势）}$$

$$Mn + \frac{1}{2}O_2 == MnO \tag{4（生成 MnO 的氧势）}$$

$$MnO + C == Mn + CO$$

两线交点 Q_1 为平衡温度（标态，见图 4-5b 中的实线）。
对于反应（1）

$$[C] + \frac{1}{2}O_2 == CO \tag{3)' $\Delta G = A + [B - R\ln a_C^2]T, \Delta G \uparrow$}$$

$$[Mn] + \frac{1}{2}O_2 =\!=\!= MnO \qquad (4)' \Delta G = A + [B - R\ln a_{Mn}^2]T, \Delta G \uparrow$$

$$MnO + [C] =\!=\!= [Mn] + CO$$

可见，另两线交点 Q_2 为平衡温度（非标态，见图 4-5b 中的虚线）。

4.2.4　优势区图的应用

优势区图是平衡相和变量之间的关系图，由反应体系中各反应的平衡状态决定。若体系中存在若干反应，当各反应的 $\Delta G = 0$ 时，由 $\Delta G^{\ominus} = -RT\ln K$ 能得出各反应平衡时热力学参数间的关系。这些关系反映在优势区图中，对应不同的平衡状态曲线。曲线把坐标平面分成不同区域，每个区域都对应着某一稳定相。相邻稳定相的交线，为对应的两个稳定相平衡共存的状态线。不相邻的两稳定相不能平衡共存。

下面以 $\varphi(CO)/\varphi(CO_2)$ 混合气体还原 WO_3 为例，说明优势区图的应用。已知：

$$W(s) + O_2 =\!=\!= WO_2(s), \quad \Delta G_1^{\ominus} = -579500 + 153.1T, J/mol \qquad (4-1)$$

$$W(s) + C(s) =\!=\!= WC(s), \quad \Delta G_2^{\ominus} = -37160 + 1.67T, J/mol \qquad (4-2)$$

$$C(s) + \frac{1}{2}O_2 =\!=\!= CO, \quad \Delta G_3^{\ominus} = -112000 - 97.86T, J/mol \qquad (4-3)$$

$$C(s) + O_2 =\!=\!= CO_2, \quad \Delta G_4^{\ominus} = -394400 - 1.26T, J/mol \qquad (4-4)$$

这是一个气-固反应体系，体系中有 3 种气体，即 CO、CO_2 和 O_2，温度确定时体系中 p_{O_2} 和 p_{CO}/p_{CO_2} 便有确定的值。因此优势区图的形式是，只要给出确定温度下 p_{O_2} 和 p_{CO}/p_{CO_2} 不同值，各凝聚相稳定存在的区域便可确定。若体系中既有溶液又有气相参加反应，应以溶液中某组元的活度和气相分压作为参数。于是当温度确定时，通过组元活度和气相的分压便可确定各稳定相存在的区域。

以 1000K 和 1300K 为例，说明如下。

$T = 1000$K 时，

$$\Delta G_1^{\ominus} = -426384 J/mol, \quad \Delta G_2^{\ominus} = -35982 J/mol$$

$$\Delta G_3^{\ominus} = -19828 J/mol, \quad \Delta G_4^{\ominus} = -395639 J/mol$$

反应式(4-2) - 式(4-1) - 2×式(4-3) + 式(4-4)，得：

$$WO_2(s) + 2CO =\!=\!= WC(s) + CO_2 + O_2, \quad \Delta G_5^{\ominus}(1000K) = 394384 J/mol$$

$$\lg K_5(1000K) = \frac{p_{CO_2}/p^{\ominus}}{(p_{CO}/p^{\ominus})^2} \times \frac{p_{O_2}}{p^{\ominus}} = -\frac{\Delta G^{\ominus}}{19.147T} = -20.60$$

所以

$$\lg \frac{(p_{CO}/p^{\ominus})^2}{p_{CO_2}/p^{\ominus}} = \lg \frac{p_{O_2}}{p^{\ominus}} + 20.60 \qquad (4-5)$$

反应 2×式(4-3) - 式(4-4) - 式(4-2)，得：

$$WC_2(s) + CO_2 =\!=\!= W(s) + 2CO, \quad \Delta G_6^{\ominus}(1000K) = 31975 J/mol$$

$$\lg K_6(1000\text{K}) = \lg \frac{(p_{CO}/p^{\ominus})^2}{p_{CO_2}/p^{\ominus}} = -\frac{\Delta G^{\ominus}}{19.147T} = -1.67 \tag{4-6}$$

由反应式（4-1）可求得 $T = 1000\text{K}$ 时

$$\lg \frac{p_{O_2}}{p^{\ominus}} = -22.27 \tag{4-7}$$

根据式（4-5）和式（4-7），给出不同的 $\lg \dfrac{p_{O_2}}{p^{\ominus}}$（为制表方便，以 A 表示之），可得到不同

的 $\lg \dfrac{(p_{CO}/p^{\ominus})^2}{p_{CO_2}/p^{\ominus}}$（为制表方便，以 R_1 和 R_2 表示之），如表4-1所示。

表 4-1　1000K 时 $\lg p_{O_2}$ 与 $\lg p_{CO}^2/p_{CO_2}$ 关系

A	-14	-16	-18	-20	-22	-24	-26
R_1	6.6	4.6	2.6	0.6	-1.4	-3.4	-5.4
R_2	8.27	6.27	4.27	2.27	0.27	-1.37	-3.37

作 $\lg \dfrac{p_{O_2}}{p^{\ominus}} - \lg \dfrac{(p_{CO}/p^{\ominus})^2}{p_{CO_2}/p^{\ominus}}$ 图，如图 4-6 所示。

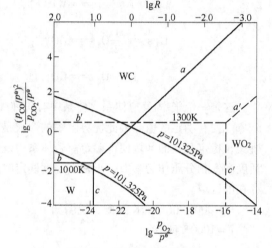

图 4-6 中，线 b、c 分别表示式（4-6）、式（4-7），线 a 表示式（4-5）。线 a、c 的右侧为 WO_2 稳定区，线 a、b 左上方为 WC 稳定区，线 b、c 与坐标轴围成的区域是 W 的稳定区。

将 $T = 1300\text{K}$ 时的相关值按上述方法处理，可在图 4-6 中得到 a'、b'、c' 三条虚线。可见，提高温度能使 W 的稳定区扩大。

为了更直观地确定反应条件，令 $R = \dfrac{p_{CO}/p^{\ominus}}{p_{CO_2}/p^{\ominus}}$。

图 4-6　W-C-O 系平衡图

反应体系还存在下述平衡：

$$CO_2 \Longrightarrow CO + \frac{1}{2}O_2, \Delta G^{\ominus}(1000\text{K}) = 1058112\text{J/mol}$$

$$\lg \left[\frac{p_{CO}}{p_{CO_2}} \left(\frac{p_{O_2}}{p^{\ominus}} \right)^{\frac{1}{2}} \right] = -\frac{\Delta G^{\ominus}}{19.147T} = \lg K$$

1000K 时

$$\lg R = -\frac{1}{2}\lg \left(\frac{p_{O_2}}{p^{\ominus}} \right) + \lg K \tag{4-8}$$

由式（4-8）可确定与 $\lg(p_{O_2}/p^{\ominus})$ 对应的 $\lg R$ 值，标于图 4-6 上部的横坐标上。

对于反应 $WO_2(s) + 2C(s) = W(s) + 2CO$，反应过程中 $\Delta n_{(CO)} > 0$，若改变体系总压力将影响反应平衡。

令 $\dfrac{p}{p^{\ominus}} = \dfrac{p_{CO}}{p^{\ominus}} + \dfrac{p_{CO_2}}{p^{\ominus}}$，则

$$\frac{\left(\frac{p_{CO}}{p^{\ominus}}\right)^2}{\frac{p_{CO_2}}{p^{\ominus}}} = \frac{\left(\frac{p_{CO}}{p^{\ominus}}\right)^2}{\left(\frac{p_{CO_2}}{p^{\ominus}}\right)\left(\frac{p_{CO_2}}{p^{\ominus}}\right)} \times \frac{p}{p^{\ominus}} \times \frac{\frac{p_{CO_2}}{p^{\ominus}}}{\frac{p}{p^{\ominus}}}$$

$$R^2 \cdot p \frac{p^{\ominus}}{p} = \frac{R^2 p}{R+1}$$

所以

$$\lg \frac{\left(\frac{p_{CO}}{p^{\ominus}}\right)^2}{\frac{p_{CO_2}}{p^{\ominus}}} = 2\lg R - \lg(R+1) + \lg p$$

图 4-6 中两条曲线即是 $p = 100\text{kPa}$ 时 $\lg \dfrac{(p_{CO}/p^{\ominus})^2}{p_{CO_2}/p^{\ominus}}$ 与 $\lg \dfrac{p_{O_2}}{p^{\ominus}}$ 的关系线。

4.2.5 对角线规则

以碳还原 Nb_2O_5 为例进行热力学分析。已知 Nb-C-O 体系有如下反应：

$$Nb_2O_5 + 5C \Longrightarrow Nb + 5CO, \qquad \Delta G_1^{\ominus} = 1317000 - 848.7T, \text{J/mol} \qquad (4\text{-}9)$$

$$\frac{2}{5}Nb_2O_5 + \frac{1}{5}Nb \Longrightarrow NbO_2, \qquad \Delta G_2^{\ominus} = -28400 - 1.0T, \text{J/mol} \qquad (4\text{-}10)$$

$$\frac{2}{5}Nb_2O_5 + \frac{6}{5}Nb \Longrightarrow 2NbO, \qquad \Delta G_3^{\ominus} = -72400 + 5.32T, \text{J/mol} \qquad (4\text{-}11)$$

$$NbO_2 + Nb \Longrightarrow 2NbO, \qquad \Delta G_4^{\ominus} = -44000 + 6.3T, \text{J/mol} \qquad (4\text{-}12)$$

$$Nb + C \Longrightarrow NbC, \qquad \Delta G_5^{\ominus} = -130100 + 1.67T, \text{J/mol} \qquad (4\text{-}13)$$

$$2Nb + C \Longrightarrow Nb_2C, \qquad \Delta G_6^{\ominus} = -193700 + 11.71T, \text{J/mol} \qquad (4\text{-}14)$$

以上 6 个反应在 1500℃时的 $\Delta G^{\ominus}$ 均为负值，都能自发地向右进行。所以，Nb_2O_5 与 Nb、NbO_2 与 Nb、C 与 Nb，在 1500℃不能平衡共存。

要正确进行热力学计算，必须正确地写出反应式。这就需要了解 Nb-C-O 体系中哪些相之间可以平衡共存。需要选取一些零变量反应来计算其 $\Delta G^{\ominus}$，由 $\Delta G^{\ominus}$ 值判断哪些相能平衡共存。

在缺乏相图和优势区图的情况下，可以在浓度三角形中，画出各化合物所处的位置，如图 4-7 所示。对角线规则的内容是：将四个纯凝聚相物质的位置点（物系点）连成一个四边形，这个四边形上任意一条对角线上的两个物质发生反应，生成物是另一条对角线上两端的物质。若反应的 $\Delta G^{\ominus} < 0$，则两个反应物不能平衡共存，而两个产物可平衡共存。则两个产物之间可连成一条对角线。

如图 4-7 中 Nb_2O_5、NbO_2、NbC 和 C 四个凝聚相中，可发生如下反应

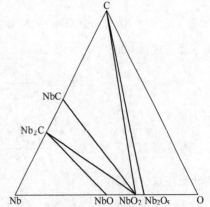

图 4-7 Nb-C-O 系浓度三角形

$$Nb_2O_5 + \frac{1}{2}NbC =\!=\!= \frac{5}{2}NbO_2 + \frac{1}{2}C, \quad \Delta G_7^\ominus = -2500 - 3.7T, \text{J/mol} \qquad (4\text{-}15)$$

由于 $\Delta G_7^\ominus < 0$，表明 Nb_2O_5 和 NbC 不能平衡共存。所以在 $Nb_2O_5\text{-}NbO_2\text{-}NbC\text{-}C$ 这个四边形内，Nb_2O_5 和 NbC 不能连成对角线。而 $NbO_2\text{-}C$ 之间则可以连接起来成为对角线。

根据反应式（4-15）得出 NbO_2 与 C 能够平衡共存。

类似地，根据下列零变量反应：

$$NbO_2 + NbC =\!=\!= 2NbO + C, \quad \Delta G_8^\ominus = 93000 + 3.9T, \text{J/mol} \qquad (4\text{-}16)$$

说明 C 与 NbO 不能平衡共存，而 NbO_2 与 NbC 能平衡共存，可在它们之间连一条对角线。

再根据下列反应：

$$2NbO + NbC =\!=\!= Nb_2C + NbO_2, \quad \Delta G_9^\ominus = -13000 + 3T, \text{J/mol} \qquad (4\text{-}17)$$

得知，可以在 Nb_2C 和 NbO_2 之间连一条对角线。

经过上述计算，在浓度三角形中，有线段连接的两个凝聚态物质，才有可能平衡共存。

由反应式（4-10）、式（4-11）和式（4-12）可知，Nb 的氧化物中 NbO 最稳定。由反应式（4-13）、式（4-14）可得

$$Nb + NbC =\!=\!= Nb_2C, \quad \Delta G_{10}^\ominus = -63600 + 10.04T, \text{J/mol} \qquad (4\text{-}18)$$

表明 Nb_2C 比 NbC 稳定。

综上所述，能否还原出金属铌，要考查最稳定的氧化物 NbO 和最稳定的碳化物 Nb_2C 之间能否进一步发生反应：

$$NbO + Nb_2C =\!=\!= 3Nb + CO, \quad \Delta G_{11}^\ominus = 493600 - 184.1T, \text{J/mol} \qquad (4\text{-}19)$$

标准状态下，式（4-19）的开始反应温度为 2681K（2408℃）。

降低 CO 分压，可使开始反应温度降低。设 $p_{CO} = 66.7\text{Pa}$，则

$$\Delta G = 493600 - 184.1T + 8.314T\ln(66.7/100000) = 493600 - 245T, \text{J/mol}$$

解得开始反应温度为 2015K（1742℃）。

根据以下几个反应，可以绘制出 $Nb\text{-}C\text{-}O$ 体系在某一温度下的优势区图。

$$NbO + CO =\!=\!= Nb + CO_2, \quad \Delta G_{12}^\ominus = 133000 - 1.3T, \text{J/mol} \qquad (4\text{-}20)$$

$$2Nb + 2CO =\!=\!= Nb_2C + CO_2, \quad \Delta G_{13}^\ominus = -360600 + 182.8T, \text{J/mol} \qquad (4\text{-}21)$$

$$2NbO + 4CO =\!=\!= Nb_2C + 3CO_2, \quad \Delta G_{14}^\ominus = -94600 - 180.2T, \text{J/mol} \qquad (4\text{-}22)$$

$$Nb_2C + 2CO =\!=\!= 2NbC + CO_2, \quad \Delta G_{15}^\ominus = -246600 + 164.2T, \text{J/mol} \qquad (4\text{-}23)$$

对于反应式（4-20）

$$K_{12} = \frac{p_{CO_2}/p^\ominus}{p_{CO}/p^\ominus}, \quad \lg\left(\frac{p_{CO_2}}{p^\ominus}\right) = \lg\left(\frac{p_{CO}}{p^\ominus}\right) + \lg K_{12}$$

对于反应式（4-21）

$$K_{13} = \frac{p_{CO_2}/p^\ominus}{(p_{CO}/p^\ominus)^2}, \quad \lg\left(\frac{p_{CO_2}}{p^\ominus}\right) = 2\lg\left(\frac{p_{CO}}{p^\ominus}\right) + \lg K_{13}$$

对于反应式（4-22）

$$K_{14} = \frac{(p_{CO_2}/p^\ominus)^3}{(p_{CO}/p^\ominus)^4}, \quad \lg\left(\frac{p_{CO_2}}{p^\ominus}\right) = \frac{4}{3}\lg\left(\frac{p_{CO}}{p^\ominus}\right) + \lg K_{14}$$

对于反应式（4-23）

$$K_{15} = \frac{p_{CO_2}/p^\ominus}{(p_{CO}/p^\ominus)^2}, \quad \lg\left(\frac{p_{CO_2}}{p^\ominus}\right) = 2\lg\left(\frac{p_{CO}}{p^\ominus}\right) + \lg K_{15}$$

在 $T = 2000K$ 时，$\lg K_{12} = -3.4$，$\lg K_{13} = -0.13$，$\lg K_{14} = -6.94$，$\lg K_{15} = -2.14$。将这些值分别代入以上四个方程中，并分别以 $\lg(p_{CO_2}/p^\ominus)$ 对 $\lg(p_{CO}/p^\ominus)$ 作图，便可得到 Nb-C-O 体系在 2000K 时的优势区图，如图 4-8 所示。

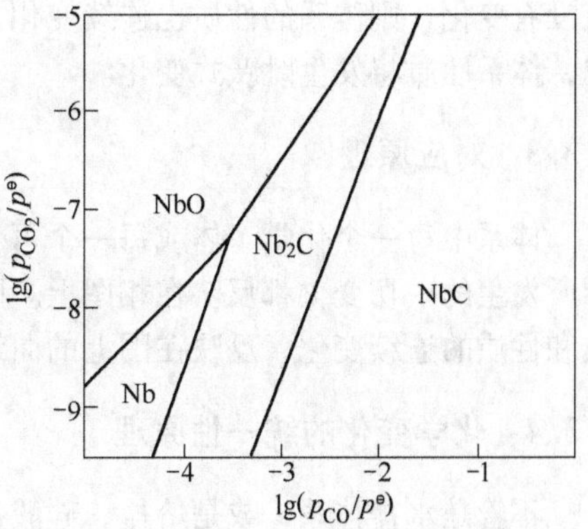

图中的几条线分别代表反应式（4-21）、式（4-22）、式（4-23）、式（4-24）的平衡气相中 $\lg(p_{CO_2}/p^\ominus)$ 与 $\lg(p_{CO}/p^\ominus)$ 的关系。

图 4-8 Nb-C-O 体系优势区图

4.3 相平衡一般原理

4.3.1 相律

相律是表示各种体系中相与相（体系中物理和化学性质均匀一致的部分）之间的平衡规律，说明在一个平衡体系中，自由度数 F（在一定范围内可以任意独立改变而不致引起体系中旧相消失或新相产生的变数，如温度、压力、浓度等的数目）、独立组分数 C（组分数减去组分之间的限制条件数）与相数 P 三者之间的关系，其表达式为

$$F = C - P + N$$

式中，N 为影响体系相平衡的外界因素的总数，包括温度、压力、电场、磁场等。如果只考虑温度和压力的影响，$N = 2$。此时相律可表示为

$$F = C - P + 2$$

由以上两公式可以看出，自由度数随体系独立组分数增加而增加，随相数增加而减少，但三者之间的关系保持不变。

对于凝聚体系，压力变化影响十分微弱可以忽略，此时相律表示为

$$F = C - P + 1$$

必须指出，相律只适用于平衡体系。多相体系的变化是错综复杂的，相律能够把大量孤立的、表面上看来迥然不同的相变化归纳成类，便于对体系进行分析。

在分析体系的独立组分数时，还要注意"独立化学反应式数 R"的概念。例如，一平衡体系中有 $H_2O(g)$、$C(s)$、$CO(g)$、$CO_2(g)$ 和 $H_2(g)$ 等五个组分，它们之间可能的化学反应有：

$$H_2O(g) + C(s) === H_2(g) + CO(g) \tag{4-24}$$

$$CO_2(g) + H_2(g) === H_2O(g) + CO(g) \tag{4-25}$$

$$2H_2O(g) + C(s) === 2H_2(g) + CO_2(g) \tag{4-26}$$

$$CO_2(g) + C(s) === 2CO(g) \tag{4-27}$$

但这四个反应中，只有两个是独立的。因为式（4-26）及式（4-27）是式（4-24）与式

（4-25）的代数和，所以 $R = 2$。

4.3.2 连续性原理

当决定体系状态的参数（如温度、压力、浓度）作连续变化时，如果体系相的数目和特点没有变化，则体系的性质也连续变化。假如体系有新相生成或旧相消失或溶液中有络合物生成，体系性质将发生跳跃式变化。

4.3.3 对应原理

体系中每一个化学个体或每一个可变组成的相，都和相图上一定的几何图形相对应。体系中所发生的一切变化都反映在相图上。图上的点、线、面都是与一定的平衡关系相对应的。组成和性质的连续变化，反映在图上的曲线也是连续的。

4.3.4 化学变化的统一性原理

不管是水盐体系，或是熔盐、硅酸盐、合金、高温材料体系，只要在体系中发生的变化相似，它们的几何图形就相似。所以从理论上研究相图时，往往不是以物质分类，而是以发生什么变化来分类。

4.3.5 塔曼三角形原理

设体系各熔合体的质量相等，又在完全相同的条件下冷却，则在冷却曲线上相当于低共熔温度停顿的时间或水平线段的长短和析出的低共熔物重量成正比。在纯组分（或化合物）处，停顿的时间等于零，而在组分相当于低共熔物时，停顿的时间最长。据此，低共熔点的组成可以如此求得。即在组成-熔点图上相当于低共熔点的温度处，垂直于组成轴在相应的组成作某些线段，使其与停顿的时间成正比。经过诸线段的末端划两条直线，而得到一个三角形。三角形高度的组成即相当于所求的低共熔点的组成，见图4-9。

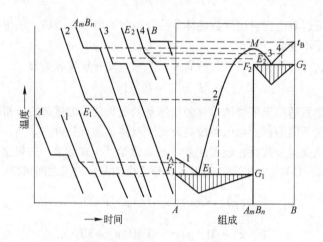

图 4-9 塔曼三角形示意图

4.3.6 几种最基本的二元系状态图

4.3.6.1 生成简单共晶的二元系

只有纯物质和低共熔混合物，在某一恒定温度下结晶，其他组成的体系，结晶在一定的温度范围内进行，也就是说冷却到液相线的温度开始结晶，到固相线的温度结晶完了。反过来，当体系加热熔化时，除了纯物质和低共熔混合物，其他组成的体系，也是在一定的温度范围内进行，也就是说冷却到液相线的温度开始结晶，到固相线的温度结晶完了。反过来，当体系加热熔化时，除了纯物质和低共熔混合物，其他组成的体系，也是在一定的温度范围内熔化。也就是说，加热到固相线温度开始熔化，到液相线温度熔化完毕。这些体系的熔点，是指熔化完了的温度，就是开始析出固体的温度，也就是液相线上的温度，见图4-10。

4.3.6.2 生成稳定化合物的二元系

所谓稳定化合物，是指化合物有一定的熔点。加热到熔点不发生显著的分解，熔化后生成的液相与原来固相的组成相同，因此又称为同分化合物。固、液同组成化合物与纯组分一样，凝固恒温进行，出现平台，见图4-11。

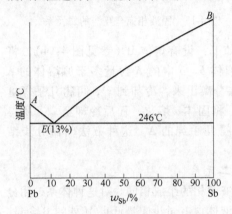

图 4-10　生成简单共晶的二元系

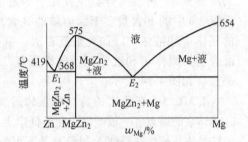

图 4-11　生成稳定化合物的二元系

4.3.6.3 生成不稳定化合物的二元系

SiO_2-Al_2O_3 属于这种类型，SiO_2 与 Al_2O_3 生成不稳定化合物 $3SiO_2 \cdot 2Al_2O_3$。所谓不稳定化合物，是化合物没有熔点，只有分解温度。加热到分解温度时，会完全分解：$3SiO_2 \cdot 2Al_2O_3$ (s) = Al_2O_3 (s) + 熔体（组成为 L）产生的固相与液相的组成都与化合物的组成不同，所以此化合物又称为异分化合物。不稳定化合物在液相线上没有最高点，只有一个转折点 L，L 点的温度就是化合物的分解温度。在分解温度以下化合物才能存在。

设体系的状态处于 g 点，此时体系为单相的熔体。当温度降低到液相线上的 g' 点时，有固体 Al_2O_3 开始析出。温度继续下降，固体 Al_2O_3 不断析出，熔体的组成沿液相线 g'—L 变化。至 L 点发生下列反应

$$熔体 + Al_2O_3(s) = 3SiO_2 \cdot 2Al_2O_3(s)$$

原来析出的固相 Al_2O_3 与熔体反应，产生的 $3SiO_2 \cdot 2Al_2O_3$ 晶体包围着 Al_2O_3 晶体，所以反应称为包晶反应，L 点称为包晶点。在包晶点，固体 Al_2O_3、固体 $3SiO_2 \cdot 2Al_2O_3$ 与熔体三相平衡共存。L 点表示熔体的组成，G 点表示固体 $3SiO_2 \cdot 2Al_2O_3$ 的组成，F 点表示固体 Al_2O_3 的组成。在发生包晶反应时，温度与熔体的组成都不变。直到原来析出的固体 Al_2O_3 完全反应后，温度再下降，见图4-12。

4.3.6.4 固液相完全互溶的二元系

两个组元在固态与液态下，彼此能够以任意比例互溶，不生成化合物，因此相图中没有低共熔点，也没有最高点。因而液相线和固相线都平滑连续，无折断处，见图4-13。

在形成连续固溶体的体系中，任意组成溶液的凝固点都介乎两个纯组元之间，因此

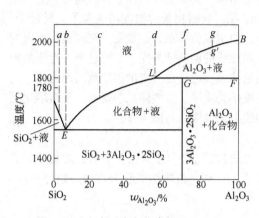

图 4-12　生成不稳定化合物的二元系

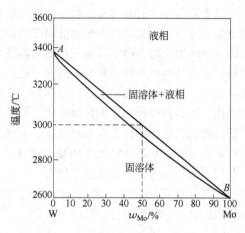

图 4-13　固液相完全互溶的二元系

溶液中将两组元分离，获得纯粹的 A 或 B。其方法如下：设有熔体 L（参见图 4-14），将其冷却至 x，所得混合物含有几乎等量的固体 a 和液体 b。a 中的 A 含量多于原熔体的 A 含量，b 中的 B 含量多于原熔体的 B 含量。今将 b 层分离出来，冷却到 x'，可得几乎等量的固体 a' 和液体 b'。如此重复多次，就可获得纯 B。将固体 a 熔化，而后冷却至 x''，所得混合物为固体 a'' 和液体 b''。这样重复几次，也可获得几乎纯的 A。这种方法叫做分步结晶法。如图 4-14 所示。

4.3.6.5　有最低（高）熔点的固液完全互溶的二元系

体系的熔点有一最低值，在最低熔点 M 处，固、液两相的组成相同。对这种体系，用分步结晶法从熔体获得纯 A 和纯 B 是不可能的。如果原液体含 B 量少于最低点 M 处的 B 含量，最后只能得到纯 A 和组成为 M 的固溶体。如果原液体含 B 量大于最低点 M 处的 B 含量，最后只能得到纯 B 和组成为 M 的固溶体。见图 4-15。

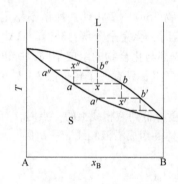

图 4-14　分步结晶法示意图

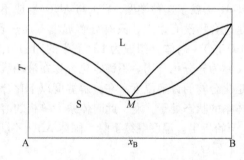

图 4-15　有最低（高）熔点的
固液完全互溶的二元系

4.3.6.6　有化合物生成的固液完全互溶的二元系

这类体系相当于两个完全互溶的固溶体相图在 C 点处拼合，C 点给出化合物的熔点和组成。见图 4-16。

固态完全互溶，只有当两组元的化学组成、晶体构造、离子或分子的结构和大小等都极相似的条件下才能发生。因为在这种情况下，晶格内的一种质点才能被另一种质点置换，而不引起晶格的破坏。

4.3.6.7 生成共晶的部分互溶的固溶体二元系

两组分在液态可无限互溶，而固体在一定范围内形成两互不相溶的相。当熔体冷却时，析出的固体不是纯组分而是固溶体。当 b 点的熔体冷却至 L_1 点时，开始有 α 固溶体析出，其组成为 S_1。继续冷却，α 固溶体不断析出。液相组成沿 AE 变化，固相组成沿 AC 变化。当冷却至 E 点温度时，α 固溶体与 β 固溶体同时析出，液相的组成与温度都不变。直到熔体全部凝结后，温度再下降。如果冷却过程足够慢，使体系有时间达到平衡，则固相中 α 和 β 固溶体的组成将分别沿 CG 和 DF 线变化。见图 4-17。

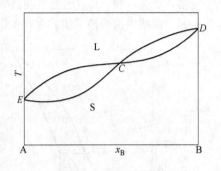

图 4-16 有化合物生成的
固液完全互溶的二元系

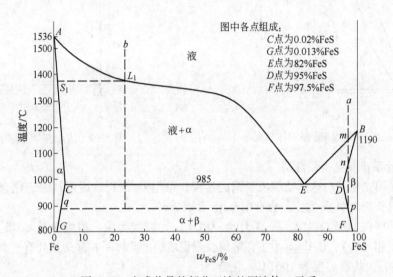

图 4-17 生成共晶的部分互溶的固溶体二元系

4.3.6.8 包晶型部分互溶的固溶体二元系

此类相图有一转换温度。设体系组成在 DF 和 EG 线之间，温度在 182℃ 以下。此时固溶体 α、β 平衡共存。若加热此体系使温度升至 182℃，则有组成为 C 的液相出现。α 一部分变成液体，另一部分变成 β。此时是三相平衡，$\alpha =$ 液 $+ \beta$。根据相律，此处自由度 $f = 2 - 3 + 1 = 0$。继续加热，平衡向右移动，直至 α 耗尽，温度才上升。体系又成为两相（固溶体 β 和液相），以后溶液和固溶体的组成分别沿 CB 和 EB 曲线改变。见图 4-18。

4.3.6.9 液相部分互溶的二元系

图 4-19 是水-苯胺体系。20℃ 时水中加入少量苯胺，苯胺完全溶于水而形成均匀溶液。继续加入苯胺，直到溶液含苯胺 3.1% 时达到饱和。溶液组成如图中 A 点所示。

再加入苯胺，其量超过 A 点时，液相出现分层。上层为苯胺在水中的饱和溶液，下层为水在苯胺中的饱和溶液。其组成如 A' 所示。

温度升高时，苯胺在水中的溶解度沿 ABC 线增加，水在苯胺中的溶解度沿 $A'B'C$ 线增加。如在温度 t_B 时，苯胺在水中的溶解度（B 点）就比 20℃ 时大。水在苯胺中的溶解度（B' 点）也比 20℃ 时大。温度升高，两液层的组成逐渐接近，到了 C 点的温度 t_C（约 170℃）时，则完全互溶而成为一相。C 点的温度叫做临界溶解温度。曲线 $ABCB'A'$ 称为溶解度曲线，曲线外侧为一相，曲线内两溶液平衡共存。见图 4-19。

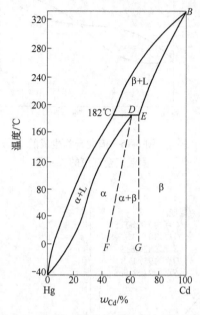

图 4-18　包晶型部分互溶的固溶体二元系

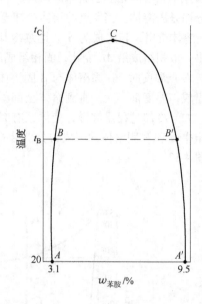

图 4-19　液相部分互溶的二元系

Cu-S 二元系也具有类似性质。

炼铜转炉第二期从白冰铜吹炼成粗铜的过程，可用 Cu-S 相图说明。由于化合物在高温不稳定，此图只作到 22% S 为止。化合物 Cu_2S 含硫 20% 。

液相分层区在 1105℃ 以上。密度大的一相（L_1）以铜为主，溶解少量 Cu_2S。密度较小、浮在上面的一相（L_2），以 Cu_2S 为主，溶解少量铜或硫。此体系在靠近铜处有一共晶点，即铜和 Cu_2S 的共晶，共晶温度为 1067℃。化合物 Cu_2S 的熔点为 1131℃。

吹炼第二期开始，设温度为 1200℃，冰铜的组成大致在 a 点。吹炼过程中由于氧化，硫含量逐渐减少，总组成在相图中向左移动。在 ab 段，由于未进入分层区，仍然只有冰铜相而没有粗铜相出现。到达 b 点进入分层区，出现粗铜相，其组成为 c 点所示。此后进行下列反应

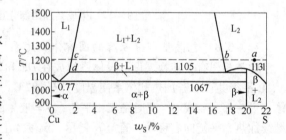

图 4-20　Cu-S 二元系相图

$$Cu_2S(液) + O_2 \Longrightarrow 2Cu(液) + SO_2$$

此时总组成虽然继续向左移动，但白冰铜和粗铜相的组成在此区域内始终不变，只是两相的相对量变化而已。当总组成达到 c 点时，白冰铜相消失，此时熔体由两相变成一相。再继续吹炼，硫含量才进一步降低，直到 d 点。见图 4-20。

4.3.7　由热力学数据推测和校验相图

4.3.7.1　组成-自由能曲线绘制

由 x_A 和 x_B 组成的二元理想溶液，其偏摩尔混合自由能为：$G_A^M = G_A - G_A^\ominus = RT\ln x_A$ (1)，$G_B^M = G_B - G_B^\ominus = RT\ln x_B$ (2)。其中，G_A，G_B 分别表示溶液中 A 和 B 的偏摩尔自由能，即化学位。溶液的全摩尔混合自由能为：$G^M = (x_A G_A - x_B G_B) - (x_A G_A^\ominus - x_B G_B^\ominus)$ 或 $G^M = x_A(G_A - G_A^\ominus) + x_B(G_B - G_B^\ominus) = x_A RT\ln x_A + x_B RT\ln x_B = RT(x_A\ln x_A + x_B\ln x_B)$ (3)。全、偏摩尔混合热为零：$H^M = \sum_{i=1}^{n} x_i H_i^M = 0$。而全、偏摩尔混合熵为：$S_A^M = -R\ln x_A$，$S_B^M = -R\ln x_B$，$S = -R\sum_{i=1}^{n} x_i\ln x_i$ (4)。

对于实际溶液，全摩尔混合自由能：$G_A^M = G_A - G_A^\ominus = RT\ln a_A = RT\ln x_A + RT\ln\gamma_A$ 或 $G_A^M = G_A^{id} - G_A^{ex}$。全、偏摩尔过剩自由能为：$G^M = \sum_{i=1}^{n} x_i G_i^{ex} = RT\sum_{i=1}^{n} x_i\ln\gamma_i$ (5)。全摩尔混合热和熵为：$H^M = \sum_{i=1}^{n} x_i(H_i - H_i^\ominus)$，$S^M = \sum_{i=1}^{n} x_i(S_i - S_i^\ominus)$ (6)。由于溶液的全摩尔性质是组成的函数，故可根据自由能－组成图推测和检验相图。

4.3.7.2 二元溶液组成-自由能曲线的一般形状

（1）靠近二元系两端时，A 与 B 分别构成无限稀溶液，可视为理想溶液。故体系的混合自由能可表示为：$G^M = RT[(1 - x_B)\ln(1 - x_B) + x_B\ln x_B]$ (7)。恒温恒压下对 x_B 微分，在 x_B 足够小时，$\left(\dfrac{\partial G^M}{\partial x_B}\right)_{x_B\to 0}$ 常为负值（靠近 A 的一端）。

在靠近 B 的一端，在 x_A 足够小时，$\left(\dfrac{\partial G^M}{\partial x_B}\right)_{x_A\to 0}$ 常为正值。因此组成-自由能图中，在两端自由能曲线都从纯组分点向下弯曲。说明纯溶剂中加入溶质，体系自由能降低。见图 4-21。

（2）在组成-自由能图的中间部分，$G^M = H^M - TS^M$。$H^M = \sum_{i=1}^{2} x_i(H_i - H_i^\ominus)$，$S^M = \sum_{i=1}^{2} x_i(S_i - S_i^\ominus)$。若 H^M 为负值，因为 S^M 总为正值，所以 $G^M = H^M - TS^M$ 为负值。这时组成-自由能曲线如图 4-22 所示。

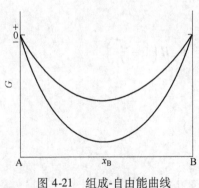

图 4-21　组成-自由能曲线
在 A、B 两端的形式

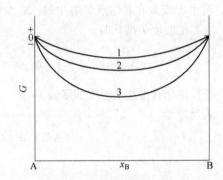

图 4-22　H^M 为负时的组成-自由能曲线
1—TS^M 和组成关系曲线；2—H^M 和组成关系曲线；
3—G^M 和组成关系曲线

若 H^M 为正值，情况就比较复杂，自由能曲线形式将随温度而改变。在高温时，$-TS^M$ 项占优势，因此全部组成中自由能都是负值。自由能曲线可能是向下凹的，如图 4-22 所示，随着温度的降低，H^M 项逐渐转向优势，当温度降低到一定程度 T_1 时，曲线中间部分呈现小丘形，如图 4-23 所示。在这部分内的任意组成，都要分解为两个溶液。例如组成为 x 的体系，要分解成组成为 a 和 b 的两溶液。其自由能分别为 E 和 F 两点所对应的自由能值，各相的摩尔比由

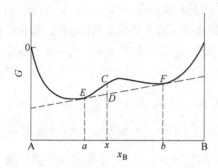

图 4-23　HM 为较大正值时
溶液的组成-自由能曲线

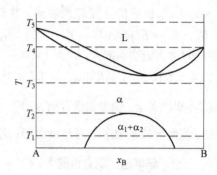

图 4-24　具有不溶混区的相图
溶液的组成-自由能曲线

杠杆定律决定。体系的总自由能 G^M 是 D 点所示的值，低于分解前原始溶液 C 点的自由能值。D 点落在共切线 EF 上，两溶液的组成为切点 E 和 F 的组成。即 a 和 b，这两个溶液互相平衡，为共轭相。这种情况将使相图上出现一个不混溶区，如图 4-24 所示。随着温度的升高，曲线上的两个最低点逐渐靠近，直到临界温度 T_2 时，两最低点重合，两个溶液合并为一个溶液。即 α_1 和 α_2 消失，成为一个 α 相。

　　(3) 固相和液相的自由能差值。设溶液 AB 分别以纯液体 A、B 作为标准态。若溶液 AB 在给定温度下，在整个组成范围内都是液体。很明显，在端点（$x_A = 1$ 或 $x_B = 1$）处，混合自由能为零。因为 $G^M = x_A(G_A - G_A^\ominus) + x_B(G_B - G_B^\ominus)$。$x_A = 1$ 时，$x_B = 0$，$G^M_{x_A = 1} = 1(G_A - G_A^\ominus)$。由于 $G_A(1) = G_a^\ominus(1)$，故 $G^M_{x_A = 1} = 0$。同理 $G^M_{x_B = 1} = 0$。

　　若溶液在整个组成范围内是固体，当 $x_A = 1$ 时，$G_{A(s)} = G^\ominus_{A(s)}$。由于以纯液体为标准态，则

$$G^M_{x_A = 1} = G_A(s) - G_A^\ominus(1) = G_A^\ominus(s) - G_A^\ominus(1) = -\Delta_{fus}G_A$$

式中，$\Delta_{fus}G_A$ 为组元 A 的熔化自由能。

　　组元 A 或 B 在其熔点 T_f 熔化时，$\Delta_{fus}G = \Delta_{fus}H - T_f\Delta_{fus}S = 0$。

　　在其他温度 T 熔化时

$$\Delta_{fus}G = \Delta_{fus}H - T\Delta_{fus}S = \Delta_{fus}H - T\frac{\Delta_{fus}S}{T_f} = \Delta_{fus}H\left(1 - \frac{T}{T_f}\right)$$

所以熔化自由能是温度的函数。

　　若反应为

$$A(1) = A(s) \text{ 或 } B(1) = B(s)$$

则

$$\Delta G = -\Delta_{fus}G = -\Delta_{fus}H\left(1 - \frac{T}{T_f}\right)$$

说明凝固自由能也是温度的函数。

　　对于 x_A 或 x_B 不等于 1 时的其他组成，作类似方法的计算即可得到液相和固相的组成-自由能曲线，如图 4-25 和图 4-26 所示。

　　兹讨论如下：

　　1) 当温度高于两组元 A 和 B 的熔点（如图 4-24 中的 T_5）时，液相线和固相线的自由能曲线如图 4-25 所示。在全部组成范围内，液相的自由能曲线均在固相自由能曲线下面，所以稳定存在的只有一个液相。

2）当温度低于两组元 A 和 B 的熔点（如图 4-24 中的 T_3）时，液相线和固相线的自由能曲线如图 4-26 所示。在全部组成范围内，固相的自由能曲线均在液相自由能曲线下面，所以稳定存在的只有一个固相。

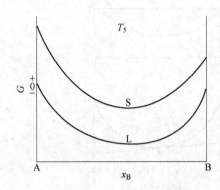

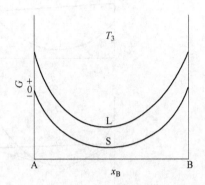

图 4-25　图 4-24 中温度为 T_5 时固态和液态溶液的组成-自由能曲线

图 4-26　图 4-24 中温度为 T_3 时固态和液态溶液的组成-自由能曲线

4.3.7.3　从自由能曲线推断相图

A　固态完全不互溶、有低共熔点类型的二元系

当组分 A 和 B 在液态完全互溶、固态完全不互溶，形成低共熔物时，产生的固相是纯 A 和纯 B 的混合物。如前所述，以纯液体为标准态，熔化自由能为：

$$\Delta_{\mathrm{fus}} G = \Delta_{\mathrm{fus}} H \left(1 - \frac{T}{T_{\mathrm{f}}} \right)$$

由纯液态 A 和 B 形成固态 A 和 B 的混合物时，其自由能变化为

$$G^{\mathrm{M}} = - \left(x_A \Delta_{\mathrm{fus}} G_A + x_B \Delta_{\mathrm{fus}} G_B \right)$$

由以上两式便可求出固相的组成-自由能曲线。此体系的组成-自由能曲线和相应的相平衡图见图 4-27。

由于 A 的熔点低于 B，$\Delta_{\mathrm{fus}} G_A < \Delta_{\mathrm{fus}} G_B$。两边取负后，A 的自由能高于 B 的自由能。

在温度 T_1 时，液相稳定。随着 A 的加入，B 的熔点降低，故液相稳定。

在低于纯 B 的熔点 T_2 时，B 的固态比液态稳定，因此固态的自由能较液态的小，如图 4-27 中的 1 点所示。与固态平衡的液相组成相当于通过 1 点向 L 曲线作切线的切点 2 的组成，此时组分 B 在固相时的自由能等于组分 B 在液相时的化学位。

在温度 T_3 时，在组成-自由能图上用上述方法作切线，得到两条切线，切点分别为 3 和 4。切点 3 的组成即相当于相图中和 A 成平衡的液相线上点 3 的组成，液相中组分 A 的化学位和成平衡的纯组分 A 的自由能相等。同理，可推断切点 4 和相图中液相线上点 4 的关系。

在低共熔温度 T_4 时，固相自由能曲线与液相自由能曲线相切于点 5。这就是低共熔点的组成，此时液相与两固相 A 及 B 三相共存。

在低于 T_4 的温度，例如 T_5 时，在整个组成范围内，液相的自由能曲线位于固相的之上，所以液相不再存在。

B　固态部分互溶、有低共熔点类型的二元系

当组分 A 和 B 部分互溶时，固相能形成两种固溶体，这时体系可能存在三个相：液相、α

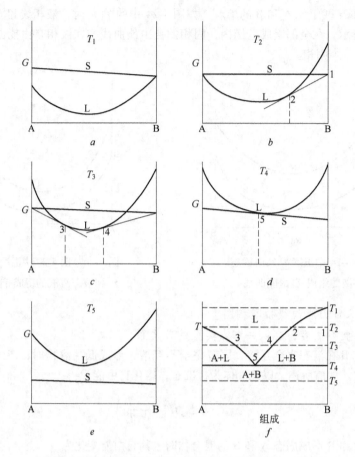

图 4-27　固态完全不互溶、有低共熔点类型的二元系

固溶体及 β 固溶体。此种体系的组成-自由能曲线和相图如图 4-28 所示。

随着 A 中 B 的加入，固相形成 α 固溶体，则固相自由能下降。当 B 达到最大值，B 溶解度逐渐减少。故固相自由能达到最低后要逐渐升高。

在组分 A 的熔点 T_1 时，α 固溶体自由能曲线与液相 L 的自由能曲线有共切点 1，在此点 α 相与液相的自由能相等，故纯 A 的固相与液相能平衡共存。其他全部组成范围内，由于 L 自由能曲线在 α 及 β 相自由能曲线之下所以只能有液相能够存在。

在组分 B 的熔点 T_2 时，β 相自由能曲线与液相 L 自由能曲线有公切点 2，这时纯 B 的固相与液相平衡共存。同时 α 相自由能曲线的一部分在液相 L 自由能曲线的下面，其公切线的切点为 3 和 4，表示共存的两个相组成为点 3 的 α 相和组成为点 4 的液相。

在温度 T_3 时，α 相及 β 相的自由能曲线都有一部分在液相 L 自由能曲线之下，这时就有两条公切线，表示在整个组成范围内有两对共存相。

在低共熔温度 T_4 时，三条曲线具有一条公切线，这时 α、β 及 L 三相共存。由于液相 L 自由能曲线的切点 10 位于其他两切点 9 与 11 之间，就形成了低共熔类型的相图。点 10 就是低共熔点。

当低于低共熔温度（如 T_5）时，液相 L 自由能曲线位于 α 及 β 相自由能曲线的公切线上面，这时在两切点的组成之间，共存的是 α 和 β 相的混合物。将组成-自由能曲线上的这类切点的组成转移到组成-温度图上，将有关的点相连，就得到固态不完全互溶，并具有低共熔点

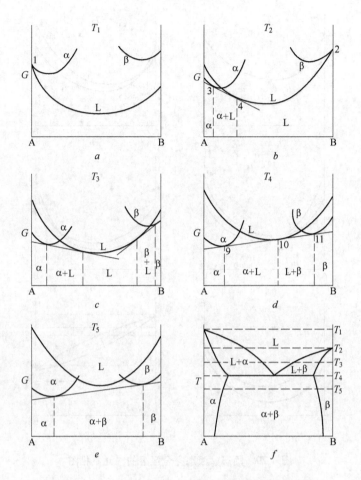

图 4-28 固态部分互溶、有低共熔点类型的二元系

的二元相图 (*f*)。

C 固态、液态完全互溶的二元系

这类体系的组成-自由能曲线和相应的相图见图 4-29。

在温度 T_1 时，任何成分的液相都比相同成分的固相自由能低，所以在整个组成范围内，液相是稳定的。

在温度 T_2、T_3 与 T_4 时，液相和固相的自由能曲线相交，在两曲线之间作公切线，在两切点之间的成分范围内为固液两相平衡，两平衡相的组成分别由两切点的组成决定。平衡液相中 A（或 B）的化学位与平衡固相中 A（或 B）的化学位相等，即 $\mu_A^L = \mu_A^S$，$\mu_B^L = \mu_B^S$。液体溶液或固体溶液单相区在公切点范围之外。

在温度 T_5 时，固相的自由能曲线位于液相的之下，所以在整个组成范围内固相稳定。

D 具有包晶转变的二元系

这类体系的组成-自由能曲线和相应的相图见图 4-30。

在温度 T_3 时，α、β 及 L 三条自由能曲线具有一条公切线，这时发生包晶反应，α、β 及 L 三相共存。其他温度下的情况可按上述讨论的几种类型进行分析。

Kubaschewski 等利用已有热力学数据作出很多体系的组成-自由能曲线图，然后根据这些曲线作出几十个体系的相图。

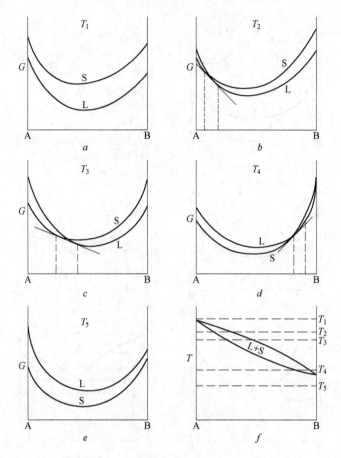

图 4-29 固态、液态完全互溶的二元系相图

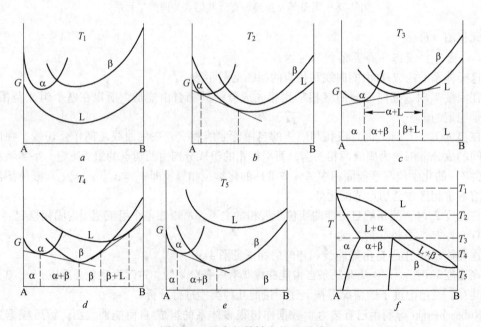

图 4-30 具有包晶转变的二元系

　　关于 W-Pd 体系相图，实验研究得很不充分，L. Kaufman 等计算了此体系的液相、α、β、ε 固溶体在不同温度下的组成-自由能关系曲线，并将由此计算而绘制的相图和实验测得的相图进行比较，见图 4-31 和图 4-32。由图 4-31 可以看出，W-Pd 体系中的 ε 相是不稳定的。在两相区，于 x_{Pd} 约 0.4 处，ε 相自由能值略高于 α 相和 β 相，所以在平衡情况下，此相是不存在的。在没有达到平衡的样品中有时可以发现这个介稳相，可以将没达到平衡的样品淬冷或者用蒸气沉积的方法将此相以介稳形式保留下来。关于 W-Pd 体系各相自由能和组成关系的这种情况很可能在金属体系中是个较普遍的情况。此例说明，研究相图结合热力学计算在某些情况下是很必要的。因为像 ε 相这样介稳定的相在相平衡的情况下是不易发现的。

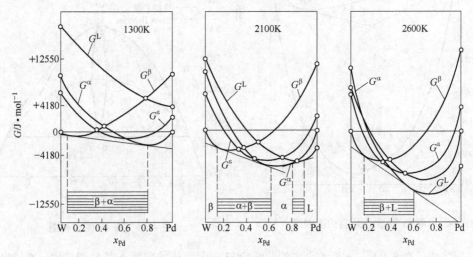

图 4-31　W-Pd 体系在不同温度下的组成-自由能曲线

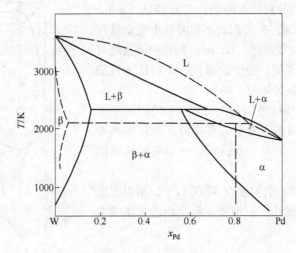

图 4-32　W-Pd 体系相图
实线—计算值；虚线—测量值

　　图 4-33 为 Fe-Cr 体系在 820℃、550℃、440℃ 三个温度下的组成-自由能曲线，图 4-34 是其相应的相图。图 4-33 的自由能曲线给了图 4-34 以很好的热力学说明。

　　在 Fe-Cr 体系，高于 820℃，σ 相的自由能曲线位于 α 固溶体的自由能曲线以上，所以只

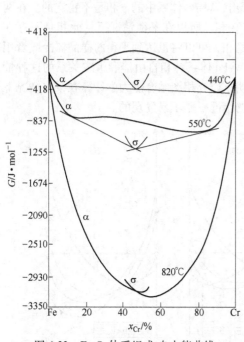

图 4-33　Fe-Cr 体系组成-自由能曲线

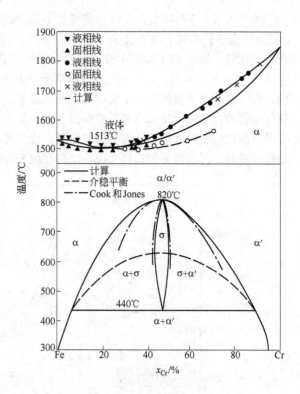

图 4-34　Fe-Cr 体系相图

形成 α 固溶体。在 820℃，σ 相的自由能曲线恰与 α 固溶体的曲线于某处相接触。在 440℃ 和 820℃ 之间，例如 550℃，σ 相的自由能曲线低于 α 固溶体的曲线，两条公切线分别给出两个 α 与 σ 相区（α + σ 及 σ + α'）的界线。大约 440℃ 时，σ 相的自由能曲线与富铬的和少铬的两种 α 固溶体（α，α'）的自由能曲线有一公切线，此时三相平衡。低于此温度，σ 相已不再稳定，只有 α 和 α'两个固溶体相。

　　根据组成-自由能曲线绘制的 Fe-Cr 体系的相图见图 4-34 的实线部分，在很多方面它与直接由实验得的相图相同，只有在高温时，它与 Cook 和 Jones 由实验得出的结果不同。

　　因为对铬钢实际关心的温度在 500℃ 以下，所以用组成-自由能关系推断相图和介稳相及不稳定相的方法很有实际意义。

4.3.8　组成-活度曲线

　　常用组成-活度曲线配合组成-自由能曲线来确定二元体系相图，图 4-35 是在确定体系共轭相组成时应用的一例。以 a 表示组分的活度。

　　对于二元系，当两相共存时，自由度等于 1，这

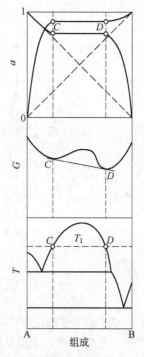

图 4-35　与平衡对应的组成-活度曲线

说明二元体系相图中的两相区只能有一个独立变数。例如，若温度改变，则两相的成分必随之而改变；温度一定时，两相的成分也必随之而确定。所以两相区的成分和温度是相对应的。连接共轭线的等温线所通过的区域为两相区，连接线的两端点总是分别代表同温度下两平衡相的成分，即平衡相的组成，如图 4-35 中二元相图上的 C、D 两点，就代表着在温度 T_1 时两平衡液相的组成。因为在两相区平衡相的组成不变，所以两个组元的活度值也不改变，因此，在组成-活度曲线上，在两相区出现一水平部分。水平线段的两端点 C、D 的成分和相图中的 C、D 的成分相同，即是相对应的，也和同温度下组成-自由能曲线上的 C、D 两点相对应。在单相区，随着组成的变化，组分的活度值也作相应的变化。

近年来很多研究者将体系和组分的多种热力学性质（例如生成自由能、活度、相互作用系数、生成热、生成熵、熔化热、熔化熵等等）结合起来，用计算机计算，由此制作、校验或补充相图。二元系相图的计算方法，原则上可以推广到多元相图的计算。

思考题与习题

4-1 怎样用自由能曲线判断相图，给出必要的解释。

4-2 已知 $2C + O_2 = 2CO$，$\Delta G^\ominus = -225754 - 173.028T(\text{J/mol})$，$2Mg + O_2 = 2MgO$，$\Delta G^\ominus = -1465404 + 411.976T(\text{J/mol})$。作图表示标态下和 $p_{CO} = p_{Mg} = 100\text{kPa}$ 时的开始反应温度。

4-3 判断 1500K 时 Al_2O_3、SiO_2、FeS、Fe_3C 和 FeO 的相对稳定性。

4-4 CaO 与 SiO_2 的生成自由能分别为：$-640150 + 108.57T(\text{J/mol})$ 和 $-907100 + 175.73T(\text{J/mol})$，判断其在 1000K 时的稳定性。

4-5 VO 与 V_2O_3 的生成自由能分别为：$-424.7 - 80.05T(\text{J/mol})$ 和 $-1203 + 230.1T(\text{kJ/mol})$。判断其在 2000K 时的稳定性。

4-6 已知：$2Mn + O_2 = 2MnO$，$\Delta G_1^\ominus = -770720 + 147.5T(\text{J/mol})$，$2C + O_2 = 2CO$，$\Delta G_2^\ominus = -228800 - 171.54T(\text{J/mol})$。利用氧势图定性比较：$MnO + C = Mn + CO$，$MnO + C = [Mn] + CO$，$MnO + [C] = Mn + CO$ 及 $MnO + [C] = [Mn] + CO$ 在 $p_{CO} = 1.01 \times 10^5 \text{Pa}$（1atm）时的开始反应温度。

4-7 已知 $H_2 + \frac{1}{2}O_2 = H_2O$，$\Delta G^\ominus = -251750 + 58T(\text{J/mol})$。利用反应 $FeO(s) + H_2 = Fe(s) + H_2O$（g）和氧位图估算 900℃ 和 1000℃ 时 FeO 的生成自由能。

4-8 简述四边形规则在判断四固相平衡中的应用。

4-9 二元相图至少有 10 种，试画出它们的示意图。

4-10 由自由能判断相图时，一般采用纯液体为标准态，为什么？

4-11 简述位图中 $RT\ln p_{O_2}$ 标尺的制作方法。

4-12 根据下述反应的自由能

$$2Cu + \frac{1}{2}O_2 \rightleftharpoons Cu_2O, \quad \Delta G_1^\ominus = -169290 - 16.386T\lg T + 85.69T(\text{J/mol})$$

$$Cu_2O + \frac{1}{2}O_2 \rightleftharpoons 2CuO, \quad \Delta G_2^\ominus = -146091 - 25.498T\lg T + 185.174T(\text{J/mol})$$

$$2Cu + \frac{1}{2}S_2 \rightleftharpoons Cu_2S, \quad \Delta G_3^\ominus = -142747 - 25.916T\lg T + 119.966T(\text{J/mol})$$

$$2Cu_2S + S_2 \rightleftharpoons 4CuS, \quad \Delta G_4^\ominus = -188936 + 225.929T(\text{J/mol})$$

$$S_2 + 2O_2 \rightleftharpoons 2SO_2, \qquad \Delta G_5^\ominus = -724143 + 144.628T(\text{J/mol})$$

$$SO_2 + \frac{1}{2}O_2 \rightleftharpoons SO_3, \qquad \Delta G_6^\ominus = -94468 + 89.285T(\text{J/mol})$$

$$Cu + \frac{1}{2}S_2 + 2O_2 \rightleftharpoons CuSO_4, \qquad \Delta G_7^\ominus = -764940 + 369.512T(\text{J/mol})$$

$$2CuO + SO_3 \rightleftharpoons CuO \cdot CuSO_4, \quad \Delta G_8^\ominus = -208624 - 13.877T\lg T + 208.418T(\text{J/mol})$$

确定 1000K 时可与 $CuSO_4$ 平衡共存的一个固相。

5 固体电解质电池及其应用

5.1 固体电解质

导电体通常可分为两大类。第一类是金属导体，依靠自由电子导电。当电流通过导体时，导体本身不发生任何化学变化，其电导率随温度升高而减小，称之为第一类导体。另一类是电解质导体或第二类导体，它们的导电是依靠离子的运动，因而导电时伴随有物质迁移，在相界面多有化学反应发生，其电导率随温度升高而增大。

通常，第二类导体多为电解质溶液或熔融状态的电解质。一般在液态物质中离子具有较大的迁移速度，在电场作用下，其定向运动才足以形成可察觉的电流。固体电解质是离子迁移速度较高的固态物质，因为是固体，所以具有一定的形状和强度。因为固体电解质中往往只有某些特定的离子具有较大的迁移速度，因此只能成为某些特定离子的"通道"。它的发现为人们利用第二类导体开辟了一个新的领域。

对于多数固体电解质而言，只有在较高温度下，电导率才能达到 $10^{-6}S \cdot cm^{-1}$ 数量级，因此固体电解质的电化学实际上是高温电化学。对固体电解质还要求在高温下具有稳定的化学性能和物理性能。此外，在固体中，由于电子电荷载体（电子或电子空穴）形成的导电性或多或少总是存在的，因此，作为固体电解质使用时，还要求电子或电子空穴的迁移数应尽可能地小。

用固体氧化物作为电解质早在 1908 年就进行过研究，由于所用的固体电解质电阻大，很难得到再现性好、稳定的可逆电动势。1957 年 Kiukkola 和 Wagner 找到了低电阻的 ZrO_2 或 ThO_2 基的固体电解质，而且由于 Wagner 对电解质的导电机理及电动势的关系研究，使固体电解质在高温电化学及其在各方面的应用得到了迅速发展。

ZrO_2 具有很好的耐高温性能和化学稳定性。它在常温下是单斜晶系晶体，当温度升高到大约 $1150°C$ 时发生相变，成为正方晶系，同时产生大约 9%（有资料介绍为 7%）的体积收缩；温度下降时相变又会逆转。由于 ZrO_2 晶形随温度变化，因此它也是不稳定的。

如果在 ZrO_2 中加入一定数量的阳离子半径与 Zr^{4+} 相近的氧化物，如 CaO、MgO、Y_2O_3、Sc_2O_3 等，经高温煅烧后，它们与 ZrO_2 形成置换式固溶体。掺杂后，ZrO_2 晶形将变为萤石型立方晶系，并且不再随温度变化，称为稳定的 ZrO_2。掺入 CaO 的 ZrO_2 可记作 ZrO_2-CaO 或 ZrO_2（CaO），其余类同。

根据相图（图 5-1 和图 5-2），$1600°C$ 时在 x_{CaO} 为 $0.12 \sim 0.20$ 范围内，ZrO_2 和 CaO 生成立方晶形固溶体，而且在 $2500°C$ 以下可以认为是稳定的；对于 ZrO_2 和 MgO，虽然在 x_{MgO} 为 $0.12 \sim 0.26$ 组成范围内可生成立方晶形固溶体，但在 $1300°C$ 以下是不稳定的，会分解成四方晶形固溶体和氧化镁。因此，CaO（Y_2O_3）对晶形有着更好的稳定作用。

由于加入氧化物的阳离子与锆离子的化合价不同，因而形成置换式固溶体时，为了保证晶体的电中性，晶格中将产生氧离子的空位，如图 5-3 所示。

其置换行为可用下列反应式表示：

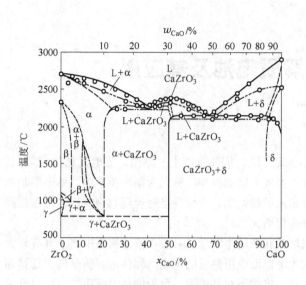

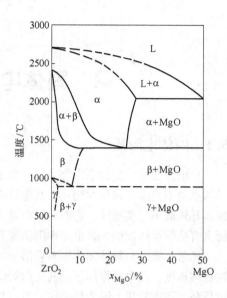

图 5-1　ZrO_2-CaO 二元相图

α—立方晶形固溶体；β—四方晶形固溶体；
γ—单斜晶形固溶体；δ—CaO 固溶体

图 5-2　ZrO_2-MgO 二元相图

α—立方晶形固溶体；β—四方晶形固溶体；
γ—单斜晶形固溶体

□	Ca	O	O	Zr	O	O	Zr	O	O	Zr
O	O	Zr	O	O	Zr	O	□	Ca	O	O
Zr	O	O	Zr	O	O	Zr	O	O	Zr	O
O	Zr	O	□	Ca	O	O	Zr	O	O	Zr

图 5-3　掺入 CaO 后，ZrO_2晶格中产生氧离子空位示意图

□—氧离子空位

$$(CaO) \longrightarrow Ca_{Zr}^{\cdot\cdot} + V_O'' + ZrO_2 \tag{5-1}$$

$$(MgO) \longrightarrow Mg_{Zr}^{\cdot\cdot} + V_O'' + ZrO_2 \tag{5-2}$$

$$(Y_2O_3) \longrightarrow 2Y_{Zr}^{\cdot\cdot} + V_O'' + ZrO_2 \tag{5-3}$$

这里的（CaO）、（MgO）和（Y_2O_3）分别表示发生置换反应前的氧化钙、氧化镁和氧化钇。V_O''表示晶格上空出的氧离子空位，该位置原为负二价的氧离子所占据。因此，相对于原来的情况，成为空位后带 2 个正电荷。$Ca_{Zr}^{\cdot\cdot}$、$Mg_{Zr}^{\cdot\cdot}$ 和 $Y_{Zr}^{\cdot\cdot}$ 表示占据了晶格原是锆离子位置的杂质离子。由于该位置原来是正四价的 Zr^{4+}，而置换后只为正二价的 Ca^{2+}、Mg^{2+}或正三价的 Y^{3+}离子，因此相对于原来的状态，该位置带 2 个或 1 个负电荷。被置换出的 ZrO_2占据在氧化锆晶体的正常晶格位置上。

在氧化物中，氧离子空位的浓度由掺杂离子的浓度决定而与温度无关。由于掺杂后氧化锆晶体中存在大量的氧离子空位，在较高温度下，氧离子就有可能通过空位比较容易地发生移动。换言之，由于氧离子空位的存在，在一定的温度条件下，氧离子将具有较大的迁移速度。如果处在电场的作用下，氧离子将定向移动而形成电流。因而，掺杂的氧化锆就成了氧离子导

电的固体电解质。当 w_{CaO} 为 7% 即 x_{CaO} 为 14.2% 时，在炼钢温度下，ZrO_2-CaO 中氧离子的扩散系数约为 $10^{-5} cm^2 \cdot s^{-1}$，相当于液态金属或熔盐中组分的扩散系数。而锆和钙离子的扩散系数比氧离子要小几个数量级，因此可以认为其中只有氧离子导电。

当然，在未掺杂的金属氧化物中，同样可以发生离子导电，这是因为实际上并不存在没有晶格缺陷的固体氧化物晶体，离子同样可以通过其晶格缺陷（点阵空位或间隙离子）进行迁移。但是，由于晶格缺陷的数量较少，表现出的电导率也就小得多。

β-Al_2O_3 是另一种应用较多的高温固体电解质，因最初被误认为是 Al_2O_3 的一种晶型而得名。经研究得知，这是一族非化学式量的钠铝酸盐，其中研究最多的是 β-Al_2O_3 和 β''-Al_2O_3 两种变体。

无论是 β-Al_2O_3 还是 β''-Al_2O_3，由于钠氧层中都存在相当多的 Na^+ 位置，因此钠离子就很容易在其中发生移动，从而成为钠离子传导的二维快离子导体。

β-Al_2O_3 的理想化学式为 $Na_2O \cdot 11Al_2O_3$，但由于它总是含有过量的 Na_2O，因而它实际上是处于 5.3 Al_2O_3-Na_2O 到 8.5 Al_2O_3-Na_2O 范围的非化学计量比化合物。β''-Al_2O_3 的理想化学式为 $Na_2O \cdot 5.33Al_2O_3$，但它的 Na_2O 往往不足，因而也是存在于 5.3 Al_2O_3-Na_2O 到 8.5 Al_2O_3-Na_2O 之间的非化学计量比化合物。在温度低于 1500℃ 时，β-Al_2O_3 和 β''-Al_2O_3 总是相伴而生，但它们的相对含量并不取决于 Al_2O_3 的含量，而是更多地取决于生成过程的热制度。在较高温度下合成时，如从熔融的 Na_2O-Al_2O_3 中析出时得到的是 β 相。而在较低温度下固相合成时则生成 β'' 为主的相。温度高于 1500℃ 时，β'' 相会不可逆转地变为 β 相。

当 β-Al_2O_3 中含有过量的钠离子时，为了保持晶体的电中性，晶体中必然存在其他形式的缺陷。可能的缺陷有：

（1）过量的氧离子。产生的方式是

$$2xV_{Na^\cdot} + xV_{O^{2-}} = 2xNa^+ + xO^{2-} \tag{5-4}$$

（2）铝离子空位

$$3xV_{Na^\cdot} + xAl^{3+} = 3xNa^+ + xV_{Al^{3-}} \tag{5-5}$$

（3）失去铝氧桥 $Al^{3+} - O^{2-} - Al^{3+}$ 原子团

$$4xV_{Na^\cdot} + x(Al^{3+} - O^{2-} - Al^{3+})^{4+} = 4xNa^+ + 2xV_{Al^{3-}} + xV_{O^{2-}} \tag{5-6}$$

由于 β-Al_2O_3 的传导层中存在很多空位，它的 Na^+ 很容易在熔盐中与其他阳离子发生交换。对一价离子而言，在 300℃ 就可达到一定的交换速度，从而得到 Li^+、K^+、Rb^+、Ag^+、In^+、NH_4^+、Ga^+、H_3O^+、Cu^+、NO^+ 等一价离子导电的 $M\beta$-Al_2O_3。它们与 Na^+ 几乎可以 100% 地发生交换。Cs^+ 及部分二价离子只能发生部分交换，而且只有在 600～800℃ 才有可以测量到的交换速度。β''-Al_2O_3 的离子交换能力比 β-Al_2O_3 强，已经制出了不少二价离子的 $M\beta''$-Al_2O_3，如 Cu^{2+}、Cd^{2+}、Mg^{2+}、Sr^{2+}、Ba^{2+}、Ca^{2+}、Pb^{2+} 等均可近于 100% 地与 Na^+ 交换。离子交换不能在水溶液中进行，因为水可进入传导面，阻碍 Na^+ 的运动。

5.2 氧化物固体电解质的制备

固体电解质是固体电解质原电池的核心部分。固体电解质性能的好坏，主要取决于固体电解质的成分和制备工艺。由前面的介绍可知，对固体电解质的要求大致有以下几点：

（1）具有高的化学稳定性，在使用过程中不与所接触的其他物相组分发生作用。在高温下使用的固体电解质，还要求具有较高的熔点。

（2）具有较低的电阻率，即固体电解质电池工作所依赖的导电离子在电解质中具有较高的迁移率。这是电池能够产生稳定电动势的条件。

（3）在工作条件下，具有较低的电子（或电子空穴）电导率，离子迁移数 $t_i > 0.99$。

（4）具有良好的抗热震性能。

（5）致密，不透气，具有一定的密度与强度。

5.2.1　氧化锆固体电解质的制备

在氧电池中，目前使用最为广泛的固体电解质是掺杂的 ZrO_2 或 ThO_2。在 ZrO_2 中使用的稳定剂有 CaO、MgO、Y_2O_3 或（$CaO + MgO$）等，而 ThO_2 中通常则以 Y_2O_3 或 La_2O_3 作为掺杂物。氧化物固体电解质通常以基体与掺杂物的混合粉末或共沉淀粉末压块后烧结而制成。以 ZrO_2-CaO 固体电解质为例（混合粉末法），综合国内外情况，其制备过程大致可归纳如下：

（1）配料。把 ZrO_2 料（含 $ZrO_2$99% 以上，视要求而定）和预定量的化学纯 $CaCO_3$ 混合，在刚玉球磨罐中混磨。混磨时最好使用氧化锆球，以免带入杂质。磨后过 325 目筛（< $40\mu m$），加水或有机黏结剂后在 $50 \sim 100MPa$ 的压力下压成小块。

（2）初烧。目的是使 CaO 与 ZrO_2 形成固溶体。在氧化性气氛下升温至 $1500°C$，保温 $4 \sim 6h$ 后，随炉冷却。

（3）湿磨。将初烧后的块料碎至黄豆大小，再在钢球磨中湿磨。磨后在显微镜下检查，至少 85% 的颗粒应小于 $3\mu m$。

（4）酸洗。球磨后澄清并去水。加盐酸搅拌后静置浸泡 24h 以上以去除铁质。倒出废酸后，用蒸馏水冲洗至呈中性。过 $200 \sim 400$ 目筛除去杂物。烘干后得白色熟料备用。

（5）成形。加 8% $\sim 12\%$ 阿拉伯树胶溶液（胶：水 = $1:9$），在 $50 \sim 100MPa$ 压力下预压成块。目的是使胶液均匀并造成假颗粒。然后再把压块碾碎、称重，用 $150 \sim 200MPa$ 压力压制成形。

（6）烧结。升温 24h 以上，最后在 $1800 \sim 2000°C$ 保温 $2 \sim 4h$。要求在氧化性气氛下烧成，随炉冷却后取出。

5.2.2　β-Al_2O_3 固体电解质的制备

多晶 β-Al_2O_3 的导电性能为单晶的 $1/100 \sim 1/1000$，但 β-Al_2O_3 单晶制备比较困难，因而通常使用多晶 β-Al_2O_3。多晶 β-Al_2O_3 固体电解质制备流程如下：

（1）将高纯 α-Al_2O_3 粉末、Na_2CO_3 和 $MgCO_3$ 分别磨至 $1\mu m$ 以下；

（2）把 Al_2O_3 和 Na_2CO_3 按 β-Al_2O_3 理想化学式的比例混合，为弥补 Na_2O 高温挥发的损失，Na_2O 可以多加 3% 左右。另加入 4% 的 MgO（以碳酸镁或碱式碳酸镁的形式加入）以扩大固溶相区；

（3）将混合好的粉料加热至 $1000°C$，使碳酸盐完全分解；

（4）将上述粉料成形，压成管或圆柱体；

（5）在氧化性气氛下升温至 $1620 \sim 1630°C$，停留 2min 即降至 $1580°C$，保温 2h 再随炉冷却。

得到的通常是 β-Al_2O_3 和 β''-Al_2O_3 共存的固体电解质。

Caβ''-Al_2O_3 也可以直接合成得到。将 $CaCO_3$、$MgCO_3$ 和 α-Al_2O_3 分别磨细，按 1.1 mol $CaCO_3$、0.44 mol MgO 和 6.0 mol Al_2O_3 的比例混合，然后在 $1000°C$ 焙烧分解，再次研磨后成形，最后在 $1650°C$ 下烧结 2h。

5.3 氧化物固体电解质电池的工作原理

把固体电解质（如 ZrO_2-CaO）置于不同氧分压之间（$O_2(p_{O_2}^{II}) > O_2(p_{O_2}^{I})$），连接金属电极时（如图 5-4 所示），在电解质与金属电极界面将发生电极反应，并分别建立起不同的平衡电极电位。显然，由它们构成的电池，其电动势 E 的大小与电解质两侧的氧分压直接相关。

考虑下述可逆过程，高氧分压端的电极反应为

$$O_2(p_{O_2}^{II}) + 4e === 2O^{2-} \tag{5-7}$$

气相中的 1 个氧分子夺取电极上的 4 个电子，成为 2 个氧离子并进入晶体。该电极失去 4 个电子，因而带正电，是正极。氧离子在氧化学位差的推动下，克服电场力，通过氧离子空位到达低氧分压端，并发生下述电极反应

$$2O^{2-} === O_2(p_{O_2}^{I}) + 4e \tag{5-8}$$

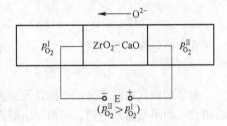

图 5-4　氧浓差电池工作原理示意图

晶格中的氧离子失去 4 个电子，变成氧分子并进入气相。此时电极因而带负电，是负极。式（5-7）与式（5-8）相加，得电池的总反应为

$$O_2(p_{O_2}^{II}) === O_2(p_{O_2}^{I}) \tag{5-9}$$

相当于氧从高氧分压端向低氧分压端迁移，反应的自由能变化为

$$\Delta G = G_{O_2}^{\ominus} + RT\ln p_{O_2}^{I} - (G_{O_2}^{\ominus} + RT\ln p_{O_2}^{II}) = -RT\ln\left(\frac{p_{O_2}^{II}}{p_{O_2}^{I}}\right) \tag{5-10}$$

由热力学得知，恒温恒压下体系自由能的降低，等于体系对外所做的最大有用功，即

$$\Delta G = -\delta w' \tag{5-11}$$

这里,体系对外所做的有用功为电功,电功等于所迁移的电量与电位差的乘积。当有 1mol 氧通过电解质时,所携带的电量为 $4F$（$F = 96500$ C/mol,为法拉第常数）,因此所做的电功为

$$\delta w' = 4FE \tag{5-12}$$

合并式（5-11）及式（5-12）两式,得

$$\Delta G = -4FE \tag{5-13}$$

由式（5-10）和式（5-13）可得

$$E = \frac{RT}{4F}\ln\frac{p_{O_2}^{II}}{p_{O_2}^{I}} \tag{5-14}$$

式中　T——热力学温度;

R——摩尔气体常数,8.314J·$(mol·K)^{-1}$;

F——法拉第常数,96500 C·mol^{-1}。

此即电动势与固体电解质两侧界面上氧分压的关系,称 Nernst 公式。

由式（5-14）可以看出,对于一个氧浓差电池,如果测定了 E 和 T 之后,就可以根据 $p_{O_2}^{I}$ 和 $p_{O_2}^{II}$ 中的已知者求得未知者,氧分压已知的一侧称为参比电极。

应该指出,无论是用正离子导电的电解质还是用负离子导电的电解质组成电池,只要实际反应是氧的迁移,其电动势均由公式（5-14）所决定。因为在高温条件下,化学反应、电荷迁移以及各种类型扩散的速度都很高,高温原电池的相界面或各相内的热力学平衡建立得很快,

因而能很容易得到平衡电动势。

以图5-5的电池为例，在Naβ-Al$_2$O$_3$电解质中，电荷载体是钠离子。假定在两侧相界面都发生了下述电极反应：钠离子迁移到电极界面被还原成金属态，如果气相中的氧分压大于金属钠与氧化物相的平衡氧分压，金属钠又自发地被气相中的氧所氧化。即

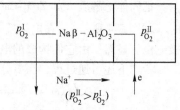

图5-5　β-Al$_2$O$_3$电氧电池示意图

$$4Na^+ + 4e == 4Na$$

$$4Na + O_2 == 4Na^+ + 2O^{2-}$$

实际的电极反应变成

$$O_2 + 4e == 2O^{2-}$$

由于两侧气相的氧分压不同，反应进行的程度不同，因而两边电极也就具有不同的平衡电极电位。如果接通外电路，把两个电极连接起来，电流就会由电位较高的右侧流向左侧。这时原来的平衡被破坏，使钠离子继续迁移至右侧并进行原有的电极反应

$$O_2(p_{O_2}^{II}) + 4e == 2O^{2-}$$

而在左侧则发生相反的电极过程

$$2O^{2-} == O_2(p_{O_2}^{I}) + 4e$$

总的电池反应是两个反应之和

$$O_2(p_{O_2}^{II}) == O_2(p_{O_2}^{I})$$

因此，电池中的实际过程是氧自右侧向左侧的输运过程。显然，这种情况下同样可以推导出公式（5-14）。

应该注意的是，上述的讨论都是以可逆过程热力学为基础，对可逆过程而言的，因此所讨论的原电池应该具备下列条件：

（1）在各相和相界面上都始终保持着热力学平衡；

（2）在各相中不存在任何物质的浓度梯度，即不存在任何的不可逆扩散过程；

（3）离子的迁移数等于1。

如果电池中含有浓度梯度，电动势应包含扩散电位项。考虑如下电池（铅离子导电）：

$$(-)Pt(p_{O_2}^{I}) \mid PbO \cdot SiO_2(I) \mid PbO \cdot SiO_2(II) \mid Pt(p_{O_2}^{II})(+)$$

实验证实，在很宽的组成范围内，二元液态PbO-SiO$_2$体系中，铅离子的迁移数为1，即电荷的载体是Pb^{2+}。这时的电极反应是：

左侧　　$2PbO(I) = 2Pb^{2+}(I) + O_2(p_{O_2}^{I}) + 4e$，即$2O^{2-}(I) \rightarrow O_2(p_{O_2}^{I}) + 4e$

右侧　　$2Pb^{2+}(II) + O_2(p_{O_2}^{II}) + 4e = 2PbO(II)$，即$O_2(p_{O_2}^{II}) + 4e \rightarrow 2O^{2-}(II)$

电池总反应为（无扩散）：$O_2(p_{O_2}^{II}) = O_2(p_{O_2}^{I})$。

若考虑Pb^{2+}的扩散，上式变为：

$$2PbO(I) + O_2(p_{O_2}^{II}) = 2PbO(II) + O_2(p_{O_2}^{I})$$

即　　$2Pb^{2+}(I) + 2O^{2-}(I) + O_2(p_{O_2}^{II}) = 2Pb^{2+}(II) + 2O^{2-}(II) + O_2(p_{O_2}^{I})$

则电池的电动势为：

$$E = \frac{RT}{4F} \ln \frac{p_{O_2}^{II} \cdot a_{PbO(I)}^2}{p_{O_2}^{I} \cdot a_{PbO(II)}^2}$$

或
$$E = \frac{RT}{4F}\ln\frac{p_{O_2}^{II}}{p_{O_2}^{I}} - \frac{RT}{4F}\ln\frac{a_{PbO(II)}^2}{a_{PbO(I)}^2} \tag{5-15}$$

等式右边的第二项就是电池的扩散电位（或接触电位）。根据式（5-15）可以在一定温度下通过测定电动势来计算 PbO 的活度。

对于成分可变的电解质，若查不到迁移数的数据，计算扩散电位是困难的。这种情况下，可以采用双电池结构（即电池串联）来消除扩散电位。例如：

$$Pt(p_{O_2}^{I}) \mid M_AO \cdot M_BO_2(I) \mid Pt(p_{O_2}^{II}) \mid M_AO \cdot M_BO_2(II) \mid Pt(p_{O_2}^{III})$$

电池中，两种熔体用透气的铂膜隔开，铂膜的两侧具有相同的氧分压，就如同是一个氧电池那样。这时电动势是两个串联电池电动势之和：

$$E = \frac{RT}{4F}\ln\frac{p_{O_2}^{II}}{p_{O_2}^{I}} + \frac{RT}{4F}\ln\frac{p_{O_2}^{III}}{p_{O_2}^{II}} = \frac{RT}{4F}\ln\frac{p_{O_2}^{III}}{p_{O_2}^{I}}$$

这个电池不包括扩散相电位，因为电池中不包含成分可变的相。

5.4 固体电解质的电子导电

5.4.1 产生原因

在高温低氧分压下，晶格上的氧离子 O_0，可变成分子向气相溢出，留下氧离子空位 $V_O^{\cdot\cdot}$ 和自由电子 e：

$$O_0 = \frac{1}{2}O_2 + V_O^{\cdot\cdot} + 2e \tag{5-16}$$

其平衡常数为：

$$K_1' = \frac{(e)^2(V_O^{\cdot\cdot})p_{O_2}^{\frac{1}{2}}}{(O_0)} \tag{5-17}$$

正常结点上氧离子浓度 O_0、氧离子空位浓度 $V_O^{\cdot\cdot}$ 都很大，可看作常数。式（5-11）变为：

$$(e) = K_1'' p_{O_2}^{-\frac{1}{4}} \tag{5-18}$$

自由电子浓度与氧压的 1/4 次方成反比，即氧压越低，自由电子浓度越大。

在高温高氧分压下，气相中氧有夺取电子、占据氧空位的趋势，并在电解质中产生电子空穴（正空穴）。

$$\frac{1}{2}O_2 + V_O^{\cdot\cdot} = O_0 + 2h \tag{5-19}$$

$$K_2' = \frac{(O_0)(h)^2}{V_O^{\cdot\cdot} p_{O_2}^{\frac{1}{2}}}$$

则 $(h) = K_2'' p_{O_2}^{\frac{1}{4}}$。

即电子空穴的浓度与氧压的 1/4 次方成正比，即氧压越高，电子空穴浓度越大。

由于电子运动速度大，式（5-16）和式（5-19）有微小进展，电解质中就可能出现电子导电或电子空穴导电。实验证明，在离子化合物中，电子缺陷的迁移率（淌度）约为离子缺陷迁移率的 100～1000 倍。

设电解质中同时存在氧离子导电、电子导电和电子空穴导电，则总电导率为三者之和：

$$\sigma_{总} = \sigma_i + \sigma_e + \sigma_h$$

式中 σ_i——氧离子导电电导率；

σ_e——电子导电电导率；

σ_h——电子空穴导电电导率。

离子迁移数 t_i（离子电导率与总电导率之比）为：

$$t_i = \frac{\sigma_i}{\sigma_i + \sigma_e + \sigma_h} \qquad (5\text{-}20)$$

式中，$t_i \leqslant 1$。其中，

$$\sigma_e = (e)Fu_e \qquad (5\text{-}21)$$

式中，u_e 为电子淌度（迁移率），即单位电位梯度下的电子运动速度。经变换得

$$\sigma_e = K_1'' Fu_e p_{O_2}^{-\frac{1}{4}} \qquad (5\text{-}22)$$

在电子浓度不大时，电子淌度与电子浓度无关，是一个常数。式（5-22）简化为：

$$\sigma_e = K_e' p_{O_2}^{-\frac{1}{4}} \qquad (5\text{-}23)$$

可见，温度越高平衡常数 K 越大、氧压越低，自由电子导电率越大。

离子电导率可写为

$$\sigma_i = nF(V_O^{\cdot\cdot})u_i$$

式中，$n = 2$，$u_i =$ 常数，所以，$\sigma_i = K_i$ 为常数。

对一定固体电解质，在一定温度下，离子电导率为常数，而电子电导率随压力降低而增大。因此总会在某分压下两者相等（见图5-6）。此时的氧分压 $p_{e'}$ 称为电子导电特征氧分压，与电解质本性有关，是衡量电解质的重要参数。

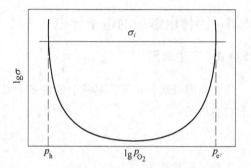

图5-6　特征氧分压示意图

在特征氧分压下，$\sigma_{e(p_{e'})} = K_e' p_e^{-\frac{1}{4}} = \sigma_i$，则 $K_{e'} = \sigma_i / p_e^{-\frac{1}{4}}$。代入式（5-21）得自由电子导电率为

$$\sigma_e = \frac{\sigma_i p_{O_2}^{-\frac{1}{4}}}{p_e^{-\frac{1}{4}}} \qquad (5\text{-}24)$$

同理，电子空穴电导率为：

$$\sigma_h = \frac{\sigma_i p_{O_2}^{\frac{1}{4}}}{p_h^{\frac{1}{4}}} \qquad (5\text{-}25)$$

将式（5-24）、式（5-25）代入式（5-20）得离子迁移率与氧分压的关系为

$$t_i = \left[1 + \frac{p_{O_2}^{-\frac{1}{4}}}{p_e^{-\frac{1}{4}}} + \frac{p_{O_2}^{\frac{1}{4}}}{p_h^{\frac{1}{4}}} \right]^{-1} \qquad (5\text{-}26)$$

5.4.2　电子导电对电动势的影响

由于电子导电，电解质内部形成短路电流，使电动势下降。

把电解质看成由三部分组成：纯离子导体、电子导体与电子空穴导体。置于 $p_{O_2} \to p_{O_2} + dp_{O_2}$ 之间，$dE_{测} = t_i dE$，则

$$dG = -RT\ln\frac{p_{O_2} + dp_{O_2}}{p_{O_2}} = -RT\ln\left(1 + \frac{dp_{O_2}}{p_{O_2}}\right) \xrightarrow{dp_{O_2} \longrightarrow 0} -RT\frac{dp_{O_2}}{p_{O_2}} = -nFdE$$

即

$$dE = \frac{RT}{nF} \times \frac{dp_{O_2}}{p_{O_2}}, \quad \text{所以} \quad dE_{测} = t_i \frac{RT}{nF} \times \frac{dp_{O_2}}{p_{O_2}}.$$

若氧的压力分别为 $p_{O_2}^{II}$ 和 $p_{O_2}^{I}$，且电解质为薄片组成，电势之和为：

$$E = \frac{RT}{nF} \int_{p_{O_2}^{I}}^{p_{O_2}^{II}} \frac{dp_{O_2}}{p_{O_2}} t_i$$

$$= \frac{RT}{F} \left[\ln \frac{p_{O_2}^{II\frac{1}{4}} + p_e^{\frac{1}{4}}}{p_{O_2}^{I\frac{1}{4}} + p_e^{\frac{1}{4}}} + \ln \frac{p_{O_2}^{I\frac{1}{4}} + p_h^{\frac{1}{4}}}{p_{O_2}^{II\frac{1}{4}} + p_h^{\frac{1}{4}}} \right] \tag{5-27}$$

式（5-27）即为混合导电时，电动势与氧分压及特征氧分压间的关系。

对于式（5-27），有如下几种特殊情况：

（1）如果氧分压的顺序是 $p_{O_2}^{II} > p_{O_2}^{I} \gg p_h \gg p_e$，或者 $p_h \gg p_e \gg p_{O_2}^{II} > p_{O_2}^{I}$，根据式（5-27）得知，电池电动势为零。在这种情况下，氧化物中没有任何离子导电。

（2）如果两个氧分压 $p_{O_2}^{II}$ 和 $p_{O_2}^{I}$ 满足下述顺序：$p_h \gg p_{O_2}^{II} > p_{O_2}^{I} \gg p_e$，则式（5-27）可简化为式（5-14）。也就是说，这时固体电解质的电子或电子空穴导电可以忽略，可看作纯离子导电。

（3）当 $p_h \gg p_{O_2}^{II} \gg p_e \gg p_{O_2}^{I}$ 时，可得到一个不变的电动势，它仅取决于参比电极的氧分压 $p_{O_2}^{I}$：

$E = \frac{RT}{4F} \ln \frac{p_{O_2}^{II}}{p_e}$，可用来测定 p_e。

（4）当 $p_{O_2}^{II} \gg p_h \gg p_{O_2}^{I} \gg p_e$ 时，电动势由下式确定：$E = \frac{RT}{4F} \ln \frac{p_h}{p_{O_2}^{I}}$，可用来测定 p_h。

（5）当 $p_{O_2}^{II} \gg p_h \gg p_e \gg p_{O_2}^{I}$ 时，则有 $E = \frac{RT}{4F} \ln \frac{p_h}{p_e}$。

5.5 固体电解质电子导电性的实验测定

据文献资料介绍，目前由实验测定 p_e 数值的方法大致有以下几种：

（1）电动势法。在高温/低氧分压，当电解质两侧氧分压为已知时，根据实验测定的电池电动势，由公式

$$E = \frac{RT}{F} \ln \frac{p_e^{\frac{1}{4}} + p_{O_2}^{II\frac{1}{4}}}{p_e^{\frac{1}{4}} + p_{O_2}^{I\frac{1}{4}}} \tag{5-28}$$

可以计算 p_e 值。例如采用电池 $Cr, Cr_2O_3 \mid ZrO_2\text{-}CaO \mid Nb, NbO$。这一方法要求电池有较好的密封性，防止氧从电解质一侧渗漏到另一侧。测定结果与热力学数据和试剂纯度有关。

（2）电阻法。测定固体电解质在不同氧分压下的电阻值，由电阻与氧分压的关系求出 p_e 值。这一方法要求严格控制氧分压。当氧化物的电导率与氧分压无关时，说明电解质为纯离子导体；当电导率的对数与氧压的对数成反（正）比，直线斜率为 1/4 或 1/6 时，在所研究的氧压及温度范围内，该氧化物可以认为是电子导体。通常，掺杂后的氧化物中，氧离子空位浓度很大，不受氧分压的影响。对于纯氧化物，氧空位浓度不是常数，与氧分压大小有关，并为过剩电子浓度的一半，这时由

$$K'' = \frac{(e)^2 (V_O^{\cdot\cdot}) p_{O_2}^{\frac{1}{2}}}{(O_0)}$$

可得 $(e)^2 = \dfrac{K''\,(O_0)}{(V_O^{\cdot\cdot})\,p_{O_2}^{\frac{1}{2}}}$

将 $(V_O^{\cdot\cdot}) = (e)\,/2$ 代入得：

$$(e)^3 = \frac{K''}{2}(O_0)p_{O_2}^{-\frac{1}{2}} = K'p_{O_2}^{-\frac{1}{2}}$$

$$(e) = Kp_{O_2}^{-\frac{1}{6}}$$

所以 $\sigma_e = K_e p_{O_2}^{-\frac{1}{6}}$。

同理可以得到 $\sigma_h = K_h p_{O_2}^{\frac{1}{6}}$。这时，直线的斜率为 $1/6$。根据定义，图5-6中两段直线的延长线交点所对应之氧压值即为 p_e 或 p_h。

（3）抽氧法（极化电动势法）。在 $p_h \gg p_{O_2}^{II} \gg p_e \gg p_{O_2}^{I}$ 的条件下：

$$E = \frac{RT}{4F}\ln\frac{p_{O_2}^{II}}{p_e}$$

这时只要测定了原电池的电动势 E 和温度 T，根据参比电极的已知氧分压 $p_{O_2}^{II}$ 就可以计算 p_e。因此实验测定 p_e 的关键是如何创造满足 $p_h \gg p_{O_2}^{II} \gg p_e \gg p_{O_2}^{I}$ 的实验条件。

以测定（$ZrO_2\text{-}CaO$）固体电解质的 p_e 值为例。我们知道 $p_h > 10^5\,Pa$。而 1600℃ 时，p_e 的数量级范围一般是在 $10^{-9} \sim 10^{-10}\,Pa$ 之间，温度低时更小。如果采用空气参比电极，则 $p_{O_2} = 2.1 \times 10^4\,Pa$。可以认为满足了 $p_h \gg p_{O_2}^{II} \gg p_e$ 的条件，剩下的只是如何再创造一个氧分压为 $p_{O_2}^{I}$ 的环境，而且使 $p_e \gg p_{O_2}^{I}$。

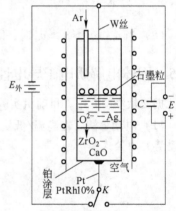

固体电解质是离子导电，在电解质传递电荷的过程中，会有物质输运发生。可以外加定向电流，使电解质 I 端的氧不断抽到 II 端，以满足 $p_e \gg p_{O_2}^{I}$ 的条件。

按图5-7的要求组装下述电池：

$$W \mid [O]_{Ag} \mid ZrO_2 - CaO \mid （空气）PtRh(10\%)$$

在高温下将银熔化，当开关 K 接通外电源 $E_{外}$ 时，便会有直流电通过电解质。银液中的溶解氧将通过电解质不断被抽到空气一方。银液用氩气和高纯石墨保护，其中的溶解氧量便会迅速降低，直至达到动态平衡。抽氧电流越大，则银液中的氧含量越低。当抽氧电流达到一定数值后，银液中的氧含量可降到很低，并满足 $p_e \gg p_{O_2}^{I}$ 的条件。

图 5-7　抽氧法测 p_e 示意图

上述电池虽已满足了 $p_e \gg p_{O_2}^{I}$ 的条件，但这时要准确测定电动势 E 却有很大困难。因为电解质导体的电阻率通常要比金属导体大很多，所以电池的内阻较大，当有较大的抽氧电流通过时，会产生明显的电位降 IR。它必然会叠加在电动势 E 上，造成很大的电动势测量误差。

电位降 IR 的大小主要取决于电流之大小，当 $I = 0$ 时 $IR = 0$。如若在切断抽氧电流后再进行电动势测量，则所测的 E 值将不再包含 RI 项的影响。然而，只要断电时间稍长，银液中的氧便会回升，电动势就会发生衰减，而且 $p_e \gg p_{O_2}^{I}$ 的条件也被破坏。不过，如果让开关 K 快速切换，时而接通外电源，时而接通测量电路，切换达到一定频率之后，即可测得满足 $p_e \gg p_{O_2}^{I}$

条件的稳定电动势 E，且其中不包含 RI 项的影响。由实验得知，当开关 K 的换向频率达到 200Hz 以上时，所测电动势 E 将不再随频率而改变。

为了减小空气端铂铑电极引线与固体电解质间的接触电阻，电解质试样在使用前需先在其外端面涂以铂浆，使之形成一多孔性透气铂层。把涂好铂层的固体电解质片封烧在石英管内并组装成电池。实验可在铂铑丝炉内进行。电动势测量应使用高阻抗（1MΩ 以上）的测量仪表（如数字电压表）。电容 C 的作用是贮存电动势信号。

因为抽氧电流大小直接反映了抽氧速度的大小，因此抽氧电流越大，银液中氧含量越低。可以在炉温恒定后，通过换向频率大于 200Hz 的开关对电池施加不同的抽氧电流，并测量相应的稳定电动势数值。当电动势不再随抽氧电流增大而增大时，可以认为 $p_h \gg p_{O_2}^{II} \gg p_e \gg p_{O_2}^{I}$ 的条件得到满足。典型的实验测试曲线如图 5-8 所示，将一定温度下的电动势稳定数值校正热电势影响后代入式（5-28），便可求出该温度下的 p_e 值。

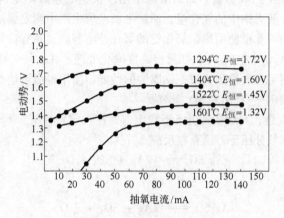

图 5-8　抽氧电流与电池电动势的关系

实验中不宜使用过大的抽氧电流。因为在较大的电流密度下（约 $1A/cm^2$），电解质内侧面（阴极端）上将会产生一层（棕黑色的）被还原的氧化锆，它会使固体电解质的电阻增大。为了不使用过大的抽氧电流，对银液要仔细密封保护。

因电极引线的选材不同，所测电动势中必然叠加了两种引线材料的热电势，计算 p_e 时应该按极性加以修正。在上述电池中，银液一侧电极引线是钨，空气一侧为 PtRh（10%），经实验测定，W-PtRh（10%）间热电势与温度的关系为 $E = -18.03 + 0.0343t$（mV）。其中 W 为正极，PtRh（10%）为负极。

对不同温度下测得的 p_e 数值进行回归分析，可以得到 p_e 与温度 t 间的关系。国内某厂生产的 ZrO_2-CaO（$w_{CaO} = 4\%$）的测定结果是 $lg p_e = 21.49 - \dfrac{69336}{t}$。

5.6　固体电解质传感器的类型

利用固体电解质构成的传感器可分为以下几类：

（1）Ⅰ型传感器——电解质的传导离子就是待测物质的离子；

（2）Ⅱ型传感器——传导离子物质不是待测物质，但它们的反应产物是固体电解质中活度恒定的组元；

（3）Ⅲ型传感器——辅助电极型传感器。利用外加辅助电极使待测物质与传导离子物质在电解质界面建立一个局部热力学平衡，通过这一局部平衡，由电池电动势计算待测物质的浓度。

Ⅰ型传感器的应用领域：

（1）各种工业窑炉炉气分析。如连续测定锅炉、加热炉等废气中的氧含量、连续测定热处理炉等炉气的氧分压。电池表达式为

$$Pt \mid p_{O_2}^{\rm I}（待测炉气）\mid ZrO_2 - Y_2O_3 \mid p_{O_2}^{\rm II}（空气）\mid Pt$$

分析的氧含量下限接近于 $Cr-Cr_2O_3$ 的平衡氧压，在 800℃ 时大约是 $10^{-23}Pa$。

（2）控制环境污染。测定废水的 TOD（烧掉水中有机物所需用的氧量）值、控制发动机废气中的 NO_x 含量。

（3）快速测定钢液中的氧活度。

（4）测定液态金属中的氧含量。如铜冶炼中用以快速或连续测定铜中氧含量、连续测定反应堆中的冷却剂——液态钠中的氧含量、浮法平板玻璃生产中测定锡液的氧含量等。

测定液态金属钠中氧含量使用掺杂氧化钇的氧化钍电解质，具有良好的导电性。电池表达式为：$[O]_{Na} \mid ThO_2 - Y_2O_3 \mid 空气-Pt$。如果经高度净化处理，并在均匀压力下烧结而成，具有完全均匀的相组织，则可大大增加抗液态钠腐蚀的性能，使用寿命可达 5000h。

Ⅱ型传感器应用实例——SO_2 和 SO_3 探测器

Ag-O-S 体系的特点是，AgO 在高温下不稳定，而在一定条件下，Ag 可与 Ag_2SO_4 共存。换言之，在一定的温度和氧分压下，因存在反应

$$Ag_2SO_4 === 2Ag + SO_2 + O_2$$

和

$$Ag_2SO_4 === 2Ag + SO_3 + \frac{1}{2}O_2$$

Ag/Ag_2SO_4 混合物能提供一个固定的 p_{SO_2}/p_{SO_3} 分压。然而，由于体系存在金属 Ag，具有很好的电子导电性能，因此，不适宜用做固体电解质，但却是最佳的参比电极候选体系。

在 $Li_2SO_4-Ag_2SO_4$ 二元相图中，存在 $[\alpha-Li_2SO_4（SS）+（Ag，Li）SO_4（SS）]$ 和 $[\alpha-Ag_2SO_4（SS）+（Ag，Li）SO_4（SS）]$ 两个两相区。一定温度下，在两相区的组成范围内，成分变化时，两个相的相对量可以发生变化，但组分的活度不变。尤其在 510~560℃，两个相都是高离子电导的固溶体，组分的活度也基本不随温度变化。因此这是一种十分理想的固体电解质。

电池可表示为：

（+）$Au \mid Pt，SO_2，SO_3，O_2 \mid Li_2SO_4(x = 0.77) - Ag_2SO_4 \mid (Ag_2SO_4)（固溶体中），Ag \mid Au(-)$

电极反应与电池反应为：

负极反应：　　$Li_2SO_4 + 2Ag === 2Li^+ + (Ag_2SO_4) + 2e$

正极反应：　　$SO_3 + \frac{1}{2}O_2 + 2Ag === Ag_2SO_4$

电池反应：　　$SO_3 + \frac{1}{2}O_2 + 2Ag === (Ag_2SO_4)$

电池反应的自由能变化为：$\Delta G = \Delta G^{\ominus} + RT\ln \dfrac{a_{(Ag_2SO_4)}}{p_{O_2}^{\frac{1}{2}}p_{SO_3}}$，$E = E^{\ominus} + \dfrac{RT}{2F}\ln \dfrac{p_{O_2}^{\frac{1}{2}}p_{SO_3}}{a_{Ag_2SO_4}}$。

式中，$p_{O_2} \approx 2100Pa$，$a_{Ag_2SO_4} = $ 常数，$a_{Ag_2SO_4}$ 可以利用纯（$Ag_2SO_4 + Ag$）作为参比电极的电池定

出：

$$E = E^{\ominus} + \frac{RT}{2F}\ln \left(p_{O_2}^{\frac{1}{2}} p_{SO_3} \right)。$$ 得 $a_{Ag_2SO_4} = \exp\left[2F(E' - E)/RT \right]$，通过两次实验就可将 $a_{Ag_2SO_4}$ 确定。

Ⅲ型传感器应用实例——钢液定硅传感器

电池可表示为：$(+)Mo \mid Mo + MoO_2 \mid ZrO_2(MgO) \mid ZrO_2 + ZrSiO_4 \mid [Si]_{Fe} \mid Mo(-)$

其中（$ZrO_2 + ZrSiO_4$）是点涂在固体电解质管外的辅助电极材料。

负极反应：$\quad 2O^{2-} + [Si] \Longrightarrow (SiO_2)_{SiSO_4} + 4e$

正极反应：$\quad MoO_2 + 4e \Longrightarrow Mo(s) + 2O^{2-}$

电池反应为：$\quad MoO_2 + [Si] \Longrightarrow (SiO_2)_{SiSO_4} + Mo(s)$。

因电解质表面存在辅助电极，在固体电解质、辅助电极材料和铁水的三相界面处存在反应：

$$ZrO_2 + (SiO_2)_{ZrSiO_4} \Longrightarrow ZrSiO_4$$

故总的反应为：$\quad MoO_2 + ZrO_2 + [Si] \Longrightarrow ZrSiO_4 + Mo(s)$

$$\Delta G = \Delta G^{\ominus} + RT\ln \frac{1}{a_{[Si]}}$$

电池电动势 $E = E^{\ominus} + \frac{RT}{4F}\ln a_{[Si]}$

如果考虑固体电解质电子导电的影响，电池电动势与铁液中硅活度的关系为：

$$E = \frac{RT}{F}\ln \frac{p_{O_2(Mo/MoO_2)}^{\frac{1}{4}} + p_e^{\frac{1}{4}}}{\left[Ka_{[Si]} \right]^{\frac{1}{4}} + p_e^{\frac{1}{4}}}$$

式中 K 是反应 $ZrO_2 + [Si]_{Fe} + O_2 = ZrSiO_4$ 的平衡常数；$p_{O_2(Mo/MoO_2)}$ 是（$MoO_2 + Mo$）体系的平衡氧分压；p_e 是固体电解质的电子导电特征氧分压，在此氧分压下固体电解质的电子导电率与离子导电率相等。

钢液定硅传感器的另一种设计是在固体电解质管外涂以（$CaF_2 + SiO_2$）作为辅助电极。电池构成为：$Mo \mid Mo + MoO_2 \mid ZrO_2(MgO) \mid SiO_2 + CaF_2 \mid [Si] \mid Mo$。

在炼钢温度下，只要 $w_{(CaF_2)} < 44\%$，二元系中就存在固相 SiO_2。换言之，辅助电极中的 SiO_2 是饱和的，$a_{SiO_2} = 1$，因此，在金属液与电解质界面存在平衡反应：

$$[Si] + 2[O] \Longrightarrow SiO_2$$

即界面液膜中氧的活度 $a[O]$ 取决于铁液中硅的浓度 $[Si]$。电极反应和电池反应如下：

正极反应：$\quad MoO_2 \Longrightarrow Mo + O_2，\quad O_2 + 4e \Longrightarrow 2O^{2-}，\quad MoO_2 + 4e \Longrightarrow Mo + 2O^{2-}$

负极反应：$\quad 2O^{2-} \Longrightarrow 2[O] + 4e$

电池反应：$\quad MoO_2 \Longrightarrow 2[O] + Mo$

界面液膜中还存在辅助电极反应，所以总反应为：

$$MoO_2 + [Si] \Longrightarrow SiO_2 + Mo$$

考虑固体电解质电子电导的影响，电池电动势与铁液中硅活度的关系的形式亦为：

$$E = \frac{RT}{F}\ln \frac{p_{O_2(Mo/MoO_2)}^{\frac{1}{4}} + p_e^{\frac{1}{4}}}{\left[Ka_{[Si]} \right]^{\frac{1}{4}} + p_e^{\frac{1}{4}}}$$

式中，K 是反应 $[Si] + O_2 = SiO_2$ 的平衡常数。

5.7 固体电解质电池应用

5.7.1 定氧电池

电解质 ZrO_2-CaO 片封焊在石英管端，采用一次性测头。ZrO_2-MgO 适用于更低氧含量。参比电极是 Mo/MoO_2 或 $CrCr_2O_3$。参比电极引线为钼丝，与钢液接触用钼棒。

$$Mo \mid [O]_{Fe} \mid ZrO_2 - CaO \mid Mo,MoO_2 \mid Mo \qquad (1)$$

或
$$Mo \mid Cr,Cr_2O_3 \mid ZrO_2 - CaO \mid [O]_{Fe} \mid Mo \qquad (2)$$

对于电池（1）

正极反应：
$$\begin{cases} O_2 + 4e = 2O^{2-} \\ MoO_2 = Mo + O_2 \\ MoO_2 = Mo + 2O^{2-} \end{cases}$$

负极反应：
$$\begin{cases} 2O^{2-} = O_2 + 4e \\ O_2 = 2[O] \\ 2O^{2-} = 2[O] + 4e \end{cases}$$

电池反应：$MoO_2 = Mo + [O]$

反应 $Mo + O_2 = MoO_2$ 的 $\Delta G^{\ominus} = -126700 + 34.18T$，反应 $O_2 = [O]_{Fe}$ 的 $\Delta G^{\ominus} = -56000 - 1.38T$。则：$\log a_{[O]} = -(7725 + 10.08E)/T + 3.885$。

对于电池（2），反应 $\dfrac{4}{3}Cr + O_2 = \dfrac{2}{3}Cr_2O_3$ 的 $\Delta G^{\ominus} = -180360 + 40.90T$，则：

$$\log a_{[O]} = -(13580 + 10.08E)/T + 4.62$$

考虑电子导电的影响，对于电池（1），$p_{O_2}^{\mathrm{II}} = p_{O_2}^{(Mo,MoO_2)}$，$p_{O_2}^{\mathrm{I}} = p_{O_2}^{[O]}$，则：

$$E = \frac{RT}{F}\left[\ln \frac{p_{O_2}^{(Mo,MoO_2)\frac{1}{4}} + p_{e'}^{\frac{1}{4}}}{p_{O_2}^{[O]\frac{1}{4}} + p_{e'}^{\frac{1}{4}}} \right]$$

1600K 时，$p_{O_2}^{(Mo,MoO_2)} = 4.87 \times 10^{-8} \, atm = 4.87 \times 1.01 \times 10^{-3} \, Pa$，$p_{e'} \approx 10^{-15} \, atm = 1.01 \times 10^{-10} \, Pa$，所以，$p_{O_2}^{(Mo,MoO_2)} \gg p_{e'}$。上式可简化为

$$E = \frac{RT}{F}\left[\ln \frac{p_{O_2}^{(Mo,MoO_2)\frac{1}{4}}}{p_{O_2}^{[O]\frac{1}{4}} + p_{e'}^{\frac{1}{4}}} \right]$$

所以
$$p_{O_2}^{[O]\frac{1}{4}} = \frac{p_{O_2}^{(Mo,MoO_2)\frac{1}{4}}}{\exp\left(\dfrac{EF}{RT}\right)} - p_{e'}^{\frac{1}{4}}$$

将平衡常数 $K = a_{[O]}^2 / p_{O_2}^{[O]}$ 代入上式得：

$$a_{[O]} = \left[\left[\frac{K^{\frac{1}{2}} p_{O_2}^{(Mo,MoO_2)\frac{1}{4}}}{\exp\left(\dfrac{2EF}{RT}\right)} \right]^{\frac{1}{2}} - p_{e'}^{\frac{1}{4}} K^{\frac{1}{4}} \right]^2$$

按 Nernst 方程计算的活度为 $a_{[O]}^{*} = K^{\frac{1}{2}} (p_{O_2}^{II})^{\frac{1}{2}} / e^{\frac{2EF}{RT}}$。两式比较得：

$$a_{[O]} = \left[(a_{[O]}^{*})^{\frac{1}{2}} - K^{\frac{1}{4}} p_e^{\frac{1}{4}} \right]^2$$

可以看出，不考虑电子导电，会造成正偏差。其误差计算如下：

$$\ln p_{O_2}^{I} = \ln p_{O_2}^{II} - \frac{4FE}{RT} \qquad\qquad (a)$$

溶解反应 $\frac{1}{2} O_2 = [O]$ 的 $\Delta G^{\ominus} = -RT\ln (a_{[O]}/p_{[O_2]}^{\frac{1}{2}})$，则：

$$2\ln a_{[O]} = \ln p_{[O_2]} - \frac{2\Delta G^{\ominus}}{RT} \qquad\qquad (b)$$

设 $p_{O_2}^{I} = p_{[O_2]}$，p_{O2}^{II} 为参比氧压。将式（a）代入式（b）得：

$$2\ln a_{[O]} = \ln p_{O_2}^{II} - \frac{4FE}{RT} - \frac{2\Delta G^{\ominus}}{RT} \qquad\qquad (c)$$

对式（c）进行微分得：

$$\frac{da_{[O]}}{a_{[O]}} = \left[\frac{d\ln p_{O_2}^{II}}{2dT} + \frac{\Delta G^{\ominus}}{RT^2} - \frac{1}{RT} \times \frac{d\Delta G^{\ominus}}{dT} + \frac{2EF}{RT^2} \right] dT - \frac{2F}{RT} dE$$

如果忽略标准自由能和参比电极氧分压的误差，只考虑温度和电动势测定的误差，可得相对偏差：

$$\frac{\Delta a_{[O]}}{a_{[O]}} = \left[\frac{d\ln p_{O_2}^{II}}{2dT} + \frac{\Delta G^{\ominus}}{RT^2} - \frac{1}{RT} \times \frac{d\Delta G^{\ominus}}{dT} + \frac{2EF}{RT^2} \right] \Delta T - \frac{2F}{RT} \Delta E$$

5.7.2　其他固体电解质电池的应用

5.7.2.1　测氮

采用 AlN 电解质，其电池构成为 Ir│Al，AlN│AlN│[N]$_{Fe}$│Fe，铂铑与铝生成液相合金。

正极反应：
$$[N] = \frac{1}{2} N_2，\frac{1}{2} N_2 + 2e = N^{2-}$$

负极反应：
$$N^{2-} = \frac{1}{2} N_2 + 2e，\frac{1}{2} N_2 + Al(l) = AlN$$

电池反应：
$$Al(l) + [N] = AlN$$

$$\Delta G^{\ominus} = \Delta G_{AlN}^{\ominus} - \Delta G_{[N]}^{\ominus} = -78560 + 20.37T$$

$$\Delta G = \Delta G^{\ominus} + RT\ln\left(\frac{1}{f_N} w[N]/w^{\ominus} \right) = -nEF$$

$$[\%N] = f_N \exp\left(-\frac{nFE}{RT} \right)$$

5.7.2.2　测硫

采用 CaS 电解质，电池构成为 Cu，Cu$_2$S│CaS – Y$_2$O$_3$│Fe，FeS，氩保护。注意，CaS 在高温空气中不稳定，不能测定钢中的硫。

5.7.3 固体电解质电池在冶金中的应用

可利用固体电解质电池测定化合物的标准生成自由能。

5.7.3.1 氧化物和复合氧化物

对于简单氧化物 M_xO，可通过电池 $Pt\,|\,Ma, MaO\,|\,ZrO_2 - CaO\,|\,M_x, M_xO\,|\,Pt$ 测算。

正极反应：　　$M_xO \Longrightarrow M_x + \dfrac{1}{2}O_2, \quad \dfrac{1}{2}O_2 + 2e \Longrightarrow O^{2-}$

负极反应：　　$O^{2-} \Longrightarrow \dfrac{1}{2}O_2 + 2e, \quad \dfrac{1}{2}O_2 + Ma \Longrightarrow MaO$

电池反应：　　$M_xO + Ma \Longrightarrow MaO + M_x$

电池反应的　$\Delta G = \Delta G^{\ominus} = \Delta G_{MaO}^{\ominus} - \Delta G_{M_xO}^{\ominus} = -2EF$，故 $\Delta G_{M_xO}^{\ominus} = \Delta G_{MaO}^{\ominus} + 2FE$。

例如，可用固体电解质电池 $Pt\,|\,Ni, NiO\,|\,ZrO_2 - CaO\,|\,Cu, Cu_2O\,|\,Pt$ 测算氧化铜的标准生成自由能。$Pt\,|\,Ni, NiO\,|\,ZrO_2 - CaO\,|\,Cu, Cu_2O\,|\,Pt$ 电解质为管状或片状，片状封接在石英管或氧化铝管端头。参比电极混合物与铂丝一起与电解质一侧紧密接触，待测极混合物及铂丝与另一侧紧密接触。分别压紧、捣实，开口端用氧化铝黏结剂密封。为改善电解质与铂丝的接触，可将铂片焊在铂丝上。

其电池反应为　$Cu_2O + Ni \Longrightarrow NiO + 2Cu, \quad \Delta G = \Delta G^{\ominus} = \Delta G_{NiO}^{\ominus} - \Delta G_{Cu_2O}^{\ominus} = -2EF$

所以　　　　　　　　　　$\Delta G_{Cu_2O}^{\ominus} = \Delta G_{NiO}^{\ominus} + 2FE$

利用固体电解质测定复合氧化物的标准生成自由能，在设计被测极时，必须根据相图、相律确定被测极由哪几相组成（平衡共存）。为设计成可逆电池，电解质与电极界面上的氧分压应仅是温度的函数，自由度为 $F = 1$，或 $\Phi = K + 1$。即电极系统的相数等于组分数加 1。由于气相（氧）总是存在的，所以固体相数应等于组分数。因此，测二元化合物时电极必须有两个固相，三元化合物则必须有三个固相。

例如，测定 $FeTiO_3$ 及 Fe_2TiO_4 的标准生成自由能可通过以下固体电解质电池进行

$$Pt\,|\,Fe, TiO_2, FeTiO_3\,|\,ZrO_2 - CaO\,|\,Ni, NiO\,|\,Pt \qquad (a)$$

$$Pt\,|\,Fe, FeTiO_3, Fe_2TiO_4\,|\,ZrO_2 - CaO\,|\,Ni, NiO\,|\,Pt \qquad (b)$$

对于电池 (a)

正极反应：　　$NiO = Ni + \dfrac{1}{2}O_2, \quad \dfrac{1}{2}O_2 + 2e = O^{2-}$

负极反应：　　$O^{2-} = \dfrac{1}{2}O_2 + 2e, \quad \dfrac{1}{2}O_2 + Fe + TiO_2 = FeTiO_3$

电池反应：　　$NiO + Fe + TiO_2 = FeTiO_3 + Ni \qquad\qquad\qquad (1)$

$$\Delta G_1 = \Delta G_{FeTiO_3}^{\ominus} - \Delta G_{NiO}^{\ominus} - \Delta G_{TiO_2}^{\ominus} = -2FE_1$$

所以　　　　　$\Delta G_{FeTiO_3}^{\ominus} = \Delta G_{NiO}^{\ominus} + \Delta G_{TiO_2}^{\ominus} - 2FE_1$

对于电池 (b)

正极反应：　　$NiO \Longrightarrow Ni + \dfrac{1}{2}O_2, \quad \dfrac{1}{2}O_2 + 2e \Longrightarrow O^{2-}$

负极反应：　　$O^{2-} \Longrightarrow \dfrac{1}{2}O_2 + 2e, \quad \dfrac{1}{2}O_2 + Fe + FeTiO_3 \Longrightarrow Fe_2TiO_4$

电池反应：　　$NiO + Fe + FeTiO_3 \Longrightarrow Fe_2TiO_4 + Ni \qquad\qquad (2)$

$$\Delta G_2 = \Delta G^{\ominus}_{Fe_2TiO_4} - \Delta G^{\ominus}_{NiO} - \Delta G^{\ominus}_{FeTiO_3} = -2FE_2$$

所以 $\Delta G^{\ominus}_{Fe_2TiO_4} = \Delta G^{\ominus}_{NiO} + \Delta G^{\ominus}_{FeTiO_3} - 2FE_2$。

固体电解质电池制备如下：在900℃下用 Fe_2O_3 通过 CO-CO$_2$ 还原制备 FeO，用 FeO、TiO_2 粉按比例混合，在 $4000 \times 1.01 \times 10^5 Pa$（4000atm）下压成 ϕ10mm×5mm 圆片，置于石英管中抽空，1000℃保温一周制得 Fe_2TiO_4 和 $FeTiO_3$。Fe、Ni 粉用 Fe_2O_3 和 NiO 在800℃用氢还原制得。电极按比例，在 $4000 \times 1.01 \times 10^5 Pa$（4000atm）下压成 ϕ8mm×2mm 圆片。

5.7.3.2 硫化物

CaS 电解质高温稳定性差，适用的硫分压范围及温度范围很窄，应用受到限制。因此，可用氧化物电解质测定硫化物和硫酸盐的标准生成自由能。

例如，测定 MnS 的标准生成自由能，采用 Pt│SO_2（$1.01 \times 10^5 Pa$（1atm）），MnO，MnS│$ZrO_2 - CaO$│O_2（空气）│Pt 电池。

正极反应： $\frac{3}{2}O_2$（空气）$+6e \Longrightarrow 3O^{2-}$

负极反应： $3O^{2-} + MnS \Longrightarrow MnO + SO_2$（$1.01 \times 10^5 Pa$（1atm））$+6e$

电池反应： $\frac{3}{2}O_2$（空气）$+ MnS \Longrightarrow MnO + SO_2$（$1.01 \times 10^5 Pa$（1atm））

$$\Delta G = \Delta G^{\ominus} + RT\ln\left(p_{SO_2(1.01 \times 10^5 Pa(1atm))}/p^{\frac{3}{2}}_{O_2(空气)}\right) = -6EF$$

所以 $\Delta G^{\ominus}_{MnS} = \Delta G^{\ominus}_{MnO} + \Delta G^{\ominus}_{SO_2} - \left(\frac{3}{2}\right)RT\ln p_{O_2(空气)} + 6FE$。

例如，测定 $NiSO_4$ 的标准生成自由能，可采用 Pt│SO_2（$1.01 \times 10^5 Pa$（1atm）），NiO，$NiSO_4$│$ZrO_2 - CaO$│O_2（空气）│Pt 电池。

正极反应： $\frac{1}{2}O_2$（空气）$+2e \Longrightarrow O^{2-}$

负极反应： $O^{2-} + SO_2 + NiO \Longrightarrow NiSO_4 + 2e$

电池反应： $\frac{1}{2}O_2$（空气）$+ SO_2$（$1.01 \times 10^5 Pa$（1atm））$+ NiO \Longrightarrow NiSO_4$

$$\Delta G = \Delta G^{\ominus} + RT\ln\left(\frac{1}{p_{SO_2(1.01 \times 10^5 Pa(1atm))}p^{\frac{1}{2}}_{O_2(空气)}}\right) = -2EF$$

所以 $\Delta G^{\ominus}_{NiSO_4} = \Delta G^{\ominus}_{NiO} + \Delta G^{\ominus}_{SO_2} - (1/2)RT\ln p_{O_2(空气)} - 2FE$。

5.7.3.3 其他化合物

CaF_2 单晶在低于1100K时是良好的离子导体，不但可以用来研究氟化物，还可以研究碳、硫、硼、磷等的化合物。

A 测定碳化物的标准生成自由能

下面为三个固体电解质电池

$$W│Mn,MnF_2│CaF_2,C,Mn_7C_3│W \qquad (a)$$

$$W│Mn,MnF_2│CaF_2,C,Mn_8C_3,Mn_7C_3│W \qquad (b)$$

$$W│Mn,MnF_2│CaF_2,C,Mn_{23}C_6,Mn_8C_3│W \qquad (c)$$

$$E = \frac{RT}{nF}\ln\frac{p_{F_2(MnF_2-MnC_x-C)}}{p_{F_2(MnF_2-Mn)}}$$

对于 (a)

$$7MnF_2 + 3C + 14e \Longrightarrow Mn_7C_3 + 14F^-$$

$$7Mn + 14F^- \Longrightarrow 7MnF_2 + 14e$$

$$7Mn + 3C \Longrightarrow Mn_7C_3$$

$$\Delta G^{\ominus}_{Mn_7C_3} \Longrightarrow 14FE_{(a)}$$

对于 (b)

$$MnF_2 + Mn_7C_3 + 2e \Longrightarrow Mn_8C_3 + 2F^-$$

$$Mn + 2F^- \Longrightarrow MnF_2 + 2e$$

$$Mn + Mn_7C_3 \Longrightarrow Mn_8C_3$$

$$\Delta G^{\ominus}_{Mn_8C_3} \Longrightarrow \Delta G^{\ominus}_{Mn_7C_3} - 2FE_{(b)}$$

对于 (c)

$$7MnF_2 + 2Mn_8C_3 + 14e \Longrightarrow Mn_{23}C_6 + 14F^-$$

$$7Mn + 14F^- \Longrightarrow 7MnF_2 + 14e$$

$$7Mn + 2Mn_8C_3 \Longrightarrow Mn_{23}C_6$$

$$\Delta G^{\ominus}_{Mn_{23}C_6} \Longrightarrow \Delta G^{\ominus}_{Mn_8C_3} - 14FE_{(c)}$$

B　测定硫化物的标准生成自由能

对电池 Au | Ag, Ag_2S, CaS | CaF_2 | CaS, MnS, Mn | Au, 其电极及电池反应为

正极 $\begin{cases} F_2 + 2e \Longrightarrow 2F^- \\ CaF_2 \Longrightarrow Ca + F_2 \\ Ca + \frac{1}{2}S_2 \Longrightarrow CaS \\ MnS \Longrightarrow Mn + \frac{1}{2}S_2 \\ MnS \Longrightarrow CaF_2 + 2e \Longrightarrow CaS + Mn + 2F^- \end{cases}$
　　　　　负极 $\begin{cases} 2F^- \Longrightarrow F_2 + 2e \\ F_2 + Ca \Longrightarrow CaF_2 \\ CaS \Longrightarrow Ca + \frac{1}{2}S_2 \\ \frac{1}{2}S_2 + 2Ag \Longrightarrow Ag_2S \\ 2F^- + 2Ag + CaS \Longrightarrow CaF_2 + Ag_2S + 2e \end{cases}$

电池反应：$2Ag + MnS \Longrightarrow Ag_2S + Mn$。

在负极，$\Delta G^{\ominus}_{Ag_2S} = RT\ln p^{\frac{1}{2}}_{S_2(Ag_2S)}$，其中 $p_{S_2(Ag_2S)}$ 等于与 CaS 平衡的分压 $p_{S_2(CaS)}$，因此 $\Delta G^{\ominus}_{CaS} = RT\ln(a_{Ca(CaS)}p_{S_2(CaS)}) = RT\ln(a_{Ca(CaS)}p_{S_2(Ag_2S)})$。CaS 中 Ca 的活度和 CaF_2 界面上 Ca 的活度相等，$\Delta G^{\ominus}_{CaF_2} = RT\ln(a_{Ca(CaF_2)}p_{F_2(CaF_2)}) = RT\ln(a_{Ca(CaS)}p_{F_2(CaF_2)})$。

所以　　$RT\ln p^I_{F_2(CaF_2)} = \Delta G^{\ominus}_{CaF_2} - \Delta G^{\ominus}_{CaS} + \Delta G^{\ominus}_{Ag_2S}$

同理，在正极，$RT\ln p^{II}_{F_2(CaF_2)} = \Delta G^{\ominus}_{CaF_2} + \Delta G^{\ominus}_{MnS} - \Delta G^{\ominus}_{CaS}$

电池电动势为：$E = \dfrac{RT}{2F}\ln\dfrac{p^{II}_{F_2(CaF_2)}}{p^I_{F_2(CaF_2)}}$

$\Delta G = \Delta G^{\ominus}_{反应} = \Delta G^{\ominus}_{Ag_2S} - \Delta G^{\ominus}_{MnS} = -2FE$，故 $\Delta G^{\ominus}_{MnS} = \Delta G^{\ominus}_{Ag_2S} + 2FE$。

思考题与习题

5-1　简述固体电解质自由电子导电和电子空穴导电的原因，怎样避免？

5-2　图解说明特征氧分压的概念。

5-3　CaF_2 单晶电解质是氟离子导电，也可以测定氧或硫的分压，原因是什么，举例说明。

5-4　叙述三类固体电解质传感器的特点和应用。

5-5　固体电解质 ZrO_2 中掺杂 CaO 的作用是什么，为什么？

5-6　应用电池（Pt – Rh）｜Fe，$FeO \cdot Al_2O_3$，Al_2O_3｜ZrO_2 – CaO｜MoO_2，Mo｜（Pt-Rh）测得反应：

　　　$Fe + \dfrac{1}{2}O_2 + Al_2O_3 = FeO \cdot Al_2O_3$ 在 1373～1873K 的平衡氧分压为：

　　　$\log p_{O_2} = -3.128 \times 10^4 / T + 12.895$。

　　　已知 $Mo(s) + O_2 {=\!=} MoO_2(s)$，$\Delta G^{\ominus} = -578200 + 166.5T$，J/mol，

　　　$2Al(s) + \dfrac{3}{2}O_2 {=\!=} Al_2O_3(s)$，$\Delta G^{\ominus} = -1687200 + 326.8T$，J/mol。

　　　求 $FeAl_2O_4$ 的生成自由能与温度的关系。

5-7　应用固体电解质电池（Pt）｜$[O]_{Fe}$｜ZrO_2 – CaO｜Cr_2O_3，Cr（Pt），在 1873K 时测得电池的电动势 E

　　　= 20mV。已知：$\dfrac{1}{3}Cr_2O_3 {=\!=} \dfrac{2}{3}Cr(s) + \dfrac{1}{2}O_2 (1)$，$\Delta G_1^{\ominus} = [377310 - 85.56 (T/K)]$ J/mol，

　　　$\dfrac{1}{2}O_2 {=\!=} [O]_{Fe} (2)$，$\Delta G_2^{\ominus} = [-177150 - 2.88 (T/K)]$ J/mol。设氧的溶解服从亨利定律，求钢
　　　液中的氧含量。

5-8　简述固体电解质电池在电化学测量中的意义。

5-9　ZrO_2 是氧离子导电的固体电解质，试从原理上设计可测量碳活度的电池。

5-10　简述"抽氧泵"的基本原理，试利用固体电解质电池设计一个抽氧装置，讨论其可行性。

6 温场获得与测量

6.1 低温场的获得

冶金生产与科学研究中一般不需要深冷技术（173.15~42K），有时用到普冷技术（273.15~173.15K）。常用的方法是利用某些盐溶解时吸热的性能，将盐溶解在水、冰、雪中而获得低温。将不同的盐与冰、雪等按一定的比例配制，可使混合物的温度下降到一定的值，从而获得所需的低温场（-20~0℃）。若需要-100℃的低温场，多采用低温液体作为低温源。所谓低温液体就是沸点低于90K（氧的沸点）的液化气体。试样或装置只要浸泡在低温液体中，就可进行各种低温测试工作。低温液体有：液态氯、液态氮、液态氢、液态氖、液态氧和液态空气等。考虑安全性及经济、技术等方面的因素，在50K以下的温度范围，一般使用液氦作制冷液体，而在50K以上，则使用液氮。下面分别简单介绍这两种常用低温液体的性质和用途。

6.1.1 常用低温液体

6.1.1.1 液态氮

氮的化学性质很稳定，不会爆炸，也无毒性，液化后是一种安全的低温液体。液氮可以在空气液化分离后获得，是目前工业制氧的副产品。因此生产比较经济，储运也较方便。液态氮是近于无色透明的液体，沸点为77.344K。对液氮减压，将在约63K变为无色透明的晶体；继续减压，温度可达40K。但此时的制冷量很小，实用性不大，而到50K还是极有价值的。在低温技术中，液氮主要应用于下列几个方面：

（1）作为低温实验的冷源。液氮的冷却温区可由三相点（63K）到室温。

（2）预冷和保护。由于液氦的蒸发潜热小及获得困难，实验时为了节省液氦，常常先用液氮把装置预冷到77K，这样可大大节省液氦。除此之外，目前大部分的氢液化器和氦液化器，运转时都是先用液氮进行预冷。

6.1.1.2 液态氦

氦是惰性气体，有两种同位素，按其原子量的不同，分别称为 ^4He 和 ^3He。^4He 的沸点为4.2K，^3He 的沸点为3.2K。在大气中，^4He 的含量约为 $1/10^6$，而 ^3He 的含量仅约为 $1/10^{12}$，所以，若无特殊说明，通常说的液氦是指液态 ^4He；液态氦无色透明，在低温技术中有着非常特殊的地位：在所有气体中，氦的沸点最低。利用它可以获得毫K级的超低温，是目前主要的低温源。

6.1.2 获得低温的方法

获得低温的方法很多，其中常用的绝热膨胀、节流过程、低温液体减压、稀释制冷及绝热去磁等。方法不同，所获得低温温度范围亦不相同。

6.1.2.1 绝热膨胀

在绝热的条件下，让气体对外做功。根据热力学第一定律，系统的温度将降低。1902年，克洛德利用此法液化了空气，卡皮查于1934年也利用它得到了液氦。

6.1.2.2 节流过程（焦耳—汤姆逊效应）

在该过程中，迫使气体通过节流阀或多孔塞而使气体冷却。这种方法广泛地用来液化气体。值得注意的是：每种气体都有一个转换温度，当高于此温度时，节流会使温度升高；只有低于此温度时，才会使气体降温。因此必须在温度低于转换温度时，才能利用此法获得低温。氢的转换温度为205K，氦为51K。

6.1.2.3 低温液体减压

为了降低低温液体的温度，可以用真空泵抽取液体上方的气体，使其迅速蒸发，达到降低温度的目的。该方法的降温能力有限，而且温度越低其制冷量越低，以至最后制冷量等于漏热量时，温度就不再下降了。

6.1.2.4 稀释制冷

纯净的^{4}He液体在低于2.17K时表现出超流动性。这时，即使混入少量的^{3}He，仍可保持超流动性。根据^{4}He和^{3}He的混合液体的相变规律，在一定温度下，^{3}He和^{4}He的混合液体分为两相，上面是富^{3}He的浓相，下面是贫^{3}He的稀相，在这个温度下^{3}He表现得相当活跃，将由浓相向稀相大量扩散，而^{4}He表现得惰性大，好像只是给^{3}He提供了活动的空间。它们的行为差别需用量子力学来说明，但亦可以用液体在空气中蒸发作类比。液体急速蒸发时温度要降低，此处，^{3}He穿过分界面向稀相"蒸发"时温度也要降低。由于上面的真空泵不断地抽走^{3}He，这一"蒸发"就不断地继续进行，因此，这里的温度就可达到2×10^{-8}K。

6.1.2.5 磁冷却

这是一种利用等温磁化与绝热去磁制冷原理而获得超低温的一种有效方法。它是由顺磁盐绝热去磁与核绝热去磁两部分组成。它们的原理相同，但制冷物质和获得低温范围却不相同。顺磁质的每个分子都具有固有的磁矩，它的行为像一个微小的磁体一样，在磁场的作用下要沿磁场排列起来。此时若将顺磁质和外界绝热隔离，当撤去外磁场时，由于它的内能减小，温度就要降低。

某些顺磁盐中的电子自旋磁矩在液态^{4}He温度范围内是完全无序的，但是可以借助于磁场将它排列有序。通过磁场使顺磁盐被等温磁化，用液态^{4}He移去磁化热，再将顺磁盐绝热，然后撤去磁场。绝热去磁时也要做功，功来源于顺磁盐内能，因此顺磁盐的温度降低，达到制冷目的。这种方法可达到电子自旋磁矩的下限温度10^{-3}K数量级。为了获得比顺磁盐绝热去磁制冷法所能达到的低温还要低的温度，必须采用核绝热去磁制冷。这种方法是用某些物质的核自旋磁矩代替电子自旋磁矩作绝热去磁。

6.1.3 冶金实验中常用的较低温度获得方法

（1）冰盐共溶体系：将冰块和盐弄细充分混合（通常用冰磨将其磨细），可以达到比较低的温度。

例如：3份冰+1份NaCl（质量比）可以得到-20℃的温度。

3份冰+3份$CaCl_2$（质量比）可以得到-40℃。

2份冰+1份浓HNO_3可以得到-56℃。

（2）干冰浴：干冰的升华温度为-78.5℃，用时常加一些惰性溶剂，如丙酮、醇、氯仿等以便它的导热性更好些。

（3）液氮：氮气液化的温度是-195.8℃，在科学实验中经常用到。

（4）液氯：液化温度为-268.95℃，可获得更低的温度。

6.1.4 低温的测量与控制

6.1.4.1 蒸气压温度计

液体的蒸气压随温度而改变，因此，通过测量蒸气压即可知道其温度。

6.1.4.2 低温的控制

低温的控制，简单说来有两种途径：一种是恒温冷浴，另一种是低温恒温器。

恒温冷浴可用纯物质液体状态和固体状态的平衡混合物，也可用沸腾的液体来实现。除了冰水浴外，泥浴的制备都是在一个罩里慢慢地加液氮（不能是液态空气和液态氧）到杜瓦瓶里，杜瓦瓶里预先放上制泥浴的某种液体并搅拌，当加液氮到一种稠的牛奶状的组成时就表明已成了液-固混合物了。注意不要加过量的液氮，否则就会形成难以熔化的固体。开始如果液氮加得太快，被冷却的大量物质就会从杜瓦瓶溅出来。

干冰浴也是经常用的，但它并不是一个泥浴。它可通过慢慢地加一些粗的干冰和一种液体，如95%的乙醇到杜瓦瓶中而得到。液体仅是用作热的传导介质。如果干冰加的太快或里边的液体太多，由于二氧化碳激烈的释放，液体有可能从杜瓦瓶中冲出来。制好的干冰浴应是由大量的干冰块和漫过干冰1～2cm的液体所组成干冰浴。准备好之后，再往里面放反应管或其他仪器是困难的，最好是在制浴之前放好。

液氧是非常危险的。因为很多物质，比如有机物、磨细的金属同它会发生爆炸性反应。还原剂与液氧的混合物遇电火花、摩擦、振动也能引起爆炸，所以液氧不能用来制泥浴。

6.2 实验室中恒温的获得及应用

许多物理化学数据的测定，必须在恒定温度下进行。欲控制被研究体系在某一温度，通常采取两种办法：

（1）利用物质的相变点温度。一些物质，如液氯（-195.8℃）、冰（0℃）、干冰-丙酮（-78.5℃）、沸点水（100℃）、沸点萘（218.0℃）、沸点硫（444.6℃）、$Na_2SO_4 \cdot 10H_2O$（32.38℃）等，处于相平衡时，温度恒定而构成一个恒温介质浴，将需要恒温的测定对象置于该介质浴中，就可以获得一个高度稳定的恒温条件。

（2）利用电子调节系统。利用电子调节系统对加热器或制冷器的工作状态进行自动调节，使被控对象处于设定的温度之下。如恒温水浴、恒温油浴和恒温盐浴等都是常用的控温方式。它通过电子继电器对加热器自动调节，来实现恒温目的。当恒温浴因热量向外扩散等原因使体系温度低于设定值时，继电器迫使加热器工作。到体系再次达到设定温度时，又自动停止加热。这样周而复始，就可以使体系温度在一定范围内保持恒定。

6.3 高温场的获得

冶金过程大多是在高温下进行的，因此只有掌握获得高温的技术，才能保证冶金过程的顺利实施。

6.3.1 高温场的获得方法

冶金实验中常用高温炉来获得高温场环境。高温炉分为电热炉和燃烧炉两大类，前者用电做能源，后者用煤、煤气或者燃料油作为能源。电热炉的特点是温度容易控制，操作简便可靠，带来的杂质污染程度小，这些特点正是实验室所要求的。实验室中大多数使用电热炉来获得高温，在特殊情况下，如烧结、球团焙烧点火时，用燃烧炉获得高温。

冶金实验研究中应用的高温炉具体要求是：足够高的温度及合适的气氛；炉温便于测量及控制；炉体简易灵活、便于制作；炉膛易于密封和气氛调节。电热炉主要有电阻炉、感应炉、电弧炉、电子轰击炉等，而在冶金实验中最常用的是电阻炉。与其他电热炉相比，电阻炉具有设备简单、制作方便、温度分布及调节控制比较方便可靠、炉内气氛易于调节的特点。

6.3.1.1　电阻炉结构

实验室常用的电阻丝炉有管式炉、坩埚炉和马弗炉等，而以管式炉在实验室应用最多。管式炉又分为竖式和卧式两类，其结构大同小异，主要由以下几部分组成：

(1) 炉壳。炉壳一般情况下做成圆筒形，这样刚性好、焊缝小、散热面积小，炉壳常用碳素钢板焊成，也有使用不锈钢的；炉壳的外径大小取决于工作区的大小、炉温的高低、耐火砖衬和绝热材料的厚度、炉壳要求的温度及工作管的直径；炉壳的厚度不仅要满足强度要求，还要考虑刚性和结构加工的要求，炉壳厚度计算时一般要考虑可能发生爆炸时的冲击应力。

(2) 电源引线。电源引线结构形式很多，一般应符合以下要求：

1) 接线柱应与炉壳绝缘。

2) 接线柱应有足够的断面，以保证电流密度不至于过大。一般紫铜接线柱的电流密度为 $2.5 \sim 4.5 A/mm^2$，有水冷时为 $10 \sim 18 A/mm^2$。炉内引线应改为双股，外穿绝缘珠以防导线间短路或炉壳带电。

3) 导线与接线柱接触要好，否则会引起接线柱发热甚至烧坏。

4) 接线柱以水平布置为妥，并且与炉壳保持一定距离，外设保护罩。

(3) 炉衬。炉衬的主要作用是保证工作区的温度稳定，在满足温度要求的前提下，尽可能减轻砖衬的重量并减少所占空间，对砖衬强度的要求不大。因此，目前使用较多的是轻质耐火砖和各种耐火纤维、耐热纤维毡。靠近炉壳的是绝热材料、靠近电热元件的是耐火材料，炉衬量越少，导热系数越低，热容越小，在一定电功率下升温速度越高，达到额定温度所需的时间就越短。

6.3.1.2　电热元件

电热元件的作用是把电能转化成热能，使被加热的样品达到所要求的温度，它决定了电热炉的工作能力和寿命。

A　电热元件的性能

(1) 最高使用温度。电热元件最高使用温度是指电热元件本身的表面温度，而不是炉膛最高温度。一般来说，炉膛温度比电热元件温度低 $50 \sim 100℃$，炉膛的最高温度主要取决于电热元件的使用温度。

(2) 电阻系数和电阻温度系数。电阻系数，又叫电阻率，是指在 $20℃$ 下，$1m$ 长的电热体 $1mm^2$ 断面所具有的电阻值，其单位为 $\Omega \cdot mm^2/m$。电热体的电阻随着温度变化而变化，衡量这个变化程度的参数叫电阻温度系数，其单位为 $℃^{-1}$。

(3) 表面负荷及允许表面负荷。表面负荷是指电热元件单位工作面积上分担的功率。在一定电阻炉功率条件下，电热元件表面负荷选得越大，则电热元件用量就越少。但电热元件表面负荷越大，其寿命越短。实际上，只有选择得当，才能得到最佳效果。对不同的电热元件，在一定条件下（如散热条件、使用温度等）都规定有允许的表面负荷值，它是电热元件计算的重要参数，表 6-1 给出了 Fe-Cr-Al, Ni-Cr 电热元件的允许表面负荷值，表 6-2 和表 6-3 分别给出了 Mo、W、Ta 电热体和 $MoSi_2$ 电热元件的允许表面负荷值。

表 6-1　**Fe-Cr-Al 与 Ni-Cr 电热体的允许表面负荷值**　　　　W · cm^{-2}

温度/℃	Fe-Cr-Al 电热体			Ni-Cr 电热体			
	Cr$_{27}$Al$_6$	Cr$_{27}$Al$_5$	Cr$_{25}$Al$_5$	Cr$_{23}$Ni$_{18}$	Cr$_{25}$Ni$_{20}$Si$_2$	Cr$_{20}$Ni$_{80}$	Cr$_{15}$Ni$_{60}$
500	5.10 ~ 8.40	3.90 ~ 8.45	2.6 ~ 4.2	2.40 ~ 3.40			
550	4.75 ~ 7.95	3.65 ~ 7.90	2.4 ~ 4.0	2.25 ~ 3.15			
600	4.44 ~ 7.50	3.44 ~ 7.35	2.2 ~ 3.8	2.05 ~ 2.95			
650	4.05 ~ 7.05	3.15 ~ 6.80	2.0 ~ 3.7	1.90 ~ 2.75			
700	3.75 ~ 6.60	2.90 ~ 6.25	1.85 ~ 3.5	1.70 ~ 2.55			
750	3.45 ~ 6.15	2.70 ~ 5.70	1.7 ~ 3.3	1.55 ~ 2.30			
800	3.15 ~ 5.70	2.50 ~ 5.15	1.6 ~ 3.05	1.35 ~ 2.10			
850	2.80 ~ 5.25	2.25 ~ 4.60	1.5 ~ 2.75	1.20 ~ 1.85			
900	2.50 ~ 4.80	2.00 ~ 4.05	1.35 ~ 2.4	1.05 ~ 1.65			
950	2.25 ~ 4.35	1.80 ~ 3.50	1.25 ~ 2.0	0.9 ~ 1.45			
1000	1.95 ~ 3.90	1.60 ~ 2.90	1.15 ~ 1.5			0.75 ~ 1.25	
1050	1.75 ~ 3.90	1.45 ~ 2.55	1.05 ~ 1.2			0.6 ~ 1.0	
1100	1.55 ~ 3.00	1.25 ~ 2.20	1.0				0.5 ~ 0.8
1150	1.40 ~ 2.45	1.15 ~ 1.90					
1200	1.25 ~ 2.00	1.00 ~ 1.65					
1250	1.11 ~ 1.70						
1300	1.0 ~ 1.6						
1350							

表 6-2　**Mo，W，Ta 电热体的允许表面负荷值**　　　　W · cm^{-2}

材料	温度 <1800℃ 连续使用	温度 >1800℃ 短时间使用	材料	温度 <1800℃ 连续使用	温度 >1800℃ 短时间使用
Mo	10 ~ 20	20 ~ 40	Ta	10 ~ 20	20 ~ 40
W	10 ~ 20	20 ~ 40			

表 6-3　**MoSi$_2$ 电热体的允许表面负荷值**

温度/℃	1470 ~ 1500	1520 ~ 1600	1590 ~ 1650
表面负荷/W · cm^{-2}	14 ~ 22	11 ~ 18	9 ~ 15

B　冶金实验中常用的几种电热材料

a　金属电热体

(1) 铬镍合金和铁铬铝合金。铬镍合金的产品塑性好，拉拔、缠绕容易，经高温加热后脆化不严重，便于焊接返修，密度较大。铁铬铝合金电阻系数比铬镍合金高，电阻温度系数则较低，密度也低，耐热性能好。铬镍合金和铁铬铝合金可以在氧化性气氛下使用。

铬镍合金电热体和铁铬铝合金电热体是在空气中，1000 ~ 1300℃高温范围内应用得最多的电热元件，因为它们抗氧化、价格便宜、易加工、电阻大并且电阻温度系数小。它们抗氧化是因为在高温下由于空气的氧化使其表面生成 Cr_2O_3 或 $NiCrO_4$ 膜，从而阻止了进一步氧化。但是此种电热体不能在还原气氛中使用，此外还应尽量避免与碳、硫酸盐、水玻璃、石棉以及有色金属及其氧化物接触。电热体不应急剧地升降温，以免使致密的氧化膜产生裂纹而致脱落，起不到应有的保护作用。表 6-4 和表 6-5 分别列出了国内外部分 Ni-Cr，Fe-Cr-Al 合金产品及其性能。

表 6-4　国产 Ni-Cr，Fe-Cr-Al 合金性能

合金种类	熔点/℃	电阻温度系数/℃$^{-1}$	热导率/W·(m·K)$^{-1}$	线胀系数/℃$^{-1}$	最高使用温度/℃
$Cr_{25}Al_5$	1500	$(3 \sim 4) \times 10^{-5}$	16.7	15.0×10^{-6}	1200
$Cr_{17}Al_5$	1500	6×10^{-5}	16.7	15.5×10^{-6}	1000
$Cr_{13}Al_4$	1450	15×10^{-5}	16.7	16.5×10^{-6}	850
$Cr_{20}Ni_{80}$	1400	8.5×10^{-5}	16.7	14.0×10^{-6}	1100
$Cr_{15}Ni_{60}$	1390	14×10^{-5}	12.6	13.0×10^{-6}	1000

表 6-5　国外高性能 Ni-Cr，Fe-Cr-Al 合金性能

种 类	名 称	主要化学成分（质量分数）/%						相对密度	20℃电阻系数/$\mu\Omega \cdot cm^{-1}$	熔点/℃	最高使用温度/℃
		Ni	Cr	Al	Co	Ti	Fe				
Ni-Cr	NichromeV（英国）	80	20	0	0	0	0	8.41	108	1400	1175
	NTK SN（日本）	80	20	0	0	0	0	8.41	108	1400	1200
Fe-Cr-Al	Kanthai Al（瑞典）	0	23	6	2	0	69	7.1	145	1510	1375
	Pyromax C（日本）	0	28	8	0	0.5	63	7.0	165	1490	1350
	Pyromax D（日本）	0	20	5	0	0.5	74	7.16	140	1500	1250
	NTK No.30（日本）	0	>20	>4	<1	0	余量	7.20	142	—	1300

（2）钨、钼、钽（Mo、W、Ta）纯金属电热体。高熔点金属 Mo、W、Ta 可以在真空或适当气氛下获得更高的温度。其共同特点是电阻系数大，熔点高，抗氧化差（一般不能用在空气状态中）。加热时，功率不稳定，一定要配备磁性调压器或可控硅加调压器，调压器电压应该小于 100V。

钼丝在高温状态下强度高，但脆性大导致加工性能差，常用直径为 2mm。在高温下，与任何耐火材料都能反应，所以耐火材料必须选择纯度较高的。钼的常用温度为 1600~1700℃。由于钼在氧化气氛下生成氧化钼升华，在空气中不能使用，在渗碳气氛下易渗碳变脆，电阻系数也较高。因此仅能应用在高纯氢、氨分解，无水乙醇蒸汽和真空中，允许温度可达 1800℃，超过此温度容易蒸发。

钨是熔点最高的金属，其熔点达到 3410℃，最高使用温度为 2500℃，常用温度为 2200~2400℃。钨常温下稳定，但加热条件下与多种物质反应，例如，在空气中加热生成 WO_3，因此其使用气氛为真空或经脱氧的氢气或惰性气体。但是钨丝加工性能差，加工时温度要小于 600℃。

钽的熔点达到 2996℃，一般用在真空和惰性保护气氛中，氮气中不能用，氢气中也不能使用，因其能吸收 H_2 而变质。钽的最高使用温度为 2200℃，常用温度为 2000~2100℃，在空气中 400℃ 开始氧化，600℃ 强烈氧化。相比于钨、钼，其加工性能好，常用真空电子束焊接，

但价格较贵。

（3）铂和铂铑合金（Pt, Pt-Rh）。铂是贵金属，其化学和电性能都非常稳定，使用温度高，易加工，因此作为电热体有其特殊应用价值。多用于微型电热炉中，如卧式显微镜的微型加热炉，测定冶金熔体熔点的小型电炉及标定热电偶的小型电炉中。在空气中最高使用温度为1500℃，长期使用温度为1300~1400℃。铂电热体的优点是：能经受氧化气氛，电阻系数小，升温导热快，电热性能稳定；缺点是不能经受还原性气氛（尤其是含 H，C 的气氛，易中毒）及硅铁硫碳元素的侵蚀，且价格十分昂贵。

随着铑的加入，铂铑合金的最高使用温度升高，铂铑合金丝可用到1600℃，但是合金的加工性能差。

b　非金属电热体

（1）碳化硅（SiC）电热体。SiC 电热体是由 SiC 粉加黏结剂成形后烧结制成的，常为棒状或管状，也有 U 形及 W 形。常温时其硬度高，脆性大，耐温度骤变性好，化学性能稳定，不与酸性材料反应；耐高温，在空气中常用温度为1450℃。

SiC 电热体不能在真空和氢气气氛中使用，与氢气接触，会产生氢脆；在 CO 中，会产生游离碳，与碳化硅反应，使电流增大，影响变压器使用寿命；在氨气中，当1350℃时会产生 SiN，影响寿命。另外，SiC 电热体在使用过程中电阻率会缓慢增大，产生“老化”现象，主要是由于氧化造成的。

（2）二硅化钼（$MoSi_2$）电热体。$MoSi_2$ 电热体耐氧化，耐高温，在空气中最高使用温度为1700℃，常用温度1200~1650℃，但是不宜在500~700℃范围内于空气中使用，因为在此温度范围内发热体表面生成 MoO_3（挥发），而不能生成 SiO_2 保护膜，此现象称为“$MoSi_2$ 疫”。

$MoSi_2$ 适用于空气，可用于氮气、惰性气体中，但不能用于还原性气氛和真空中，1350℃时，应尽量避开含硫和氯气氛。所配耐火材料为酸性或中性材料。与硅碳棒比较：使用温度高，在空气、水蒸气、氮气、二氧化碳气氛中均可使用到1200~1650℃。没有“老化”现象，可以在空气中长时间使用而电阻率不变，这是其特有的优点。

常做成棒形或“U”形，若形状为“U”形，安装时应考虑底部有足够的膨胀空间。

（3）碳系电热元件（石墨管、石墨棒、石墨布）。以碳系发热体做热源的高温炉最高使用温度可达3600℃，常用温度为1800~2200℃。碳系电热体耐高温，耐温度急变性好，加工性能好，价格低；使用寿命主要决定于其氧化、挥发的速度；在常温下稳定，但高温时能和氧气、氢气以及许多金属等反应，因此应在保护气氛中（氢气、氮气、二氧化碳、氩气）和真空中使用。

（4）铬酸镧（$LaCrO_3$）发热元件。国外使用较多，近年来我国也开始应用。铬酸镧发热元件是以铬酸镧为主要成分，耗能少，可以精确控制温度。铬酸镧发热元件的优点是能够在大气气氛下使用到1900℃（表面温度），可获得1850℃的炉温；能在氧化气氛下长期使用，发热元件的电阻变化小，可靠性强；热效率高、单位面积发热量大；使用方法简单，可作为大小管式炉、箱式炉的发热元件；用铬酸镧发热元件装配的电炉炉温能够精确控制，炉内均热区域大，适合于高精度温度的自动化控制，其炉温稳定度可在1℃之内。

铬酸镧发热元件的电阻随温度升高逐渐减小，500℃以上基本稳定，1000℃以上变化很小，高温时的电阻变化也极小，在高温时伴有少量 Cr^{3+} 离子的挥发，将元件用纯氧化铝套管屏蔽起来，可以保持炉内清洁，适于箱式电炉。

一般情况下，铬酸镧发热元件主要采取垂直安装，下端用绝缘性能好的陶瓷支柱支撑使用，支撑的作用是为了防止高温下元件因自重被拉断，当水平安装使用时可用高纯刚玉支撑住发热元件的发热端，其使用寿命可以达到垂直安装方式的水平。

6.3.2 管式电阻炉的设计制作

管式电阻炉主要由炉壳、电源引线、炉衬、电热体等部分组成，图6-1为管式电阻炉的基本结构。

6.3.2.1 电热体种类的确定

电热体种类主要取决于炉子的最高工作温度和炉内气氛，此外还要考虑其电热性能、加工性能、来源和价格，选择时应参考电热元件的说明和有关数据。

6.3.2.2 电阻炉的功率计算

电阻炉的热量绝大多数由电热体提供，因此电阻炉的功率可以认为是电热元件的总功率，电阻炉功率的计算有下述几种方法：

（1）按热负荷计算电功率 P

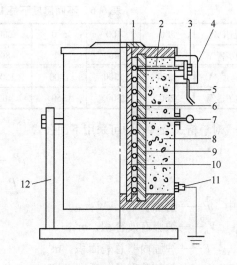

图 6-1 管式电阻炉结构

1—炉盖；2—绝缘瓷珠；3—接线柱；4—接线柱保护罩；5—电源导线；6—电热体；7—控温热电偶；8—绝缘保温材料；9—耐火管；10—炉管；11—接地螺丝；12—炉架

$$P = \frac{KQ_{总}}{3598} \tag{6-1}$$

式中　P——电阻炉的额定功率，kW；

　　　K——功率储备系数，与供电电压波动、加热元件老化、炉子的大小及保温程度有关，对于连续作业炉 K 取 1.2 ~ 1.3，对于周期作业炉，K 取 1.4 ~ 1.5；

　　　3598——热功当量，即 3598/h 相当于 1kW；

　　　$Q_{总}$——炉子的最大热负荷，kJ/h。

$Q_{总}$ 一般是根据热平衡计算出来的，对于连续作业炉，按单位时间内热负荷计算；对于周期作业炉，可以按一个周期计算；也有用所处理的单位质量物料为基础计算的。为简化计算，有的项目可以估算，一些热量较小的项目可以忽略不计。炉衬的热损失计算比较繁琐，若炉衬材料和厚度选择合适，炉壳表面温度不大于 60℃，对于高中温电炉可用下式计算：

$$Q_{散} = qF_{总} = (1255 \sim 2510)F_{总} \tag{6-2}$$

式中　$Q_{散}$——通过炉壳向外散失的热量，kJ/h；

　　　$F_{总}$——炉壳的外表面面积，m²；

　　　q——热流，单位是 kJ/(m²·h)，一般取 1255 ~ 2510 kJ/(m²·h)，刷银粉的炉壳温度 <50℃ 时取下限；>50℃ 时取上限。

（2）按炉膛面积和容积来计算。对于管状电阻炉，不同温度下每 100cm² 炉管内表面所需功率如表 6-6 所列；若炉子绝热不良，热损失大或带有冷却装置、有吸热效应的，选用功率应适当加大，应附加功率。

表 6-6 不同温度下每 100cm² 炉管内表面积所需功率

温度/℃	300	400	500	600	700	800	900	1000	1100
功率/W	20	40	60	80	100	130	160	190	220
温度/℃	1200	1300	1400	1500	1600	1700	1800	1900	2000
功率/W	260	300	350	400	450	510	570	630	700

对于箱式及井式炉可采用下面公式:

$$P = K_R \sqrt[3]{V_R^2} \tag{6-3}$$

或

$$P = K_M \cdot F \tag{6-4}$$

式中 P——附加功率,kW;

V_R——炉膛有效容积,m³;

F——炉膛内壁总表面积,m²;

K_R——与炉膛有关的系数,kW/ m²;

K_M——炉膛内单位表面所需功率,kW/ m²。

上述两个系数经验值见表 6-7,箱式炉选用值比井式炉高些。

表 6-7 K_R、K_M 经验值

炉膛温度/℃	400	750	1000	1200
K_R/kW · m⁻²	35 ~ 50	50 ~ 75	75 ~ 100	100 ~ 150
K_M/kW · m⁻²	4 ~ 7	6 ~ 10	10 ~ 15	15 ~ 20

具有强烈吸热反应或介质带走热量较多时,应附加功率,以保证使用温度。附加功率计算按下式所示:

$$P_f = \frac{KQ_f}{3598} \tag{6-5}$$

式中 P_f——附加功率,kW;

K、3598——与式(6-1)意义相同;

Q_f——附加的总热支出,kJ/h。

(3)空炉升温时间验算。经上述方法计算功率后,还应验算空炉升温时间。空炉升温时间是周期式或程序升温电炉的一项重要指标。当空炉升温时间过长不能满足速度要求时,应增大功率以缩短升温时间。空炉升温时间 τ 为

$$\tau = \frac{\sum C_{均} m t_{均}}{3598P - Q_{损}} \tag{6-6}$$

式中 $C_{均}$——电阻炉砌体及部件的平均比热容,kJ/(kg·℃);

m——电阻炉砌体及部件质量,kg;

$t_{均}$——电阻炉砌体及部件的温度平均值,℃;

$Q_{损}$——炉子工作温度下,通过砌体、炉盖及导线等的热损失,kJ/h。

6.3.2.3 电热体的总电流和总电阻

电热体功率确定后,可以算出总电流:

$$I = \frac{P}{U} \tag{6-7}$$

式中，U 是供电电压，单位为 V。考虑到电网波动，供电最高电压可采用电网电压的 90%，对于单相电阻炉，通常以 200V 计算。电压和电流是选择供电设备的主要依据，不管是变压器或可控硅供电，必须要与电热体的要求相适应。

电热体总电阻可根据总功率和供电电压算出：

$$R = \frac{U^2}{P} \tag{6-8}$$

由式中可见，当供电电压一定时，电阻炉功率取决于电热体总电阻，电阻过大时功率则上不去，如电热元件老化时，由于电阻值增加，功率上不去而达不到原设计的最高温度。为达到一定功率，总电阻必须进行核算，使由电热体算出（或测出）的电阻值小于式（6-8）算出的值。电热体电阻可用提供的电热系数、电阻温度系数以及电热体几何尺寸算出。

6.3.2.4 线状电热元件计算及选择

对于一些非金属的电热体，如 SiC、$MoSi_2$ 制品都有它的定型产品和说明书，直接选用就可以了，实验室常用的圆形线状金属电热体，元件尺寸计算方法如下：

（1）直径 $d(mm)$

$$d = \sqrt[3]{\frac{4 \times 10^5 \rho_t P^2}{\pi^2 U^2 \omega}} = 34.3 \sqrt[3]{\frac{P^2 \rho_t}{U^2 \omega}} \tag{6-9}$$

式中　P——电阻炉功率，kW；

　　　ρ_t——电热元件在工作温度 t 时的电阻率，$\Omega \cdot mm^2/m$；

　　　U——电热元件的端电压，V；

　　　ω——电热元件表面负荷，W/cm^2。

需要说明的是，功率是指每根电热元件的功率，U 是电热元件的端电压，实际计算中一般取 200 V；ρ_t 可按下式计算：

$$\rho = \rho_{20}(1 + \alpha t) \tag{6-10}$$

式中　ρ_{20}——电热元件在 20℃ 的电阻率，$\Omega \cdot mm^2/m$；

　　　α——电阻温度系数，$℃^{-1}$；

　　　t——电热元件的工作温度，℃。

每种圆形线状金属电热体均有其产品系列，根据直径计算出的结果，查该种电热体的设计参数表 6-5 和表 6-8，选择与计算结果最接近的产品。

表 6-8　铁铬铝电热体圆丝设计参数

| 线径 /mm | 截面积 /mm² | 每米表面积 /cm²·m⁻¹ | 0Cr25Al5 | | 0Cr21Al6Nb | | 0Cr20Cr27Al7Mo2 | |
			每 1m 重量 /kg·m⁻¹	20℃每米电阻 /Ω·m⁻¹	每 1m 重量 /kg·m⁻¹	20℃每米电阻 /Ω·m⁻¹	每 1m 重量 /kg·m⁻¹	20℃每米电阻 /Ω·m⁻¹
1.0	0.785	31.42	0.00558	1.808	0.00557	1.846	0.00558	1.948
1.2	1.131	37.70	0.00803	1.256	0.00803	1.282	0.00803	1.353
1.4	1.539	43.98	0.01093	0.922	0.01093	0.942	0.01093	0.994
1.6	2.011	50.27	0.01428	0.706	0.01428	0.721	0.01428	0.761
1.8	2.545	56.55	0.01807	0.558	0.01807	0.570	0.01807	0.601

线径 /mm	截面积 /mm²	每米表面积 /cm²·m⁻¹	0Cr25Al5		0Cr21Al6Nb		0Cr20Cr27Al7Mo2	
			每1m重量 /kg·m⁻¹	20℃每米电阻 /Ω·m⁻¹	每1m重量 /kg·m⁻¹	20℃每米电阻 /Ω·m⁻¹	每1m重量 /kg·m⁻¹	20℃每米电阻 /Ω·m⁻¹
2.0	3.142	62.83	0.02231	0.452	0.02231	0.462	0.02231	0.487
2.2	3.801	69.12	0.02699	0.374	0.02699	0.381	0.02699	0.403
2.8	6.158	87.96	0.04372	0.231	0.04372	0.236	0.04372	0.249
3.0	7.069	94.25	0.05019	0.201	0.05019	0.205	0.05019	0.217
3.5	9.621	110.0	0.06831	0.148	0.06831	0.152	0.06831	0.159
4.0	12.57	125.7	0.08922	0.113	0.08922	0.115	0.08922	0.122
4.5	15.90	141.4	0.1129	0.0893	0.1129	0.0912	0.1129	0.0962
5.0	19.63	157.1	0.1394	0.0723	0.1394	0.0739	0.1394	0.0779
5.5	23.76	172.8	0.1687	0.0598	0.1687	0.0610	0.1687	0.0644

表6-9　镍铬电热体圆丝设计参数

线径 /mm	截面积 /mm²	每米表面积 /cm²·m⁻¹	Cr20Ni80		Cr15Ni60		Cr25Ni20Si2	
			每1m重量 /kg·m⁻¹	20℃每米电阻 /Ω·m⁻¹	每1m重量 /kg·m⁻¹	20℃每米电阻 /Ω·m⁻¹	每1m重量 /kg·m⁻¹	20℃每米电阻 /Ω·m⁻¹
8	50.3	251	417	0.0217	412	0.0221	410	0.0234
7.5	44.2	236	367	0.0247	362	0.0251	360	0.0264
7	38.5	220	319	0.0283	316	0.0288	310	0.0295
6.5	33.2	204	275	0.0328	272	0.0335	270	0.0345
6	28.3	188	235	0.0386	232	0.0393	229	0.0405
5.5	23.8	173	197	0.0459	195	0.0467	190	0.0477
5	19.6	157	163	0.0555	161	0.0565	158	0.0578
4.5	15.9	141	132	0.0685	130	0.0698	125	0.0709
4	12.6	126	104	0.0867	103	0.0883	98	0.0995
3.5	9.62	110	79.9	0.113	78.9	0.115	75	0.125
3	7.07	94.2	58.7	0.154	58	0.157	51	0.167
2.5	4.91	78.5	40.7	0.222	40.3	0.226	36.5	0.241
2	3.14	62.8	26.1	0.347	25.8	0.353	20	0.364
1.5	1.77	47.1	21.1	0.428	14.5	0.628	11.5	0.652

（2）长度 L(m)

$$L = \frac{\pi U^2 d^2}{4P\rho_t \times 10^3} \tag{6-11}$$

式中，d 为选择的产品直径。

（3）验算表面负荷

$$\omega_s = \frac{P \times 10^3}{\pi d L} \tag{6-12}$$

这里 ω_s 为实际表面负荷，其值必须小于或等于允许表面负荷值 ω。

6.3.2.5　电热丝的缠绕

　　实验室的电热丝电炉一般容量不大，超过 15kW 的不多，故大多数用单相电源一个电热元件即可。在管式电炉中，为了维持较长而均匀的高温区，在炉子两端热损失大的地方，电热丝应该缠密些，如图 6-2 所示。在竖式管状炉中，高温区易向上漂移，在炉子下部应缠密些。

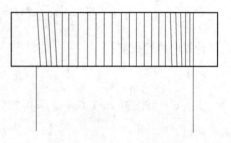

图 6-2　电热丝的缠绕

　　缠绕电丝前应验算一下电热丝能否缠下，螺距是否合适，电热丝引线应加粗或加股，以减少电流密度和降低温度，严防电热丝间短路，否则易烧毁。

6.3.2.6　电阻炉使用前的准备工作

　　（1）烘炉。烘炉的目的是逐出水分，消除应力。烘炉前应根据筑炉材料特性来制定烘炉曲线，升温过程中应注意砖衬的结构、体积变化。烘炉由电热元件供热，应设排气孔，以利于水气顺利排走。

　　（2）温度场标定。电阻炉工作空间的温度不可能是均匀一致的，为了把试样和热电偶工作端处于合理的位置，必须标定炉内温度分布。标定时需要两只热电偶，一只固定，热端尽可能放在高温恒温区内；另一只是移动的。以固定的热电偶为基准，把炉温升至常用温度水平，并恒定，而后改变可移动的热电偶位置，测得不同位置上的温度值，并绘出温度场标定曲线。

　　（3）其他。对于需要一定气氛保护的电阻炉，应进行打压实验。有水冷的也要打水试压；炉壳应接地。炉壳带电有可能是交变电源感应产生的，还可能是电热体及其引线与炉壳有接触产生的，对后一因素应及时处理；几何对称的电阻炉，应检查对称中心是否符合设计要求。

　　根据设计要求对炉子进行综合考察，如功率、升温速度和时间，最高温度及恒温区高度以及炉壳温度等等，如果已经达到设计指标，就可以使用了。

6.3.2.7　电阻炉设计实例

　　为了满足实验工作的需要，现在要设计一台电阻炉，炉管尺寸为 $\phi60mm \times 70mm \times 1000mm$，电压为 220V，实验温度为 900℃，工作气氛为氧化性气氛，炉体中等保温，加热带长度为 600mm。选择电热体并计算电阻丝的直径和长度。

　　选择电热体时应该选择 1000℃，根据表 6-4 相应的电热体可以选 $Cr_{25}Al_5$、$Cr_{20}Ni_{80}$。以 $Cr_{25}Al_5$ 电热体为例计算如下：

　　（1）计算加热面积。由题意知炉管直径 $D = 60mm$，加热长度 $=600mm$，故加热面积

$$S = \pi Dl = 3.14 \times 6 \times 60 = 1130.40 cm^2$$

　　（2）计算电阻炉功率。查表 6-6 知 900℃ 时，每 $100cm^2$ 加热面积所需功率为 $\sigma = 160W$，故电阻炉所需功率为

$$P = \sigma \frac{S}{100} = 160 \times \frac{1130.4}{100} \approx 1.81 kW$$

　　（3）确定电热体参数。查表 6-1 知，1000℃ 时 $Cr_{25}Al_5$ 铁铬铝电热体的允许表面负荷 $\omega_{允}$ 为 $1.15 \sim 1.5W/cm^2$，为了安全取下限值 $1.15W/cm^2$，20℃ 时的电阻系数 ρ_0 为 $1.45\Omega \cdot mm^2/m$，电阻温度系数为 $\alpha = (3 \sim 4) \times 10^{-5}℃^{-1}$，故 1000℃ 下电阻系数为：

$$\rho_{1000} = \rho_0(1 + \alpha t) = 1.45 \times (1 + 4 \times 10^{-5} \times 1000) = 1.51\Omega \cdot mm^2/m$$

根据式（6-9）计算电热丝直径：

$$d = \sqrt[3]{\frac{4 \times 10^5 \rho_t P^2}{\pi^2 U^2 W}} = \sqrt[3]{\frac{4 \times 10^5 \times 1.51 \times 1.81^2}{3.14^2 \times 200^2 \times 1.15}} \approx 1.63 \text{mm}$$

计算电热丝长度：

因为
$$R = \frac{U^2}{10^3 P} \approx 22.1 \Omega$$

查表 6-8 可以选 $d = 1.6 \text{mm}$，$f = 0.785$，$d^2 = 2.01 \text{mm}^2$

所以
$$L = \frac{Rf}{\rho_t} \approx 30 \text{m}$$

经核算，$\omega = \frac{P \times 10^3}{\pi d L} \approx 1.20 \text{W/cm}^2$。也就是说，当选择电热体直径为 1.6mm 时，实际表面负荷为 1.20W/cm^2，是在其允许表面负荷范围内（$\omega_允 = 1.15 \sim 1.5 \text{W/cm}^2$），故可保证安全使用。

6.3.3　其他高温炉

6.3.3.1　感应炉

感应炉是利用振荡电流通过感应加热线圈，被加热的金属导体在交变电磁场作用下产生感应电流，导体的电阻感应电流转化为电能，使物体加热到高温，它是一种非接触式的加热装置，温度高、升温快、易控制，液态金属样品在电磁力的作用下能自动搅拌，温度、成分均匀。由于感应炉加热时无电极接触，便于被加热体系密封与气氛控制，故在实验室中应用比较多。

感应炉的缺点如下：加热区间受感应器大小的限制，它不能用于加热非金属和非磁性物料，在电磁力的作用下，炉渣容易推向坩埚壁，降低电效率，炉衬也容易损坏，金属易被空气氧化。采用真空感应炉可避免金属被空气氧化，并有利于除去气体夹杂。常用感应炉有：

（1）工频感应炉。它是直接采用工业频率 50Hz 作为电源的感应炉，容量为 $0.5 \sim 20 \text{t}$，应用较广泛，被用来进行中间扩大实验和工业试验。

（2）中频感应炉。其电源频率工作在 $150 \sim 10000 \text{Hz}$ 之间，容量从几千克到几吨，中频电源有三种：中频发电机、可控硅静止变频器和倍频器。

（3）高频感应炉。电源频率工作在 $10 \sim 300 \text{kHz}$ 之间，由高频电子振荡器产生高压高频电源，由于电源功率限制，容量在 100kg 以下，多用于科学实验。

（4）真空感应炉。真空感应炉的电源与中频感应炉基本相同，它的感应线圈、坩埚均安装在密封的炉壳内，真空度在 $134 \sim 0.134 \text{Pa}$ 范围内，主要用于真空冶炼。

6.3.3.2　电弧炉

在一定的电压下，气体电离发生电弧放电，把电子的撞击动能转化为热能。电弧炉内的气氛可以控制，因此可以进行钢铁冶金的某些反应研究。但是如果以石墨作电极，金属易受碳的污染，另外电弧炉不容易获得均匀的温度分布，不易控制温度。电弧炉分为自耗电弧炉和非自耗电弧炉。

自耗电弧炉主要用于生产金属锭，如图 6-3 所示。熔

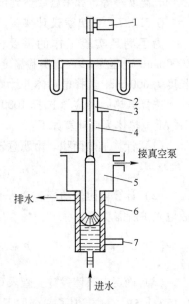

接真空泵

排水

进水

图 6-3　真空自耗电弧炉示意图
1—电极升降机构；2—电极夹持机构；
3—密封室；4—电极；5—真空室；
6—结晶器；7—接结晶器电源

炼时先将电极下降与结晶器底部接触，当电极与结晶器坩埚底部金属出现电弧时，提起电极，适当调整电流电压，用电弧能融化电极金属，最后金属滴入结晶器内形成金属锭。

6.3.3.3 等离子电弧炉

用电弧放电加热气体，以形成高温等离子体为热源进行熔炼和加热。如图6-4及图6-5所示，当气体（常用气体为Ar）通过等离子发生区的电弧高温区时，气体被电离为粒子流，然后从喷嘴高速喷出，经集束的等离子束能达27000℃，可以用来熔炼高熔点金属或进行喷涂。

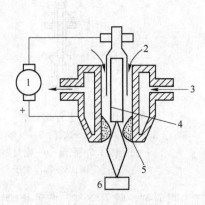

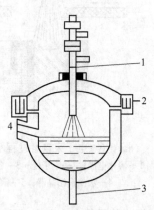

图6-4 等离子发生器
1—电源；2—等离子气体；3—冷却水；
4—阴极；5—喷嘴；6—被加热金属

图6-5 等离子电弧炉
1—等离子发生器；2—炉顶密封部分；
3—底部电极；4—侧出口

6.3.3.4 电子束轰击炉

电子束轰击炉的原理很简单，即在高真空条件下，利用加热阴极发射电子，电子经电场和磁场聚集成电子束流。轰击阳极靶（自耗电极或熔池），电子束流在碰撞金属时，将动能转为热能，熔化炉料或加热熔池，从而金属被加热、熔化并流入水冷铜模内。电子轰击炉熔炼又称电子束（EBR）重熔。电子束重熔过程示意图见图6-6。它可以有效地去除气体、夹杂物及有害元素，改善钢的结晶组织，提高钢与合金的热加工塑性及产品应用性能。美国、前苏联、德国、日本等已进入工业性生产。我国也拥有1200kW的工业性电子束重熔炉，可熔炼12t钢锭。电子束重熔方法具有真空感应熔炼和真空自耗重熔两者的优点，主要表现在熔池钢液保持的时间可以控制，同时精炼的钢液又可快速结晶，避免金属与耐火材料接触可能产生的沾污。

6.3.3.5 悬浮熔炼炉

悬浮熔炼炉又称无坩埚熔炼炉，如图6-7所示。当悬浮线圈通过交流电后产生一个磁场，如果一导体（金属试样）在这高频磁场中，由于感应作用在金属内部产生感应电流，同时也产生一个磁场，方向与悬浮线圈产生的磁场相反，从而产生一个斥力使导体悬浮于空中。其特点是不污染坩埚，主要用于冶金实验中。

6.3.3.6 燃烧炉

燃烧炉的特点是利用燃烧产物高温废气来加热试样，其结构与使用的燃料有关。在冶金实验室中通常采用煤气燃烧装置，最简单的是无焰烧嘴。如图6-8是常用的喷射式烧嘴的基本结构，煤气与空气预先在烧嘴内混合，后喷出燃烧，特点是所需过剩空气少、燃烧完全、燃烧

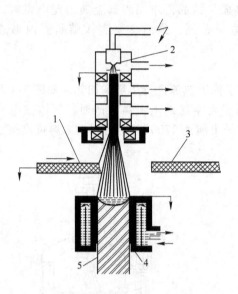

图 6-6　电子束重熔过程示意图

1—熔化电极；2—电子枪；3—备用电极；

4—水冷铜结晶器；5—钢锭

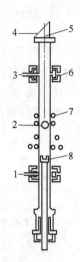

图 6-7　悬浮熔炼炉

1—气体入口；2—试样；3—气体出口；

4—三棱镜；5—测温；6—密封连接；

7—感应圈；8—淬冷模子

快、火焰短、热量集中、温度高和效率高；它以煤气为喷射剂，吸入空气，此种烧嘴结构简单、调节方便，但噪声大，要求煤气压力大，故又称为高压煤气烧嘴。

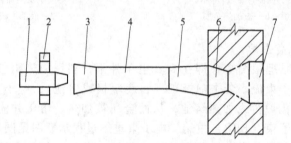

图 6-8　喷射式煤气烧嘴

1—喷射管；2—空气调节圈；3—吸入管；4—混合管；

5—扩张管；6—喷头；7—燃烧坑道（室）

6.4　温度测量与控制

　　温度是一个基本物理量。自然界中几乎所有的物理化学过程都与温度紧密相关，因此温度是科学试验、工业生产中需要进行测量和控制的一个重要物理量。冶金与材料高温实验是在控制条件下进行的，高温实验首先要测量温度，而后才能控制温度，温度测量和控制是冶金实验研究中重要的组成部分。

6.4.1　温度和温标

6.4.1.1　温度

　　温度的宏观概念是冷热程度的表示，或者说，互为热平衡的两物体，其温度相等。温度的微观概念是大量分子运动平均强度的表示。分子运动愈激烈其温度越高，反之则低。冶金中很多过程与温度有关，如冶金过程的传输、冶金设备设计、原燃料冶金性状、冶金熔体性质等等都与温度分不开。温度的高低可以凭人的感觉来区分，但这不很准确、不可靠。为了准确判断温度的高低，要借助某种物质的特性随温度变化规律来测量。

6.4.1.2 温标

A 温标的确定

温度是表征物体冷热程度的物理量。温度只能通过物体随温度变化的某些特性来间接测量，而用来量度物体温度数值的标尺叫温标。它规定了温度的读数起点（零点）和测量温度的基本单位。建立一种温标必须具备三个不可缺少的因素：选择某种物质（测温物质）的某种随温度明显地、单调地变化的特性（测温特性）来标示温度；选择可复现的热状态，并赋予给定的温度值（固定点）；在固定点间，对测温特性随温度变化关系做出规定（内插法）。

各种温度计的数值都是由温标决定的。目前国际上用得较多的温标有华氏温标、摄氏温标和热力学温标。

B 温标的分类

（1）经验温标。经验温标的基础是利用物质体膨胀与温度的关系。认为在两个易于实现且稳定的温度点之间所选定的测温物质体积的变化与温度成线性关系。把在两温度之间体积的总变化分为若干等份，并把引起体积变化一份的温度定义为 1 度。经验温标与测温介质有关，有多少种测温介质就有多少个温标。按照这个原则建立的有摄氏温标、华氏温标。

1）摄氏温标。1740 年瑞典人摄氏（Celsius）在 101325Pa 下，把水的冰点定为 0℃，沸点定位 100℃，用这两个固定点对玻璃水银温度计分度，把两点之间分成 100 份，每份定义为 1 摄氏度，记为 1℃。所用标准仪器是水银温度计。

2）华氏温标。按照华氏温标，水的冰点为 32℉，沸点是 212℉。将从冰点到沸点的温度段分成 180 份，对应每份的温度为 1 华氏度，单位为"℉"。标准仪器是水银温度计。

（2）热力学温标。物理学家 Kelvin 提出，在可逆条件下，工作在两个热源之间的卡诺热机的两个热源之间交换热量值比等于两个热源热力学温度数值之比：

$$\frac{Q_1}{Q_2} = \frac{T_1}{T_2} \text{ 或 } T_1 = \frac{Q_1}{Q_2}T_2 \tag{6-13}$$

式中　Q_1——卡诺机从高温热源吸收的热量；

　　　Q_2——卡诺机向低温热源放出的热量；

　　　T_1——高温热源温度；

　　　T_2——低温热源温度。

从式（6-13）中可见，可以建立一个与介质无关的温标，它所确定的温度数值称为热力学温度，单位为"开尔文"，记为 K。热力学温标又称开尔文温标，或称绝对温标，它规定分子运动停止时的温度为绝对零度；水的三相点，即液体、固体、气体状态的水同时存在的温度，为 273.16K。水的凝固点，即相当摄氏温标 0℃，相当华氏温标的 32℉，开氏温标为 273.15K。热力学温标（符号为 T）的单位为开尔文（符号为 K），定义为水三相点的热力学温度的 273.16 K。

（3）国际温标。为使用方便，经国际组织协商，已建立一个有一定技术水平又方便使用的国际温标。国际温标是以一些纯物质的相平衡点（即定义固定点）为基础建立起来的。这些点的温度数值是给定的。国际温标就是以这些固定点的温度给定值以及在这些固定点上分度过的标准仪器和插补公式来复现热力学温标的。固定点间的温度数值，是用插补公式确定的。根据第十八届国际计量大会的决定，国际计量委员会于 1990 年通过了 1990 年国际温标（ITS—90），从 1990 年 1 月 1 日开始，各国陆续采用了 1990 年国际温标（简称 ITS—90），我国已经执行这个温标。表 6-10 为 ITS—90 定义的固定点，各固定点间温度是依据内插公式使标准仪器示值与国际温标的温度值相对应。高温范围的 PtRh10—Pt 热电偶作为温标的标准仪器已被取消，代之以铂电阻温度计（961.78℃以下）和光学温度计（961.78℃以上）。到目前为止，还不可能用一种温度计复现整个温标。

1990 年国际温标采用四种标准仪器分段复现热力学温标：

1）0.65 ~ 5.0K，^{3}He 和 ^{4}He 蒸气压温度计；

2）3.0 ~ 24.5561K，^{3}He、^{4}He 定容气体温度计；

3）13.8033K ~ 961.78℃，铂电阻温度计；

4）961.78℃以上，光学或光电高温计。

表 6-10　国际温标 ITS—90 定义固定点

序　号	温　度		物　质[①]	状　态[②]
	$T_{90}/$ K	$T_{90}/$ ℃		
1	3 ~ 5	− 270.15 ~ − 268.15	He	V
2	13.8033	− 259.3467	e-H_2	T
3	17	− 256.15	e-H_2（或 He）	V（或 G）
4	20.3	− 252.85	e-H_2（或 He）	V（或 G）
5	24.5561	− 248.5939	Ne	T
6	54.3584	− 218.7916	O_2	T
7	83.8058	− 189.3442	Ar	T
8	234.3156	− 38.8344	Hg	T
9	273.16	0.01	H_2O	T
10	302.9146	29.7646	Ga	M
11	429.7485	156.5985	In	F
12	505.078	231.928	Sn	F
13	692.677	419.527	Zn	F
14	933.473	660.323	Al	F
15	1234.93	961.78	Ag	F
16	1337.33	1064.18	Au	F
17	1357.77	1084.62	Cu	F

①除 ^{3}He 外，所有物质都是天然同位素成分，e-H_2 是正-仲分子平衡态的氢；

②符号代表的意义是：V—蒸汽压力点；T—三相点；G—气体温度计测定点；M、F—熔点、凝固点。

6.4.2 测温方法与测温仪器的分类

6.4.2.1 测温方法

按照所用方法的不同，温度测量分为接触式和非接触式两大类。

A 接触式测温

接触式测温的特点是测温元件直接与被测对象相接触，两者之间进行充分的热交换，最后达到热平衡，这时感温元件的某一物理参数的量值就代表了被测对象的温度值。

优点：直观可靠；缺点：感温元件影响被测温度场的分布，接触不良等会带来测量误差，另外温度太高和腐蚀性介质对感温元件的性能和寿命会产生不利影响。

B 非接触式测温

非接触测温的特点是感温元件不与被测对象相接触，而是通过辐射进行热交换，故可避免接触测温法的缺点，具有较高的测温上限。此外，非接触测温法热惯性小，可达千分之一秒，故便于测量运动物体的温度和快速变化的温度。

按照温度测量范围，可分为超低温、低温、中高温和超高温温度测量。超低温一般是指 0~10K，低温指 10~800K，中温指 800~1900K，高温指 1900~2800K，2800K 以上被认为是超高温。

6.4.2.2 测温仪器

对应于两种测温方法，测温仪器亦分为接触式和非接触式两大类。

（1）接触式仪器可分为。膨胀式温度计（包括液体和固体膨胀式温度计、压力式温度计）；电阻式温度计（包括金属热电阻温度计和半导体热敏电阻温度计）；热电式温度计（包括热电偶和 P-N 结温度计）以及其他原理的温度计。

（2）非接触式温度计

可分为辐射温度计、亮度温度计和比色温度计，由于它们都是以光辐射为基础，故也统称为辐射温度计。

6.4.3 冶金实验中常用的测温仪器

冶金过程大多在高温下进行，为便于过程的研究和控制，要设置相应的测温装置，除此之外，对所有设备的监视和维护，如炉衬温度，冷却水、汽的测温，也是保证冶金过程顺利进行的必要手段，表 6-11 为常用测温仪器的种类特性及其使用场合。

表 6-11 常用测温计的种类、特性及场合

原 理	种 类	使用温度范围/℃	准确度/℃	线性	响应速度	记录与控制	价格	使 用
膨 胀	水银温度计 有机液体温度计 双金属温度计	−50~650 −200~200 −50~500	0.1~2 1~4 0.5~5	可 可 可	中 中 慢	不适合 不适合 适合	便宜	测冷却水，蒸汽温度，示值直观。箱式炉控温用
压 力	液体压力温度计 蒸汽压力温度计	−30~600 −20~350	0.5~5 0.5~5	可 非	中 中	适合	便宜	测冷却介质。环境温度 5~60℃，相对湿度 ≥80%
电 阻	铂电阻温度计 热敏电阻温度计	−260~1000 −50~350	0.01~5 0.3~5	良 非	中 快	适合	贵 中	测冷却介质、砖衬温度作为标准温度计用； 测冷却介质

原　理	种　类	使用温度范围/℃	准确度/℃	线性	响应速度	记录与控制	价格	使　用
热电动势	热电测温	R，S[①]　0~1600	0.5~5	可	快	适合	贵	测定熔体及高于1100℃的物料温度，适用于氧化气氛
		K　-200~1200	2~10				中	测炉气、砖衬及物料温度；热电动势大，灵敏度高
		E　-200~800	3~5	良				
		J　-200~800	3~10					
		T　-200~350	2~5					
热辐射	光学温度计	700~3000	3~10	非	中	不适合	中	冶金熔体、高炉风口测温
	红外温度计	200~3000	1~10		快	适合	贵	
	辐射温度计	100~3000	5~20	非	中			
	比色温度计	180~3500	5~20		快			

①热电偶分度号。

选择测温计应考虑的原则：
（1）合适的使用温度范围和准确度，合适的使用气氛，符合耐蚀、抗震性的要求；
（2）响应速度、误差、互换性及可靠性能否达到要求；
（3）读数、记录、控制、报警等性能是否达到要求；
（4）价格低，寿命长，维护使用方便。

在实验室及工业生产中，使用最广泛的测温仪器是热电偶。近20年来高温测量技术有了新的发展，如红外温度计，它是一种非接触式的测温计，与热电偶相比，其特点是寿命长，性能可靠，反应速度快，适用于移动物体、腐蚀性介质及不能接触的场合，与光导纤维及微处理机配套组成现代的热像仪，成为高温冶金过程研究及过程控制的有利工具。

6.4.4　热电偶

由热电偶、测量仪表及补偿导线构成的热电偶温度计，以热电偶作为测温元件，测得与温度相对应的热电动势，再通过仪表显示温度。它测温范围宽、测温精度高、便于远距离测温和自动控制；常用于测量300~1800℃范围内的温度，热电偶温度计具有结构简单、准确度高；使用方便、适于远距离测量与自动控制等优点。因此，无论在冶金生产还是在科学研究中，都是主要的测温工具。

6.4.4.1　热电偶工作原理

19世纪中叶，三种热电效应的发现奠定了热电测温学的基础。这三种热电效应就是塞贝克（T. J. Seebeck）热电效应；珀尔帖（J. C. Peltier）热电效应和汤姆逊（W. Thomson）温差热电效应。其中热电偶的测温原理是基于塞贝克（T. J. Seebeck）热电效应。

塞贝克的实验表明，由两种（或两种以上）不同导体A和B组成的闭合回路（如图6-9所示），当其两接点保持的温度不同时，回路中将有电流（i）流动。此电流称为热电流。图中A、B两种金属连成闭合回路，接点温度 $t_1 >$ t_0，只要热电回路中两接点之间存在温度差（$t_1 > t_0$），则就有"净"电荷移动，也就是说，在回路中必存在一种温差

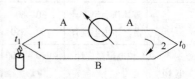

图 6-9　塞贝克效应示意图

电动势。此种现象称为热电效应，该电动势即为"塞贝克温差电动势"，简称热电动势记为 E_{AB}。热电偶就是利用这个原理测量温度的。

导体 A、B 称为热电极。接点 1 通常焊接在一起，测量时将它置于被测温的场所，故称为测量端（或工作端）。接点 2 要求恒定在某一个温度下，称为参考端（或自由端）。实验证明：当热电极材料选定后，热电偶的电动势仅与两个接点的温度有关，即

$$dE_{AB}(t, t_0) = S_{AB} dt \tag{6-14}$$

比例系数 S_{AB} 称为塞贝克系数或热电动势率，它是热电偶最重要的特征量，一支热电偶的塞贝克系数 S_{AB} 的大小和符号，取决于组成热电偶的两个热电极材料的相对特性。当两个接点温度为 t_1，t_0 时，则回路的热电动势为：

$$E_{AB}(t_1, t_0) = \int_0^{t_1} \alpha_{AB} = e_{AB}(t_1) - e_{AB}(t_0) \tag{6-15}$$

式中　$e_{AB}(t_1), e_{AB}(t_0)$——接点的分热电动势。

角标 A、B 均按正电极在前、负电极在后的顺序书写。当 $t_1 > t_0$ 时，$e_{AB}(t_1)$ 与总热电动势的方向一致，而 $e_{AB}(t_0)$ 为常数，则总的热电动势就变成工作温度 t_1 的单值函数：

$$E_{AB}(t_1, t_0) = e_{AB}(t_1) - C = f(t_1) \tag{6-16}$$

上式说明，当 t_0 恒定不变时，热电偶所产生的热电动势只随工作端温度的变化而变化，即一定的热电动势对应着一定的温度。所以，用测量热电动势的方法可以实现测温的目的。

在实际测温的时候，必须在热电偶测温回路中引入连接导线和显示仪表。因此，要想用热电偶准确地测量温度，不仅需要了解热电偶测温原理，还要掌握热电偶测温的基本规律。

A　均质导体定律

"由一种均质导体组成的闭合回路，不论导体的截面、长度以及各处的温度分布如何，都不产生热电动势"。

该定律说明，如果热电偶的两根热电极是由两种均质导体组成，那么，热电偶的热电动势仅与两接点温度有关，与沿热电极的温度分布无关。如果热电极为非均质导体，当它处于具有温度梯度的温度场时，将产生附加电势，如果此时仅从热电偶的热电动势大小来判断温度的高低，就会引起误差。所以热电极材料的均匀性是衡量热电偶质量的主要标志之一。同时也可以依此定律校验两根热电极的成分及应力分布是否相同。如不同则有电动势产生。该定律是同名极法检定热电偶的基础。

B　中间导体定律

"在热电偶测温回路内，串联第三种导体，只要其两端温度相同，则热电偶所产生的热电动势与串联的中间导体无关"。

若把连接导线和显示仪表看作是串联的第三种导体，只要它们两端的温度相同，就不影响热电偶所产生的热电动势（见图 6-10a）。因而，在测量液态金属或固体表面时，常常不把热电偶先焊好再去测温，而是把热电偶丝的端头直接插入或焊在被测金属表面，这样就可以把液态金属或固体金属表面视为串接的第三种导体（见图 6-10b、c）。只要保证电极丝 A、B 插入处的温度相同，那么对热电动势不产生任何影响。

C　中间温度定律

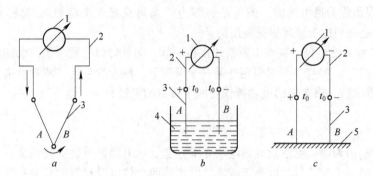

图 6-10　有中间金属的热电偶测温回路示意图

a—有中间金属的测温回路；b—利用中间金属测量金属熔体温度；c—利用第三种金属测量表面温度；
1—显示仪表；2—连接导线；3—热电偶；4—金属导体；5—固态金属或合金

"在热电偶测温回路中，热电偶工作端温度为 t_1，连接导线各端点温度分别为 t_n，t_0（如图 6-11），若 A 与 A′、B 与 B′ 的热电性质相同，则总的电动势仅取决于 t_1，t_0 的变化，而与热电偶自由端温度 t_n 无关"。则总的电动势为：

$$E_{AB}(t_1, t_n, t_0) = E_{AB}(t_1, t_n) + E_{AB}(t_n, t_0) \tag{6-17}$$

在实际测温线路中，为消除热电偶自由端温度变化的影响，常常根据中间温度定律采用补偿线连接仪表。如果连接导线 A′ 与 B′ 具有相同的热电性质，则按中间金属定律总的热电动势只取决于 t_1 和 t_n，与环境温度 t_0 无关。

D　参考电极定律

如果两种金属或合金 A、B 分别与参考电极 C（或称标准电极）组成热电偶（如图 6-12），若它们产生的热电动势为已知，那么 A 与 B 两热电极配对后的热电动势可按下式求得：

$$E_{AB}(t, t_0) = E_{AC}(t, t_0) - E_{BC}(t, t_0) \tag{6-18}$$

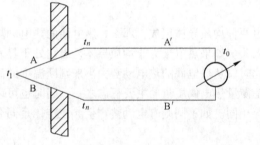

图 6-11　用导线连接热电偶的测温回路示意图
A、B—热电偶电极；A′、B′—补偿导线或铜线

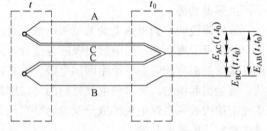

图 6-12　参考电极回路

如此只要知道两种金属分别与参考电极组成热电偶时的热电动势，就可依据参考电极定律计算出由此两种金属组成热电偶时的热电动势。因此，简化了热电偶的选配工作。由于铂的物理化学性质稳定、熔点高、易提纯，人们多采用高纯铂丝作为参考电极。

6.4.4.2　热电偶材料

A　热电偶材料的基本要求

根据上面所述，我们知道：任意两种不同材料成分的热电极原则上都可以组成一对热电偶。但是，基本上符合热电偶要求的材料还是非常有限的，从实用目的出发，一只合适的热电偶应具有：

(1) 稳定的物理、化学性能。这是热电偶最基本的要求。在高温下金属不产生再结晶或蒸发。因为再结晶会引起晶粒过大，使材料发脆；高温蒸发能使合金成分变化，丝径变细，使热电势起变化。在化学性能方面，丝材应具有足够的抗氧化、还原的能力，并具有不受腐蚀气氛侵蚀的本领。

(2) 良好的热电性能。它首先要求热电偶的热电势与温度的关系应呈简单的单值函数关系，便于计量检定或工业中对显示仪表的刻度。其次，在规定的温区内以及规定的允许误差范围内，热电势的变化要小，热电势和热电势率（塞贝克系数）要大。这样，可以提高测量灵敏度。最后，复制性要好，即同样材料成分和工艺，不同批量的热电偶丝的热电势应符合分度表规定的要求，以增强热电偶的互换性。

(3) 良好的机械加工性能。一般情况下，热电偶是由金属合金制成的，都要经过熔化、锻压和拔丝等冷加工过程。因此，必须要求金属具备良好的塑性和足够强的机械性能。

(4) 其他性能。如果要求测温的范围较宽，则要求丝材有较高的熔点、较低的蒸汽压，这样才能在较大的温区内工作，通常热电偶的最高使用温度应比偶丝的熔点低100℃。其他性能如较小的电阻温度系数，有利于降低热电偶本身的电阻变化，以减小对显示仪表或变送器造成的附加误差；丝材的热导率要小，尤其是低温热电偶，它对导体的导热影响更明显。

　　B　常用热电偶

常用热电偶可以分为标准化热电偶和非标准化热电偶。其中标准化热电偶生产工艺成熟，能成批生产，而且具有统一的分度表。国际电工委员会（IEC）已制订出8种标准化热电偶分度表。

(1) 标准化热电偶。

1) 铂铑10-铂热电偶（S型）。S型热电偶的正极是含铑10%的铂铑合金，负极为纯铂。其特点是热电性能稳定、抗氧化性强，长期使用温度为1400℃（我国规定1300℃），短期使用温度为1600℃。

2) 铂铑13-铂热电偶（R型）。R型热电偶在许多国家广为采用，其正极是含铑13%的铂铑合金，负极为纯铂。R型热电偶比S型热电偶热电动势率高15%，其余性能基本相同。

3) 铂铑30-铂铑6热电偶（B型）。B形热电偶亦称双铂铑热电偶，是测量高温的比较理想的热电偶。其正极为含铑30%的铂铑合金，负极为含铑6%的铂铑合金。这种热电偶使用很广泛，它可连续用于0~1800℃温区，长期使用温度为1600℃，短期使用温度为1800℃。能在氧化性和惰性气氛中使用，短时间可用于真空中，但不适宜用于还原性气氛或含有金属或非金属蒸汽的气氛中，所以，如果在上述情况下使用，必须用保护管适当加以保护。同样也不允许直接插入金属套管中。

4) 镍铬-镍硅（镍铬-镍铝）热电偶（K型）。K型热电偶是工业使用最广泛的一种热电偶，具有较好的抗氧化性能，适合在氧化性和惰性气氛中使用；其短期使用温度为1200℃，长期使用温度为1000℃，丝材的稳定性和均匀性都很好。K型热电偶在0~1100℃之间的热电势—温度的关系式几乎是线性的，使得显示仪表的刻度均匀；热电势率较大，灵敏度比较高，热导率低。这类热电偶的缺陷是对应力敏感，不适用于还原性气氛或者交替氧化和还原的气氛中，不适用于硫气氛中以及真空中，因为含硫气氛对电极有腐蚀作用，特别是晶间腐蚀而引起负极的加速脆化和损坏。真空气氛会使正极（镍铬）中的铬优先蒸发，使得分度特性起变化。

5）镍铬-铜镍合金（康铜）（E 型）。E 型热电偶适用于 −200 ~ 800℃温区的氧化性或惰性气氛中的温度测量，但不宜用于还原性气氛中。它的耐热和抗氧化性比铜-康铜、铁-康铜好；热电势率大；价格低廉。但是，热电均匀性较差，测温精度也较低。

6）铜-铜镍合金（康铜）热电偶（T 型）。T 型热电偶适用于 −200 ~ 350℃温区。对于这一温区来说，在贱金属热电偶中，T 型热电偶的准确度最高，其引线为铜导线，有利于与测量仪器相连接，不产生附加的热电势。在 −200℃以下，T 型热电偶经常被采用，但是这时的灵敏度已很小了，需要用高灵敏度的测量仪器。T 型热电偶在几种定型产品中价格最便宜，在低温测量中获得广泛的应用。经过特别挑选和分度后，还可作为二等标准热电偶使用。

7）镍铂硅-镍硅热电偶（N 型）。这是一种由澳大利亚材料研究所与原美国标准局（NBS）联合研究的新型热电偶。美国仪器仪表学会（ISA）把这种热电偶定名为 N 型，IEC 也接受这一定名并列入标准之内。我国也制订了标准，标准号为 ZDN—05004—88。N 型热电偶的长期稳定性远优于 K 型热电偶，成为可用于 −50 ~ 1300℃的优秀的廉金属热电偶。

8）铁-康铜热电偶（J 型）。这种热电偶正极为纯铁，负极为铜镍合金。它既可以用于氧化性气氛（使用温度为 750℃），也可以用于还原性气氛（使用温度为 950℃）。J 型热电偶耐 CO、H_2 腐蚀，在含铁或含碳条件下也很稳定，因此多用于化工厂。J 型热电偶另外一个优点是价格便宜。

（2）非标准化热电偶

这类热电偶通常没有国家标准、统一的分度号及与之配套的显示仪表，它的应用范围和生产规模也不如标准化热电偶，但是因其具有某些特殊的、标准化热电偶难以胜任的性能，因此在一些特殊的场合下，如超高温多选用非标准化热电偶。其中使用较广的有钨铼系与铂铑系热电偶。

钨铼热电偶属于难熔金属系列。它的测温上限一般可达 2800℃；在高温下机械强度、塑性、抗腐蚀性能都很好；热电势高并与温度呈比较好的近线性关系，灵敏度高；可用于氢气、惰性气氛中及真空中，价格便宜，是目前可供 1600℃以上（最高可达 2800℃）高温测量的一种优秀的贱金属热电偶。其使用温度最好在 2000℃以下。它的缺陷：不能用于氧化气氛中。

目前国外普通生产和应用的钨铼系列的热电偶有：W-W26Re；W3Re-W25Re；W5Re-W26Re 和 W5Re-W20Re 四种。其中我国列入标准的有两种：W3Re-W25Re、W5Re-W26Re。

铂铑系热电偶和钨铼系热电偶的主要性能如表 6-12 所示。

表 6-12　部分非标准化热电偶的主要性能

名　称	材　料		测量温度上限/℃		允许误差/℃	特　点	用　途
	正极	负极	长期使用温度	短期使用温度			
铂铑系	PtRh13	PtRh1	1450	1600	≤600 为 ± 3.0；>600 为 ± 0.5% t[①]	在高温下铂铑 13-铂铑 1 抗沾污性能和力学性能好	各种高温测量
	PtRh20	PtRh25	1500	1700		在高温下抗氧化性强，机械强度高，化学稳定性好，50℃以下热电势小，参考端可以不用温度补偿	
	PtRh40	PtRh20	1600	1850			

名 称	材 料		测量温度上限/℃		允许误差 /℃	特 点	用 途
	正极	负极	长期使 用温度	短期使 用温度			
钨铼系	WRe3 WRe5	WRe25 WRe26	2000	2800	≤1000 为± 10；>1000 为±1.0%t①	热电势比上述材料大，热电势 与温度的关系线性好，适用于干 燥氢气、真空和惰性气氛中，热 电势稳定，价格低	各种高 温测量

① 表中t为被测温度的绝对值。

6.4.3.2 热电偶的使用

A 焊接、清洗与退火

a 热电偶的焊接

热电偶的测量端通常是用焊接方法形成的，焊接的质量将直接影响热电偶测温的可靠性，为了减少导热误差，焊点尺寸应尽量小。根据热电偶的种类及尺寸，可采用不同的焊接方法。

(1) 直流电弧焊。该法将待焊偶丝作一极，另一极为高纯石墨棒，由石墨电极产生电弧焊接偶丝。为了避免偶丝渗碳，最好将待焊的热电偶与直流电源的正极相连。这种焊接方法的优点是：操作简单、方便，测量端的焊接质量高。

(2) 交流电弧焊。该方法是以高纯石墨棒为两个电极，通电使之产生电弧，将待焊热电偶放入电弧中焊接。它的优点是设备简单。但是，在高温下石墨电极要沾污热电偶丝，降低热电偶的稳定性。上述两种焊接方法，是用眼睛观察热电偶丝端部的熔化与焊接情况，达到要求后，离开电弧。

(3) 盐水焊接。盐水焊接具有设备简单、操作方便、容易掌握等优点，适于贵金属热电偶的焊接。其做法是：在烧杯中盛有氯化钠水溶液，热电极作为电源的一极，取一段铂丝放入盐水内做另一极，焊接时将热电极与盐水稍接触，待起弧后迅速离开，即可焊好。

b 热电偶的清洗

为了清除电极丝表面沾污的杂质，并消除热电极丝内部的残余应力，以确保热电偶的稳定性与准确性，必须对热电偶进行清洗和退火，S型热电偶的清洗分两步进行：

(1) 酸洗。采用30%~50%分析纯或化学纯HNO_3浸泡1h或蒸沸15min，利用HNO_3的氧化能力，除掉热电极表面的有机物质。

(2) 硼砂洗。将热电极丝放在固定的清洗架上，调整自耦变压器改变电极丝的加热电流至10.5~11.5A（热电极丝为直径0.5mm，长1000mm），温度约为1100~1150℃。然后用硼砂块分别接触两个电极丝的上端，使硼砂熔化成滴，沿电极流向测量端，反复几次直至电极发亮为止，再缓慢冷却至室温。

c 热电偶的退火

热电偶的退火分两步进行，首先经通电退火，其目的是消除在制造和使用过程中产生的应力；其次，要经退火炉退火。热电偶丝通电退火后，仍残存少量应力，而且，热电偶丝穿过绝缘管时，有可能产生应力。用退火炉退火就可以消除其应力。热电偶经充分退火后，才能有很好的稳定性。

B 热电偶的校验

常用的方法是比较法，即将标准热电偶与被校热电偶进行比较修正。把两支热电偶的工作端捆扎在一起，放在温度均匀的高温炉中，冷端放在 0℃ 的恒温器中，在各检定点比较两支热电偶的示值，而后画成对照曲线就可应用。检定时炉温控制要严格。此法操作简便，可以用不同型号的热电偶作比较。

C　热电偶的冷端处理

标准的热电势是指冷端温度处于 0℃ 时的数值。实际工作条件下冷端不一定处于 0℃，由此会带来误差。应采取措施加以消除或补正。这些措施有：

a　计算补正法

若热电偶的接点的温度为 t，t_n 时，则热电势为：

$$E(t,t_n) = E(t,t_0) - E(t_n,t_0) \tag{6-19}$$

$$E(t,t_0) = E(t,t_n) + E(t_n,t_0) \tag{6-20}$$

b　冷端恒温法

一般是把冷端放在冰瓶里（或电子零点仪中），此方法方便，使用较多。也可把冷端放在热惰性大的恒温器中，而后做一次性补正。

c　补偿式冷端接点

当热电偶两端温度分别为 t，t_n 时，其热电势为 E_{AB}（t，t_n），如果在线路中串接一个电势 $V = E_{AB}(t_n,t_0)$，如（6-20）式就可以得到正确的测量结果，这就是补偿式冷端接点，又叫冷端温度补偿器。

d　采用补偿导线

一般测量仪表不宜安装在被测对象旁边，可以用补偿导线把热电势引到温度恒定或波动不大的地方。在一定的温度范围内，补偿导线的热电性能与热电偶的热电性能很接近，但它不能消除冷端温度为 0℃ 的影响，因此仍然要进行补正。补偿导线一般的使用温度为 $-20 \sim 100℃$，耐热型的为 $-40 \sim 200℃$。

补偿导线的第一个字母是热电偶的分度号，第二个字母 C 代表补偿型补偿导线，X 代表延伸型补偿导线，其材质与碱金属热电偶不相同，而前者与热电偶材料不同，在一定温度范围内，与热电偶的热电量一致，但价格较低。补偿导线材料中字母意义与补偿导线符号意义是一致的，但 P 代表材料正极，N 为材料负极，钨铼热电偶是测定 2000℃ 以上温度用的标准热电偶。常用的补偿导线特性如表 6-13 所示。

表 6-13　补偿导线型号及配对材料

补偿导线型号	配用热电偶	补偿导线合金丝		绝缘层颜色	
		正　极	负　极	正　极	负　极
SC	S 型	SPC（铜）	SNC（铜镍）	红色	绿色
KC	K 型	KPC（铜）	KNC（康镍）	红色	蓝色
KX	K 型	KPX（镍铬）	KNX（镍硅）	红色	黑色
EX	E 型	EPX（镍铬）	ENX（铜镍）	红色	棕色
JX	J 型	JPX（铁）	JNX（铜镍）	红色	紫色
TX	T 型	TPX（铜）	TNX（铜镍）	红色	白色

D　热电偶的测温线路

各种连接方法是根据不同要求和条件而形成的，其利弊可以结合测量仪表的特点加以分析，在实际应用中，应根据不同的要求选择合适的线路。

热电偶有串联、并联、反向串联之分。

a 热电偶串联测量电路

将 n 支热电偶依次按正负极串接，如图 6-13 所示。

其串接热电势为：$E_串 = E_1 + E_2 + E_3 + \cdots + E_n$ (6-21)

式中 E_1、E_2 为单支热电偶的热电势，E 为 n 支热电偶的平均热电势，串接线路的优势是热电势大，精度比单支的高，可感受微弱信号。

b 热电偶的并联测量电路

将热电偶的正极和负极分别连接在一起，如图 6-14，并联热电势等于 n 支热电势的平均

值： $$E = \frac{E_1 + E_2 + \cdots + E_n}{n}$$ (6-22)

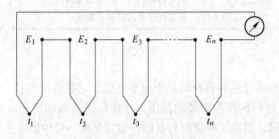

图 6-13 热电偶的串联线路

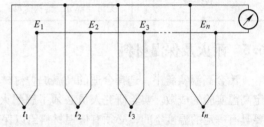

图 6-14 热电偶的并联线路

并联线路用来测量温场的平均温度，其相对误差为单支热电偶的 $\frac{1}{\sqrt{n}}$，若断了一支热电偶仍能继续工作。

c 反向串联的测温电路

将两支热电偶反向连接可以用来测量温差热电势，如图 6-15 所示。

$$E = E_1 - E_2$$ (6-23)

这种线路可以用来测量两点的温度差，例如用热差法测定物质的熔点或相变点。

E 测量仪表

各种测量电势仪表及其缺点见表 6-14。要求精确测量温度时，如测定相变温度、差热分析等，可以采用电桥电位差计，需要自动测温并控温的可采用电子式自动平衡仪表。转换器可以与自动控制仪表相连接，或与计算机或单板机相配套，实现测温、显示记录、控制、报警等功能。用电位差计测电势，因回路中没有电流通过，测得值就是热电偶的热电势。

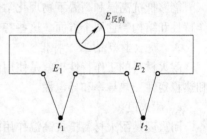

图 6-15 反向串联的测温线路

表 6-14 常用测温仪表

测量仪表	优　点	缺　点
电位差电桥	精度最高，可作为标准仪表	要求熟练操作，手动操作速度慢
数字万用表	精度高，可作为标准仪表 不需要手动操作和熟练技术	需要定期检验 通电后需要稳定时间

测量仪表	优　点	缺　点
电子势自动平衡仪表	显示机构的转矩大，采用自动平衡法可作为小量程仪表	结构复杂
动圈式仪表	与热电偶配合使用不必用辅助电源结构简单	与热电偶匹配时要调整外接电阻；转矩小
带放大器的动圈式仪表	不必调整外接电阻；转矩大	放大器需要电源
数字温度计	可直接显示温度不要求熟练技术	要保持精度应定期检验，注意使用环境
转换器	不管温度范围，可得到统一信号无可动部分，结构简单	只是转换信号，不能直读温度；需进行换算才能知道温度

6.5　耐火及保温材料

冶金高温实验中，选择合适的高温炉炉衬材料和反应容器材料是十分重要的，它往往能够决定高温实验的成败。实验研究人员必须了解耐火材料的性能和使用范围，才能适应实验的需要。要具有一定的温度空间，必须有保温材料给以保障，因此了解保温材料的性能也是必不可少的。

6.5.1　耐火材料

理想的耐火材料应当具有较高的耐火度、高温强度好、密度大、气孔率低、抗热震性好、化学稳定性好、价格便宜以及适于长期保存等特点。一种材料要同时具备上述性能是不可能的，而且也没有这个必要。在进行高温冶金实验时，要根据实验的需要选用合适的材料，使之既能保证实验所要求的高温条件，又能避免这些材料对实验反应的干扰、污染，而且具有较低的成本。

6.5.1.1　耐火材料的特性

能够抵抗高温和高温下物理化学作用的材料统称为耐火材料。耐火材料的基本特性包括工作特性和结构特性两个方面，这些特性是设计选用耐火材料时必须掌握的。

　　A　耐火材料的工作特性

耐火材料的工作特性也就是使用性能，其主要指标有耐火度、荷重熔化温度、化学稳定性和热稳定性、热导率和导电性。

　　a　耐火度

耐火度是耐火材料抵抗高温作用的性能。因为绝大多数耐火材料由多种成分的矿物组成，没有固定的熔点，而是在一定温度范围内熔化的。在受热过程中熔点低的矿物首先软化，进而熔化；随着温度的升高，熔点高的矿物也逐渐软化而熔化。因此耐火材料的熔化温度不是一个固定的数值，耐火度仅代表耐火材料开始熔化至软化到一定程度时的温度。只有高纯氧化物耐火制品的耐火度和熔点才比较接近。

耐火度决定于化学组成、杂质数量及其分散程度。在实际使用中，考虑到高温机械强度，耐火材料的实际使用温度要比耐火度低。

　　b　荷重软化温度

荷重软化温度又叫荷重软化点。耐火材料在常温下耐压强度很高，但是在高温下承受载荷时就会发生变形，当达到一定温度时，耐火材料内部组织局部开始熔化，机械强度会急剧降低。为了查清这类变化，对耐火材料样品施加一定压力并以一定升温速度加热，当耐火材料塌毁（以加压力方向收缩一定值作标志）时的温度称为荷重软化温度。荷重软化温度表征耐火材料的力学性能，而耐火度表示其热性质。显然，耐火材料的实际使用温度不得超过荷重软化点，更不能超过耐火度。

c 热稳定性

耐火材料在温度急剧变化条件下，不开裂、不破碎的性能叫热稳定性，也有叫耐急冷急热性的，或叫抗热震性的。

与此有关的是测定高温而引起的容积变化，其中有永久的变化和暂时的变化，前者叫做残存线膨胀收缩，后者叫热膨胀收缩。残存线膨胀收缩是以一定的温度和时间加热然后冷却的膨胀收缩来表示，它是在耐火材料制造时，烧成中的矿物变化和物理变化而引起的容积变化还未结束时发生的。这个变化值大，往往使高温下耐火材料龟裂、脱落。热膨胀收缩以膨胀收缩随温度上升的比率来表示，它是推定抗剥裂性及矿物变态引起异常变形的重要指标。一般热膨胀高的制品往往抗热震性较差。

d 化学稳定性

耐火材料在使用过程中，在高温条件下均与一定的气相、凝聚相（如金属、炉渣）相接触，在这样的条件下，耐火材料能否稳定存在，对实验过程和耐火材料作用都有重大影响。由于耐火材料化学稳定性对实验过程和本身作用影响重大，将在后面专门讨论。

e 热导率

耐火材料的热导率表示其导热能力的大小，用导热系数 λ 表示，单位为 $J/(m \cdot h \cdot ℃)$。

耐火材料中矿物晶型变化将使热导率变化，最明显的例子是 SiO_2，0℃时结晶的二氧化硅热导率要比石英玻璃高几倍。

f 导电性

一般耐火材料除碳质、石墨、碳化硅、黏土质、碳化硅制品外，在室温下都是不良电导体。随温度升高，大多数耐火材料导电性提高，电阻率下降。最明显的是氧化锆。

耐火氧化物按电导率不同，可分为绝缘体和半导体两大类。属于半导体的有 NiO、CoO、UO_2 和由这些氧化物为基础的复合化合物，如 $NiCr_2O_4$、$CoCr_2O_4$ 等，介于两者之间的氧化物有 ZnO、TiO_2、ZrO_2、ThO_2 等。

B 耐火材料的结构特性

一般指耐火材料的气孔率和透气性。气孔率高的耐火制品，由于其表面积大，表面活化能大，其化学稳定差，即抗渣铁侵蚀的能力差，不适合做冶金熔体的容器。气孔率高则材料机械强度低，不适用于承重大的地方。气孔率高的耐火制品，其导热性差，可用来做绝热保温材料，如轻质黏土砖，轻质高铝砖等。

耐火材料的气孔率又可分为真气孔率和显气孔率。耐火制品中气孔的体积占耐火制品总体积的百分比称为气孔率。气孔率的高低也表明了耐火制品的致密程度。耐火制品中气孔与大气相通的，称为开口气孔，其中贯穿的气孔称为连通气孔；不与大气相通的气孔称为闭口气孔，如图6-16所示。耐火制

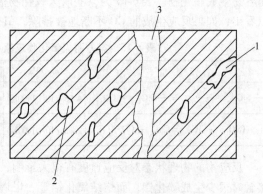

图 6-16 耐火材料中气孔的类型
1—开口气孔；2—闭口气孔；3—贯穿气孔

品全部气孔的体积占耐火制品总体积的百分比称为真气孔率，也称为全气孔率；开口气孔与贯通气孔的体积占耐火制品总体积的百分比称为显气孔率，或假气孔率。

耐火材料具有透气性，其透气程度用透气系数表示，单位为 $L/(m \cdot m^2 \cdot h)$。透气系数与工作温度、气体特性和数量、制品组织的均匀性和压力差等有关。吹气设备中的透气砖就需要选择高透气性的耐火制品；对于用作热电偶保护套管的耐火材料，为防止有害气体对热电偶丝的损害，则应选用透气性小的耐火制品；同理，为保证高温炉炉管内的一定气氛，炉管应选用致密而透气性很小的耐火材料，如熔融刚玉制品等。

6.5.1.2　某些耐火材料的工作稳定性

高温冶金实验中的炉衬和样品容器应用最广泛的有 Al_2O_3、MgO、SiO_2、玻璃、ZrO_2 等高纯氧化物耐火物品。根据工作条件，选择好高温工作介质中稳定的耐火材料十分重要。这里主要介绍氧化物耐火材料在不同场合中的稳定性。

A　在空气和氧气等氧化气氛中的稳定性

耐火氧化物大多是其金属元素的最高价氧化物，在高温氧化气氛下是稳定的。如果在分解或蒸发温度以下工作，其氧化气氛中的最高温度可以接近其耐火度（或熔点）。

B　在 H_2 和 CO 气氛下的稳定性

氧化物耐火材料能否与氢起作用，可以通过热力学计算做出初步判断。对于钢铁冶金实验来讲，其温度一般不高于 1727℃，大多数耐火氧化物在氢气氛下是稳定的。但 1727℃ 下，SiO_2 与 H_2 作用的蒸汽压 p_{H_2O} 稍高，其余氧化物的 p_{H_2O} 都不高。

在高温下，CO 的还原能力低于 H_2，因此上述氧化物在 CO 气氛下是稳定的。

C　耐火氧化物对碳的稳定性

通过进行热力学计算和实验可知，有一些耐火氧化物在高温下能被碳还原成金属，有的则形成碳化物。从热力学角度分析如下。

（1）耐火氧化物被还原成金属的可能性。在 1.01325×10^5 Pa（即一个大气压）压力下，2000℃ 以下常用耐火氧化物中只有 SiO_2、MgO 有被碳还原成金属的可能。SiO_2 被还原是明显的，至于 MgO，在标准状态压力下高温时虽较难被碳还原，但是因为其产物 Mg 和 CO 在高温下都是气体，如果这些气体能够排出，那么随着气相压力的降低反应易于进行。所以在真空碳热还原金属氧化物时，不能用 MgO 坩埚，而用石墨坩埚。

（2）耐火氧化物被 C 还原成碳化物的可能性。大多数耐火氧化物在 1500℃ 以上与碳接触时容易生成碳化物。表 6-15 为某些耐火氧化物被碳还原成碳化物时的 CO 平衡分压。由此表可以看出，如果反应生成的 CO 不断地被排除，氧化物将不断地和碳反应生成碳化物。

表 6-15　某些耐火氧化物还原成碳化物的 CO 平衡分压 p_{CO}

反　应	p_{CO}/Pa	反　应	p_{CO}/Pa
$\frac{1}{2}SiO_{2(s)} + \frac{3}{2}C_{(s)} = \frac{1}{2}SiC_{(s)} + CO_{(g)}$	4.56×10^3 (1400K)	$\frac{1}{3}Al_2O_{3(s)} + \frac{3}{2}C_{(s)} = \frac{1}{6}Al_4C_{3(s)} + CO_{(g)}$	1.11×10^4 (2000K)
$CaO_{(s)} + 3C_{(s)} = CaC_2 + CO_{(g)}$	2.13×10^4 (1800K)	$\frac{1}{2}ThO_{2(s)} + 2C_{(s)} = \frac{1}{2}ThC_{2(s)} + CO_{(g)}$	3.85×10^3 (1900K)

反应物的物理状态对反应速度有很大影响，如高温焙烧过的熔融刚玉管、刚玉坩埚，与碳接触时很少生成碳化铝，而烧结氧化铝管、坩埚则较易生成碳化铝，这是由于两种 Al_2O_3 具有不同的表面自由能造成的。

D　耐火氧化物对金属熔体的稳定性

耐火氧化物在1000℃以上与金属熔体接触时,金属易受污染,而耐火氧化物则受到侵蚀。其反应通式如下:

$$XO_{(s)} + Me_{(l)} \Longrightarrow MeO_{(s)} + X_{(s)} \text{ 或 } X_{(l)} \tag{6-24}$$

由于生成物 MeO 及 X 有可能相互溶解形成固溶体,或者 XO 与 MeO 生成新的化合物,这些都会使反应产物的活度小于1,而使反应容易进行。因此仅仅按(6-24)式标准自由能的变化来判断反应方向是不可靠的。由于反应的复杂性,反应产物的活度不易求知,因此要通过实验来选择与金属熔体安全接触的耐火氧化物。在实际场合,由于炉内气氛对金属熔体的作用,对耐火氧化物也有影响。例如铁的氧化,生成的 FeO 对很多耐火氧化物都有侵蚀作用。因此必须注意炉内气氛的间接作用。

金属与耐火材料之间的反应在短时间内不一定达到平衡,有的则反应较微弱,在此情况下还是可以选择到较适宜的耐火容器。表 6-16 是推荐熔化不同金属用的坩埚材料及保护气氛。

表 6-16 熔化金属用氧化物坩埚材料

金属	坩埚材料	保护气或覆盖剂	金属	坩埚材料	保护气或覆盖剂
碱金属	MgO、BeO	氩	Mn	Al_2O_3、ThO、ZrO_2	氩
Al	ZrO_2、Al_2O_3	氩	Ni	Al_2O_3、ZrO_2、MgO	氩、真空
Ag	Al_2O_3、MgO	氮、氩、真空、木炭	Pb	Al_2O_3、MgO	木炭
Au	MgO、Al_2O_3、石墨	氮、氩、真空、木炭	Pt	ZrO_2、ThO_2	氮、氩
Be	BeO	氩		Al_2O_3、CaO	
Bi	Al_2O_3、ZrO_2	氢	Rh、Ir	ZrO_2、ThO_2	氮、氢
Ca	CaO、Al_2O_3	氩	Si	Al_2O_3、SiO_2、ZrO_2	氩、真空
Co	BeO		Ti	ThO_2	氩、真空
Cr	Al_2O_3、ZrO_2	氢、氩	U	UO_2、BeO	氩、真空
Cu	Al_2O_3、ZrO_2、石墨	氮、氩、真空、木炭	V	Al_2O_3	
Fe	MgO、BeO、Al_2O_3	氩	W、Mo	水冷铜极电弧熔炼	氢、氮
Mg	Al_2O_3	氩	Zr	ZrO_2、ThO_2、MgO	氩、真空

E 耐火氧化物对熔盐和炉渣的稳定性

高温下,很多耐火材料易被熔盐或炉渣侵蚀。

对于一般熔盐,熔点在600℃以下可以用硬质玻璃作容器,600~1100℃可以用石英质容器,但由于氟化物熔盐能与 SiO_2 作用生成易挥发的 SiF_4,应当用铂坩埚。在1100℃以上,碱金属、碱土金属、氯化物、溴化物和碘化物等熔盐,都可用 Al_2O_3、MgO、ZrO_2质容器,氟化物则用石墨容器。碱金属的硝酸盐、硫酸盐、磷酸盐在高温下采用铂或石墨质容器。

耐火材料在高温下抵抗熔渣侵蚀的能力称为抗渣性。耐火材料的抗渣性与熔渣的化学性质、工作温度、耐火材料的致密度有关。对耐火材料的侵蚀包括化学侵蚀、物理溶解、机械冲刷等3个方面。化学侵蚀是指熔渣与耐火材料发生化学反应,所形成的产物进入熔渣,从而改变熔渣的化学成分,使耐火材料遭受蚀损;物理溶解是指由于化学侵蚀,耐火材料结合不牢固的颗粒溶解于熔渣之中;机械冲刷是指由于熔渣流动将耐火材料中结合力较差的固体颗粒带走或溶于熔渣中的现象。

高温炉渣可以当作均匀的氧化物溶液,主要含有 Al_2O_3、SiO_2、CaO、MgO、MnO、FeO 及其复合氧化物、硅酸盐、磷酸盐等,高温下熔渣多数以离子状态存在,它与其他离子有较高的溶解度，因而很容易使耐火氧化物容器受到侵蚀。液态炉渣与耐火材料表面一般是湿润的，炉渣很易渗透进入耐火材料内部而加剧侵蚀。

碱性渣容易与酸性耐火材料起反应，与碱性耐火材料反应则较弱，酸性渣与酸性耐火材料反应也较弱。耐火材料氧化物与炉渣中氧化物的相互作用而造成的沾污程度，可以从有关二元氧化物或三元氧化物相图中得到启示，如果它们之间生成低熔点共晶物，将严重影响耐火氧化物的稳定性。表 6-17 列出某些氧化物生成液相的最低温度，供参考。

表 6-17　某些氧化物互相作用时生成液相的最低温度　　　　　　　℃

材　料	Al_2O_3	BaO	CaO	MgO	SiO_2	ThO_2	TiO_2	ZrO_2
Al_2O_3		1900	1400	1930	1545	1750	1720	1700
BaO	1900		1450	1800	1670	2150	1700	2000
CaO	1400	1450		2300	1440	2300	1420	2200
MgO	1630	1800	2300		1540	2100	1600	1500
SiO_2	1545	1670	1440	1540		1700	1540	1670
ThO_2	1750	2150	2300	2100	1700		1630	1680
TiO_2	1720	1700	1420	1600	1540	1680		1750
ZrO_2	1700	2000	2200	1500	1675	2680	1750	

对于高碱度的熔渣，采用 MgO 坩埚较合适；对于酸性渣，抗蚀性能最强的是 ZrO_2 和 ThO_2，而大多数情况下 Al_2O_3、Cr_2O_3、SiO_2 及莫来石等坩埚材料也适用。

渣中的 FeO 几乎能侵蚀所有的氧化物耐火材料。高温下石墨坩埚能把 FeO 还原而使炉渣成分改变，故也不适合做它的容器。对含一定量 FeO 的炉渣，可选用煅烧致密的 MgO 坩埚或 $CaO \cdot Cr_2O_3$ 坩埚。

在高温实验时，往往发生坩埚与炉管接触，炉管与样品接触，炉管、坩埚与热电偶保护套管接触等情况，如果它们之间发生反应则会影响其使用效果。可以在两者间夹一层中性耐火材料来解决。

上述热力学分析仅是从理论上指出了反应的可能性，实际上耐火材料的侵蚀程度和速度还要受动力学条件的制约。其主要影响因素是熔渣黏度、温度、容器的致密性。其中熔渣黏度和扩散系数成反比，有的研究者认为黏度大的熔渣侵蚀程度小不仅仅是因为它流动速度慢而且它的组分扩散速度慢；温度升高，不但腐蚀速度可能加快，同时熔渣黏度减小从而扩散加快，容器的腐蚀加剧；容器越致密，表面越光滑，容器越不容易被腐蚀。

综上所述，大多数耐火氧化物不适于与炉渣长期接触，也难以保证熔渣成分不改变，因而给钢铁熔体和熔渣的研究带来了很大困难。但有时也可将耐火材料容器作为研究体系的一个方面来利用，如研究金属的固—气相反应时，把坩埚作为固相材料；研究铁液用 Si 脱氧时可以用石英坩埚；用 Al_2O_3 坩埚来研究钢液 Al 脱氧反应；用 CaO 坩埚研究钢液脱磷反应等。

6.5.1.3　冶金实验中常用的耐火材料

高温冶金实验中的高温炉需要耐火砖衬及保温材料，热电偶的保护套管、炉管、坩埚、辐射屏蔽等，都需要用耐火材料。常用的有以下几种。

A　实验室常用的耐火氧化物材料

a　熔融 Al_2O_3 再结晶的刚玉制品

这种制品耐火度可达 2000℃，化学稳定性、导热性和电绝缘性均较好，不透气，在实验中广泛地用于高温炉衬、电热体支架、炉管、热电偶保护套管、坩埚、坩埚座等。烧成温度对制品性能的影响很大，1800℃以上烧成的刚玉制品结构致密、晶粒大小适当，抗腐蚀性和高温体积稳定性好，其最高使用温度可达1900℃，适用于300℃/min的升温速度。薄壁优质坩埚可由室温直接置于1600℃高温中而不炸裂。高级制品由含$Al_2O_3$99.98%以上的Al_2O_3制成，制品呈半透明状态。

加入1%TiO_2的钛刚玉制品，可使Al_2O_3的烧结再结晶温度降至1550℃，但其使用温度也有所下降。

致密的刚玉制品具有良好抗渣、抗金属侵蚀性能。在温度1800℃以下与C不起作用。

除刚玉外，实验室广泛应用高铝质耐火材料和保温材料。如含$Al_2O_3$53%~80%的高铝砖，耐火度为1770~1860℃，并具有良好的抗碱抗渣性能。

b 石英制品

SiO_2的熔点为1728℃，升温过程中有多种晶型转变，因而硅砖在加热或冷却过程中要特别注意控制，以免因晶型转变产生应力而使砖破裂，这也是硅砖不能用作反应容器的原因。SiO_2具有七个晶型和一个无定型变体（石英玻璃），如表6-18所示。值得注意的是573℃的晶变体变化较大。

表 6-18 不同晶型 SiO_2 的性质

晶 型	晶 系	常温下密度/g·cm^{-3}	稳定温度范围/℃
β石英	三方晶系	2.65	<573
α石英	六方晶系		573~870
γ鳞石英	斜方晶系	2.27~2.35	<117
β鳞石英	六方晶系		117~163
α鳞石英	六方晶系		870~1470
β方石英	斜方晶系	2.33~2.34	180~270
α方石英	立方晶系	2.22	(1470~1713) ±10
石英玻璃	无定形（玻璃态）	2.202	<1723±10 快冷

石英玻璃是熔融SiO_2的过冷体，快冷得到的玻璃状石英在室温至1000℃或更高温度下能保持玻璃体性状，常压下使用温度为1250℃左右，短时间使用温度可达1700℃，但在1000℃以上快速结晶而"失透"。在所有单一氧化物中，石英玻璃的热膨胀系数最小，在800℃以上其膨胀系数接近于零，高温下工作具有相当好的抗热震性，又因其透明，体积密度大，气孔率小不透气，常用于真空系统。石英玻璃在实验室广泛用做坩埚、真空炉管，钢液取样管，插入式热电偶的保护套管，棒式ZrO_2固体电解质封接件等。

石英玻璃的一个最主要缺点是在高温下易失透并逐渐产生裂损，这是由于稳定的玻璃态转变成结晶态所导致。石英玻璃表面沾污有杂质时会促进这种晶型转变，即使是手上的汗迹也会加速失透。因此，石英玻璃应保持洁净。石英玻璃高于1180℃开始软化，在高温真空条件下会变形。耐火制品主要是硅砖，耐火度约1700℃，荷重软化温度为1620~1670℃。

c MgO制品

MgO熔点为2800℃，其耐火制品耐火度高，在氧化气氛中使用温度比刚玉高，还原气氛下只能在1700℃以下使用。由于Mg蒸汽压大，真空条件下不宜超过1600~1700℃使用。

MgO制品广泛使用做实验坩埚及炉管。MgO的主要问题是易吸水而成氢氧化物，要解决这个问题可以通过将 MgO 煅烧生成稳定形态。纯度高于 99% 的 MgO，用卤水（主要成分是 $MgCl_2$）作镁砂结合剂，成型后经高温煅烧，$MgCl_2$ 放出氯变成 MgO，由于 MgO 的烧结再结晶，不产生低熔点相，其制品高温性能好。

MgO 还用做热电偶的电绝缘材料。

d　CaO 制品

CaO 熔点 2600℃，在 1700℃ 以下其稳定性在氧化物中占首位。CaO 制品具有良好的抗金属性能，实验室用做坩埚材料。由于 CaO 易吸收空气中水分成为 $Ca(OH)_2$ 而损坏，另外也不容易烧结，故未能广泛使用。但是因为 CaO 耐火度高，价格便宜，所以人们一直在寻找合适的方法来解决 CaO 的吸水问题。

e　ZrO_2 制品

ZrO_2 熔点为 2700℃，系弱酸性氧化物，其耐火制品软化温度高于 2000℃，经 2200℃ 煅烧的 ZrO_2 具有较高强度和热稳定性。在氧化性或弱还原气氛下工作均较稳定，高温时使用性能比刚玉优越，因而广泛用作坩埚、炉衬及绝热材料。

ZrO_2 随温度变化也具有多晶转变，如纯 ZrO_2 低温时为单斜晶体，当温度升高到 1150℃ 时转为四方晶体，同时体积收缩 7%。温度降低到 1150℃ 以下时，又变为单斜晶体，体积膨胀。这种可逆转变引起的体积变化，使制品开裂损坏。但可以往 ZrO_2 中加入少量与其结构相近的氧化物，如 CaO、MgO 等，由于其阳离子 Ca^{2+}、Mg^{2+} 与 Zr^{4+} 大小相近，使部分 Ca^{2+}、Mg^{2+} 取代 Zr^{4+}，生成较稳定的置换式固溶体，以提高其热稳定性。熔融稳定性的 ZrO_2 不为钢液侵蚀、溶解，可作为炼钢炉衬坩埚及浇注设备内衬。

烧结 ZrO_2 与某些氧化物结合，高温下有较高的导电性，可以作为高温炉的发热体。

B　石墨（碳）质耐火材料

石墨升华点高于 4700℃，没有相变，热膨胀系数小，导热、导电率高，密度小，易加工，高温尺寸稳定，强度大，抗渣性好，所以在很多场合可充当优良的耐火材料。如研究用碳作还原剂的熔融还原反应和被碳饱和的熔体反应时，可以用石墨坩埚，研究金属熔体和炉渣之间的反应亦可用石墨坩埚。有时为了避免石墨碳参与反应，可以用钼片内衬套在石墨坩埚里。石墨可以作为电极或电热体。石墨在中性或还原性气氛中是稳定的，在真空条件下可用到 2000℃ 以上。它最大的缺点是不能在氧化气氛中使用。表 6-19 为炭素及石墨制品的性能。

表 6-19　炭素及石墨制品的几种性能

特　性	炭素制品	石墨制品	特　性	炭素制品	石墨制品
电阻率/$\Omega \cdot cm$	0.0041	0.00102	空气中开始氧化温度/℃	375	450~500
热导率/$J \cdot (cm \cdot s \cdot K)^{-1}$	0.0518		水蒸气中开始氧化温度/℃	650	700
密度/$g \cdot cm^{-3}$	2.1	2.26	二氧化碳中开始氧化温度/℃	750	900

石墨质材料除用作电弧炉电极、发热体外，广泛应用作耐火材料容器。如用光谱纯的石墨坩埚在真空感应加热用以熔化并还原钢中某些氧化物杂质；在惰性气氛中用脉冲加热，既是电热体又是试样容器；用于气相色谱法及库仑法测定钢中的氧；适用于高炉渣或浇注用酸性渣的研究；但对氧化性炉渣和低碳铁液，由于石墨碳的强烈氧化和金属中渗碳，导致试样成分变化，做石墨容器是不合适的。

C　高熔点金属材料

实际应用中有钨（W）、钼（Mo）、铌（Nb）、钽（Ta）以及铂（Pt）、铱（Ir）、铑（Rh）、钌（Ru）。前四种易氧化，不能在空气中使用；而后四种抗氧化，可以在氧化气氛中使用。

钨的熔点高达 3337℃，高温下蒸汽压很低，可在真空、氮、氢或其他非氧化性气氛下稳定工作。钨坩埚一般用钨片在氩弧焊下制成，或用粉末冶金方法制成。

钼的熔点也较高，达 2600℃，易加工成型，在非氧化性气氛下工作温度可达 2000℃，温度再高则易蒸发。钼坩埚用钼片在氩弧焊下制成，或用钼棒车削而成。在研究 1600℃的氧化性炉渣（比如炼钢渣）的性质时，钼坩埚是目前较为理想的容器。

铂的熔点 1772℃，常用温度 1400℃，短时最高使用温度为 1600℃，但此时已经开始蒸发。它的优点是可以在氧化性气氛中工作，但价格昂贵。

其他金属虽然有的熔点较高，但由于加工及价格上或使用气氛上的原因，使用较少。

D 金属陶瓷

它是一种把金属和陶瓷结合起来的材料，综合了两种材料的优点。其中的金属可以是纯金属也可以是合金；陶瓷可以是氧化物、碳化物、氮化物以及硼化物。一种或几种氧化物或非氧化物与金属或合金组合的材料称为金属陶瓷。陶瓷和金属组合的先决条件是两者的润湿性好，热膨胀能相互适应，从而能够结合紧密。

如果两者之间界面处有化学反应或者电子云部分重叠，两者的结合将更加紧密牢固。比如，Cr_2O_3 和 Al_2O_3 之间具备较好的相容性，可以制成 Al_2O_3/Cr 金属陶瓷。金属 Cr 在表面形成的 Cr_2O_3 保护膜使材料具有良好的抗氧化性。另外，Cr_2O_3 和 Al_2O_3 之间可以形成混晶，增加了材料的强度，因此 Al_2O_3/Cr 金属陶瓷可以用作热电偶的保护管，用于金属熔体性能的研究。

当陶瓷能够在金属中溶解时，也能够形成紧密相连的金属陶瓷。如 Co 与 WC 可以制成硬质材料 WC/Co，Ni 与 TiC 可制成 TiC/Ni。

金属陶瓷在实验室可以用作坩埚容器。

E 其他化合物耐火制品

a 碳化物

从热力学角度分析，碳化物的稳定性比相对应的氧化物差。但是由于有的碳化物在氧化气氛下形成了保护膜，阻止了进一步氧化，可以在氧化性气氛下使用到一定温度。如 SiC 在 1140~1500℃左右稳定主要是由于其表面形成了一层 SiO_2 保护膜。

碳化物在真空中稳定，主要是因为其蒸气压低。

在液态金属中碳化物的溶解度较大，所以碳化物不适合用作金属熔体的容器。

b 氮化物、硼化物、硫化物、硅化物及硫化物

氮化物高温时抗氧化能力较差，容易被氧化成氧化物。

硼化物的抗氧化能力较差，高温下不能用于氧化性气氛中，可以用于中性、还原性气氛或真空中。硼化物在真空中的稳定性很高，是 2500K 以上的中性或还原性气氛中唯一使用的耐火材料。

硫化物的稳定性一般来讲比相应的氧化物要小。高温时在氧化性气氛下，易被氧化成氧化物。在 N_2 气氛下较稳定。硫化物的分解产物为气体硫，在高温时分解加剧，故一般来讲不适合在真空条件下使用。

硅化物从热力学角度来讲在氧化性气氛中不稳定，但是硅化物（尤其是ⅥB族元素构成的硅化物）在氧化性气氛中能形成一层 SiO_2 保护膜，在空气中抗氧化能力大大增强。

6.5.2 保温材料

在实验室使用的电阻炉中，为了保证炉温恒定和恒温区的稳定，在炉壳与耐火材料或发热

体间要填充足够的保温材料以减少热损失。对保温材料的要求是：导热系数小，具有一定的耐火度和强度。另外，也要考虑容重要小一些，价格便宜，使用方便。

保温材料的种类很多，根据使用温度通常可以分为高温（1200℃）、中温（900～1000℃）和低温（900℃以下）3 类。

高温保温材料常用的有轻质黏土砖、轻质硅砖和轻质高铝砖等。轻质黏土砖的使用温度视其规格而不同，一般不高于 1150～1400℃；轻质硅砖使用温度不超过 1500℃；轻质高铝砖使用温度不超过 1350℃。

中温保温材料常用的有超轻质珍珠岩制品和蛭石两种。超轻质珍珠岩制品是将天然珍珠岩经过煅烧，体积膨胀后得到的一种很轻的高级保温材料。这种保温材料可以直接作为粉末填充于炉壳内使用，也可以加入水玻璃、水泥或者磷酸等黏结剂，经过成形、烧结等加工工序后制成保温砖使用。

蛭石是一种天然的矿物，内含 5%～10% 的水分。蛭石受热后，所含水分迅速蒸发而生成膨胀蛭石，其密度和热导率都很小，可以作为一种很好的保温材料。膨胀蛭石的一般化学式为 $(OH)_2 (Mg \cdot Fe)_2 (Si \cdot Al \cdot Fe)_4 O_{10} \cdot 4H_2O$，其熔点为 1300～1370℃。蛭石可以直接使用，也可以用高铝水泥、水玻璃或沥青等作为黏结剂，制成各种形状的保温制品。

低温保温材料有硅藻土、石棉、矿渣棉和水渣等。硅藻土是由藻类有机物腐烂后，经过地壳变迁形成的。它有很多微孔，它的主要成分为非晶体 SiO_2，并含有少量的黏土杂质，一般为白色、黄色、灰色或粉红色。硅藻土可以直接作为填充材料，也可经润湿混合，制坯干燥，烧制成硅藻土隔热砖使用。

石棉是一种使用很普遍的隔热材料，它是纤维状的蛇纹石或角闪石类矿物，前者使用最多，它的化学成分为含水硅酸镁，分子式为 $3MgO \cdot 2SiO_2 \cdot 2H_2O$。石棉的密度和导热系数较小，如一般石棉粉的密度在 $0.6g/cm^3$ 以下，导热系数小于 $0.08W/(m \cdot K)$。石棉耐热温度较高，在 500℃ 时开始失去结晶水，强度降低；当加热到 700～800℃ 时变脆。所以石棉的长时间使用温度为 550～600℃，短期使用温度可以达到 700℃。除了以粉末状使用的石棉以外，也有不少石棉制成板状或者编织成布或者绳，这些石棉制品的使用温度在 500℃ 以下，超过该温度，石棉制品将由于脱水而粉化。

矿渣棉也是一种保温材料，它是将冶金熔渣用高压蒸汽吹成纤维状，而后迅速在空气中冷却而得到的人造矿物纤维。矿渣棉的使用温度为 400～500℃。

水渣是冶金熔渣流入水中急冷而成的疏松状颗粒材料。它的制造工艺简单，成本低，一般在大型炉中被用作保温材料。

应当指出，上述各种保温材料的特性，均指材料本身而言，不包含在工作温度下与其他材料接触时的化学稳定性。鉴于不同材料在高温下相互作用的复杂性，在向炉内填充耐火和保温材料时，应避免不同种类粉料掺混使用。当需要分层使用时，其间与使用惰性材料隔开，否则，由于造渣反应而使保温层容易破坏。

思考题与习题

6-1　冶金实验中常用的电热材料，哪些可以在氧化性气氛下使用，其安全使用温度是多少？

6-2　常用测温计有哪些，其各自的使用温度范围以及使用气氛是什么？

6-3　热电偶特别是贵金属热电偶使用一段时间后必须校对，为什么？

6-4 设某热电偶的测量值为 12.345mV，自由端温度为 20℃ （热电势 = 0.156mV），问实际热电势应为多少？

6-5 常用标准化热电偶有哪些，它们适合于在什么样的使用温度和使用气氛下使用？

6-6 与热电偶有关的定则有 4 个，简述其中 3 个及其应用。

6-7 热电偶冷端处理的方法有哪些？

6-8 选择合适的坩埚，进行 900 ~ 1000℃ 时 "Na_3AlF_6-Al_2O_3-La_2O_3 熔盐体系表面张力" 的研究，并说明理由。

6-9 判断在 1600℃ 下，CO 气氛下能否使用 CaO 坩埚？

6-10 设计一台电阻炉，炉管尺寸为 ϕ70mm × 80mm × 1000mm，要求炉膛工作温度为 1000℃，电压 220V，炉体中等保温，氧化性气氛，加热带长 500mm。选择电热体并画出炉子示意图，并计算电阻丝的直径和长度。

7 真 空 技 术

7.1 概述

真空是指在给定空间内低于 1 标准大气压（101325Pa）的气体状态。衡量气体稀薄程度的量称为真空度。在真空技术中，真空度用绝对压强的大小来表示，气体压强低，表示真空度高，反之则低。压强的单位用"帕"（Pa）表示，$1Pa = 1N/m^2$。

真空度的范围从一个大气压到 $1.3 \times 10^{-14}Pa$，习惯上将其进行如下划分：

粗真空　　　　　　$1.01 \times 10^5 \sim 1.33 \times 10^3 Pa$

低真空　　　　　　$1.33 \times 10^3 \sim 1.33 \times 10^{-1} Pa$

高真空　　　　　　$1.33 \times 10^{-1} \sim 1.33 \times 10^{-6} Pa$

超高真空　　　　　$1.33 \times 10^{-6} \sim 1.33 \times 10^{-10} Pa$

极高真空　　　　　$< 1.3 \times 10^{-10} Pa$

真空在冶金中的应用不仅大大地改善了金属和合金的质量与性能，而且使本来无法生产的金属及合金的制备成为可能。许多高熔点金属（W、Mo、V、Nb、Ta）、部分碱金属、碱土金属（K、Na、Ca）可以用真空碳热还原法生产；而它们中的另一部分（Ti、Zr、Hf）及某些稀土金属则可以采用真空金属热还原法生产。在金属精炼方面，真空蒸馏法、区域熔炼法已被广泛采用。冶金领域中通常涉及到低真空和高真空。真空冶金主要方法及应用见表7-1。

表 7-1 真空冶金主要方法及应用

方　法	分类及主要特点	适 用 金 属
真空感应熔炼	用耐火材料坩埚熔炼，然后铸锭、铸件	Fe、Ni、Co、Cu、Be、U 系金属及合金
	水冷坩埚、熔池熔炼，然后精密铸造	Ti、Be 系金属及合金，Fe、Ni、Co 系高级合金钢、U 系合金
	区域熔炼	Si、Zr、Fe、Nb、Pt 等
真空电弧熔炼	自耗电极真空电弧熔炼	Fe、Ni、Co 系合金，W、Mo、Nb、Ta、Zr Ti 系金属及合金
	非自耗电极真空电弧熔炼	U、Ti、Zr 及碳化铀
电子束熔炼	电子束熔炼，同时在水冷铜结晶器中凝固成锭	W、Mo、Nb、Ta、Hf、Be 等难熔金属及合金、超纯金属
	溢流法电子束多重熔床熔炼及冷凝成锭	高纯金属、高纯合金及高级合金钢
等离子熔炼	等离子弧冶炼	合金钢及工具材料
	等离子弧重熔	钛及合金钢
	等离子弧感应熔炼	耐热钢及耐热合金等
真空精炼	热装及冷装法兼用	合金钢精炼及脱气

7.2 真空的获得及设备

获得真空的过程俗称"抽真空",其主要方法是在工作系统中用真空泵抽气。为了进一步提高真空度,常采取一些辅助措施,如在工作系统中安置冷阱并放置吸附剂,使未被抽走的残余气体冷凝并被吸附等。

在一个大气压下开始抽气的泵称为前级泵,低于一个大气压才能抽气的称为次级泵,次级泵开始工作的气压称为预备真空或前级真空。

在泵入口处压强下单位时间内抽出的气体体积称为泵的抽气速率 S,亦称抽速或泵速,单位是 L/s。真空泵进气口处在不接任何容器的情况下,经充分抽气后所能达到的最低气压称为极限真空度。

真空冶金的各个作业需要满足一定的真空度,图 7-1 给出了范围,选用真空泵可根据此范围来确定。真空泵的种类繁多,工作原理各异,应用范围也不相同,一般分为机械真空泵、蒸汽流泵和高真空机组三类。图 7-2 给出了各种泵能达到的压强范围。

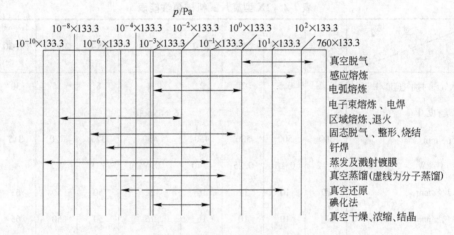

图 7-1 冶金作业所需的真空度

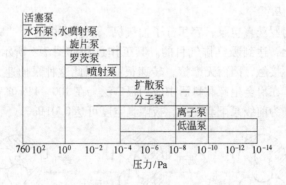

图 7-2 各种泵所能达到的压强范围

7.2.1 机械真空泵

机械真空泵包括旋片式机械真空泵、润滑式机械真空泵、机械增压泵、分子泵等,在冶金生产和科研中以旋片式机械泵应用最广。

7.2.1.1　旋片式机械真空泵

旋片式机械真空泵结构如图 7-3 所示。整个泵体浸在机械泵油中，转子紧贴在定子圆柱形空腔的上部和空腔不同轴，转子通过轴由电动机带动并在空腔内转动。为了进一步提高抽气效果，常将两个泵搭配在一起。即把一个空腔隔成两部分，每一部分都有一个转子和一个翼片，两个转子用同一轴带动，其作用和两个泵一样，在结构上这两个泵是串联的，这样就可以获得更高的真空度。如国产 2X-2 型，型号中第一个"2"表示两级，X 表示旋片式，第二个"2"表示抽速，2X 型旋片式真空泵的性能见表 7-2。该泵属低真空泵，可单独或作前级泵用。

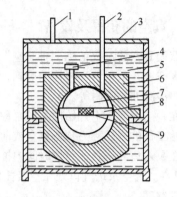

图 7-3　旋片式机械真空泵结构

1—排气管；2—进气管；3—外壳；4—排气阀；
5—真空泵油；6—定子；7—转子；
8—翼片；9—弹簧

表 7-2　2X 型旋片式机械泵性能表

型号 参数	2X-0.2	2X-0.5	2X-1	2X-2	2X-4	2X-8	2X-15	2X-30	2X-70
在 1 大气压时抽气速度/L·s^{-1}	0.2	0.5	2	2	4	8	15	30	70
极限真空度/Pa					6.665×10^{-2}				
转速/r·min^{-1}	500	500	500	450	450	320	320	315	300
配用功率/kW	0.12	0.18	0.25	0.40	0.60	1.1	2.2	4	7.5
进气口径/mm	10	10	12	16	22	50	50	63	80
排气口径/mm	8	10	10	16	16	50	50	65	100
用油量/L	0.16	0.25	0.45	0.7	1.0	2.0	2.8	403	5.2

7.2.1.2　机械增压泵

机械增压泵又称为罗茨真空泵，容积分子抽气机。该种泵由两个"8"形转子在定子内旋转，形成容积重复变化，达到吸气排气目的。其工作过程如图 7-4 所示。由于转子与转子之间，转子与泵体之间不接触，因而无摩擦，转速很高，因此这种泵抽速大、体积小、噪声低、驱动功率小，启动快，在冶金生产和科研中应用很广泛。在 100~1Pa 真空度下，其抽速较大。它也可在大型机组中作为前级泵配套使用，极限真空度可达 0.01Pa。

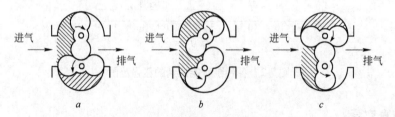

图 7-4　罗茨真空泵的抽气过程

a、b、c—进气和排气顺序

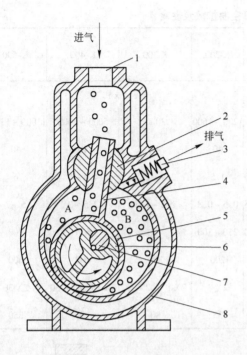

图 7-5 滑阀式机械真空泵
1—进气口；2—滑阀导轨；3—排气阀；4—滑阀杆；
5—滑阀环；6—偏心轮；7—泵轴；8—泵体

7.2.1.3 滑阀式机械真空泵

此种泵可单独使用，也可作前级泵配套使用，该泵的容量比旋片式机械泵的容量大得多，一般用于大型的真空设备，不宜抽除含氧过高、有爆炸性以及有黑色金属但能与真空泵油起化学作用的气体。其极限真空度为 6×10^{-2} Pa，其结构如图7-5。此类泵在真空干燥、真空处理、真空蒸馏中得到广泛应用。

在使用机械真空泵时，应注意以下几点：

（1）若用做前级泵，其装机位置应便于工作人员检修和维护。

（2）不能反转。反转会将油压入被抽系统而造成污染。

（3）停止工作时一定要向泵中放入经过干燥的空气，否则会经排气阀和进气管将油压入被抽系统而造成污染。

（4）不能混入异物（如金属屑、玻璃碴等），不能用于抽取易蒸发的杂质和含水分较多的系统，以免磨损和腐蚀翼片，降低真空度。

（5）按泵的说明书，加入所需牌号的泵油，同时应定期清洗泵体和更换泵油，以保持系统有良好的运转条件。

7.2.2 蒸汽流泵

蒸汽流泵的工作原理是借助高速运转的蒸汽流，将沿气流高速运动的被抽气体带到泵体下部，同时将其压缩到机械转动真空泵（前级泵）能够作用的较高压强，再由前级泵排出。根据蒸汽介质不同，分为以下几种。

7.2.2.1 油扩散泵

该种泵抽速快，效率高，无转动部分，结构简单。它由加热部分、冷却部分和喷射部分组成，如图7-6所示。工作时经电炉加热使泵体内的扩散油挥发成蒸气，油蒸气沿导管上升由喷嘴喷出，喷嘴可设若干级，有几级喷嘴就称几级泵，图7-6为三级油扩散泵。

这种泵的主要缺点是：因被抽气体分子的上下存在密度差，以及油分子与待抽气体分子的互相碰撞而造成反扩散，致使一定的油气分子进入被抽系统而造成污染，同时也限制了扩散泵极限真空度的提高。

K系列高真空油扩散泵的主要性能见表7-3。

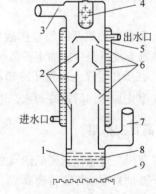

图 7-6 三级油扩散泵
1—泵壳；2—油蒸气导管；3—进气口；4—冷阱；
5—水冷套；6—喷嘴；7—排气口；
8—扩散泵油；9—加热器

表 7-3　K 系列高真空油扩散泵性能

参　数＼型　号	K-50	K-80	K-100	K-150	K-200	K-300	K-400	K-600
极限真空度/Pa	1.33×10^{-4}				6.665×10^{-8}			
抽气速率/L·s^{-1}	75	180	300	800	1200 ~ 1600	3000	5000 ~ 6000	11000 ~ 13000
最大排气压/Pa	13.33 ~ 26.66	26.66	26.66 ~ 40	40	40	40	40	40
加热功率/kW	0.3 ~ 0.4	0.4	0.6 ~ 0.8	0.8 ~ 1.0	1.5	2.4 ~ 2.5	4.0 ~ 5	6
装油量/L	0.05 ~ 0.06	0.1	0.15	0.3 ~ 0.5	0.5 ~ 0.8	1.2 ~ 1.5	2.5 ~ 3	5 ~ 7
冷却水耗量/L·h^{-1}		60	100 ~ 120	150 ~ 200	250 ~ 300	400	500	700
进气口直径/mm	50	80	100	150	200	300	400	600
推荐前级泵型号	2X-1	2X-1	2X-2	2X-4	2X-8	2X-8 或 2X-15	2X-15 或 2X-30	2X-30
质量/kg	3.5	7	16	30	35	80	180	350

7.2.2.2　水蒸气喷射真空泵

　　如图 7-7 所示,其工作介质是水蒸气,由高速水蒸气喷入抽气机内造成低压空间,该系统中的气体不断流向这一低压空间,同时被蒸汽带向排气口排出,从而达到抽真空的目的,其极限真空度可达 0.1Pa。该种泵抽气量大,真空度较高,安装方便,容易维修,故在冶金领域中被广泛应用。

　　在使用扩散泵时,应注意下述几点:

　　(1) 金属扩散泵装机时一定要将扩散泵内壁以及各种零件清洗干净,一般可用苯作为洗涤剂。如系玻璃泵,则需要新配制的洗液浸泡,再用去离子水多次冲洗,干燥后再装机。

　　(2) 配备的前级泵必须与扩散泵相匹配,即前级泵的抽速在预真空度下至少能抽走扩散泵所排出的气体。

　　(3) 在操作程序上应先开冷却水,后开加热系统,停机时应先停止加热,后停冷却水,以免油蒸汽进入被抽系统和防止泵体损坏。

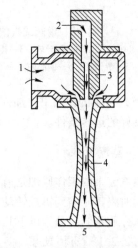

图 7-7　水蒸气喷射真空泵
1—进气口；2—水蒸气入口；3—水蒸气喷嘴；4—扩散器；5—排气口

7.2.3　高真空机组

　　高真空机组是能独立完成抽真空工作的成套设备,其特点是结构紧凑、操作方便。将机组直接接于被抽系统就可获得高真空。机组出厂前已全部装好,在机组的高、低真空泵间装有储气罐,当低真空泵短期停止工作时,扩散泵可照常运转,前级真空由储气罐实现,一般能维持一小时。机组内装有挡板和冷阱,以减少油蒸汽返流至真空室内,机组本身还设有高、低真空测量规管接头,可以方便地测量各点真空度。目前冶金系统常用 JK 型高真空机组,其技术性能见表 7-4。

表 7-4　JK 型高真空抽气机组性能

参　数 ＼ 型　号	JK-50	JK-100	JK-150	JK-200	JK-300	JK-400	JK-600	JK-800	JK-1200
极限真空度/Pa					0.01				
抽气速率/L·s^{-1}	20~25	100	280	420	900	1800	3700	6500	17000
最大排气压强/Pa	26.7	40	40	40	40	40	40	40	133~266
加油功率/kW	0.4	0.8	1	1.5	2.5	4.8	6	9	21
配用扩散泵	K-50	K-100	K-150	K-200	K-300	K-400	K-600	K-800	K-1200
配用障板	S-50	S-100	S-150	S-200	S-300	S-400	S-600		
配用阀门	GD-50 手动	GD-100 手动	GD-150 手动	GY-200 手动	GY-300 手动	GDQ400 气动	GDQ600 气动	GDQ800 气动	GDQ1300 气动
前级机械泵	2X-1	2X-4	2X-4	2X-8	2X-15	2X-30	2X–70	2X-30 2-150	2X-70 2-300
进气口直径/mm	φ50	φ100	φ150	φ200	φ300	φ400	φ600	φ800	φ1300
装入油量/L	0.05	0.15	0.3~0.5	0.5~0.8	1.2~1.5	2.5~3	6~7	10~12	16~20

7.3　真空系统

7.3.1　真空系统的基本要求

　　用于进行某项真空工作的综合装置称"真空系统"，通常由泵、量具、管道、阀门及其他附属设备组合而成。选择和设计真空系统时，应考虑待抽系统的容积、被抽气体的性质、需要达到的最高真空度以及系统的工艺要求，以使主机、管道及其他辅件能相互匹配。并尽量做到结构紧凑、工艺合理、便于测量、检漏和维修等。

　　设计真空系统时，最重要的是能达到最高真空度和抽气速率。在系统没有漏气的情况下，最高真空度由泵的极限真空度决定，但抽气速率除与泵有关外还与管道的设计有关。根据流体力学知识得知，当某种气体流经管道时，其气导率 F(L/s)与管道直径 D(cm)、管道长度 l(cm)的关系为：

$$F \propto \frac{D^3}{l} \tag{7-1}$$

而有效抽气速率 S_e 与泵的标准抽气速率 S 和管道气导率 F 的关系为：

$$S_e = \left(\frac{1}{S} + \frac{1}{F} \right)^{-1} \tag{7-2}$$

　　由式（7-2）看出，管道的气导率对有效抽气速率影响很大，在真空系统管道设计时应尽量选择短而粗的管道，并尽量减少管道直径和安装方向的突变。这样才能保证有较高的抽气速率。此外，只有管道气导率足够大时，大泵才能发挥作用，不然大泵接在气导率较小的管道上，其有效抽气率不会增加很多。

7.3.2　真空材料和零件

7.3.2.1　真空材料

　　对真空材料的性能要求是：气密性好，不渗漏；饱和蒸汽压足够低；材料吸气尽量少并易于除去；化学稳定性好，不易被氧化和腐蚀；温度稳定性好，在工作范围内，其真空性能和力学性能不致变坏；加工容易，经济合理等。真空材料大致可分三类。

（1）结构材料。主要是各种金属和玻璃。金属材料包括低碳钢、铜、铅及其合金等。金属材料多用于大的真空系统，玻璃材料多用于小型的真空系统。

（2）绝缘及密封材料。主要是陶瓷、橡胶、塑料、云母片等。

（3）辅助密封材料。主要是真空封油、真空封蜡、真空封泥、真空漆和环氧树脂等。真空封油常用于涂在玻璃活栓、磨口接头或玻璃钟罩与平台的接触面之间。真空封泥用于低真空密封，适合于密封真空系统中略有振动，经常需要拆卸的部分，或用于暂时密封可疑的漏气区域，对非磨口的玻璃管道的密封也很适宜。封泥在室温下就可涂敷。真空封蜡使用前须加热软化，被涂敷表面亦须同时加热，对于不能得到匹配连接的各种管道很适用。真空漆用于刷涂或喷涂未找到具体位置的漏孔密封。

7.3.2.2 真空零件

真空系统由真空泵、真空计及各种零件组合而成。真空零件主要包括真空阀门和冷阱。

真空阀门用以改变气流方向或气体流量的大小。一般说来，真空阀门必须保证不漏气；具有大的流导和放气率小的特点，它可分为金属阀门和玻璃活栓两种。

冷阱是一种制冷容器，用玻璃或金属制成各种形状。冷阱中可放入干冰或液态氮等制冷剂。干冰可冷冻到 $-78℃$，液氮可冷冻到 $-196℃$。

7.3.3 真空连接和真空清洗

7.3.3.1 真空连接

真空连接方式有固定连接、可拆连接和可动连接三种。

（1）固定连接。当结合处机械强度和密封性能要求较高，且连接的零件不需经常拆卸时，用固定连接。如金属和金属之间可用熔焊、钎焊、硬低温焊（如锡焊）等，使两金属互相连接起来。

（2）可拆连接。真空系统中需经常拆卸部件的连接、螺纹连接、向真空系统引入电极的可拆连接。

（3）可动连接。是向真空系统或容器内部传送各种运动而又要保证密封的连接方法。有橡皮垫真空引入装置、橡皮填料盒的真空密封轴、液态金属密封。

7.3.3.2 真空清洗

为了使真空系统内尽量减少灰尘、油垢以及任何易于大量放气的物质，以获得高真空，对真空系统中各部件均应彻底清洗。不同的真空元件和不同的材料有不同的清洗办法。

（1）玻璃管及玻璃活栓的清洗。用冷水充分冲洗，必要时用脱脂棉擦拭；若表面有油脂，可先用较浓的苛性钠溶液清洗，再用重铬酸钾洗液洗，而后用蒸馏水冲洗，最后吹干或烤干即可。对于使用一段时间的玻璃活栓，可用脱脂棉蘸汽油、三氯乙烯或四氯化碳擦洗，除去油脂。待溶剂完全挥发后，再涂以适当的真空封脂密封。

（2）真空橡胶管和真空橡胶零件清洗。在 15% ~ 20% 苛性钠溶液中热煮（70 ~ 80℃）1h以上，用冷水漂净，再在水中煮沸后吹干或烤干。

（3）金属零件的清洗。一般小型金属零件，用有机溶剂去除油污，然后烘干。

7.3.4 真空系统设计

真空冶金设备的真空度随工艺和试验研究的要求而有所不同，如图7-1。

为满足真空冶金的要求，所选择的真空系统必须能够达到所需的真空度；必须有较大的抽气能力，所选择的真空泵在经济上也必须合理，真空系统线路结构要紧凑简单，便于检漏、测量及维修。

7.3.4.1 真空系统设计中的主要参数

（1）真空室的极限真空。真空室所能达到的极限真空，必定小于真空泵的极限真空，可由下式计算：

$$P_i = P_0 + \frac{Q_0}{S} \tag{7-3}$$

式中 P_i——真空室所能达到的极限真空，Pa；

P_0——真空泵的极限真空，Pa；

Q_0——空载时，长期抽气后真空室的气体负荷（包括漏气、材料放气），Pa·L/s；

S——真空室抽气口附近的有效抽速，L/s。

Q_0/S 就是真空室的极限真空与真空抽气机组的极限真空之差。可见，在抽气口附近泵的有效抽速一定的条件下，真空室的极限真空正比于真空室的漏气与放气。

Q_0 的数值与真空室的极限真空和工作压强有关，一般按工作状态下气体负荷（工艺过程中放气量的 $\frac{1}{10}$）计算。

（2）真空室的工作压强。真空室正常工作压强决定于真空室的极限真空与生产中真空室的气体负荷，可按下式计算：

$$P_g = P_i + \frac{Q_1}{S} = P_0 + \frac{Q_0}{S} + \frac{Q_1}{S} \tag{7-4}$$

式中 P_g——真空室工作压强，Pa；

Q_1——生产过程中真空室的气体负荷，Pa·L/s。

工作压强选择愈接近极限真空，真空抽气机组的经济效率愈低。因此在工艺过程许可的条件下，最好在主泵的最大抽速压强附近选择工作压强。通常工作压强多选在高于极限真空半个到一个数量级。

（3）真空室抽气口附近的有效抽速。设真空室的气体负载为 $Q(\text{Pa}\cdot\text{L/s})$，通过流导为 U 的管道由真空机组或真空泵抽走，p、p_p 分别为管道进口和出口压强，S_p 为真空机组的抽速，根据流导定义得：

$$Q = U(p - p_p) \tag{7-5}$$

泵抽走的气体流量为：

$$Q = S_p p_p \tag{7-6}$$

通过进口的气体流量为：

$$Q = SP \tag{7-7}$$

达到动态平衡时，流经任意截面的气体流量相等，故由上述三式可得：

$$\frac{1}{S} = \frac{1}{S_p} + \frac{1}{U} \tag{7-8}$$

可见在 S_p 一定时，真空系统的有效抽速 S 随管道流导 U 变化，流导 U 增大，S 亦随之增大。如果管道的流导很大，即 $U \gg S$，则 $S \approx S_p$，即此时有效抽速只受真空泵的抽速限制；反之，若 $U \ll S_p$，则 $S \approx U$，即有效抽速只受管道流导限制。欲使有效抽速增大必须增大管道流导。因此选择管道应该短而粗，少弯曲以及采用尽量少的结构合理的真空阀门。对于高真空系统的管道尤其应该如此。通常对低真空管道抽速损失允许 5% ~ 10%；而对高真空管道此数值应小于 40% ~ 60%。

7.3.4.2　抽气时间计算

如用一台 $S_p = 60L/s$ 的机械真空泵，对一个体积为 10L 的容器进行抽气，能否经过 $10/60s$ 就能将容器抽至 $p = 0$ 呢？回答是否定的。实际上，即使 $S_p = $ 常数的理想真空泵也不能得出上述结论。这是因为容器内的压强 p 随着抽气而不断降低，同一体积 V（设即为每秒抽走气体体积）的气体所对应的气体量 $Q = pV$，将愈来愈小，因此就气体量 Q 来说，抽气是愈来愈慢的。可以证明，抽气过程中容器内压强 p 是按指数衰减规律下降的。在理论上要用无穷长的时间才能将 p 下降到零（而且是在 S 为常数的假设下）。

抽气时间与设备总的气体负荷、漏气量、放气量以及有效抽速有关，对于粗真空和低真空而言，放气量与总气体负荷相比可以忽略不计，而对于高真空必须考虑放气量。

在低真空情况下，泵的抽速近似常量时，抽气时间可按下式近似计算：

$$t = 2.3 \frac{V}{S} \lg \frac{p_i - p_0}{p - p_0} \tag{7-9}$$

当流导为 U 时，$\dfrac{1}{S} = \dfrac{1}{S_p} + \dfrac{1}{U}$，则

$$t = 2.3V \left(\frac{1}{S_p} + \frac{1}{U} \right) \lg \frac{p_i - p_0}{p - p_0} \tag{7-10}$$

式中　S_p——泵的名义抽速，L/s；

　　　p——设备经 t 秒抽气后的压强，Pa；

　　　p_i——设备开始抽气时的压强，Pa；

　　　p_0——真空室的极限压强，Pa。

由上式可见，流导大、泵抽速大则抽气时间短，而真空室中的原始压强与要求的真空工作压强之比越大，则抽气时间越长。

7.3.4.3　选泵与配泵

（1）选泵。设计一套工作稳定、经济合理的真空系统，选取主泵是关键问题。选泵的主要依据：第一，空载时真空室所需要达到的真空度：根据真空室所要建立的极限真空确定主泵的类型，所选取的主泵的极限真空应比真空室的极限真空高出半个或一个数量级。第二，真空室的工作压强必须保证在主泵最佳抽速压强范围内，而主泵的抽速由工艺过程产生的气量、系统漏气量、出气量以及所需要的工作压强来确定。

设真空室的工作压强为 P_g，真空室的总气体负荷为 $Q(Pa \cdot L/s)$，则泵的抽速 $S(L/s)$ 为：

$$S = \frac{Q}{P_g} \tag{7-11}$$

Q 一般由三部分组成，即

$$Q = Q_1 + Q_2 + Q_3 \tag{7-12}$$

式中　Q_1——真空室工艺过程产生的气体量；

　　　Q_2——真空室及真空元件的放气量；

　　　Q_3——真空系统总漏气量。

由上式可见，为了增大有效抽速 S，必须增大流导 U，因此管道要短而粗，管道直径不能小于主泵入口直径。

此外，还要考虑被抽出的气体的成分与灰尘含量对所选择泵正常运转的影响。

（2）配泵。主泵选定之后，另一个要解决的问题是如何选用合适的前级泵，选配前级泵

的原则：

1）要求前级泵工作一段时间后能满足主泵所需的预真空条件；

2）在主泵要求的最大排气口压强下，前级泵必须能将主泵排出的最大气体量及时抽走，即前级泵的有效抽速必须满足下列条件：

$$S_q > \frac{p_g S}{p_n} \text{ 或 } \frac{Q_{max}}{p_n} \tag{7-13}$$

式中　S_q——前级泵的有效抽速，L/s，和选择高真空泵一样，先由 S_q 来确定前级泵的抽速，然后再根据该抽速选定泵型；

　　　　p_n——主泵的最大反压强，Pa；

　　　Q_{max}——主泵所能排出的最大气体量，Pa·L/s；

　　　　p_g——主泵允许的最高工作压强，Pa；

　　　　S——主泵工作在 p_g 时的有效抽速，L/s。

在选择前级泵时，应注意机械泵的抽速是在大气压强下测得的，但正常使用的泵都是在低于大气压的条件下运转，导致泵的抽速下降。因此应根据抽速曲线来选择泵。在没有抽速曲线的情况下，可参照下列经验公式：

$$S_p = (1.5 \sim 3) S'_p \tag{7-14}$$

式中　S_p——实际选用的前级泵的抽速，L/s；

　　　S'_p——计算要求的前级泵的抽速，L/s。

如果前级泵选用罗茨泵，则可按下式选择：

$$S_p = (0.1 \sim 0.2) S_罗 \tag{7-15}$$

式中　S_p——计算要求的前级泵抽速，L/s；

　　　$S_罗$——罗茨泵的抽速，L/s。

选用的前级泵如果同时作为预抽泵，那么应满足预抽时间及预抽真空度的要求。

7.4　真空测量

测量真空度的仪器叫做真空计。由于真空系统的压强范围在 $1.013 \times 10^5 \sim 1.33 \times 10^{-14}$ Pa 之间，如此宽的测量范围是不可能用一种真空计来完成的，所以应根据压强范围选择不同的真空计。表7-5 列出了一些真空计的测量范围。

表7-5　一些真空计的压力测量范围

真空计名称	测量范围/Pa	真空计名称	测量范围/Pa
水银 U 形管	$10^5 \sim 10$	高真空电离真空计	$10^{-1} \sim 10^{-5}$
油 U 形管	$10^4 \sim 1$	高压力电离真空计	$10^2 \sim 10^{-4}$
光干涉油微压计	$1 \sim 10^{-2}$	B-A 计	$10^{-1} \sim 10^{-8}$
压缩式真空计（一般型）	$10^{-1} \sim 10^{-3}$	宽量程电离真空计	$10 \sim 10^{-8}$
压缩式真空计（特殊型）	$10^{-1} \sim 10^{-5}$	放射性电离真空计	$10^5 \sim 10^{-1}$
弹性变形真空计	$10^5 \sim 10^2$	冷阴极磁放电真空计	$1 \sim 10^{-5}$
薄膜真空计	$10^5 \sim 10^{-2}$	磁控管型电离真空计	$10^{-2} \sim 10^{-11}$
振膜真空计	$10^5 \sim 10^{-2}$	热辐射真空计	$10^{-1} \sim 10^{-5}$
热传导真空计（一般型）	$10^2 \sim 10^{-1}$	分压力真空计	$10^{-1} \sim 10^{-14}$
热传导真空计（对流型）	$10^5 \sim 10^{-1}$		

按照工作原理不同，真空计可分为两大类。

7.4.1　绝对真空计

该类真空计能根据测得的物理量直接计算出
压强的大小。

7.4.1.1　U形管真空计

U形管真空计测量原理与U形压力计类同，它有开口与闭口之分，其测量范围在 $1.013 \times 10^5 \sim 0.6665 \times 10^2$Pa，管内液体多采用汞或真空油。

7.4.1.2　压缩真空计（麦克劳真空计）

压缩真空计理论基础是波义耳定律，其结构和测量原理见图7-8。

开始测量时（即状态 c），管中水银即将真空计的测量部分与真空系统断开，这时测量部分（包括1和2）内的气体体积为 V_1，其压强与真空系统中欲测的压强相等，此时压强与体积的乘积为 pV_1。测量中（状态 d），当提高储存器6，使测量毛细管2中的水银面上升至位置 $4'$，水银面至顶端的距离为 h'，此时比较毛细管5中的水银面为 $4''$，其压强数很小并等于真空系统内压强。比较毛细管与测量毛细管两者的液面差$(h' - h'')$，即相当于测量毛细管内被压缩气体的压强，若以 V_2 表示压缩后气体的体积，此时测量毛细管2内气体与压力的乘积为$(h' - h'') V_2$。

根据波义耳定律可得：$pV_1 = (h' - h'') V_2$，则所求压强 p 可用下式表示：

$$p = \left(\frac{V_2}{V_1}\right)(h' - h'') \tag{7-16}$$

式中 $(h' - h'')$ 可由肉眼直接读出，而 V_2/V_1 值，则不能直接测出。为求 V_2/V_1 值，可利用预先刻出真空计该数的方法，通常有直线刻度法和平方刻度法。

（1）直线刻度法（见图7-9）。在测量毛细管的外表面相当于 h' 的水平上刻一记号，作为每次读数的开始位置，于是可写出：

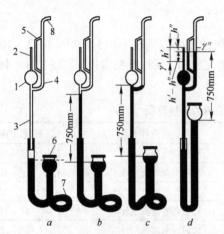

图 7-8　压缩真空计

a—未抽真空状态；b—测量前标准状态；

c—测量开始状态；d—测量中状态

1—玻泡；2—测量毛细管；3—玻管；4—分支；5—比较毛细管；

6—储存器；7—橡皮管；8—接真空系统管

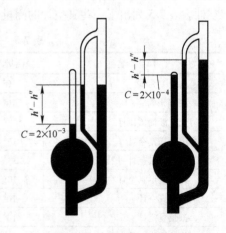

图 7-9　压缩真空计用于
直线刻度法量度压强

$$p = \left(\frac{V_2}{V_1}\right)(h' - h'') = C(h' - h'') \tag{7-17}$$

式中，C（$= V_2/V_1$）为设定常数，若设 $C = 2 \times 10^{-3}$，而相当于这记号被读出的液面差（$h' - h''$）$= 1000$ Pa，那么未知压强 $p = 2 \times 10^{-3} \times 1000 = 2$（Pa），式（7-17）表明 p 与（$h' - h''$）成正比，所以称其为"直线刻度法"。可以在测量毛细管上距离毛细管内部顶端不同的距离 h' 刻上一系列记号。显然，h' 愈小，即刻的记号愈高，则在测量时气体所受压缩愈大，因而可测量较小的压强。如果需要测定较大的压强，必须采用较低的记号，因为 $C = V_2/V_1 = \pi d^2 h'/4V_1$，为使测量低压强时灵敏度大些，即能刻出较小的 C 值，须选用较大体积的玻泡和较细的毛细管。反之，在测定较大压强时，应采用小的玻泡和粗的毛细管。为了扩大测量范围，可采用多段毛细管（细的在上，粗的在下），如图 7-10 所示。

（2）平方刻度法（见图 7-11）。由式（7-16）可知，真空系统压强为

$$p = \frac{V_2}{V_1}(h' - h'') = \frac{\pi d^2}{4V_1}h'(h' - h'') = C'h'(h' - h'') \tag{7-18}$$

C' 对于已知型式的真空计是不变的，为便于计算，测量时可将水银停留在 $h' = 0$ 的位置，即比较毛细管内的水银面和测量毛细管的内顶端一样高，此时 $h' = (h' - h'') = h$，式中 C' 为常数，故 p 与液面差的平方成正比，其灵敏度与线性刻度一样。该种真空计的测量范围为 $1.33 \times 10^2 \sim 1.33 \times 10^3$ Pa。其优点是结构简单、测量精度高。

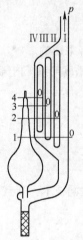

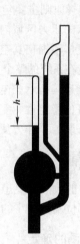

图 7-10　有四个毛细管的真空计图　　　　图 7-11　压缩真空计用于平方刻度法量度压强

以上两种真空计的共同缺点是不能连续测量和自动记录，操作较烦琐，玻璃制品易碎，工作介质（汞）易污染环境，故不宜用于生产现场，同时也不宜用于可凝性气体。

7.4.2 相对真空计

通过测量与压强有关的物理量的变化来测量真空度的器具称为相对真空计。它能连续测量并能自动记录，但其准确度较低，这是由于低压测量本身的困难，加上所利用的物理性质常受到其他因素的干扰。实际上这类仪器能做到数量级准确即可。这类真空计种类较多，工作原理和测量范围也各不相同，通常有如下几种。

（1）热电阻真空计。其基本原理是利用气体热传导系数与气体压强的关系，但不是直接由热传导系数测真空度，而是通过与温度有关的物理量（电阻）的变化来间接测量的。由于

在低真空时气体的热传导与压强无关，而高真空时气体分子密度很小，很难建立起热阻与压强的关系，故热电阻真空计的测量范围为 $1.33 \times 10^{-2} \sim 0.133\text{Pa}$。

（2）热偶真空计。与热电阻真空计类似，不同的是热电阻真空计是通过电阻值的变化来反映真空度的高低，而热偶真空计是通过热丝温度的变化来反映真空度的高低，和热电阻真空计一样，它也不能测量低真空和高真空，其测量范围也在 $1.33 \times 10^{-2} \sim 0.133\text{Pa}$。

（3）热阴极电离真空计。它类似于一只三极管，并带有一小导管连接被测系统，其中阴极通电后发射电子，栅极带正电位，用以捕捉和加速电子，板极带负电位，用以推斥和捕捉正离子，结果就使管中有强大的电子电流 I。当稀薄气体进入电离计时，被能量很大的运动着的电子撞击而电离，产生正离子和次级电子，正离子飞向板极而产生离子电流 I_+，在一定温度并低于 0.133Pa 的气压下产生的离子电流 I_+ 与原来的电子电流 I_- 的比值正比于气体压强、即 p 正比于 I_+/I_-。如定义当压强为 133.33Pa、电子电流为 1mA 时的离子电流值 K 为真空计的灵敏度，则压强 $p = I_+/KI_-$。当电子电流 I_- 保持恒定时，则 K 为 I_- 的常数，故 $p = I_+/C$，K 称真空计常数。由 I_+ 即可推算出压强 p。这种真空计的测量范围为 $0.133 \times 10^{-5} \sim 1.33\text{Pa}$。

利用电离现象的原理还可制造多种真空计，为工作方便，有时将上述三种真空计组装在一起成为复合真空计，它可以从低真空一直测到高真空。

7.4.3　真空计的选择原则

真空计的选择原则主要包括：

（1）在要求的压力区域内能达到要求的精度。

（2）被测气体不损伤真空计，真空计不应给被测气体状态带来影响。

（3）尽可能在系统的整个真空度范围内均能测量，可校准，灵敏度与系统内气体种类有无关。

（4）尽可能连续指示、电气指示，反应时间越短越好。

（5）有良好的稳定性、复现性和可靠性，寿命长。

（6）易于安装，操作方便，规格全。

7.5　真空检漏

漏气是真空的大敌，要想获得并维持真空，必须掌握真空检漏技术。真空检漏就是检测真空系统的漏气部位及其大小的过程。

7.5.1　真空检漏的确定

将组装好的真空系统抽至一定压强后，关闭阀门，使其与真空泵断开。然后测量系统压强的变化，将所测压强对时间作曲线，可能出现四种情况，如图 7-12。由图可见：

（1）曲线 A 说明该系统既不漏气，也不放气（系统内有蒸汽源所致）；如果系统抽不到预定压强，是由于泵工作不正常所致。

（2）曲线 B 在开始时上升较快，而后呈饱和状，表明系统本身不漏气，但内部有放气源。

（3）曲线 C 呈直线上升，说明系统漏气。

（4）曲线 D 表明系统压强开始上升很快，而后变得较慢但不出现饱和，说明放气和漏气两种情况都存在。

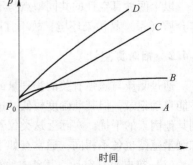

图 7-12　孤立系统的压强变化

7.5.2 检漏方法

检漏方法很多，根据被检件所处的状态可分为充压检漏法、真空检漏法及其他检漏法。

（1）充压检漏法。在被检件内部充入一定压力的示漏物质，如果被检件上有漏孔，示漏物质便从漏孔漏出，用一定的方法或仪器在被检件外部检测出从漏孔漏出的示漏物质，从而判定漏孔的存在、位置及漏率的大小，此即充压检漏法。

（2）真空检漏法。被检件和检漏器的敏感元件处于真空状态，在被检件的外部施加示漏物质，如果有漏孔，示漏物质就会通过漏孔进入被检件和敏感元件的空间，由敏感元件检测出示漏物质，从而可以判定漏孔的存在、位置和漏率的大小，这就是真空检漏法。

（3）其他检漏法。被检件既不充压也不抽真空，或其外部受压等方法归入其他检漏法。背压检漏法就是其中主要的方法之一。

所谓"背压检漏法"是利用背压室先将示漏气体由漏孔充入被检件，然后在真空状态下使示漏气体再从被检件中漏出，以某种方法（或检漏仪）检测漏出的示漏气体，判定被检件的总漏率的方法。

7.5.3 检漏仪器

用于检漏的仪器有氦质谱检漏仪、卤素检漏仪、高频火花检漏器、气敏半导体检漏仪及用于质谱分析的各种质谱计。简介如下。

7.5.3.1 氦质谱检漏仪

氦质谱检漏仪是用氦气为示漏气体的专门用于检漏的仪器，它具有性能稳定、灵敏度高的特点。是真空检漏技术中灵敏度最高，用得最普遍的检漏仪器。

氦质谱检漏仪是磁偏转型的质谱分析计。单级磁偏转型仪器灵敏度为 $10^{-9} \sim 10^{-12} Pa \cdot m^3/s$，广泛地用于各种真空系统及零部件的检漏。双级串联磁偏转型仪器与单级磁偏转型仪器相比较，本底噪声显著减小。其灵敏度可达 $10^{-14} \sim 10^{-15} Pa \cdot m^3/s$，适用于超高真空系统、零部件及元器件的检漏。逆流氦质谱检漏仪改变了常规型仪器的结构布局，被检件置于检漏仪主抽泵的前级部位，因此具有可在高压力下检漏、不用液氮及质谱室污染小等特点。适用于大漏率、真空卫生较差的真空系统的检漏，其灵敏度可达 $10^{-12} Pa \cdot m^3/s$。

7.5.3.2 卤素检漏仪

用含有卤素（氟、氯、溴、碘）的气体为示漏气体的检漏仪器称为卤素检漏仪。该类仪器分两类：其一为传感器（即探头）与被检件相连接的称为固定式（也称内探头式）卤素检漏仪；其二为传感器（即吸枪）在被检件外部搜索的称为便携式（也称外探头式）卤素检漏仪。示漏气体有氟利昂、氯仿、碘仿、四氯化碳等，其中氟利昂 12 最好。卤素检漏仪灵敏度可达 $3.2 \times 10^{-9} Pa \cdot m^3/s$。

固定式卤素检漏仪传感器应在 $10^{-1} \sim 10^{0} Pa$ 压力范围内工作，压力过高或过低都会导致仪器灵敏度的下降。

便携式卤素检漏仪的传感器基本上是在大气压下工作的，靠吸气装置吸入气体，使卤素气体流经传感器。

7.5.3.3 高频火花检漏器

高频火花检漏器是个高频高压对地放电器件，在火花探测器的尖端能产生高频电压，高频电压引起气体放电产生火花。当其在玻璃真空系统上移动时，遇到漏孔，则会形成一束明亮小火花钻入漏孔，从而发现漏点位置。

对于玻璃真空系统，将高频火花检漏器的放电簧沿着已抽空的玻璃系统外表面慢慢移动，没有漏孔时放电火花束呈杂乱分散状态，当遇到漏孔时火花束集中成一条细束，且指向系统上亮点（漏孔内空气电离率远远大于玻璃的结果），该亮点就是漏孔的位置。

对于金属真空系统，则可借助各种气体和蒸汽的辉光放电颜色加以判别，见表 7-6。选用表中示漏物质施加在金属真空系统的可疑处，用高频火花检漏器激发系统上玻璃质规管或盲管内的气体，使之放电，观察放电颜色的变化便可实现检漏。这种方法的工作压力为 $5 \times 10^{-1} \sim 10^2 Pa$，检漏灵敏度为 $10^{-3} Pa \cdot m^3/s$。

表 7-6　各种气体和蒸汽的辉光放电颜色

气　体	放电颜色	蒸　气	放电颜色
空　气	玫瑰红	水　银	蓝　绿
氮　气	金　红	水	天　蓝
氧　气	淡　黄	真空油脂	淡蓝（有荧光）
氢　气	浅　红	酒　精	淡　蓝
二氧化碳	白　蓝	乙　醚	淡蓝灰
氦　气	紫　红	丙　酮	蓝
氖　气	鲜　红	苯	蓝
氩　气	深　红	甲　醇	蓝

7.5.4　检漏技术

充压检漏法、真空检漏法和其他检漏法的条件、现象、所用设备及其灵敏度分别示于表 7-7、表 7-8 和表 7-9。

表 7-7　充压检漏法

检漏方法	工作条件	现　象	设　备	最小可检漏率/Pa·m³·s⁻¹
水压法		漏　水	人　眼	$10^{-3} \sim 10^{-4}$
压降法	充 $3 \times 10^5 Pa$ 空气	压力下降	压力计	1×10^{-3}
听音法	充 $3 \times 10^5 Pa$ 空气	咝咝声	人　耳	5×10^{-3}
超声法	充 $3 \times 10^5 Pa$ 空气	超声波	超声波检测器	1×10^{-3}
气泡法	充 $3 \times 10^5 Pa$ 空气	水中气泡	人　眼	$10^{-5} \sim 10^{-6}$
	充 $3 \times 10^5 Pa$ 空气	水中气泡	人　眼	10^{-9}
	充 $3 \times 10^5 Pa$ 空气	涂抹肥皂液发生皂泡	人　眼	1×10^{-5}
氨气检漏法	充 $3 \times 10^5 Pa$ 氨气	溴代麝香草酚兰试带变色	人　眼	10^{-7}
	充 $3 \times 10^5 Pa$ 氨气	溴酚蓝试纸变色	人　眼	10^{-11}
	充 $2.5 \times 10^5 Pa$ 氨气	复合涂料显色	人　眼	10^{-8}
卤素检漏仪吸嘴法	充卤素气体	检漏仪读数变化伴有音响	卤素检漏仪	$10^{-6} \sim 10^{-10}$
放射性同位素气体法	充放射性气体	计数器信号变化	闪烁计数器	1×10^{-7}
氦质谱检漏仪吸嘴法	充氦气	检漏仪读数变化伴有音响	氦质谱检漏仪	$10^{-8} \sim 10^{-10}$
气敏半导体检漏仪法	充气敏气体	检漏仪读数变化	气敏半导体检漏仪	

表7-8 真空检漏法

检漏方法		工作压力/Pa	现 象	设 备	最小可检漏率/$Pa \cdot m^3 \cdot s^{-1}$
静态升压法			抽真空后封闭，压力上升	真空计	$10^{-5} \sim 10^{-6}$
放电管法			放电颜色改变	放电管	$10^{-3} \sim 10^{-4}$
高频火花检漏器法		$10^3 \sim 10^{-1}$	亮点，放电颜色改变	高频火花检漏器	$10^{-3} \sim 10^{-4}$
真空计法	热传导真空计法	$10^3 \sim 10^{-1}$	施用示漏物质真空计读数变化	热偶或电阻真空计	10^{-6}
	电离真空计法	$10^{-2} \sim 10^{-6}$		电离真空计	10^{-9}
	差动热传导真空计法	$10^3 \sim 10^{-1}$		热传导真空计差动组合	10^{-7}
	差动电离真空计法	$10^{-2} \sim 10^{-6}$		电离真空计差动组合	10^{-10}
	有吸附阱的热传导真空计法	$10^3 \sim 10^{-3}$		液氮冷却活性炭阱，热传导计	10^{-7}
	有吸附阱的电离真空计法	$10^{-2} \sim 10^{-6}$		液氮冷却硅胶阱，冷阴极电离计	$10^{-11} \sim 10^{-13}$
氢钯法		$7 \times 10^1 \sim 10^{-5}$	氢气通过钯管进入真空规，读数变化	钯管，电离计	$10^{-7} \sim 10^{-11}$
离子泵检漏法		$10^{-5} \sim 10^{-7}$	示漏物质使离子流变化	离子泵	$10^{-9} \sim 10^{-12}$
卤素检漏仪内探头法		$10 \sim 10^{-1}$	输出仪表读数变化	卤素检漏仪	$10^{-7} \sim 10^{-9}$
氦质谱检漏仪法		10^{-2}	输出仪表读数及声响频率变化	氦质谱检漏仪	$10^{-12} \sim 10^{-14}$
质谱计法	射频质谱计法	$10^{-2} \sim 10^{-4}$	施用示漏物质输出仪表读数变化	射频质谱计	$10^{-6} \sim 10^{-11}$
	回旋质谱计法	$10^{-3} \sim 10^{-7}$		回旋质谱计	$10^{-7} \sim 10^{-12}$
	四极滤质器	$10^{-1} \sim 10^{-4}$		四极滤质器	$10^{-10} \sim 10^{-11}$

表7-9 其他检漏法

检漏方法	工作条件	现 象	设 备	最小可检漏率/$Pa \cdot m^3 \cdot s^{-1}$
荧光法	荧光材料,有机溶剂	荧光材料发光	紫外线光源	$10^{-9} \sim 10^{-11}$
放射性同位素背压法	放射性气体，背压抽真空	计数器输出	信号背压室，闪烁计数器	10^{-12}
电子管慢性漏气的加速测定法	背压室充氢气，电子管可为电离规	仪表读数变化	背压室，测量电路	$10^{-9} \sim 10^{-11}$
氦质谱检漏仪背压法	背压室充氦气，抽真空	仪表读数及声响频率变化	背压室，氦质谱检漏仪	

思考题与习题

7-1　何谓前置压强?

7-2　真空系统管路选择的原则是什么?

7-3　简述常用真空计的使用方法及注意事项。

7-4　如何判断真空系统是否漏气,如何确定漏气位置?

7-5　欲获得 $1.3 \times 10^{-1} Pa$ 以下的低真空系统,请进行真空系统设计,并画出系统图例。

8 气体净化及气氛控制

8.1 几种常用气体的特征及其制取方法

8.1.1 氮气

氮气，相对分子质量为 28.0164，分子式 N_2，常温常压下是无色、无味的气体，77.35K 时冷凝为无色的液体，63.29K 时凝固为 β 态固体，35.6K 时转化为 α 态固体。常压下，氮气可以微溶于水，也可以溶于多种有机溶剂。

氮气主要分布在地球表面的大气层中，它在大气中的体积百分比约为78%，另外在地层中也蕴藏有氮气。氮气是一种重要的物质，在化学工业、电子工业、生物工程、食品工业和科学研究等领域中有着广泛的应用，特别是在合成氨工业中，它是取之不尽的原料。

8.1.1.1 氮气的物理性质

氮气的一般物理性质见表 8-1。

表 8-1　氮气的一般物理性质

相对分子质量 M_r	28.0164	熔点	温度 T_{fus}/K	63.29
摩尔体积（标准状态）V_m/L	22.40		熔化热 ΔH_{fus}/kJ·kg^{-1}	719.6
密度（标准状态）/kg·m^{-3}	1.2507	比热容（288.8K，0.101MPa）		
气体常数 R/J·(mol·K)$^{-1}$	8.3093	/kJ·(kg·K)$^{-1}$		
临界状态 温度 T/K	126.21		c_p	1.04
压力 p/MPa	3.3978		c_v	0.741
密度/kg·m^{-3}	313.22		$k = c_p/c_v$	1.40
三相点 温度 T/K	63.148	导热系数 λ/W·(m·K)$^{-1}$		
压力 p/MPa	0.01253	气体（0.101MPa，300K）		0.2579
液体密度 d_l/kg·m^{-3}	873	液体（0.101MPa，70K）		1.4963
固体密度 d_s/kg·m^{-3}	947	气体黏度 μ(63K,0.101MPa)/μPa·s		879.2×10^{-2}
熔化热 ΔH_{fus}/kJ·kg^{-1}	25.73	液体黏度 η（64K，0.101MPa）		
		/Pa·s		2.10×10^{-5}
沸点 温度（0.101MPa）/K	77.35	液体表面张力 σ(70K)/N·m^{-1}		4.624×10^{-3}
气体密度 d_g/kg·m^{-3}	4.69	折射率 n（293.16K，0.101MPa）		1.00052
液体密度 d_l/kg·m^{-3}	810	声速 c(300K,0.101MPa)/m·s^{-1}		353.1
汽化热 ΔH_{vap}/kJ·kg^{-1}	196.895	气/液（体积比）①		643

①是与正常沸点下的单位液体体积相等的在 101.32kPa 和 0℃下的体积。

8.1.1.2 氮气的化学性质

在通常条件下，氮是化学惰性的。在常温、常压下，除金属锂等极少数元素外，氮几乎不与任何物质发生反应，无疑这种性质是与氮的电离能有关，这个电离能等于断裂三重键所需的能量。因而，只有在极高的温度下，双原子分子氮才会分解为单原子。在高温、高压或有催化剂存在的条件下，氮可以与氢、氧、碳等非金属元素以及某些金属元素发生反应。反应生成物中，氮主要表现为正五价或负三价。例如，氮与氢反应生成氨：$3H_2 + N_2 \rightarrow 2NH_3$，这是工业合成氨的基础。氮与氧在高压放电时生成氮的氧化物。氮与臭氧在高温下反应生成二氧化氮和少量氧化亚氮。氮与炽热的碳反应生成 CN_2。氮和碳、氢在温度高于 1900K 时能缓慢反应生成氢氰酸：$N_{2(g)} + 2C_{(s)} + H_{2(g)} \rightarrow 2HCN_{(g)}$。在室温下，锂是能与氮直接反应的极少数金属元素之一，反应生成氮化锂：$6Li + N_2 \rightarrow 2Li_3N$。除锂之外，金属元素中，铍和其他碱土金属，过渡金属，钪、钇及镧系金属，钍、铀、钚等锕系金属以及铅、锗等在高温下均能与氮反应生成金属氮化物。如：$3M + N_2 \rightarrow M_3N_2$（$M = Ca$，$Mg$，$Ba$ 等）。

除上述金属元素和非金属元素外，在高温下，氮与一些化合物也能发生反应。比如，氮与碳化钙反应生成氰氨化钙（$CaCN_2$）；在 1000℃ 时，氮与硅化钙反应生成 $CaSiN_2$ 和 $Ca(SiN)_2$；氮与碳化铈或碳化铀在高温下反应生成 CeN 或 U_3N_4；氮与石墨和碳酸钠在 900℃ 反应生成氰化钠；氮与乙炔在 1500℃ 反应生成氰化氢等。

气态氮通过低压辉光放电，形成一种非常活泼的氮，即活性氮。这种放电具有特征的黄色，切断电流后，其颜色可以继续存在几分钟甚至几个小时。活性氮由基态的氮原子组成，这种氮原子只能慢慢地重新化合成激发态的氮分子，当跃迁到基态时发出黄色的辐射。活性氮与许多金属（如 Hg，As，Zn，Cd，Na 等）、非金属（如 P，S 等）迅速反应生成氮化物。在 100℃ 和 102.9kPa 放电时氮和元素硫反应生成一系列的硫化物的混合物。氮在无声放电时能与四氯化钛反应生成氯氮钛衍生物：

$$N_2 + 4TiCl_4 \longrightarrow 2TiNCl \cdot TiCl_4 + 3Cl_2$$

某些金属（例如铜和金）催化活性氮转变为分子氮而不形成氮化物。

8.1.1.3　氮气的制备方法

A　空气分离法制备

空气中含氮约 78%，是工业氮气取之不尽的源泉。工业上主要采取低温精馏法从空气中分离回收氮气。近年来，采用变压吸附法和膜分离法分离空气制氮的装置逐渐增多。变压吸附制氮的方法已日趋成熟，在 20 世纪 70 年代初期法国 Bergban-Forschung of Esen 公司研制成功碳分子筛以后，这种制氮方法得以历史性地突破。变压吸附法具有设备简单、操作方便、投资省等优点。膜分离制氮法是 20 世纪 80 年代新兴的高科技技术，虽然起步较晚，但发展很快，它的流程更加简单、装置紧凑、操作简便、启动速度低、能耗低、寿命长、运行稳定可靠，越来越受到关注。

B　化学法制氮

（1）燃烧法。加压空气与可燃性气体按比例混合，进入燃烧室燃烧，生成 CO_2、H_2O、少量的 CO 和 H_2，氮不参与反应，设法除去杂质即可得到纯氮。

（2）氨热分解法。在 600℃、101～1515kPa 的条件下，在钯催化剂存在下分解氨，生成氮和氢的混合物，配入适量空气燃烧除去氢即得纯氮。

（3）叠氮化钠（NaN_3）热分解。实验室中制取少量的高纯氮可采用此法。将重结晶的并经干燥过的叠氮化钠放入密闭的容器中，抽空并加热至 275℃ 以上温度，NaN_3 分解成 Na 和 N_2。

C　高纯氮的制取

钢瓶装的氮气一般都是由液体空气精馏制得，纯度都在 99.9% 以上。有害杂质主要有 H_2、

O_2、CO、CO_2 和 H_2O。其中 H_2O 和 CO_2 可以用分子筛吸附法脱除。氢和一氧化碳可用催化法脱除。微量氧的脱除可采用 402 型高效脱氧剂。该脱氧剂的使用温度为常温至 150℃，可使气体中残余氧含量脱至小于 0.005×10^{-6}。

8.1.2　氧气

氧是地球上最丰富的、分布最广的元素之一。水中氧的质量比为 89%，地壳中氧的质量含量为 46.6%，大气中氧气体积比为 20.946%。

氧气是一种非常有用的气体，它在冶金、化工、生化、医疗、航空、电子、军事、科研领域中都得到广泛的应用。作为工业气体的氧，主要来源于大气，经过空气分离的手段而获得，也有少量的来源于电解水和其他方法。

8.1.2.1　氧气的物理性质

纯净的氧气是一种没有颜色、没有气味的气体，它的密度稍大于空气，在标准状态下，1L 氧气的质量是 1.43g。氧气微溶于水，其特点是水温越低，溶解的氧气越多，液态氧呈淡蓝色，在 -183.0℃ 沸腾。液态氧进一步冷却到 218.4℃ 时，则凝结成蓝色晶体。氧是一种顺磁性气体，能被磁铁吸引。

氧气的主要物理性质见表 8-2。

表 8-2　氧气的主要物理性质

相对分子质量 M_r		31.9988	一阶电势/eV	12.059
摩尔体积（标准状态）V_m/L		22.39	熔点　温度 T_{fus}/K	54.75
密度（标准状态）/kg·m^{-3}		1.4291	熔解热/J·mol^{-1}	444.8
气体常数 R/J·(mol·K)$^{-1}$		8.31434	比热容（288.8K，0.101MPa）/kJ·(kg·K)$^{-1}$	
临界状态	温度 T/K	154.581	c_p	29.33
	压力 p/MPa	5.043	c_v	20.96
	密度/(kg·m^{-3})	436.14	$k = c_p/c_v$	1.399
三相点	温度 T/K	54.361	导热系数 λ/W·(m·K)$^{-1}$	
	压力 p/Pa	146.33	气体（0.101MPa，273.15K）	24.31×10^{-3}
	气体密度 d_g/kg·m^{-3}	1.0358×10^{-2}	液体（0.101MPa，90.18K）	0.1528
	液体密度 d_l/kg·m^{-3}	13.061×10^2	气体黏度 μ（300K，0.101MPa）/Pa·s	20.75×10^{-6}
	固体密度 d_s/kg·m^{-3}	13.587×10^2	液体黏度 η（90.18K，0.101MPa）/Pa·s	186×10^{-6}
沸点	温度（0.101MPa）/K	90.188	液体表面张力 σ（90.18K）/N·m^{-1}	13.2×10^{-3}
	气体密度 d_g/kg·m^{-3}	4.4766	折射率 n（273.15K，0.101MPa）	1.00027
	液体密度 d_l/kg·m^{-3}	11.41×10^2	声速 c（273.15K，0.101MPa）/m·s^{-1}	315
	汽化热 ΔH_{vap}/kJ·mol^{-1}	6.8123	气/液（体积比）[①]	798.4

①与正常沸点下的单位液体体积相等的在 101.32kPa 和 0℃ 下的气体体积。

8.1.2.2　氧气的化学性质

氧是最活泼的元素之一，除氦、氖和氩等稀有气体和一些不活泼金属外，氧几乎能同所有的元素形成化合物。在化合物中氧的化合价通常是 -2 价，只有和氟化合时才呈 +2 价

（OF_2），氧在碱金属过氧化物中呈 -1 价。当氧与其他元素直接化合生成氧化物时，反应是放热的，生成的氧化物一般很稳定。

除 O_2 外，自然界还存在氧的两种同素异形体，即 O_3、O_4。

把氧通过放电或在紫外线下进行辐照，可以制得臭氧（O_3）。臭氧最大浓度出现在离地高大约 25km 处。由于臭氧吸收光谱最强，所以高空大气层臭氧起着吸收紫外线而使地球免受太阳紫外线辐照的作用。

臭氧（O_3）是比氧气（O_2）更强的氧化剂，能在温和的条件下进行反应。在许多反应中，臭氧被还原成分子氧，也就是说，可以把臭氧视为原子氧的载体：

$$3PbS + 4O_3 \longrightarrow 3PbSO_4$$

现已测出在液态氧中有 O_4 存在，光谱分析测出在气相中亦存在着 O_4。O_4 的化学组成表明，它是由正常的氧分子聚合组成，聚合能约为 0.54kJ/mol，远远低于正常的 O—O 键能。

从 ^{13}O 到 ^{21}O，氧共有 9 种同位素。在自然界有三种稳定的同位素，即 ^{16}O、^{17}O 和 ^{18}O，其中，^{18}O 已用于有机反应的示踪过程。

8.1.2.3　氧气的制取方法

A　空气分离法制氧

空气分离制氧可以采用四种方法，即低温精馏法、常温变压吸附法、膜分离法和吸收法。低温精馏法工艺成熟，产品纯度高，在生产气态氧的同时，也能生产液态氧，适于大规模生产。变压吸附法，由于近年吸附剂和工艺流程的不断改进，在中小规模的生产中，已可与低温精馏法相竞争，但在大规模生产工艺中，在能耗和氧的纯度方面，都无法与低温精馏法抗衡。膜分离法是新近发展起来的方法，主要用于制取含氧量 25% ~ 45% 的富氧空气，远景看好，可是欲使这种技术真正成熟，还要有一个较长的发展过程。吸收法制氧是 20 世纪 80 年代以来开发出的一种新工艺，其基本原理是高温碱性熔盐在催化剂的作用下，能吸收空气中的氧气，然后调节温度可以解吸放出氧气，用来吸收氧的盐为工业纯的碱金属硝酸盐 [NaK$(NO_3)_2$]。这种方法也适合于大规模生产，但有些技术问题仍待解决。

B　水电解法制氧

水电解法可以同时得到氧气和氢气。

用水电解法制氧时，如先用氢气鼓泡反吹软水原料，以除去溶解于水中的氮和其他气体杂质，再将电解氧脱氢，很容易得到纯度为 99.995% ~ 99.999% 的高纯氧。

C　化学法制氧

（1）氯酸盐和过氯酸盐分解。锂、钠、钾的氯酸盐或者过氯酸盐都有受热发生分解反应放出氧的性质，利用它们这一特性，可以制成供呼吸使用或供某些特殊场合使用的氧发生器。

化学法制备氧气，适用于一些特殊的场合，例如飞机、轮船、潜艇、防空系统以及各种需要简便呼吸器的地方。为了这些特殊的需要，除制备方法外，更重要的是，氧气发生器的设计要做到方便使用，可靠性高。

有时实验室也使用化学法制备氧气，以满足试验所需的少量氧气。

（2）过氧化物和超氧化物分解。过氧化钠具有极强的氧化性，许多有机物质与它接触时都会着火。如果把过氧化钠小心地溶于冷水中，则得到含有苛性钠和过氧化氢的溶液。氢氧化钠与二氧化碳相接触则会生产碳酸钠，过氧化氢受热以后即发生分解反应放出氧气。因此，过氧化钠与水和二氧化碳反应，既可吸收二氧化碳又可产生氧气。这个反应说明潜水员所用的各种隔离装备中以及潜水艇中过氧化钠具有吸收人们放出的二氧化碳，并可补充一定量的氧的作用。目前，过氧化钠已大量用于呼吸器械。

超氧化钾（KO_2）、超氧化钠（NaO_2）、超氧化钙[$Ca(O_2)_2$]等遇水后，均发生分解反应并放出氧气，若以 M 代表碱金属，则：

$$4MO_2 + 2H_2O \longrightarrow 4MOH + 3O_2$$

反应生成物（MOH）与 CO_2 相遇生成碳酸盐和水或者生成碳酸氢盐。

由于超氧化钙对水的敏感度较小，所以超氧化钙适用于呼吸器械。单位质量过氧化物的含氧量不及超氧化物，超氧化物呼吸器械不需辅助氧源。

8.1.3　氢气

氢是主要的工业原料，也是最重要的工业气体和特种气体，在石油化工、电子工业、冶金工业、食品加工、浮法玻璃，精细有机合成、航空航天等方面有着广泛的应用。同时，氢也是一种理想的二次能源，这是因为氢的燃烧值较高，而且对环境不会造成污染。

8.1.3.1　氢气的物理性质

常温下，分子氢无色、无臭、无毒、易着火，燃烧时呈微弱的白色火焰。氢气的一般物理性质见表 8-3。

表 8-3　氢气的一般物理性质

相对分子质量 M_r		2.016	沸点	温度/K	20.38
摩尔体积（标准状态）V_m/L		22.43		气体密度 d_g/kg·m⁻³	1.333
密度（标准状态）/kg·m⁻³		0.08988		液体密度 d_l/kg·m⁻³	71.021
气体常数 R/J·(mol·K)⁻¹		8.31594		汽化热 ΔH_{vap}/kJ·kg⁻¹	446.65
临界状态	温度 T/K	33.18	比热容（288.8K，0.101MPa） /kJ·(kg·K)⁻¹		
	压力 p/MPa	1.315		c_p	14.428
	密度/kg·m⁻³	29.88		c_v	10.228
三相点	温度 T/K	13.947	导热系数 λ/mW·(m·K)⁻¹		
	压力 p/kPa	7.042		气体（0.101MPa,273.15K）	166.3
	气体密度 d_g/kg·m⁻³	0.126		液体（20.0K）	117.9
	液体密度 d_l/kg·m⁻³	77.09	气体黏度 μ（273.15K,0.101MPa） /μPa·s		13.54
	固体密度 d_s/kg·m⁻³	86.79	液体黏度 η（21.0K,0.101MPa） /μPa·s		12.84
熔点	温度 T_{fus}/K	13.947	液体表面张力 σ（20K）/N·m⁻¹		2.008×10^{-3}
	熔解热/kJ·kg⁻¹	58.20	声速 c（273.15K,0.101MPa）/m·s⁻¹		1246
			气/液（体积比）[①]		788

①与正常沸点下的单位液体体积相等的在 101.32kPa 和 0℃下的气体体积。

8.1.3.2　氢气的化学性质

氢分子有很高的稳定性，仅在很高的温度下才会有较大的离解度，成为原子氢，令氢气以低气压通入高电压放电管时，也能产生原子氢。原子氢是氢的一种最有反应活性的形式，它有极强的还原性，在室温下可将 Cu（Ⅱ）、Cu（Ⅰ）、Pb（Ⅱ）、Bi（Ⅲ）、Ag（Ⅰ）、Hg（Ⅱ）和 Hg（Ⅰ）的氧化物或氯化物还原成金属，可将无水 $SnCl_2$ 还原成 Sn、HCl 和 $SnCl_4$，一些金属硫化物也能被还原成相应的金属。

氢是第一主族元素，但同时具有第一主族和第七主族元素的特征，也就是说氢在周期表中处于两性状态。氢的电离能比碱金属大 2～3 倍，电子亲和能不及卤素的 1/4，其电负性处于中间地位，因此，它可以和金属及非金属发生反应。

A　氢与非金属单质的反应

氢几乎能同所有元素形成化合物。

氢与卤素（X_2）可直接化合生成卤化氢：此反应为放热反应。

$$H_2 + X_2 \longrightarrow 2HX$$

氢与氧在加热或借助于催化剂可直接发生反应：

$$2H_2 + O_2 \longrightarrow 2H_2O \quad \Delta H = -285.83 \text{kJ/mol}$$

常用的氢-氧反应的催化剂有 Pt、Pd、NiO、Co_3O_4 等金属和金属氧化物。此反应可用于脱除气体中的微量氧。

氢与氮气仅在有催化剂或放电情况下才直接化合生成氨：

$$3H_2 + N_2 \longrightarrow 2NH_3$$

石墨电极在氢气中发生电弧时能产生烃类化合物：

$$2H_2 + C(石墨) \longrightarrow CH_4$$

B　氢气与金属的反应

氢与金属互相化合生成氢化物。按照所形成氢化物在物理和化学性质上的差异，可以分成离子型氢化物、共价型氢化物、过渡金属氢化物、边界氢化物和配位氢化物 5 种类型。

C　合成气反应

合成气主要由不同比例的 H_2 和 CO 组成。不同条件下，选用不同催化剂，氢和一氧化碳反应可合成多种有机化合物。重要的反应有：甲醇和乙二醇的合成、费托（Fischer-Tropsch）法合成烃、甲烷化、合成聚乙烯、醇的同系化反应、与不饱和烃反应制醛等。

D　氢气的制取方法

a　实验室制氢

实验室里所需的少量氢气，可以采用下述几种方法制备：（1）活泼金属与水反应。所用金属为钠或钠汞齐，最好是钙，也可使用镁与热水反应。（2）金属与酸反应。锌是与酸反应产生氢气最常用的一种金属。金属的纯度越高，反应速度越慢，此时可在反应体系中加入少许铜盐，有助于反应向生成氢气的一方移动。（3）金属同强碱作用。可用铝与氢氧化钠溶液作用，反应生成偏铝酸钠（$NaAlO_2$）和氢气。（4）金属氢化物同水反应。可用 LiH、CaH_2、$LiAlH_4$ 与控制量的水反应，此法制取的氢气纯度较高，但成本高。（5）实验室规模水溶液电解，氢离子在电解池阴极获得电子产生氢气。此法也用于工业规模的氢气生产。

b　工业生产方法

工业规模氢气生产主要采用烃的蒸汽转化法、部分氧化法、煤气化法和水电解法。综合统计数据表明，对于用作化工原料的氢气，其生产方法大致为：天然气或液烃的蒸汽转化或部分氧化法占 77%，煤气化法占 18%，水电解法占 4%，其他方法占 1%。此外，为满足石油炼制过程对氢气的大量需要，通常可以直接利用炼制工艺过程的副产品氢气，对于其他用途所需的氢气，大多数从含氢工业排放气中分离回收，也可以采用甲醇或氨分解法制取。

8.1.4　二氧化碳

在自然界中，二氧化碳是最丰富的化学物质之一，它为大气组成的一部分，也包含在某些天然气或油田伴生气中以及以碳酸盐形式存在的矿石中。大气里二氧化碳的含量为 0.03% ~ 0.04%，主要由含碳物质燃烧和动物的新陈代谢过程产生。在国民经济各个部门，二氧化碳有着十分广泛的用途。作为工业产品，二氧化碳主要是从合成氨、氢气生产过程中的原料气、发酵气、石灰窑气和烟道气中提取和回收，其纯度不应低于 99.5%（体积）。

8.1.4.1 二氧化碳物理性质

二氧化碳比空气重，约为空气重量的 1.53 倍，是无色而略带刺鼻气味和微酸味的气体。其主要物理性质见表 8-4。

表 8-4　二氧化碳的主要物理性质

分子直径/nm	0.35 ~ 0.51	升华状态（0.101MPa）	
摩尔体积（标准状态）/L	22.26	温度/℃	-78.5
密度（标准状态）/kg·m^{-3}	1.977	升华热/kJ·kg^{-1}	573.6
汽化热（0℃）/kJ·kg^{-1}	235	固态密度/kg·m^{-3}	1562
生成热（25℃）/kJ·mol^{-1}	393.7	气态密度/kg·m^{-3}	2.814
临界状态　温度 T/℃	31.06	比热容（20℃，0.101MPa）/kJ·(kg·K)$^{-1}$	
压力 p/MPa	7.382	c_p	0.845
密度/kg·m^{-3}	467	c_v	0.651
三相点　温度 T/℃	56.57	热导率（0℃，0.101MPa）/W·(m·K)$^{-1}$	52.75
压力 p/MPa	0.518	气体黏度（0℃，0.101MPa）/μPa·s	13.8
汽化热/kJ·kg^{-1}	347.86	表面张力 σ(-25℃)/mN·m^{-1}	9.13
熔化热/kJ·kg^{-1}	195.82	折射率 n（0℃，0.101MPa，λ = 546.1nm）	1.0004506
		1m^3 气体（288K，0.101MPa）生成液体的体积/L	1.56

8.1.4.2 二氧化碳的化学性质

通常情况下，CO_2 性质稳定，不活泼，无毒性，不燃烧，不助燃。但在高温或有催化剂存在的情况下，CO_2 也能参加一些化学反应。

A　还原反应

高温下 CO_2 可分解为 CO 和氧。反应为吸热的可逆反应。1200℃时 CO_2 的平衡分解率仅为 3.2%。加热到 1700℃以上，平衡分解率明显增大，到 2227℃时，约有 15.8% 的 CO_2 分解。

在 CO_2 气氛中，燃烧着的镁、铝、钾等活泼金属可以继续保持燃烧，反应生成金属氧化物，析出游离态碳：

$$CO_2 + 2Mg \longrightarrow 2MgO + C$$

CO_2 还可以用其他方法还原，常用的还原剂为 H_2：

$$CO_2 + H_2 \longrightarrow H_2O + CO$$

这一反应是可逆的吸热反应，需在高温和有催化剂存在的条件下进行。

在含碳物质燃烧过程中，常伴有二氧化碳被碳还原的反应：

$$CO_2 + C \longrightarrow 2CO$$

在加热和催化剂作用下，CO_2 还可被烃类还原：

$$CO_2 + CH_4 \longrightarrow 2CO + 2H_2$$

以上各反应均可用于 CO 的生产。

B　有机合成反应

在高温（170～200℃）和高压（13.8～24.6MPa）下，CO_2 和氨反应，首先生成氨基甲酸铵：

$$CO_2 + 2NH_3 \longrightarrow NH_2COONH_4$$

接着氨基甲酸铵失去一分子水生成尿素 $CO(NH_2)_2$，这个反应是 CO_2 化工应用中最重要的反应之一。它被广泛用于尿素及其衍生物的生产过程中。

CO_2 在有机合成中的另一重要反应是苯酚钠的羧化反应，反应温度约为 150℃，压力约为 0.5MPa，反应生成水杨酸，被广泛用于医药、燃料和农药的生产过程。

在升温加压和有铜－锌催化剂存在时，用 CO_2、CO 和 H_2 的气态混合物可以合成甲醇，CO_2 和 H_2 发生如下反应：

$$CO_2 + 3H_2 \longrightarrow CH_3OH + H_2O$$

8.1.4.3　工业二氧化碳的制取方法

可供工业回收的富 CO_2 气源有两大类，即天然 CO_2 气源和工业副产气源。天然 CO_2 气产于某些天然气田。在世界石油和天然气开采过程中，发现过不少的 CO_2 或者富 CO_2 气田，其 CO_2 的含量为 15%～99%。在中国广东、山东和江苏等地，亦存在具有开发利用价值的高浓度 CO_2 气田。某些天然 CO_2 气体本身纯度高（含 $CO_2$99.2%），利用井口压力经除尘干燥，脱除重烃和硫化物后就可以分装使用。

从工业过程的副产气源中回收 CO_2，既可综合利用碳资源，又可治理因工业废气排放带来的环境污染。副产气源主要来自下列工业生产装置或生产过程：氨厂和制氢装置、发酵过程、石灰生产、烟道气等。在所有工业副产气源中，其中，合成氨或氢气生产过程的副产气是量最大也是最重要的一种气源。

8.2　常用气体的净化方法及气体净化剂

8.2.1　气体净化的基本方法

在气体净化技术中常用的方法有：吸收、吸附、化学催化和冷凝。

8.2.1.1　吸收

吸收是将杂质气体溶于吸收剂内。吸收剂多为液体，也用固体。常见的吸收剂及其吸气反应见表 8-5。液态吸收剂装于洗涤瓶内，固态吸收剂则需置在干燥塔或干燥管中。吸收剂与吸收杂质之间多半发生化学反应。

表 8-5　气体吸收剂及吸气反应

被吸气体	吸　收　剂	吸　气　反　应
CO_2	KOH 或 NaOH 水溶液，33% 碱石灰或碱石棉	$CO_2 + 2KOH = K_2CO_3 + H_2O$ $CO_2 + 2NaOH = Na_2CO_3 + H_2O$
SO_2	KOH 水溶液 含 KI 的碘溶液	$SO_2 + 2KOH = K_2SO_3 + H_2O$ $SO_2 + I_2 + 2H_2O = H_2SO_4 + 2HI$
CO	氯化亚铜的氨性溶液	$2CO + Cu_2Cl_2 = 2Cu_2Cl_2 \cdot CO$

被吸气体	吸 收 剂	吸 气 反 应
O_2	碱性焦性没食子酸溶液（15℃以上效果较好）	$\frac{1}{2}O_2 + 2C_6H_3(OK)_3 = (KO)_3C_6H_2 - C_6H_2(OK)_3 + H_2O$
H_2S	KOH 溶液	$H_2S + 2KOH = K_2S + 2H_2O$
	含 KI 的碘溶液	$H_2S + I_2 = 2HI + S$
Cl_2	KOH 溶液	$Cl_2 + 2KOH = KClO + KCl + H_2O$
	KI 溶液	$Cl_2 + 2KI = I_2 + 2KCl$
N_2	Ca 或 Mg（500~600℃）	$N_2 + 3Ca = Ca_3N_2$
		$N_2 + 3Mg = Mg_3N_2$

所选用的吸附剂应只吸收杂质，而不与待净化的气体发生反应。例如，欲除去 CO_2 中微量的 H_2S，就不能用 KOH 溶液作吸收剂。因为 KOH 不仅吸收 H_2S，也会吸收 CO_2，此时只能采用含 KI 的碘溶液作吸收剂。待净化气体通过溶液吸收剂后，含有较多水蒸气，须进一步进行脱水作业。

8.2.1.2　吸附

吸附是净化气体常用的方法之一，比液体吸收具有更强的净化能力，多用于处理杂质含量较低的待净化气体。用多孔的固体作吸收剂来处理混合气体，使其中一种或数种杂质被吸附在固体表面上，从而达到分离净化的目的。吸附剂的比表面越大，其吸附量也越大。常用吸附剂的比表面如表 8-6 所示。吸附过程是放热的。随着温度升高，吸附量下降。

表 8-6　常用吸附剂的比表面

吸附剂	硅 胶	活性炭	13X 分子筛	10X 分子筛	4A 分子筛	5A 分子筛
比表面	500	约 1000	1030	1030	约 800	750~800

吸附速率与下列四个因素有关：（1）被吸气体向吸附剂表面的扩散（外部扩散）速率；（2）被吸气体和吸附剂孔道的相对大小；（3）吸附剂和被吸物质间的吸附力；（4）温度。

在吸附剂和被吸气体确定后，温度一定时，吸附速率就取决于上述第（1）、（2）两个因素。孔径大小会影响内部扩散。一般说来，为加速内部扩散和增大吸附表面积，吸附剂颗粒应小些，但若过小则会使气流阻力增大。因此颗粒直径一般选为 0.25~0.50mm 为宜。

吸附剂表面吸满了被吸物质达到饱和后，吸附剂就需要更换或再生。吸附剂再生的方法是加热、减压或吹洗。这些方法是靠提高温度和降低被吸气体的分压以促进解吸。不同的吸附体系，其再生条件也不同。

8.2.1.3　化学催化

借助催化剂，使吸附在催化剂表面上的杂质与气体中的其他组分发生反应，转化为无害的物质或者转化为比原存杂质更易于除去的物质，这也是净化气体的一种方法。

催化剂的作用是控制反应速率或者使反应沿着特定的途径进行。绝大多数气体净化过程中所用的催化剂是金属或其盐类。通常将催化剂载在具有巨大表面积的惰性载体上。典型的载体有氧化铝、硅胶、硅藻土、石棉、活性炭、陶土和金属丝等。催化剂在使用中会失去活性或损坏，因而丧失其催化能力，必须更换或再生。损坏可能有物理原因或化学原因。物理损坏多由于机械摩擦、过热或烧结造成。化学损坏主要是催化剂和气体中杂质产生化学反应生成稳定产物的结果。在这两种情况下，催化剂表面上的"活性中心"数目减少，催化剂活性降低。这种失活现象称为催化剂中毒，例如硫化物和砷化物可使钯石棉中毒，故在使用钯石棉前须将气体中的这些杂质除去。

对催化剂的要求是：具有一定活性和抗中毒能力以及具有足够的机械强度。此外还需考虑催化剂的形状和尺寸，以使气流通过催化剂床层造成的压力降不致过大。

要在催化剂上进行反应，需要一定的活化能，这就要求保证有适当的温度。例如，铂（钯）石棉需要加热到400℃，而105催化剂（其中含有钯）只需在室温下即可达到上述目的。

8.2.1.4　冷凝

气体通过低温介质，可使其中某些易冷凝的杂质凝结而除去。例如 H_2、Ar、N_2 中的微量水蒸气就可以通过冷凝而除去。杂质除去的完全程度与冷凝温度有关。冷凝温度越低，则被冷凝杂质的蒸汽压也就越低，残留在气体中的杂质就越少。常用的低温介质是冰和某些盐类的混合物。如果需要冷却到更低的温度，则需要使用干冰（固态二氧化碳）。实验室内制备干冰的方法是将装有液态二氧化碳的高压钢瓶的瓶口朝下斜放，使瓶口处于最低的位置。用布袋套住瓶口，然后打开气门将液态二氧化碳迅速放出。由于大量的高压二氧化碳在瓶口处突然降压膨胀要吸收大量的热，从而使本身温度下降，液态二氧化碳即可冷凝成雪花状的干冰而收集在布袋之中。由于干冰的导热能力差，通常总是将它与适量的丙酮或乙醇混合，调成糊状再使用。用干冰作冷凝介质可以达到 −80℃ 的低温。

如欲深冷到 −100℃ 以下，就需要用液态氮作冷凝介质。它需要用专门的制冷机才能制备。液态氮应保存在杜瓦瓶内。瓶塞上应开有小孔，经过此孔插入一弯管以便将不断挥发出来的气体导出，不能紧塞，否则会由于瓶内压力不断增高使塞子冲开或引起爆裂。将液态氮倒出使用时，动作要慢，并戴手套，以防止液态氮溅到皮肤上而造成冻伤。

8.2.2　常用气体净化剂

8.2.2.1　干燥剂

一般气体中常含有水蒸气，特别是用水溶液作封闭液时，气体处于被水蒸气所饱和的状态。气体脱水经常使用干燥法，即将气体通过干燥剂（吸水剂）脱水。实验室内常用的干燥剂及其脱水能力见表8-7。

表8-7　各种干燥剂在25℃时的脱水能力

干燥剂	气体干燥后残余水分含量/mg·L	气体干燥后残余水蒸气分压/Pa	气体可达到的露点/℃	脱水原因
P_2O_5	2×10^{-5}	0.02	< -50	生成 H_3PO_4 等
$Mg(ClO_4)_2$	2×10^{-4}			潮　解
$Mg(ClO_4)_2 \cdot 3H_2O$	2×10^{-3}	2.0	< -50	潮　解
KOH（熔融）	2×10^{-3}	2.0		潮　解
Al_2O_3（活性）	3×10^{-3}			吸　附
浓硫酸	3×10^{-3}	2.9	< -50	生成水化物
硅　胶	3×10^{-2}			吸　附
NaOH	8×10^{-1}			潮　解
$CaCl_2$	2×10^{-1}	200	-14	潮　解
CaO	2×10^{-1}			生成 $Ca(OH)_2$
A型分子筛	$\sim 5 \times 10^{-4}$	0.51	< -50	吸　附

各种干燥剂的吸水能力是有所不同的。$CaCl_2$ 的干燥能力较低，但价廉和容易购得，因此常用作普通干燥剂。硅胶是试验中广泛使用的干燥剂，它是以 SiO_2 为主体的玻璃状物质，是硅酸水凝胶脱水后的产物，有很强的吸附能力，它适用于相对湿度较大（例如 >40%）的气体。硅胶为乳白色，为了指示出硅胶的吸水程度，常用氯化钴溶液将硅胶浸透之后再干燥而得到蓝色的硅胶。无水氯化钴为蓝色。使用时，由于吸水程度的增加，含水氯化钴 $CoCl_2 \cdot xH_2O$ 的颜色随着其结晶水 x 的变化而改变如下：

x	0	1	1.5	2	4	6
颜色	浅蓝	紫蓝	暗红紫	淡红紫	红	粉红

当颜色变为粉红色时，表示含水量已相当于200Pa的水蒸气压力，这时必须更换硅胶。经重新干燥处理后，硅胶又恢复为蓝色。硅胶的优点是可以再生，反复使用，更换也较方便。再加上可借助 $CoCl_2$ 的颜色来表征其吸水程度，故在实验室中得到广泛应用。

五氧化二磷是最强的干燥剂，吸水后会形成一系列化合物。这些化合物成黏稠状，附在 P_2O_5 的表面，妨碍它继续吸收水气，严重时会将干燥管堵塞。所以 P_2O_5 在气体干燥技术中不宜作为前级的干燥剂。只有当气体已经过脱水处理后仍含有微量水分需要进一步干燥时，才用 P_2O_5 作干燥剂。

无水过氯酸镁 $Mg(ClO_4)_2$ 的干燥能力稍次于 P_2O_5，吸水后不易形成黏稠状物质，安装和更换均比 P_2O_5 方便。吸水后，可将它置于真空中连续加热到220℃而再度脱水，反复使用，故在实验室中亦得到广泛应用。

密度为 1.84g/mL 的浓硫酸也是实验室中常用的液态干燥剂。浓硫酸的脱水能力随着温度的升高以及其中含水量的增加而显著下降。

选择干燥剂时，首先要考虑它和待处理的气体之间有无反应。其次，要注意将气体先经过干燥能力较弱的干燥剂，除去较多的水后，再经过干燥能力较强的干燥剂。

8.2.2.2　脱氧剂和催化剂

实验室中经常采用催化脱氧（主要用于氢气脱氧）和金属脱氧剂来除掉气体中的氧。催化剂常用铂（或钯）石棉或 105 催化剂，氢气中的少量氧在铂（或钯）的催化作用下可以和氢迅速化合为水。但要注意，硫或砷化合物易使这种催化剂中毒，故需将它们预先除去。

105 催化剂是一种含钯为 0.03% 的分子筛，呈颗粒状。常作为常温常压下的脱氧催化剂。在使用它之前须进行活化处理。此外 105 催化剂使用时间过长会使催化效能降低，必须再生。再生的方法是：将 105 催化剂加热到 300～350℃，在压力为 1.3～8kPa 的粗真空下连续抽空 4～6h，然后冷却至常温即可。此外，将它加热到 300～350℃后，将净化过的纯氢或纯氩（纯氮）以 2～3dm³/min 的流量通入，吹洗 4～6h 亦可达到再生目的。105 催化剂的优点是：在室温下就可以起催化作用使氧和氢迅速化合为水，且兼有吸水性能，故得到广泛采用。

金属脱氧剂常用于去除不活泼气体（Ar、N_2）中的微量氧。常用的金属脱氧剂有：细铜丝或铜屑（600℃）、海绵钛（900℃）和金属镁屑（600℃）等等。各种金属脱氧剂必须加热到一定的温度才能保证有足够的氧化速率。其脱氧极限，即脱氧后气相中尚残留的最低氧分压值，可由有关热力学数据加以估算。

如果气体中含氧较多，需先经过弱脱氧剂，再经过强脱氧剂。

8.2.2.3　吸附剂

实验室常用的吸附剂有：硅胶、活性炭和分子筛。

活性炭是具有较大吸附面积和一定机械强度的黑色颗粒。同时，孔径分布很广，孔隙也大，故其吸附容量和吸附速率都较大。它对水蒸气的吸附能力并不强，但却能吸附一些有毒的气体，如 Cl_2、SO_2、砷化物等。在气体净化中，通常将它置于催化剂前面以避免催化剂中毒。

分子筛是一种广泛应用的高效能多选择性吸附剂，是微孔型具有立方晶格的硅铝酸盐。分子筛具有筛选作用和选择性吸附功能。这主要由其结构特性所决定。筛选作用是根据分子大小不同而产生的不同的选择性吸附作用。例如，4A 型和 5A 型分子筛细孔的表观直径分别约为 0.45nm 和 0.55nm。它们分别能吸附临界大小达 0.47nm 和 0.56nm 的分子。这种筛选作用是其他吸附剂所未有的。此外分子筛对能进入孔道中的分子还具有选择性。这种选择性是根据分子的极性和非极性、饱和与不饱和以及沸点的高低而定的。因此，分子的极性、不饱和度以及压力和温度等都是影响吸附性能的因素。

对于大小相似的分子，极性越大越易被吸附。水是极性分子，分子筛对水有很强的吸附能力，即使在水蒸气分压很低或温度较高时，分子筛对水亦有较大的吸附能力，其脱水能力仅次于 P_2O_5。

分子筛对沸点不同的物质也有选择性。物质沸点越低，越不易被吸附。分子筛还具有离子交换性质，即分子筛中的金属离子可以被其他金属离子所交换，其晶体结构外型不会变化，但有效孔径、吸附选择性及热稳定性会相应发生变化。

分子筛对不同物质的吸附特性也各异。其影响因素主要是被吸附物质分子和分子筛孔径的相对大小及两者之间的吸附力。利用吸附平衡的差异和吸附速率的不同，分子筛很适于作为气相色谱法的吸附剂。

分子筛本身为 $1 \sim 10\mu m$ 的白色粉末。为便于使用，通常加 20% 黏土为结合剂，加压成型，制成直径为 $2 \sim 4mm$ 的球状或 1.5mm 的柱状颗粒。

以上介绍了实验室常用的净化剂和净化气体的方法。在实际工作中，应根据所净化气体及净化剂的物理化学性质，气体中所含杂质的种类，含量气体流量以及需要净化到什么程度等情况来选择合适的净化方法。净化系统既要满足要求，又不宜太复杂。

8.3　混合气体的配制

配制一定组成的混合气体，一般有三种方法：静态混合法、动态混合法、平衡法。

8.3.1　静态混合法

将气体按所需的比例分别冲入贮气袋中，混合均匀后，使用时由贮气袋放出即可。贮气袋用橡皮制成。在贮气袋上放一重物，以维持贮气袋内气体的压力。此法虽简便，但贮气袋容量有限，有时混合不均匀，气体压力亦不稳定。若气体用量较大，可用高压钢瓶代替贮气袋，但必须用压气机将气体压入高压气瓶内，而这个实验室一般不易办到。

8.3.2　动态混合法

此法是将待混合的气体预先通过流量计准确地测出各自的流量，然后再汇合流在一起。流量比就是混合后的分压比。

例如，要配制 CO-CO_2 混合气体，可以采用图 8-1 的装置。用两支毛细管流量计 C_1 和 C_2 来分别测量 CO 和 CO_2 的流量。CO_2 由高压钢瓶输出经过净化后，送入流量计 C_2。在另一支路中，由钢瓶送来的 CO_2 通过加热到 $1150 \sim 1200℃$ 的木炭，转化为 CO，再经过吸收残余 CO_2 的装置，得到净化后的 CO，送入流量计 C_1。这两种气体最后都进入混合器 M 内混合。得到的混

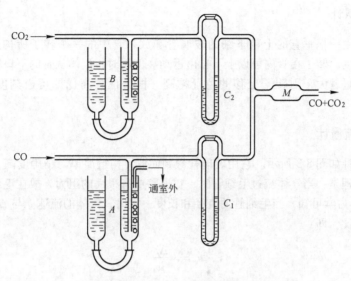

图 8-1 配制 CO-CO₂ 混合气体的装置

合气体中 CO 和 CO₂ 的分压比就等于 C_1 和 C_2 读出的流量比。用动态混合法可以得到较精确的混合比，并且混合比可以调节，因此在实验室中得到更多的应用。

8.3.3 平衡法

例如要配制一定比例的 H_2-H_2O 的混合气体，可将 H_2 通过一个预饱和器让其被过量水蒸气饱和，然后让氢气通过置于恒温水槽中盛有短截玻璃管的容器，使氢气所携带的过量水蒸气被冷凝。为了防止水蒸气在管道凝结，从过饱和器到炉子的玻璃管道都要用电热丝加热，以使水蒸气保持适当的温度。改变水的温度即可改变混合气体中 H_2O 的含量。此法的关键在于使气相中的水蒸气与水相达到平衡。

另一种制备 H_2-H_2O 混合气体的办法是将一定量的 H_2 和 O_2 在一反应炉管的底部燃烧，使 H_2 和 O_2 发生反应生成水蒸气。H_2 应当稍过量，以使 H_2 和 O_2 化合成水后 H_2 有剩余，剩余的量即为 p_{H_2O}/p_{H_2} 中所需的 p_{H_2} 的量。用此法可以得到 0.005 至 25 的足够准确的 p_{H_2O}/p_{H_2}。

以上两种配制 H_2-H_2O 混合气体的方法，准确的气体组成都需经分析确定。经典的分析方法是将气体混合物在已知流量下，经过一个预先准确称量过的盛有无水过氯酸镁或 P_2O_5 的吸收管，用秒表记录吸收的时间。一般吸收 5 ~ 10min 以后，关闭吸收管活塞，记下时间，称量吸收管，计算增重。由增重、气体流量和吸收时间可以计算出 H_2-H_2O 混合物中 p_{H_2O} 值。近年来，更方便的方法是用固体电解质氧浓差电池在高温下直接分析混合气体中的氧分压。

8.4 气体流量的测定

要配制一定成分的混合气体，就需要准确测定气体的流量，通过控制流量比来达到控制分压比的目的。此外，在净化过程中，为使气体通过吸附层或吸收液时能有效地除去杂质，也需要测定气体的流量来控制适当的气流速度范围。实验室内常用的气体流量计有转子流量计和毛细管流量计两种。

8.4.1　转子流量计

转子流量计由一根垂直的上粗下细的玻璃管和放入管中的一个转子所构成（见图 8-2）。在玻璃管上有刻度。转子在管内可以上下自由运动。使用时，流体从管的下口进入管中，使转子向上移动。流量越大，则转子上移的位置越高，根据位置高低即可由刻度上读出流体的流量。

8.4.2　毛细管流量计

毛细管流量计如图 8-3 所示。它用玻璃管弯制而成，构造简单，精确度高，在实验室得到广泛应用。其原理是：当气体流过毛细管时，在通路中有很大的阻力，故在毛细管两端产生压力降 Δp。由流体力学可知，当毛细管的直径和长度一定时，气体的流速 u 与 Δp 成正比，与气体的黏度 μ 成反比，即：

$$u = k \frac{\Delta p}{\mu}$$

在示差压力计上读到的液面差 h 与 Δp 成正比，而通过毛细管内的气体流量 V_s 与流速 u 成正比，故得：

$$V_s = k' \frac{h}{\mu}$$

上式表明，气体流量与液面差成正比。故可用液面差 h 的大小来指示流量。式中常数 k'/μ 可由实验来标定。

毛细管流量的标定方法有几种，实验室常用皂沫上升法，如图 8-4 所示。将一根带有体积刻度的玻璃管（如滴定管）下部接一软橡皮管，橡皮管内装肥皂水。此玻璃管下侧还开一个支管。标定时，将经过流量计后的气体由此支管引入量气管。待稳定后，压迫橡皮管，使少量肥皂水上升到支管口而产生肥皂泡。测量此肥皂泡在量气管内上升的速度，并换算为气体体积，即可测得气体流量。此法简便易行，尤其在流量较小时，可得到较精确的结果。

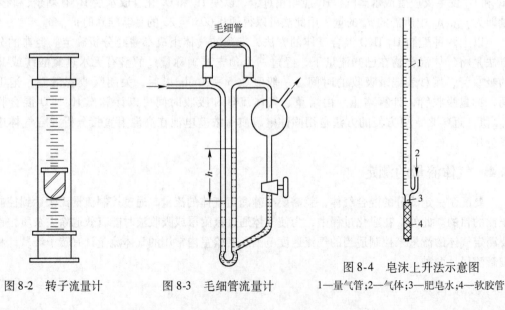

图 8-2　转子流量计　　　　图 8-3　毛细管流量计

图 8-4　皂沫上升法示意图
1—量气管;2—气体;3—肥皂水;4—软胶管

8.5 气体的储存及安全使用

实验室常用的气体（如 O_2、N_2、H_2、Ar、CO、NH_3、Cl_2 等）多装在弹式高压贮气瓶内由工厂购入。为了安全不致误用，各种气体所用的钢瓶外表都涂上不同的颜色，以便识别。例如，氧气用天蓝色，氮气用黑色，氢气用深绿色，二氧化碳用黑色，氩气用灰色，氯气用草绿色，氨气用黄色等。由于瓶装的是高压气体，使用时必须经过减压阀门减压。瓶装高压气体有些在瓶内为液态，如 CO_2、Cl_2、NH_3 等等。使用气体时要注意安全，即防毒、防火、防爆等。

CO、Cl_2、H_2S、SO_2、NH_3 等气体都有毒，这些气体在空气中允许的最高含量见表 8-8。使用这些有毒气体时，要严防泄漏，并注意室内通风。含有这些气体的尾气不能直接排入大气，应该经过处理。

表 8-8 大气中有毒气体所允许的最高含量 g/m^3

气体种类	CO	H_2S	SO_2	Cl_2	NH_3
允许的最高含量	0.02	0.01 ~ 0.03	0.02	0.001	0.02
可嗅出的最低浓度	无　嗅	0.008	0.007		

可燃气体如 H_2、CO、H_2S 等容易引起火灾。当空气中可燃气体含量达到某一浓度范围时，如遇火苗立即发生爆炸。这个浓度上下限称为爆炸极限。常见可燃气体的爆炸极限如表 8-9 所示。

表 8-9 某些可燃气体在空气中的爆炸极限   %

气体种类	H_2	CO	H_2S	NH_3	CH_4	C_2H_2	C_6H_6	C_2H_5OH
爆炸上限（体积分数）	74.2	74.2	45.5	26.4	14	80.5	6.7	19.0
爆炸下限（体积分数）	4.1	12.5	4.3	17.1	5.0	2.6	1.4	4.3

氧气虽不能燃烧，但它却可以助燃，而且它还是强氧化剂，其化学性质极其活泼，能同许多元素发生化学反应同时放出热量，故在充装、贮存和使用场所，氧气的体积分数超过23%时就有发生火灾的危险。因此，在氧浓度有可能增加的地方，应设置通风装置，并对氧气浓度进行监测，远离热源和火源。另外，氧气瓶附近不能放置易燃物质如油脂等，而且可燃气体的钢瓶绝对不允许和氧气瓶放在一起。

用高压钢瓶在环境温度下装运 CO_2 时，应遵守气瓶安全监察的有关规定。一个容积为40L，设计压力为 15MPa 的钢瓶，最多只能充灌 $24kgCO_2$。由于钢瓶受环境温度变化的影响，受热后，瓶内液态 CO_2 气化，有产生超压爆炸的危险。所以，装有液态 CO_2 的钢瓶应贮放在阴凉通风的库房，环境温度不得超过31℃。应远离火种和热源，防止阳光直射。搬运时轻装轻卸，防止损坏钢瓶及其附件。

由于 CO 是易燃、易爆的有毒气体，贮存和使用 CO 必须重视防火、防爆和防毒，严格遵守有关安全规程。CO 贮存容器应避免与强氧化剂接触。CO 钢瓶应存放在阴凉通风的地方，避开热源、火源和阳光直射。开启和关闭容器时应使用无火花工具，严禁烟火。

在我国，充装氢气的钢瓶应符合 GB5099 的规定，高压氢气瓶颜色规定为：外表深绿色，字样为红色"氢"，当额定工作压力为 15MPa 时，不加色环，20MPa 时，加黄色环一道，30MPa 时加黄色环两道。按有关规定，所有可燃气体钢瓶的阀门接口均应有别于惰性气体，为反丝（逆时针方向进）螺纹接口。瓶装氢气应存放在无明火、远离热源、通风良好、离氧化剂气瓶及可燃材料源的地方，氢气瓶库房的建筑、电气、耐火、防爆要求等应符合防火规范。此外，在氢的贮存区，应严禁烟火，避氧气，盛装 23L 以上氢气的金属容器须着地放稳，桶装容器应配备自闭阀、真空压力阀和避火装置，开启和关闭容器时须用无火花工具，贮存区应配备防爆电器设备。

思考题与习题

8-1　气体干燥剂选择的基本原则是什么，如何判断硅胶吸水已达饱和？

8-2　写出氩气、氮气、氢气的净化系统。

8-3　简述使用高压钢瓶时的注意事项。

8-4　如何区分充装氩气、氮气、氢气及氧气的钢瓶？

8-5　使用 CO、Cl_2、H_2S、SO_2、NH_3 等气体时应注意哪些方面？

8-6　使用 H_2、CO、H_2S 等可燃气体时应注意哪些？

8-7　如何对 H_2-H_2O 混合气体的气体组成进行分析确定？

8-8　实验室常用的吸附剂有哪些，使用时的注意事项是什么？

9 粉体熔体物性检测

9.1 试样的制取

随着粉末冶金材料和制品质量的不断提高，市场需求也越来越多。相应地生产粉末的方法也日趋多样。生产方法按产品粒径大小分类可分为微米粉体制备法、亚微米粉体制备法及纳米粉体制备法；按性质归类可分为物理方法与化学方法两大类。目前国内外学者通常将粉体制备方法分为物理法与化学法两大类。物理法又分为构筑法与粉碎法两大类；化学法又分为沉淀法、水解法、喷雾法及气相反应法等。构筑法是通过物质的物理状态变化来生成粉体；粉碎法是借用各种外力，如机械力、流能力、化学能、声能、热能等使现有的固体块料粉碎成粉体。化学法是制备粉体的一种重要方法，其中溶液反应法（沉淀法）、气相法及喷雾法目前在工业上已大规模用来制备微米、亚微米或纳米粉体。其产品涉及化工、医药、农药、日化、有机及无机等各领域。化学法与物理法都可以用于制备微米、亚微米及纳米级粉体，其主要差别在于方法的选择及工艺条件的控制。目前，工业上使用最多的是粉碎法，应用最多的粉体是通过粉碎法和化学法生产出的微米或亚微米级粉体，纳米级粉体的生产及使用量相对较少。工业化生产对粉末体的制备提出了以下几方面要求：

（1）产品纯度高，无污染；

（2）能耗低，产出率高，生产成本低；

（3）产品粒度细而且均匀稳定，即产品的粒度分布范围要窄；

（4）工艺简单连续，自动化程度高；

（5）生产安全可靠。

只有基本满足这些要求的制备方法，才有实用价值，才可能在工业上推广应用。

9.2 粉体物性测定

粉末体简称粉末，通常是由大量粒径小于1mm的颗粒及颗粒间空隙所构成的集合体。

粉末性能包括粉末物理性能、化学成分、工艺性能等。粉末的物理性能一般是指粉末粒度及粒度组成、粉末颗粒形状、硬度、比表面积、表面能、真密度以及粉末颗粒的晶格状态。粉末的化学成分一般是指主要金属或组元的含量、杂质或气体的含量。粉末的工艺性能则包括：粉末的松装密度、粉末的流动性、粉末的压制性和烧结性等。

9.2.1 物理性能测定

粉末的物理性能可以包括：颗粒形状与结构，颗粒大小和粒度组成，比表面积，颗粒的密度、显微硬度，光学和电学性质，熔点、热容、蒸气压等热学性质，由颗粒内部结构决定的 X 射线、电子射线的反射和衍射性质，磁学与半导体性质等。

但是由于粉末的熔点、蒸气压、热容与同成分致密材料的差别很小，并且光学、X 射线磁学等性质与粉末冶金的关系也不大；因此，这里仅介绍颗粒形状、粒度及粒度组成、比表面积、表面能、粉末体密度及其测定方法。

9.2.1.1　颗粒形状测定

将粉末试样均匀分散在玻璃试片上，用放大镜或各式显微镜观察，可发现粉末的单颗粒具有类似的几何形状。颗粒形状主要由粉末的生产方法决定，同时也与物质的分子或原子排列的结晶几何学因素有关。颗粒形状除直接影响粉末的流动性、松装密度、气体透过性外，对压制性与烧结体强度也有显著影响。图 9-1 为几种典型的颗粒形状。

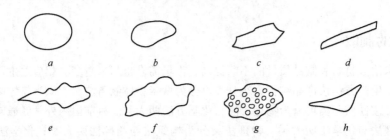

图 9-1　粉末颗粒的形状

a—球形；b—近球形；c—多角形；d—片状；e—树叶状；

f—不规则形；g—多孔海绵状；h—碟状

观察和研究颗粒的形状和表面结构，可以采用光学显微镜、电子透射显微镜与扫描电镜；特别粗的粉末也可用肉眼或放大镜观察，一般肉眼的分辨率约 0.1mm，所以对更细的粉末，一定要用各种显微镜放大观察。

显微镜的分辨率可表示为

$$\delta = \frac{0.61\lambda}{n\sin\theta} \tag{9-1}$$

式中　　λ——光波波长；

　　　　n——镜头与试样间介质的折射率；

　　　　θ——透镜的界角。

由此可见：波长 λ 越小，$n\sin\theta$ 越大，则分辨率越小即分辨能力越高。一般来说，θ 不超过 70°，n 随介质而变化。

电镜使用比可见光波长短得多的电子射线，大大提高了分辨能力。电镜的分辨率 δ 可达到光学显微镜的 1/1000 ~ 1/3000。当使用透射电镜观测时，粉末颗粒只需适当加以分散。但作颗粒表面结构研究时，必须制备透明覆膜。

扫描电镜也已用于颗粒的观测。电子束扫描粉末试样后，产生二次电子射线，在 Braun 管上显像。其分辨能力虽不及透射电镜，但对研究颗粒的表面形貌和结构十分有效。

一般来说，准确地描述粉末颗粒的形状是很困难的。在测定和表示粉末粒度时，常常采用形状因子或形状系数作为描述颗粒形状的参数。如果颗粒都有相同的简单几何形状，如圆柱体、球体或立方体，粒度就可用颗粒的直径（对球体）、直径和高度（对圆柱体）或边长（对立方体）以及类似的量表示。但是，实际的颗粒几乎总是很不规则的，仅用长、宽、高来表示是不准确的，但为了简化测量工作，仍以这三种尺寸为基础，用某种形状因子将它们联系起来。目前主要采用下面几种：

（1）延伸度。对于任意形状的颗粒，取其最大尺寸作为长度 l（图 9-2），从垂直于最稳定平面的方

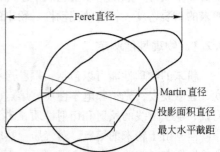

图 9-2　不规则颗粒的"尺寸"表示方法

向观察到颗粒的最大投影面上两切线间的最短距离作为宽度 b，而与最稳定平面垂直的尺寸作为厚度 t，则延伸度定义为 $n = l/b$。延伸度越大，说明颗粒越细长；延伸度越小，说明颗粒对称性越高。

（2）扁平度。片状粉末用延伸度显然不能描述颗粒厚度方向的不对称性，因而又定义扁平度 $m = b/t$。此值越大，说明颗粒越扁。

（3）齐格（Zigg）指数。定义为延伸度/扁平度 $= \dfrac{l/b}{b/t} = \dfrac{lt}{b^2}$，其值偏离 1 越大，表示颗粒形状对称性越小。

（4）圆形度。与颗粒具有相等投影面积的圆的周长与颗粒投影像的实际周长之比称为圆形度。

（5）球形度。与颗粒相同体积的等当球体的表面积对颗粒的实际表面积之比称为球形度。它不仅表征了颗粒的对称性而且与颗粒的表面粗糙程度有关。

（6）粗糙度（皱度系数）。球形度的倒数称粗糙度。颗粒表面有凹陷、缝隙和台阶等缺陷均使颗粒的实际表面积增大，这时皱度系数值也将增大。确定粗糙度最精密的办法是用吸附法准确测定颗粒的比表面。

9.2.1.2　粉体粒度的测定

A　光学显微镜法

一般情况下，粉体粒度较细，要进行粒度的测量和外表形态观察，必须借助于光学仪器如放大镜、光学显微镜、电子显微镜等。光学显微镜的分辨能力，在理想情况下，可达到 $0.2\mu m$，但在实际应用上，光学显微镜法的粒度测量范围是 $0.8 \sim 150\mu m$，再小的颗粒唯有用电子显微镜、扫描电子显微镜等方法测量。但光学显微镜是唯一可以对单个颗粒进行测量的粒度分析方法，并且方法比较直观；因此经常用它来标定其他粒度分析方法。

a　样品制备

取样工作是样品制备的很重要的一步。所取样品要有充分的代表性。一般，取样按四分法进行：将 0.5g 左右的颗粒物质放在玻璃板上，用小勺充分混匀，分割成四块，取其中两块混合，再分割为四块，再取出两块，以此做下去，直到剩余颗粒的重量约 0.01g 为止。样品供透射显微镜观测，一般采用玻璃片制样，用前设法洗净。然后用滴管吸取分散介质，在置有样品的玻璃片上滴上几滴。放上玻璃盖片或用玻璃棒进行揉研，以便将样品分散开。

样品分散的好坏，直接影响到测试的准确程度。因此分散介质的选择十分重要，通常分散介质需满足以下几方面条件：

（1）分散介质与所测颗粒应不起化学反应；

（2）分散介质挥发的蒸汽对显微镜镜头没有腐蚀作用；

（3）分散介质应是无色透明的，并能较好地润湿所测颗粒；

（4）分散介质对人身健康没有危害。

目前选用的分散介质除常用的蒸馏水外，还有下面几种类型：

（1）挥发性的，如苯、酒精、甲醇、丙酮等。其优点为不会影响到观测时颗粒的成像，视场比较清晰；其缺点是不能将颗粒牢牢地固定在载物片上，颗粒容易脱落，在用盖片覆盖分散介质时也不易揉研。

（2）黏滞性的，如液体石蜡、钟表油、松节油等。它们弥补了挥发性介质难以将颗粒牢固地黏结在载物片上的缺点。但是，当用量过多时，会在其中发生颗粒游动而团聚在一起。此外，油膜对光有吸收作用，会影响到视场的清晰度。

（3）成固体膜的，如醋酸戊酯火棉胶溶液，它是电子显微镜制膜常用的材料。当醋酸戊酯挥发后，在颗粒样品上沉积一层均匀的火棉胶薄膜，使颗粒牢固地黏结住。

在分散过程中，过度的揉研或揉研不当，分散效果反而变差，颗粒发生团聚现象，或使粗大颗粒滑移到载物片的边缘。

对于小于 $5\mu m$ 的较细颗粒，采用上述直接法分散效果不佳，应采用超声波分散、"C-N"共晶分散、磁场处理等其他分散方法。

b　粒度测量

显微镜法测量的是颗粒的表观粒度，即颗粒的投影尺寸。对称性好的球状颗粒（如喷雾粉）或立方体颗粒可直接按长度计量，但对于非球状的不规则颗粒，这种直接计量是不适用的，颗粒的"尺寸"必须考虑到颗粒形状。图 9-2 是显微镜法常用的几种颗粒"尺寸"的表示方法，图上 Feret 直径即是颗粒的最大投影尺寸，由显微刻度尺的垂线与颗粒投影轮廓线相切的两条平行线间距离来表示；Martin 直径在粒度分析中是常用的，由它把任意方位的颗粒划分成两个投影面积大致相等的部分；最大水平截距是指刻度尺水平方向上，从颗粒一端到另一端间的最大距离；投影面积直径则是指颗粒投影面积相当的圆的直径。

粒度分布测量的颗粒数量多少，视测量结果达到稳定为原则，通常与颗粒形状、大小和分布范围有关，也与采用的测量方法有关。如对形状较规则的颗粒，测量 100 个颗粒即可；而对不规则形状的颗粒或尺寸分布范围比较宽的颗粒，则需要测量 200~2000 个左右。

B　透射电镜观察法

纳米粒子较难分散，被测量的粒径是团聚体的粒径。电镜观察使用的粉体量极少，造成观测法不具有代表性和缺乏统计性。因此常用透射电镜可检测超细粉的平均直径。其方法为，用超声波分散法使粉体粒子分散在截液中形成悬浮液，再将超细粉制成的悬浮液滴在带有碳膜的铜网（电镜用）上，待截液（例如乙醇）挥发后，将其放入电镜样品台，拍摄有代表性的电镜像，然后由这些照片来测量粒径。测量可以采用交叉法：即用尺或金相显微镜中的标尺任意地测量约 600 个颗粒的交叉长度，再将交叉长度的算术平均值乘上一统计因子即获得平均粒径。以粒子数为纵坐标，以颗粒直径为横坐标作出分布图，峰值对应的颗粒尺寸为平均粒径。

透射电镜观察法的特点是：透射电镜观察法具有可靠性和直观性。

C　沉降法

在沉降力场作用下，颗粒在介质中移动速度是颗粒大小的函数。沉降分析就是通过测量粒子分散体系因颗粒沉降而发生的浓度变化，来测定粒子大小和进行粒度分析。

在沉降力场作用下，颗粒在介质中移动速度和颗粒大小有关。沉降分析正是应用这一原理进行粒度分析的。

沉降分析具有以下特点：（1）方法种类多；（2）粒度测量范围宽；（3）实验装置简单，便于操作；（4）能保证一定测量精度和重复性。因此，在粒度测量工作中，沉降分析的应用很广。沉降力场主要是指重力场和离心力场。下面分别介绍如下：

a　重力沉降法

在静止液体中，粉末颗粒在自身重力作用下，克服介质的阻力和浮力自由降落。在层流条件下，自由降落速度与球形颗粒直径之间关系，可用斯托克斯公式表示：

$$V = \frac{(\rho_1 - \rho_2)gd^2}{18\eta} \tag{9-2}$$

式中　V——自由降落速度，cm/min；

g——重力加速度，cm/s^2；

ρ_1——粉末试样的密度，g/cm^3；

ρ_2——沉降介质的密度，g/cm^3；

d——粉末颗粒的直径，cm；

η——沉降介质的黏度，$Pa \cdot s$。

由式（9-2），根据自由降落速度，即可求得颗粒直径 d，经实测可得到试样的粒度分布。

（1）移液管法。目前通用的移液法装置如图9-3所示，移液装置包括一个沉降筒和一个移液管。沉降筒体积 $500 \sim 600mL$，悬浮液的颗粒体积浓度为 $0.5\% \sim 1.0\%$，移液管每次抽取 10mL 悬浮液样品，把抽取样品倒入 25mL 烧杯或离心管，通过离心分离、干燥和称重，或干燥和称重，可以确定样品中颗粒浓度。

图9-3　移液装置

用移液管测定分散体因颗粒沉降而发生的浓度变化来获得粒子大小和粒径分布，其测试范围为 $1 \sim 100\mu m$。

（2）比重计法。比重计法使用一个带刻度的圆柱筒，盛上颗粒浓度为 2%（体积比）的悬浮液，内加少量分散剂，混成均匀的悬浮液。因为悬浮液与纯介质之间的密度差与悬浮液中颗粒浓度成正比，因此，使用比重计测量沉降过程中悬浮液的密度变化，可以求出悬浮液中颗粒的粒度分布。

（3）潜浮法。此法系将较小的潜浮物放入悬浮液中，停留于悬浮液中某水准面上。沉降开始时，停留位置离液面很近。随着颗粒沉降，悬浮液密度变化，该水准面不断地往下推移。此法消除了比重计法中，因比重计露出液面，表面张力变化所引起的误差。其粒度测量下限可达到 $0.2\mu m$。

b　离心沉降法

离心沉降法常用的测试仪器是 X 射线圆盘离心沉降仪。其原理是：在离心力场中，颗粒沉降服从斯托克斯定律，即把实际测量的直径等效成斯托克斯直径。斯托克斯直径是指在层流区 $Re < 0.2$ 内的自由降落直径。对离心沉降而言：

$$d_{st} = \frac{18\eta \ln \dfrac{r}{s}}{\rho_s - \rho_1 \omega^2 t} \tag{9-3}$$

式中　η——分散体系的黏度；

ρ_s、ρ_1——分别为固体粒子、分散介质的密度；

ω——离心转盘的角速度。

该式表明粒子尺寸为 d_{st} 的颗粒，从距离心轴 s 处的分散介质的表面沉降至 r 处的时间为 t。

使用 X 射线进行粒度分析时，已经知道 X 射线的密度和粒子浓度的关系。X 射线的密度 D_X 由下式决定：

$$D_X = \lg \frac{I}{I_0} \tag{9-4}$$

式中　I、I_0——分别表示透射和入射 X 射线的光强。

X 射线的强度和颗粒浓度的关系由 Lambert-Beer 定律给出：

$$D_X = \lg \frac{I}{I_0} = -BC \tag{9-5}$$

式中　　B——常量;

　　　　C——超细粒子浓度。

　　X 射线沉降分析测试的误差绝大部分来源于样品的制备,如果样品中存在着团聚,则不能准确地反映粒子的大小。另外,当进行多元混合物的分析时,会导致一定的误差。因为不同种类的物质密度不同,吸收 X 射线的强度不一样,当把它们等效成一种物质时,便会人为地引入误差。其测试范围为 0.01 ~ 30μm。

　　D　X 光小角度散射法

　　X 光小角度散射法可以用来分析特大点阵常数的物质结构,更多用于测量超细颗粒、胶体质点、大分子等的形状、大小和分布。

　　当 X 光穿过存在微观不均匀区的介质时,将发生衍射现象。由光学原理可知,当一束光线穿过一个含有不透明颗粒的介质时,在入射线束周围会产生一圈衍射光线的圆环,随衍射角增加,衍射环亮度逐渐减弱。在 X 光小角散射也是这样,当 X 射线受到颗粒中两个原子的散射时,由相干散射线的光程差可以求出:

$$\varepsilon = \frac{\lambda}{d} \tag{9-6}$$

式中　　ε——散射角;

　　　　λ——X 光波长;

　　　　d——颗粒大小。

　　a　样品制备

　　X 光小角散射法的样品要做成薄层。薄层的厚度要选择得合适,以便测得的散射强度达到最大。把一定数量的粉末放入小烧杯中,从中注入预先配好的火棉胶丙酮溶液,搅拌均匀后,置于避风处阴干即可得到一胶膜薄层的样品。制样时,为了分散均匀,可以采用超声振动并加表面活性剂的强力分散方法。

　　b　测量

　　假定粉体粒子的粒度均匀,那么散射强度 I 与颗粒的重心转动。惯量的回转半径 R 的关系为:

$$\ln I = a - \frac{4}{3} \times \frac{\pi^3}{\lambda^2} R^2 \varepsilon^2 \tag{9-7}$$

式中　　a——常数。

　　R 与粒子的质量 M,相对于重心的转动惯量 I_0 的关系满足下式:

$$I_0 = MR^2 \tag{9-8}$$

　　如果得到 $\ln I$-ε^2 直线,由直线的斜率 b 求得:

$$R = \left(\frac{0.75\lambda^2}{\pi^2}\right)^{\frac{1}{2}} (-b)^{\frac{1}{2}} = 0.49(-b)^{\frac{1}{2}} \tag{9-9}$$

　　如果颗粒为球形,则

$$R = \left(\frac{3}{5}\right)^{\frac{1}{2}} r = 0.77r \tag{9-10}$$

式中　　r——球形粒子半径。

　　E　激光光散射法

　　激光光散射法是一种快速测试粒子尺寸的技术。对于大多数粉体而言,光散射粒子尺寸分析取决于所测粒子尺寸的范围或入射光的波长。这一技术要求单色光通过超细粉体的悬浮介质,激光便是一种良好的单色光源。光散射的模式由粒子尺寸和入射光波长(激光 $\lambda =$

632μm）所决定。

当 $d \gg \lambda$ 时，属于 Fraunhofer 衍射范围。如果把所测颗粒都等效为球体，当激光照射到粒子表面时发生散射，粒子越小，散射角越大，通过对散射角的测量，即可得到粒子的平均粒径、粒度分布及比表面积。

当 $d \approx \lambda$ 时，属于 Rayleigh-Gans-Mie 散射范围，采用光子相关光谱（Photo Correlation Spectroscopy，简称 PCS）测量粒子尺寸。因为粒子处于不断地热运动或布朗运动之中，散射光的强度会随着粒子的运动而形成一个运动的斑纹。这种运动可利用合适的透镜和光电倍增器，通过测量光强随时间的变化量而测定。大粒子较小粒子移动慢，因而散射光波动速率也慢。

PCS 就是利用散射光的波动速率来测定粒子的大小分布，又称动态光散射、准弹性光散射（Quasi-Elastic Light Scattering，简称 QELS）。

9.2.1.3 粉体比表面积测定

大多数反应都是在颗粒的表面上开始的，每单位质量的粉体所具有的表面积总和，称为比表面积（cm²/g）。比表面积是粉末冶金工艺中的重要参数之一，它直接影响粉末的压制性能与烧结性能。粉末的比表面积不仅取决于粉末的粒度和形状，而且也和颗粒的表面状态（或称表面的发达程度）有关。粉末粒度越细，形状越复杂，表面越粗糙，粉末的比表面积就越大；相反，粉末粒度越粗，形状越规则（比如球形），表面越光滑（无凸凹不平现象）的粉末，比表面积就越小。

粉体的表面积分外表面积和内表面积两种。理想的非孔性物料只有外表面积，多孔性粉料除有外表面积外还有内表面积。因此，对于非孔性物料，一般用透过法测定其比表面积，而对具有多孔结构特征的物料则一般多用气体吸附法测定其比表面积。

A 透过法

流体透过法包括气体透过法和液体透过法，该方法的基础是达西法则。

透过法的装置根据透过的流体分为液体透过法和气体透过法，而目前使用最多的是采用空气—气体透过法，气体透过法的测量范围为 $0.01 \sim 100 \mu m$。采用空气透过的方法测定比表面积的种类很多，其中勃莱因法由于其结构简单，操作方便，可能产生漏气的部位少，测定时间短，而且完全不损坏试样，所以广泛作为粉体试样比表面积的测定装置。图 9-

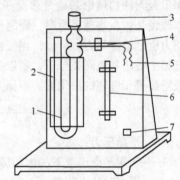

图 9-4 Blaine 透过仪示意图
1—U 形管压力计；2—平面镜；3—透气圆筒；4—活塞；
5—接电磁泵；6—温度计；7—开关

4 为 Blaine 透过仪示意图，它由透气圆筒、穿孔板、U 形管压力计、抽气装置（小型电磁泵或抽气球）等组成。

测试时先使试样粉体形成孔隙度一定的粉体层，然后抽真空，使 U 形管压力计右边的液柱上升到一定的高度。关闭活塞后，外部空气通过粉体层使 U 形管压力计右边的液柱下降，测出液柱下降一定高度（即透过的空气容积一定）所需的时间，根据式（9-11）即可求出试样粉体的比表面积。

$$S = \frac{S_s \sqrt{T}(1 - \varepsilon_s) \sqrt{\varepsilon^3} \rho_s}{\sqrt{T_s}(1 - \varepsilon) \sqrt{\varepsilon_s^3} \rho} \tag{9-11}$$

式中 S——被测试样的比表面积，cm²/g；

　　　S_s——标准试样的比表面积，cm²/g；

T——被测试样试验时，压力计中液面降落测得的时间，s；

T_s——标准试样试验时，压力计中液面降落测得的时间，s；

ε——被测试样试料层中的孔隙度；

ε_s——标准试样试料层中的孔隙度；

ρ——被测试样的密度，g/cm³；

ρ_s——准试样的密度，g/cm³。

用透气法测定比表面积的主要缺点是，在计算公式推导中引用了一些实验常数和假设。空气通过粉末层对粉末颗粒作相对运动，粉末的表面形状、颗粒的排列、空气分子在颗粒孔壁之间的滑动等都会影响比表面积测定结果，但这些因素在计算公式中均没有考虑。对于低分散度的试料层，气体通过孔隙较大，上述因素影响较小，测定结果比较准确；但对于高分散度的物料，空气通道孔径较小，上述因素影响增大，用透气法测得的结果偏低。物料越细，偏低越多。因此，测定高分散度物料的比表面积，特别是多孔性物料的比表面积，可以用低压透气法和吸附法。

B　BET 法

固体与气体接触时，气体分子碰撞固体并可在固体表面停留一定的时间，这种现象称为吸附。吸附过程按作用力的性质可分为物理吸附和化学吸附。化学吸附时吸附剂（固体）与吸附质（气体）之间发生电子转移，而物理吸附时不发生这种电子转移。

BET 吸附法的理论基础是多分子层的吸附理论（BET 是 Brunaure Emmett Teler 的缩写）。其基本假设是：在物理吸附中，吸附质与吸附剂之间的作用力是范德华力，而吸附质分子之间的作用力也是范德华力。所以，当气相中的吸附质分子被吸附在多孔固体表面之后，它们还可能从气相中吸附其他同类分子，所以吸附是多层的，吸附平衡是动平衡；第二层及以后各层分子的吸附热等于气体的液化热。根据此假设推导的 BET 方程式如下：

$$\frac{p}{V(p_0 - p)} = \frac{1}{V_m C} + \frac{(C-1)}{V_m C}\left(\frac{p}{p_0}\right) \qquad (9-12)$$

式中　p——平衡压力；

p_0——吸附平衡温度下的饱和蒸气压；

V——平衡时的吸附量；

V_m——以单分子层覆盖固体表面所需的气体量（以标准状况计算）；

C——与温度、吸附热和催化热有关的常数。

通过实验可测得一系列的 p 和 V 值，根据 BET 方程求得吸附剂比表面积 S 计算式如下：

$$S = n_A \delta = \frac{V_m N_A \delta}{22400 \times W} \qquad (9-13)$$

式中　n_A——单分子层覆盖1g固体表面所需吸附质的分子数；

δ——1 个吸附质分子的截面积，nm²；

N_A——阿伏伽德罗常数（6.022×10^{23}/mol）；

W——固体吸附剂质量，g。

以 BET 等温吸附理论为基础来测定比表面积的方法有两种，一种是静态吸附法，一种是动态吸附法。静态吸附法是将吸附质与吸附剂放在一起达到平衡后测定吸附量。根据吸附量测定方法的不同，又可分为质量法与容量法两种。质量法是通过测量暴露于气体或蒸气中的固体试样的质量增加直接观测被吸附气体的量，往往用石英弹簧的伸长长度来测量其吸附量。容量法是根据吸附质在吸附前后的压力、体积和温度，计算在不同压力下的气体吸附量。静态吸附对真空度要求高，仪器设备较复杂，但测量精度高。动态吸附法是使吸附质在指定的温度及压力下，通过定量的固体吸附剂达到平衡时，吸附剂所增加的量，即为被吸附量。再改变压力重复测试，求得吸附量与压力的关系，然后作图计算。一般说来，动态吸附法的准确度不如静态吸附法，但动态吸附法的仪器简单，易于操作，在一些实验中仍有应用。

　　a　重量法

　　重量法是直接称量吸附剂的吸附质重量，求出吸附剂的比表面积。目前，重量法一般常用的有石英弹簧秤和吸附天平两种。重量法测定比表面积的范围是 $0.1 \sim 1000 \mathrm{m}^2/\mathrm{g}$，纳米粉的粒度范围也在此之列。

　　b　容量法

　　容量法通过精确测量吸附前后的压强、体积和温度，来计算不同相对压强下气体的吸附量，仪器的死空间用氦气校准。因为，在通常温度下，氦气吸附可忽略。为了提高测试精度，对仪器的死空间要求尽可能地小，体积保持不变和恒温。

　　图 9-5 为德博尔（deBoer）和其合作者根据容量法原理所制作的 BET 多点吸附仪。它适用于测量比表面积 $0.5 \sim 50 \mathrm{m}^2/\mathrm{g}$ 的样品。

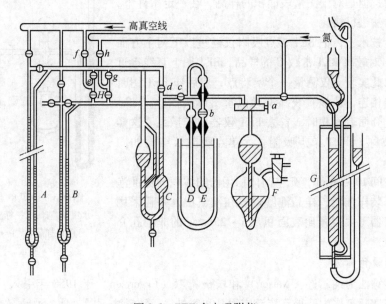

图 9-5　BET 多点吸附仪

　　死空间体积 V_d 定义为：在测量条件下，C 中汞面于参考水准和空白样品管 E 中刚为 1000mm 汞柱时氦的体积（mL，换算到标准状态）。为了校准空白样品管 E 中死空间，阀 c、d、e 和 f 打开，使样品管 E 和真空线连通。当压强达到 10^{-4} mm 汞柱以下时，阀 d、e 和 f 关闭，然后把样品管盛于装液氮的瓶中。同时，量管 G 用纯氦气注满，借助水银泵 F，一定量气从 G 转移到样品管，转移的氦气量可从量管 G 读数计算，设为 V（mL，换算到标准状态）。再由阀 g 和 h，使 C 和 A 间压强增加，直到 C 的两个分支管汞面近似相等，则 E 中压强 p 等于 A 和 C 中指示压强的总和：

$$p = p_\mathrm{G} - p_\mathrm{E} \tag{9-14}$$

　　这样死空间体积 V_d 可由 V 值计算：

$$V = 0.001p(V_\mathrm{d} - Kp_\mathrm{E}) \tag{9-15}$$

式中，常数 K 和 C 中毛细管直径有关。重复上述过程，测量数点。就可求出 V_d 和 K 值的可靠值。

在等温线测量时，被样品置换的气体体积 V_S 应该从死空间中扣去，在压强 1000mm 汞柱测量条件下，V_S 为：

$$V_S = \frac{1000}{760} \times \frac{273}{78} V_{SP} G = 4.72 V_{SP} G \qquad (9\text{-}16)$$

式中 V_{SP}——固体样品的比体积，mL/g；

　　G——样品重量，g。

等温线测量按死空间校准同样方式进行。对于加到样品管 E 中体积 V、压强 p_G、压差 p_E 和试样重量 G，吸附体积 V_a 可求出：

$$V_a = \frac{1}{G}\left[V - \frac{p_G - p_E}{1000}(V_d - V_S - Kp_E) \right] \qquad (9\text{-}17)$$

上述多点 BET 方法，作为日常分析用，在设备和操作上是比较复杂的。尽管这样，对于要求测量孔分布的样品，这是完全必要的；但是对于测量表面积的样品，在一定条件下，有必要对该方法进行简化。

凡在实验技术上，把 BET 多点吸附仪经过以下两个方面的简化：(1) 对较高 BET 常数 C 的样品，BET 图上直线接近通过原点。因此实验上仅测量一个实验点，然后作 BET 图时将该点和原点相连，从该直线斜率近似求出单层容量。(2) 在测量非细孔介质表面积时，省去 BET 仪器中扩散泵。这样的吸附仪就被称为 BET 单点吸附仪。单点吸附仪结构如图 9-6 所示。

仪器死空间 10 ~ 20mL，死空间体积用已知体积的标准泡位为准。为了装样方便，样品泡磨口浸在液氮中，并且采用平面磨口。仪器可供测量比表面积 0.5 ~ 25m²/g 的非细孔介质的样品。

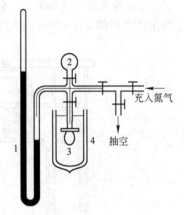

图 9-6   BET 单点吸附仪

1—水银压差计；2—标准泡；3—平面磨口样品管；4—液氮浴

C   热解吸色谱法

热解吸色谱法为纳尔逊（Nelson）和埃格特森（Eggertsen）于 1958 年引入。由于操作简单和快速，在实际工作中已得到广泛应用。和容量法、重量法不同，是一种动态方法，也就是说，吸附气体处于流动过程中，因此又称动态气体吸附法。

热解吸色谱法的原理是：流动的吸附气、载气、混合气连续地通过固体或粉末样品，借助变化吸附气流速，以改变混合气中吸附气组成，得到不同的相对压强。在不同的相对压强下，吸附气的液化温度，吸附气被样品吸附，直至混合气中吸附气的分压达到吸附平衡压强，样品再回复到室温，使样品上吸附的吸附气解吸。在吸附或解吸过程中，气流中吸附气浓度发生变化，此气流作用于热导池检测器上，其桥路输出相应的脉冲信号，在记录器上得到吸附或解吸峰。为了标定吸附峰或解吸峰的量值，这时再由注射阀注射已知体积的吸附气。通过热导池于记录器上得到一个标定峰。相继得到的三个峰即组成一个吸附色谱图。由此可求出样品的吸附量：

$$V = \frac{273 p_t}{760 T_t} \times \frac{A}{A_i} V_i \qquad (9\text{-}18)$$

式中 p_t——试验时的大气压，133.322Pa（mm 汞柱）；

T_t——试验时绝对温度，K；

A——解吸峰或吸附峰面积，cm^2；

A_i——标定峰面积，cm^2；

V_i——标定时注射的吸附气体积，mL。

吸附平衡时相对压强 $\dfrac{p}{p_0}$ 数值可由混合气流速 R_T 与吸附气流速 R_N 的流速比确定：

$$\frac{p}{p_0} = \frac{R_N}{R_T} \times \frac{p_t}{p_0}$$
(9-19)

式中　p_0——吸附气液化时饱和蒸气压。

这样，由相对压强各点得到的 V 和 $\dfrac{p}{p_0}$ 的值作 BET 图，即可求出样品的比表面积。

热解吸色谱法和静态气体吸附法比较，热解吸色谱法的优点是明显的：（1）比表面积测量范围宽；（2）测量快速；（3）系统不再需要高真空，样品预处理可直接在载气流下进行；（4）废弃了易碎和复杂的玻璃管系统；（5）无污染；（6）参数自动记录，操作简单。

9.2.1.4　粉体粒度分布的测定

颗粒的粒度、粒度分布及形状能显著影响粉末及其产品的性质和用途。粒度分布通常是指某一粒径或某一粒径范围的颗粒在整个粉体中占多大的比例。它可用简单的表格、绘图和函数形式表示颗粒群粒径的分布状态。

粒度测定方法有多种，常用的有筛析法、沉降法、激光法、小孔通过法、吸附法等。粉末粒径分布的测定方法往往与粒径测定方法相同，下面仅介绍用筛析法和激光法测粉体粒度分布。

A　筛析法

筛析法是让粉体试样通过一系列不同筛孔的标准筛，将其分离成若干个粒级，分别称重，粒度分布以质量分数表示的粒度测定方法，利用筛分方法不仅可以测定粒度分布，而且通过绘制累积粒度特性曲线，还可得到累积产率 50% 时的平均粒度。筛析法适用于约 10mm 至 20μm 之间的粒度分布测量。

筛析法有干法与湿法两种。干筛法：置于筛中一定质量的粉料试样，借助于机械振动或手工拍打使细粉通过筛网，直至筛分完全。根据筛余物质量和试样质量求出粉料试样的筛余量。湿筛法：置于筛中一定质量的粉料试样，经适宜的分散水流（可带有一定的水压）冲洗一定时间后，筛分完全。根据筛余物质量和试样质量求出粉料试样的筛余量。测定粒度分布时，一般用干法筛分，若试样含水较多，颗粒凝聚性较强时，则应当用湿法筛分（精度比干法筛分高），特别是颗粒较细的物料，若允许与水混合时，最好使用湿法。因为湿法可避免很细的颗粒附着在筛孔上面堵塞筛孔。

筛析法除了常用的手筛、机械筛分、湿法筛分外，还用空气喷射筛分、声筛法、淘筛法和自组筛等，其筛析结果往往采用频率分布和累积分布来表示颗粒的粒度分布。频率分布表示各个粒径相对应的颗粒质量分数（微分型）；累积分布表示小于（或大于）某粒径的颗粒占全部颗粒的质量分数与该粒径的关系（积分型）。用表格或图形来直观表示颗粒粒径的频率分布和累积分布。

筛析法使用的设备简单，操作方便，但筛分结果受颗粒形状的影响较大，粒度分布的粒级较粗，测试下限超过 38μm 时，筛分时间长，也容易堵塞。

B　激光法

TL9200 型激光粒度分布仪（如图 9-7）是采用信息光学原理，通过测量颗粒群的空间频谱，分析其粒度分布。He-Ne 激光器的激光束经扩束、滤波、汇聚后照射到测量区，测量区中的待测颗粒群在激光的照射下产生散射谱，散射谱的强度及其空间分布与被测颗粒群的大小及浓度有关，并被位于傅里叶透镜后焦面上的光电探测器阵列所接收，转换成电信号后经放大和模/数转换送入内设的计算机，进行数据处理后，即可输出被测颗粒群的大小、分布等参数。

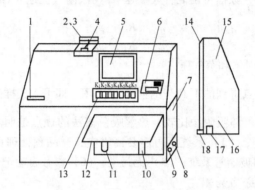

图 9-7　TL9200 激光粒度仪外型结构

1—总电源开关；2、3—样品池上盖及搅拌器；4—样品池；5—液晶显示器；6—微型打印机；7—对中窗口；
8—通信接口；9—排水胶管；10—样品窗；11—傅里叶变换透镜；12—前盖板；13—工作键盘；
14—后盖板；15—机壳；16—保险丝管；17—电源插座；18—地线接线柱

9.2.1.5　粉末表面能的测定

表面能是表面自由能（Surface Free Energy）的简称，它是指生成 $1cm^2$ 新的固体表面所需做的等温可逆功。粒子细化后表面积增加，其表面能也会大大增加。

固体表面自由能的测定至今仍无公认的简便标准方法。下面介绍两种测定固体表面自由能的方法：

A　接触角法测固体表面能

a　接触角的测定

将液体滴于固体表面，所形成液滴的形状可以用接触角来描述。接触角是在固、液、气三相交接处，自固液界面经液体内部到气液界面的夹角，以 θ 表示（见图 9-8）。平衡接触角与三个界面自由能之间有如下关系：

$$\gamma_{SG} - \gamma_{SL} = \gamma_{LG} \cos\theta \tag{9-20}$$

上式称为杨氏方程，亦称润湿方程。

测定液体对固体粒子的接触角时常使用透过法。其基本原理是：固体粒子间的空隙相当于一束毛细管，毛细作用使可润湿固体粒子表面的液体透入粉体柱中。由于毛细作用取决于液体的表面张力和对固体的接触角，故测定已知表面张力液体在粉体柱中的透过性可以提供该液体对粒子的接触角。具体测定方法有两种，即透过高度法（又叫做透过平衡法）和透过速度法。

（1）透过高度法。将固体粒子以固定操作方法装填在具有孔性管底的样品玻管中。此管的底部可防止粒子漏失，但

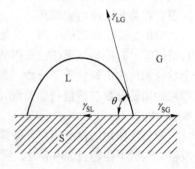

图 9-8　接触角示意图

允许液体自由通过。让管底接触液面，液面在毛细力的作用下在管中上升（见图9-9）。上升最大高度 h 由下式决定：

$$h = \frac{2\gamma\cos\theta}{\rho g r} \qquad (9\text{-}21)$$

式中　γ——液体的表面张力；

ρ——液体的密度；

θ——接触角；

g——重力加速度；

r——粉体粒子柱的等效毛细管半径。

由于粉体粒子柱 r 值无法直接测定，通常采用标准液体校正的办法来解决。即用已知表面张力（γ_0）、密度（ρ_0）和对所研究粉体粒子接触角为 θ 的液体先测定其透过高度 h_0。应用式（9-21）算出粉体粒子柱的等效半径 r，然后再用同样的粉体粒子柱测定其他液体的透过高度，以所得到的等效毛细半径值来计算各液体对该固体粒子的接触角，计算公式为：

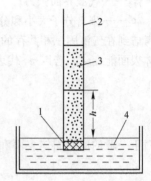

图9-9　透过高度法测定接触
1—多孔板；2—玻璃管；3—粉末；4—待测液

$$\cos\theta = \frac{\rho\gamma_0 h}{\rho_0\gamma h_0} \qquad (9\text{-}22)$$

由于固体粒子柱的等效毛细半径与其粒子大小、形状及装填紧密程度密切相关，故欲用此法得到正确的结果，粉体样品及装柱方法的同一性十分重要。

（2）透过速度法。可润湿粉体的液体在粉体柱中上升可看作液体在毛细管中的流动。Poi-seulle 公式给出了流体在管中流动的速度与管的长度、半径、两端压力差及液体黏度间的关系。将此关系应用于液体在粒子柱中上升的速度问题则得：

$$\frac{\mathrm{d}h}{\mathrm{d}t} = -\frac{\rho g r^2}{8\eta} - \frac{2\gamma r\cos\theta}{8\eta h} \qquad (9\text{-}23)$$

式中，等号右边第一项代表重力的作用，第二项代表毛细力的作用。当固体粒子柱的等效半径很小，透过高度也很小时，等号右边第一项可以忽略不计上式变为：

$$\frac{\mathrm{d}h^2}{\mathrm{d}t} = -\frac{\gamma r\cos\theta}{2\eta} \qquad (9\text{-}24)$$

积分得：

$$h^2 = -\frac{\gamma r t\cos\theta}{2\eta} \qquad (9\text{-}25)$$

式（9-25）又叫做 Washburn 方程。因此，如果在粒子柱接触液体后立即测定液面上升高度 h 随时间 t 的变化，作 h^2 对 t 的图，在一定温度下应得一直线。直线的斜率 s 为 $-r\gamma\cos\theta/2\eta$。如果用透过高度法得到粒子的等效毛细半径 r，又知道液体的表面张力和黏度，则可从斜率 s 算出接触角 θ：

$$\theta = \cos^{-1}\left(\frac{-2\eta s}{\gamma r}\right) \qquad (9\text{-}26)$$

此法与透过高度法相比有快捷、方便的优点。

对于各种测定接触角的方法，测量时都必须注意：足够的平衡时间和恒定体系温度。

b　固体表面能的测定

将 Good-Girifalco 理论关系应用于固液界面可以得出：

$$\gamma_{SL} = \gamma_{SG} + \gamma_{LG} - 2\Phi(\gamma_{SG}\gamma_{LG})^{\frac{1}{2}} \tag{9-27}$$

式中　γ_{SL}——液固界面张力；

　　　γ_{SG}——气固界面张力；

　　　γ_{LG}——气液界面张力；

　　　Φ——来自分子大小和分子间相互作用的校正系数。

考虑到在气液固三相共存的体系中，气相含有液体的蒸气，蒸气可能吸附到固体表面上，使固体表面能变化。若以π_e代表固体表面吸附层的表面压，结合杨氏方程：

$$\gamma_{SG} - \gamma_{SL} = \gamma_{LG}\cos\theta \tag{9-28}$$

$$\cos\theta = -1 + 2\Phi\left(\frac{\gamma_{SG}}{\gamma_{LG}}\right)^{\frac{1}{2}} - \frac{\pi_e}{\gamma_{LG}} \tag{9-29}$$

对于一般的低能固体表面和水或水溶液构成的体系，π_e/γ_{LG}通常很小可以忽略。上式变为：

$$\cos\theta = -1 + 2\Phi\left(\frac{\gamma_{SG}}{\gamma_{LG}}\right)^{\frac{1}{2}} \tag{9-30}$$

并可改写成：

$$\gamma_{SG} = \frac{\gamma_{LG}(\cos\theta + 1)^2}{4\Phi^2} \tag{9-31}$$

其中Φ为反映体系中分子间相互作用的参数，由体系的组成而定。若知道了体系的Φ值，则可根据式（9-31）从接触角和液体表面张力计算固体表面张力γ_{SG}。

Fowkes对固体表面能的测算作了进一步研究。应用他关于表面能色散力分量γ^d概念，公式（9-29）被改写为：

$$\gamma_{LG}(\cos\theta + 1) = 2(\gamma_{SG}^d\gamma_{LG}^d)^{\frac{1}{2}} - \pi_e \tag{9-32}$$

式中γ_{SG}^d和γ_{LG}^d分别是固体和液体表面张力的色散力成分。如果固气界面上的吸附作用可以忽略，则：

$$\cos\theta = -1 + \frac{2(\gamma_{SG}^d\gamma_{LG}^s)}{\gamma_{LG}} \tag{9-33}$$

根据此式，如果测定一系列不同表面张力的液体对同一固体的接触角，用$\cos\theta$对$(\gamma_{LG}^d)^{1/2}/\gamma_{LG}$作图，则应得一截距为$-1$的直线，斜率$2(\gamma_{SG}^d)^{1/2}$。对于非极性固体，$\gamma_{SG} = \gamma_{SG}^d$，故用Fowkes方法可以得到此类固体的表面能。

B　浸润热法测固体表面能

将某固体浸入某液体中所放出的热量称之为浸润热或润湿热。润湿热越大，说明固体和液体间的亲和力越强。对于非极性固体，各种液体与它之间的相互作用都主要是色散力的作用，因而无论液体是极性的还是非极性的，所得润湿热都很接近。而极性固体与液体间的相互作用的强弱乃至性质都会随液体的性质不同而不同。根据表面热力学的基本关系，在浸润过程中自由能ΔG_i为：

$$\Delta G_i = \gamma_{SL} - \gamma_{SG} = \Delta H_i - T\left(\frac{dG_i}{dT}\right) \tag{9-34}$$

另一方面，根据Fowkes关系式：

$$\Delta G_i = \gamma_{LG} - 2(\gamma_{SG}^d\gamma_{LG}^d)^{\frac{1}{2}} \tag{9-35}$$

结合以上两式可得：

$$\Delta H_i = \gamma_{LG} - 2(\gamma_{SG}^d \gamma_{LG}^d)^{\frac{1}{2}} - 2(\gamma_{LG}^d)^{\frac{1}{2}} T\left(\frac{d(\gamma_{SG}^d)^{\frac{1}{2}}}{dT}\right) - 2(\gamma_{SG}^d)^{\frac{1}{2}} T\left(\frac{d(\gamma_{LG}^d)^{\frac{1}{2}}}{dT}\right) \quad (9-36)$$

即：

$$\Delta H_i = \gamma_{LG} - 2(\gamma_{SG}^d \gamma_{LG}^d)^{\frac{1}{2}} \quad (9-37)$$

若 γ_{LG} 和 γ_{LG}^d 已知，测定浸润热 ΔH_i 后，则 γ_{SG}^d 便成为上式中唯一的未知数而可以算出。

9.2.1.6 粉末密度测定

（1）真密度。颗粒质量用除去开孔和闭孔的颗粒体积除得的商值。真密度实际上就是粉末材料的理论密度；

（2）似密度。颗粒质量用包括闭孔在内的颗粒体积去除得到的值。用比重瓶法测定的密度接近这种密度值，又称为比重瓶密度；

（3）有效密度。颗粒质量用包括开孔和闭孔在内的颗粒体积除得的密度值。显然它比上述两种密度值都小。

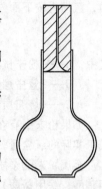

图 9-10　比重瓶

测定颗粒似密度的比重瓶如图 9-10 所示。一般有 5、10、15 以至 25、50mL 等不同的规格。粉末试样预先干燥后再装入比重瓶，约占瓶内容积的 $1/3 \sim 1/2$，连同瓶一起称重后再装满液体，塞紧瓶塞，当液面平齐塞子毛细管出口时，瓶内液体具有确定的容积，将溢出的液体拭干后又称一次重量，然后按下式（9-38）计算密度：

$$d_{比} = \frac{G_2 - G_1}{V - \dfrac{G_3 - G_2}{d_{液}}} \quad (9-38)$$

式中　G_1——比重瓶质量；

　　　G_2——比重瓶加粉末的质量；

　　　G_3——比重瓶加粉末和充满液体后的量；

　　　$d_{液}$——液体的密度；

　　　V——比重瓶的规定容积。

液体要选择黏度和表面张力小，密度稳定，对粉末润湿性好、不起化学反应的有机介质，如乙醇、甲苯、二甲苯等。

测量时先将装好粉末试样的比重瓶置于密封容器内抽真空，再充入介质，就保证液体渗透到颗粒内的连通小孔隙和微缝，使测得的结果更准确更接近颗粒似密度。

9.2.1.7 显微硬度

粉末颗粒的显微硬度，是采用普通的显微硬度计测量金刚石角锥压头的压痕对角线长，经计算得到的。先将粉末试样与电木粉或有机树脂粉混匀，在 $(1000 \sim 2000)$ GPa $[(1 \sim 2) \times 10^7 \text{kgf/cm}^2]$ 压力下制成压坯，然后加热至 140℃ 固化。压坯按制备粉末金相样品的办法磨制并抛光后，在 $0.2 \sim 0.3$N $(20 \sim 30$gf$)$ 负荷下测量显微硬度。颗粒的显微硬度值，在很大程度上取决于粉末中各种杂质与合金组元的含量以及晶格缺陷的多少，因此表征了粉末的塑性。

用不同方法生产同一种金属的粉末，显微硬度是不同的。粉末纯度愈高，则硬度愈低。

9.2.2 化学成分测定

粉末的化学成分主要包括金属的含量和杂质的含量。杂质主要指：（1）从原料和从粉末生产过程中带进的机械夹杂。（2）与主要金属结合，形成化合物或固溶体的金属或非金属成分。（3）粉末表面吸附的氧、水汽和其他气体。

金属粉末的化学分析，首先测定主要成分的含量，然后测定其他成分包括杂质的含量。

金属粉末的氧含量，除采用库仑分析仪测定全氧量之外，还采用一种简便的氢损法，即测定可被氢还原的金属氧化物的那部分氧含量，适用于工业铁、铜、钨、镍等粉末。金属粉末的试样在纯氢气流中煅烧足够长时间，粉末中的氧被还原生成水蒸气，某些元素（C、H）与氢生成挥发性化合物，与挥发性金属（Zn、Cd）一同排出，测得试样粉末的重量损失，称为氢损，氢损值按下面公式计算：

$$氢损值 = \frac{A - B}{A - C} \times 100\% \tag{9-39}$$

式中　A——粉末试样加烧舟的质量；

　　　B——氢中煅烧后残留物加烧舟的质量；

　　　C——烧舟质量。

如果粉末中有在分析条件下不被氢还原的氧化物（SiO_2、CaO、Al_2O_3），测得的氢损值将低于实际的氧含量。

金属粉末的杂质测定还采用酸不溶物法。该方法的原理是：粉末试样用某种无机酸（铜用硝酸，铁用盐酸）溶解，将不溶物沉淀和过滤出来，在 980℃ 下煅烧 1h 后称重，再按下列公式计算酸不溶物含量。

$$铁粉盐酸不溶物 = \frac{A}{B} \times 100\% \tag{9-40}$$

式中　A——硝酸不溶物的克数；

　　　B——粉末试样的克数。

$$铜粉硝酸不溶物 = \frac{A - B}{C} \times 100\% \tag{9-41}$$

式中　A——硝酸不溶物的克数；

　　　B——相当于锡氧化物的克数；

　　　C——粉末试样的克数。

9.2.3　粉末的工艺性能

粉末的工艺性能包括松装密度、摇实密度、流动性、压缩性与成形性。工艺性能也主要取决于粉末的生产方法和粉末的处理工艺（球磨、退火、加润滑剂、制粒等）。

9.2.3.1　粉末松装密度的测定

粉末松装密度，是指在规定条件下自由装填容器时，单位容积内粉末的质量（g/cm^3）。松装密度取决于下列一些因素：

（1）粒度和粒度组成。一般，粉末粒度愈粗，其松装密度愈大，反之其松装密度愈小；

（2）颗粒形状及表面状态。颗粒形状规则，其松装密度愈大，反之，其松装密度愈小。同时，颗粒表面愈光滑，松装密度也愈大。粉末经适当球磨和表面氧化物的生成，可使松装密度提高；

（3）粉末潮湿，松装密度增加；

（4）粉末颗粒愈致密其松装密度愈大。

粉末松装密度的测定已标准化，根据粉末的有关性质不同，而采用不同的测定装置和方法。

　A　漏斗法

在一定高度粉末从漏斗孔自由落下充满圆柱杯，以单位体积粉末的质量表示粉末的松装密度。对于流动性好的粉末，松装密度的测定用漏斗法，其装置如图9-11所示。

用图9-11的装置测定松装密度时将干燥好的粉末，通过漏斗小孔装满量杯，刮平后称重，用杯的规定容积去除粉末质量就得到松装密度。

B 斯柯特容量计法

将金属粉末放入如图9-12上部组合漏斗中的筛网上，粉末自然或靠外力流入布料箱，交替经过布料箱中的四块倾角为25°的玻板和方形漏斗，最后流入已知体积的圆柱杯中，呈松散状态，然后称取杯中粉末质量，计算松装密度。该方法适用于不能自由流过漏斗法孔径（φ5mm）和用振动漏斗法易改变特性的金属粉末。

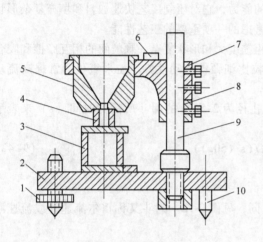

图9-11 测定装置图

1—调节螺钉；2—底座；3—圆柱杯；4—定位块；5—漏斗；
6—水准器；7—支架；8—支撑套；9—支架柱；10—定位销

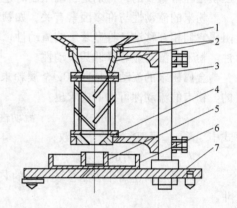

图9-12 斯柯特容量计

1—黄铜筛网；2—组合漏斗；3—布料箱；4—方形
漏斗；5—圆柱杯；6—溢料盘；7—台架

将干燥的金属粉末从上部组合漏斗倒入，流入圆柱杯中，直到装满并有粉末溢出为止。若粉末不能自由地通过筛网，可用软毛刷子刷一刷，使金属粉末通过筛网。如果无效，则该种金属粉末就不适用于斯柯特容量计法进行测定。待圆柱杯有粉末溢出后，用不锈钢板尺刮平，但不得压缩粉末和摇动圆柱杯。粉末刮平后，轻轻敲击圆柱杯，以去掉杯外壁所黏附的粉末。称取杯中粉末质量后，即可计算出粉末的松装密度，方法与漏斗法的相同。

C 振动漏斗法

将粉末装入振动装置的漏斗中，在一定条件下进行振动，粉末借助于振动，从漏斗中按一定的高度自由落下，以松装状态充满已知容积的圆柱杯，用单位体积松装粉末的质量表示粉末的松装密度。

该方法适用于不能自由流过漏斗法中孔径为5mm漏斗的金属粉末，不适用于在振动过程易于破碎的金属粉末，如团聚颗粒，纤维状和针状的粉末。其装置如图9-13所示。

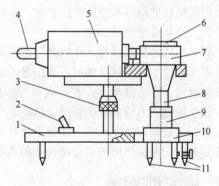

图9-13 振动装置图

1—底座；2—开关；3—振动器支座；4—振幅调节钮；
5—振动器滑块；6—漏斗；7—滑块；8—定位块；
9—圆柱杯；10—杯座；11—调节螺钉

用定位块将漏斗下端面与圆柱杯上端面之间的距离调整到 25mm，并对准中心。用手指堵住漏斗小孔，然后将干燥的试样粉装入漏斗中。启动振动装置，并松开手指，使粉末流入杯中，直到粉末溢出为止。用钢直尺刮平粉末，在操作时，不能压缩和振动圆柱杯。粉末刮平后，轻敲杯壁，去掉杯外留所黏附的粉末。称出杯中粉末质量，计算与漏斗法的相同。只是该方法松装密度的表示符号与其他方法不同。

9.2.3.2　粉末流动性的测定

粉末的流动性可以用一定量的粉末流过特定大小孔眼的时间来表征。粉末的流动性对于粉末冶金生产来说具有重要的意义，特别是在自动压制的情况下，压机的生产率决定于粉末装填模腔的速度，而粉末流动性好，装填模腔的速度就高。此外，粉末的流动性也直接影响压块密度的均匀性。粉末流动性即粉末填充一定形状的能力，它对压制工艺快速加料和填充复杂形状压模是非常重要的，特别是自动压制时是必须考虑的一项重要的工艺性能。

粉末的流动性与许多因素有关，如颗粒的粗糙度大和形状复杂，颗粒间的相互摩擦和咬合阻碍它们相互移动，将显著影响流动性。粗颗粒比细颗粒流动性好。粉末氧化通常提高流动性。粉末潮湿将显著降低其流动性。

金属粉末的流动性是以 50g 金属粉末流过孔径为 2.5mm 的漏斗所需的时间（s）来表示的。粉末的流动性可由下式求出：

$$流动性 = KT(s / (50g))\qquad\qquad(9\text{-}42)$$

式中　K——流速漏斗修正系数；

　　　T——三次测定平均值，s。

其装置与前述漏斗法测松装密度的装置相同，见图 9-12。漏斗又称霍尔流速计或流速漏斗。

9.2.3.3　粉末的压制性

粉末的压制性包括粉末的压缩性和成形性。

A　粉末压缩性的测定

粉末压缩性是指在规定条件下粉末被压缩的程度。它以压坯密度来表示，压坯密度越高，粉末压缩性就越好。测试时是在密闭模具中用单轴双向压制法压制金属粉末的。粉末可在规定的某单位压力下压制，所得到的压坯密度即表示该粉末在规定单位压力下的压缩性，也可以在规定的一组单位压力下压制，所得到的一组压坯密度值，用绘制的压坯密度与单位压力的关系曲线即压缩性曲线表示粉末的压缩性。

B　粉末成形性的测定

粉末的成形性是指粉末压制后，压坯保持一定形状的能力。粉末成形性的确定一般是观察压坯有无裂纹、表面状态如何。而定量的确定则是采用压坯的极限的极限抗压强度与单位压制之比来表示，该比值越大，表示成形性越好。此外，也有用测定最小压制压力的办法来衡量的。最小压制压力指的是压制时，压坯不会散碎和掉边掉角的最小压力。在规定条件下，将金属粉末压制成矩形压坯。压坯在特定条件下经受均匀施加的横向力，直至发生断裂。通常以矩形压坯的横向断裂强度表示金属粉末的成形性。

9.3　熔体物性测定

在高温冶金过程中，往往不可避免地要有熔体参加冶金反应，这些反应的进行由许多条件决定，其中熔体的黏度、表面张力和密度都是重要的影响因素，因此，有必要对其进行测定与研究。

9.3.1 熔体黏度的测定

长期以来，人们对液态金属、炉渣、熔融玻璃及熔盐的黏度进行过许多测定与研究，但是由于高温实验较难进行，因此对高温熔体黏度的研究还远远不够。研究高温熔体的黏度，不仅能为冶金生产提供必要的参数，而且也有助于揭示高温熔体微观结构。

液体流动时所表现出来的黏滞性，是流体各部分质点间在流动时所产生内摩擦力的结果。在液体内部，可以想象有无数多互相平行的液层存在，在相邻二液层间若有相对运动时，由于分子间力的存在，则沿液层平面产生运动阻力，这样作用就是液体的内摩擦力，这种性质就是液体的黏性。下面就介绍几种测定黏度的方法。

9.3.1.1 细管法

细管法适于测量黏度值范围 $10^2 \mathrm{Pa} \cdot \mathrm{s}$ 以下的熔体，是以泊肃叶定律为理论基础的测定液体黏度的方法。

根据泊肃叶定律：

$$V_t = \frac{\pi R^4 (\rho_1 - \rho_2) t}{8 \eta L} \tag{9-43}$$

式中　η——动力黏度，$\mathrm{Pa} \cdot \mathrm{s}$；

　　　R——管道的内半径，m；

　　　L——选取流体元的长度，m；

　　　$\rho_1 - \rho_2$——选取流体元左右两端的压力差，Pa。

式（9-43）指出了流体在管内流动时体积流量与流体黏度的关系。

A　水平毛细管黏度计

图9-14是较典型的装置（SpellS装置）。装置用石英玻璃制成，5为已知容积。如测金属黏度，首先由1将金属试样加到样品容器3内，打开真空活塞2将体系抽至真空，然后将装置伸入高温炉4的恒温带中加热，待样品熔化并达到所需温度恒温后，倾斜炉体，使金属熔体流经5和6而进入7。然后向相反方向倾斜炉体，使金属熔体重新流回已知容积5，通过炉子另一端石英窗观察，使液面略高于已知一定容积后，立即将炉子恢复水平，此时金属熔体靠自身重力而流入毛细管，用秒表准确记录熔体液面流经已知容积5上下刻线加所需的时间 t，由式（9-44）可求得熔体的黏度值。

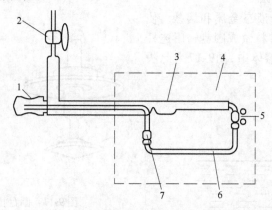

图9-14　水平毛细管黏度计

1—加样磨口管；2—真空活塞；3—样品容器；4—高温炉；5—已知容积；6—毛细管；7—储存容积

$$\eta = \frac{\pi R^4 gH}{8V(L+nR)}\rho t - \frac{mV}{8\pi(L+nR)} \times \frac{\rho}{t} \qquad (9\text{-}44)$$

式中　R——毛细管半径；

　　　　V——已知容积；

　　　　t——熔体流过已知容积的时间；

　　　　ρ——熔体密度；

　　　　L——毛细管长度；

　　m，n——修正系数；

　　　　g——重力加速度；

　　　　H——试料下落高度。

B　垂直毛细管黏度计

图 9-15 是垂直毛细管黏度计典型装置简图
（Bloom 装置）。装置用耐热玻璃制成。试料在玻
璃容器底部熔化，用负压将熔体抽进毛细管和
熔体储存器中。熔体吸入高度用铂接点探针 3
和 4 指示。当去掉负压后，熔体靠自身重力下
降。若事先准确测定储存器的容积并测得熔体

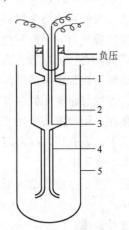

图 9-15　垂直毛细管黏度计
1—熔体存储器；2—铂接点探针上部接点；3—铂接点
探针下部接点；4—毛细管；5—玻璃容器

流过该容积的时间，便可用公式（9-44）计算熔体在该温度下的黏度值。

　　在实际应用中，垂直毛细管法多用于熔融金属，水平毛细管法多用于熔盐黏度的测定。毛
细管法是在常温下测定液体黏度使用最多的一种方法。

9.3.1.2　扭摆振动法

　　对于低黏度液体（如液态金属和熔盐）黏度的测定，广泛采用扭摆振动黏度基于阻尼振
动的对数衰减率与阻尼介质黏度的定量关系。图 9-16 是阻尼振动示意图，用一根弹性吊丝，
上端固定不动，下端挂一重物，成一悬吊系统。当绕轴线外加一力矩使吊丝扭转某一角度，去
掉力矩后，则重物在吊丝弹性力作用下，绕轴线往复振动。若介质摩擦与吊丝自身内摩擦力不
计，则系统作等幅的简谐振动，即每次振动的最大扭转角不变。若将重物伸入液体中，上述振
动状态受到液体内摩擦力的阻尼作用，迫使振幅逐渐衰减，直至振幅为零而振动停止。

　　下面介绍几种扭摆振动法：

A　圆盘扭摆振动法

　　此法适用于大部分液态金属和熔盐。使
用高熔点金属或耐火材料做成圆盘，用连杆
连接后浸入高温待测熔体中，图 9-17 为此法

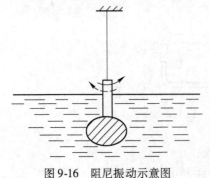

图 9-16　阻尼振动示意图

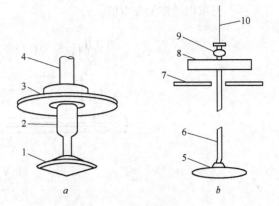

图 9-17　圆盘扭摆振动法图例
1—刚玉盘；2—刚玉杆；3—钢盘；4—钢杆；5—Pt-Ir 盘；
6—Pt-Ir 杆；7—炉盖；8—惯性体；9—反射镜；10—吊丝

悬吊系统二图例。

振动圆盘插入盛有待测熔体的圆筒形坩埚中,测量衰减振幅。圆盘扭摆振动法可用下式计算黏度:

$$\lambda - \lambda_0 = c_1(\rho\eta)^{\frac{1}{2}} + c_2\eta + c_3\eta\rho \tag{9-45}$$

式中　λ——圆盘在熔体中的对数衰减率;

　　　λ_0——圆盘在空气中的对数衰减率;

c_1、c_2、c_3——仪器常数。

圆盘扭摆振动法测量比较稳定,如图9-17a,圆盘下方为锥形,有利于盘底产生气泡的上浮。由于圆盘在熔体中接触面积不大,在测量黏度时要十分注意插入深度的控制,特别要注意连杆与液面接触处不应有氧化层与浮渣,否则将干扰测定结果。

　　B　柱体扭摆振动法

图9-18是柱体扭摆振动法装置示意图。用一弹性吊丝,上端固定不动,下端悬挂惯性体、连杆和柱体,连杆上固定一反射镜。柱体插入盛在圆筒形坩埚的液体试料中,坩埚置于高温炉内加热到实验温度。用外力给悬吊系统以外力矩,使吊丝发生扭转,达一定角度后,去掉外力矩,柱体便在吊丝扭力、系统转动惯量和试料对柱体的初滞阻力作用下,作阻尼衰减振动,其对数衰减率与液体黏度的关系,可表示为:

$$\eta = \frac{(DI)^{\frac{1}{2}}}{K}\lambda \tag{9-46}$$

式中　η——液体黏度;

　　　λ——对数衰减率;

　　　I——系统的转动惯量;

　　　D——单位扭转的转矩;

　　　K——常数。

此法可测的黏度的范围约为$0.005 \sim 180\mathrm{Pa \cdot s}$。

　　C　坩埚扭摆振动法

图9-19是坩埚扭摆振动法的装置示意图。悬吊系统下端固定一带盖的圆筒形坩埚,坩埚

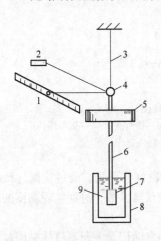

图9-18　柱体扭摆振动法示意图
1—标尺;2—光源;3—吊丝;4—反射镜;5—惯性体;
6—连杆;7—柱体;8—坩埚;9—试料

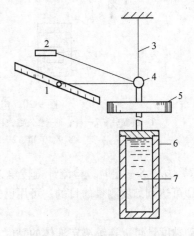

图9-19　坩埚扭摆振动法示意图
1—标尺;2—光源;3—吊丝;4—反射镜;
5—惯性体;6—坩埚;7—试料

与上盖用螺扣连接。坩埚内盛待测熔体，将坩埚伸入炉内加热到实验温度。在测定黏度时，用外力矩使悬吊坩埚扭摆启动，当振动达一定振幅后去掉外力矩，开始扭摆振动，由熔体的内摩擦力作用，系统作阻尼振动，其对数衰减率与熔体黏度保持一定的关系，于是便可通过系统对数衰减率的测定，计算出熔体的黏度值。坩埚扭摆振动法的黏度测量范围为 $0.1 \sim 50 \mathrm{mPa \cdot s}$。

9.3.1.3　垂直振动法

图 9-20 是电振动黏度计的工作原理图。若杆 2 不振动，即空气隙 l_1、l_2 以及绕组 8、9 的感抗相等，通电后，通过绕组 10、11 的电流相等，线圈 12 中无感应电势产生，检流计 13 指针不偏转。当杆 2 振动时，空气隙 l_1、l_2 不停地变化，若 l_1 增大，则 l_2 减小，由于绕组 8、9 中感抗不等，通过绕组 10、11 电流不等，于是线圈 12 中有感应电势产生，检流计 13 指针发生偏转，其偏转角度可用下式表示：

$$\lambda = c \frac{U_0^2}{DS\eta} \tag{9-47}$$

式中　λ——检流计偏转角度；

$\quad\quad U_0$——工作电压；

$\quad\quad D$——由容器和测头尺寸决定的系数；

$\quad\quad S$——测头的侧面积；

$\quad\quad c$——常数；

$\quad\quad \eta$——液体黏度。

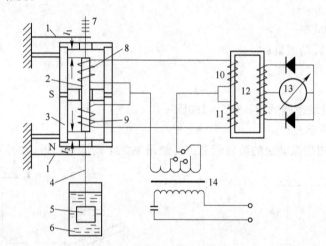

图 9-20　电振动黏度计工作原理图

1—弹簧片；2—杆；3—永久磁铁；4—连杆；5—测头；6—待测液体；7—调节环；
8、9、10、11、12—绕组；13—检流计；14—稳压器

当 U_0、D、S 一定时，检流计偏转角 λ 只取决于液体的黏度，可见，通过检流计偏转角度的测定即可达到黏度测量的目的。可用已知黏度的液体标定仪器常数，进而实现黏度的相对测量。

振动黏度计可以连续测定液体的黏度，并可进行数据的自动记录。所测液体黏度越小，仪器灵敏度越高；液体黏度越低，所需工作电压 U_0 越小。此类黏度计适合于冶金熔渣黏度测量，测量下限可小于 $0.01 \mathrm{Pa \cdot s}$。

9.3.1.4 升球法

升球法是基于测量小球在黏性流体中的运动速度获得黏度。如图 9-21 所示的仪器，浸于熔体中的固体小球（常用铂球，但主要决定于熔体）吊在天平的左盘下，向右盘加适当质量的砝码，小球匀速上升，根据斯托克斯定律，可得：

$$\eta = \frac{g}{6\pi r}\left(\frac{m_b - m_l}{v}\right) \tag{9-48}$$

式中 m_b，m_l——分别为小球的质量及小球所排开的同体积熔体的质量；

  g——重力加速度；

  r——小球的半径；

  v——小球在黏性流体中的运动速度。

对于相对测量，上式可写成

$$\eta = Kmt \tag{9-49}$$

式中 m——天平右盘所加的砝码质量；

  t——小球移动一定距离的时间；

  K——仪器常数，用标样标定得到。

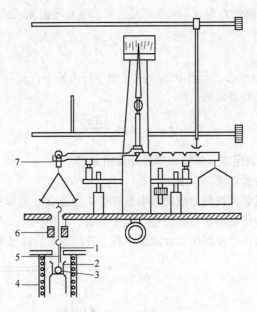

图 9-21 升球法仪器示意图

1—热电偶；2—坩埚；3—铂球；4—电炉；5—铂丝；6—隔热水池；7—天平

小球上升一定距离所需的时间等于天平指针从左边某一位置偏转到右边某一位置的时间。如果向天平左边加砝码，便成为落球法，因此有时通称这种方法为平衡球法。

9.3.2 表面张力测定

液体表面层的质点（分子、原子或离子）受到一个指向液体内部的合力的作用，若要增大液体的表面积，就要反抗这个指向液体内部的合力而做功。可见，液体表面层的质点比内部的质点具有较多的能量，这个多余的能量称为表面能。它也可以看成液体表面经受有切向力的作用，该切向力使表面积缩小，这种切应力称为表面张力，其单位是 N/m 或 mN/m，并用 γ

表示。任何两相间的界面都存在着这样的表面张力，习惯上将凝聚相与气相之间的这种力称为表面张力，而两凝聚相之间的这种力则称作界面张力。

　　表面张力是熔体的重要物理性质之一。在金属的冶炼过程中，液态金属、熔渣、熔盐和熔锍的表面性质，以及它们之间的界面性质，在许多情况下都起着非常重要的作用。例如，熔渣与金属的乳化，泡沫渣的形成，熔渣对耐火材料的润湿，金属和熔渣的分离，夹杂物的生成和聚集，以及界面反应动力学等，无不与表面现象有关。研究表面张力还可以提供熔体中质点间作用力、熔体表面结构的重要资料。下面就介绍几种测定熔体表面张力的方法。

9.3.2.1　气泡最大压力法

　　早在 1851 年就已提出用气泡最大压力法测定液体的表面张力，由于此法设备较简单，原理和计算方法也易理解，因此曾用此法测量过许多熔渣、熔盐和液态金属体系，至今仍被广泛应用。对于常温液体，用此法测得的表面张力结果，其误差一般小于 1%。但对高温熔体的表面张力测定，主要由于毛细管内径受熔体凝结而发生变化等因素的影响，会有较大的误差。

　　如图 9-22 所示，将毛细管插入液体一定深度 h，向毛细管缓缓吹气，管内液体被排出管外，随后在管口处形成气泡并不断长大。气泡在成长过程中，其内部压力 p 与液体静压力及液体表面张力的合力保持动态平衡，直至这种平衡被破坏，气泡脱离管口而浮出液面。

　　设液体密度为 ρ，表面张力为 σ，气泡半径为 r'，应有下面关系式成立：

$$p = \rho g h + \frac{2\sigma}{r'} \tag{9-50}$$

　　图 9-22 所示 3 种气泡状态，只有状态 2 的气泡半径为最小，此时气泡半径与毛细管半径 r 相等，显然气泡内压力达到最大值，即

$$p_{\max} = \rho g h + \frac{2\sigma}{r} \tag{9-51}$$

　　只要准确测出 $p_{\max}$，利用式（9-52）即可计算出 σ 值。

　　气泡最大压力法的装置如图 9-23 所示。

　　实验时首先将盛有足够量被测物质的坩埚放在炉内恒温区，通保护气体并使加热炉升温。炉温达到实验温度并保持稳定不变后，缓慢降低毛细管，此时向毛细管送入稍大流量的气体。当毛细管端部接近液面时，可发现压力计液面稍有上升。此时应减慢毛细管下降速度，一旦毛

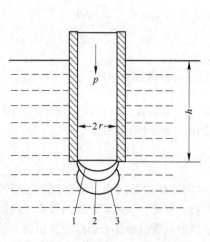

图 9-22　气泡最大压力法示意图

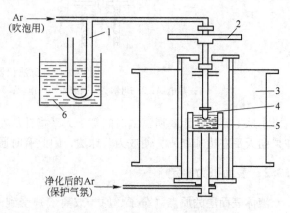

图 9-23　测量表面张力实验装置图
1—压力计；2—升降机构；3—高温炉；
4—毛细管；5—熔体；6—恒温浴

细管端部接触液面，压力计液面发生突变，并以此来判断毛细管插入深度的零点。然后，将毛细管插入深度控制在10mm左右的一个确定位置，调节针型阀以控制气泡生成速度，并读取气泡的最大压力。这样，就可由式（9-51）计算得到熔体的表面张力。

9.3.2.2 毛细管上升法

（1）原理：这个方法研究得较早，在理论和实验上都比较成熟。如图9-24所示，当干净的毛细管浸入液体中，可见到液体在毛细管中上升到一定高度，此液柱的重力被向上拉的表面张力所平衡：

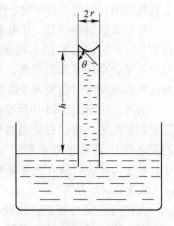

$$2\pi r\sigma\cos\theta = \pi r^2\rho gh$$

$$\sigma = \frac{\rho ghr}{2\cos\theta}$$

（9-52）

式中　θ——接触角；

σ——表面张力；

ρ——液体密度；

g——重力加速度；

h——液柱面；

r——毛细管半径。

图9-24 毛细管上升示意图

设玻璃被液体完全润湿，则$\theta = 0$，上式变为$\sigma = \frac{\rho ghr}{2}$，若计入毛细管中弯月部分的液体重（图中阴影部分）则上式修正为：$\sigma = \frac{1}{2}\rho gr\left(h + \frac{1}{3}r\right)$。

（2）特点及适用范围：毛细管上升法是测定表面张力最准确的一种方法，虽然后来发展的其他方法具有不少优点，但是目前还一直用毛细管上升法所测定的表面张力数据作为标准。但是只用一根毛细管作上述测定时有下列缺点：第一是不易选得半径均匀的毛细管和准确测定半径值；第二是需要较多的液体才能获得水平基准面；第三是基准液面的确定可能产生误差。

需要注意的是用此法测定表面张力时，要注意选择管径均匀物，毛细管没入液体时要与液面相垂直。

9.3.2.3 拉筒法

A　原理

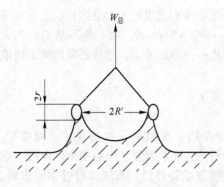

图9-25 拉筒法示意图

如图9-25所示，将铂丝制成的圆环与液面接触后，再慢慢向上提升，则因液体表面张力的作用而形成一个内径为R'，外径为$R' + 2r$的环形液柱，环与液体间的膜被拉长，扭力丝随之被扭转，带动差动变压器的磁芯上升，这时向上的总拉力$W_\text{总}$扣去环的质量$W_\text{环}$后，将与此环形液柱质量相等，也与内外两边的表面张力之和相等，即：

$$W_\text{总} - W_\text{环} = mg = 2\pi R'\sigma + 2\pi\sigma(R' + 2r)$$

（9-53）

因为$R = R' + r$，所以式（9-53）写为：$W_\text{总} - W_\text{环} =$

$4\pi R\sigma$ 或 $\sigma = \dfrac{W_{总} - W_{环}}{4\pi}$

B　特点及应用范围

该法要使用表面张力仪，可以迅速准确地测出各种液体的表面张力。其数值可在数字面板上直接读出，该法不仅可测定液体表面张力，还可测定两种液体的界面张力。

使用该法时要注意：用砝码对仪器进行校正，g 的读数要用本地重力加速度，同时要求铂金环要相当平整，并要求用铬酸洗液和蒸馏水彻底洗净并烘干。

另外，由于图 9-25 中所拉液体并不是真正的圆柱形，所以在使用时根据对精度的要求往往要对原理中所得公式进行校正，校正因子可以从有关专著中查得。

9.3.2.4　挂片法

此法与拉筒法相似，如图 9-26 所示。测定时在扭力天平或链式天平上挂一块薄片来代替挂环，薄片可以采用铂片、云母片或显微镜盖玻片，有两种测定方法：一

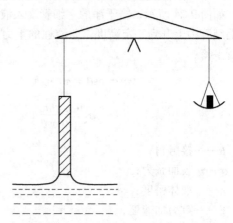

图 9-26　挂片法示意图

种是和拉筒法一样，使薄片恰好与被测液面相接触，然后测定薄片与液面的最大拉力，即：

$$W_{总} - W_{片} = 2l\sigma$$
$$\sigma = \dfrac{W_{总} - W_{片}}{2l} \tag{9-54}$$

式中　　l——薄片的宽，薄片与液体接触的周长近似为 $2l$；

　　　　$W_{总}$——薄片与液面拉脱的最大拉力；

　　　　$W_{片}$——薄片重。

另一种方法称为静态法。测定时，先在秤上调节好与薄片平衡的质量，然后将液面逐渐升高。当液面恰好与挂着的薄片相接触时，所增加的质量就等于作用在片与液体接触周界上的表面张力，同样可用上式计算。

特点及适用范围：挂片法比较简便，准确度高，一般不需要校正。适用测定能很好地润湿所用挂片的液体的表面张力，此法也可以测定两种液体的界面张力。

注意事项：如果液体不能很好地润湿挂片，上述计算公式就要改成 $W_{总} - W_{片} = 2l\sigma\cos\theta$，而 θ 是不易准确测定的，如果用于测定液—液界面张力，薄片必须能被下层液体所润湿。

9.3.2.5　滴重法

A　原理

图 9-27 中内管是用一支吸量管吹制成，管端磨平，并垂直地安装在套管内，将套管置于恒温槽中，保持一定温度，用读数显微镜测准管外径，当液体自管中滴出时，可以从液体滴出的体积和滴数求得每滴液体的体积或称量

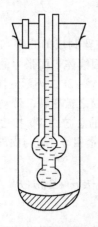

图 9-27　滴重法装置

滴出液体的质量而得到每滴液体的质量，当液体受重力作用向下降落时，因同时受管端间上拉的表面张力的作用而形成附于管端的液滴。当所形成液滴达到最大而刚落下时，可认为这时液滴的质量与表面张力相等。

$$mg = 2\pi r\sigma \tag{9-55}$$

式中　　m——液滴的质量；

　　　　g——重力加速度；

　　　　r——管端半径；

　　　　σ——表面张力。

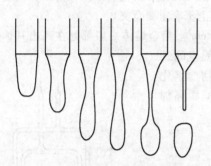

图9-28　液滴滴落时的快速照相图

但是实际上液滴不会全部落下，如图9-28所示。实验指出，最大液滴是 $\left(\dfrac{r}{V^{\frac{1}{3}}}\right)$ 的函数，这里 V 是液滴体积。所以滴下的液滴实际重量是：$mg = 2\pi r\sigma f\left(\dfrac{r}{V^{\frac{1}{3}}}\right)$，因此：

$$\sigma = \frac{mg}{2\pi r f\left(\dfrac{r}{V^{\frac{1}{3}}}\right)} = 2F \times \frac{mg}{r} \tag{9-56}$$

式中 $F = \dfrac{1}{2\pi f\left(\dfrac{r}{V^{\frac{1}{3}}}\right)}$，$F$ 的数值可以从手册中查到。

B　特点及应用范围

滴重法在实际使用时常采用已知表面张力的标准液体对仪器进行校正。应用该法不仅可以测某种液体的表面张力，而且也适用于液—液界面张力的测定。

需要注意的是测定时，先将液体吸入滴重计至刻度以上，关紧螺旋夹，垂直放于恒温槽中，到达指定温度后，打开螺旋夹，计量从上刻度到下刻度所滴下的液滴数。液体滴下的速度不超过 20 滴/min。

9.3.2.6　静滴法

静滴法可用于测定熔体表面张力和密度，也可测定熔体与固体之间的接触角。相对于气泡最大压力法来讲，静滴法更适用于液态金属和密度的测定。

液滴在不润湿的水平垫片上的形状如图9-29所示。该形状是由两种力相互平衡所决定，一种力是液体的静压力，它使液滴力趋铺展在垫片上；另一种力是毛细附加力，它使液滴趋于球形。静压力与密度有关，毛细附加力与表面张力有关。因而，从理论上可根据液滴的质量及几何形状计算出密度和表面张力。

静滴法的特点是设备易实现高真空，特别适用于液态金属的测定。但对熔渣、熔盐，由于较难找到既不与熔体润湿，又不与熔体反应的垫片，因而应用较少。静滴法的附属设备多，操作和计算均较复杂。

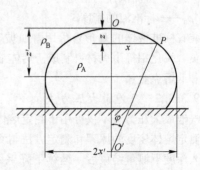

图9-29　垫片上液滴的形状

　　静滴法的实验装置分为加热炉、真空系统、气体净化、光源、照相和液滴尺寸测量等部分。加热炉多用卧式，也有用竖式。炉两端通光线的地方，各装有光学玻璃片。加热炉内放置一根切去约 2/3 截面的较小的耐热管，以便放置垫片和试样。为了保证垫片水平加热炉必须有可调水平的装置，垫片和试样通过滑杆送入炉内恒温区。

9.3.3　密度测定

　　密度也是冶金熔体的一个重要性质，它是冶金工程设计的基本参数，也影响到不同熔体间的分层和分离，以及生产中的许多动力学现象。由准确的密度值，还可导出膨胀系数和偏摩尔体积等性质，因而它对热力学函数的计算及探讨熔体的结构都有价值。所以，对熔体密度测量方法的讨论，提供它们的准确测定值，在理论和实践上都有重要意义。

　　单位体积的质量称做密度，其单位是 kg/m^3 或 g/cm^3。冶金熔体一般都处在高出其熔点不远的温度，因而其结构接近于固态，也就是说熔体质点间的距离只稍大于固态，同时也有确定的配位数。通常物质熔化后，密度要降低，正是由于配位数基本不变而质点间距离加大所引起。

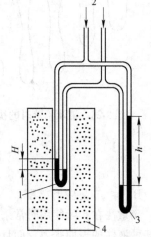

图 9-30　压力计法装置示意图
1—试样；2—惰性气体；
3—标准液；4—炉子

　　密度的测定方法很多，大致归纳如下。

　　（1）基于测定压力的方法：

　　1）压力计法；2）气泡最大压力法。

　　（2）基于测定质量的方法：

　　1）比重计法；2）阿基米德法。

　　（3）基于测定体积的方法：

　　1）膨胀计法；2）静滴法。

下面分别介绍以上测定熔体密度的方法，其中静滴法在前述的表面张力测定一节中已详述，这里不再做重复介绍。

9.3.3.1　压力计法

　　如图 9-30 所示，将两个 U 形容器的对应端彼此连接起来，其中一个 U 形容器装有试样并放在炉内，另一个 U 形容器中装有已知密度的标准液体。用惰性气体造成 U 形管两侧的压力差，则液面的高度差与密度间有如下关系：

$$\rho = \rho_0 \frac{h}{H} \tag{9-57}$$

式中　ρ——待测试样的密度；

　　　ρ_0——标准液的密度。

　　装有标准液体的 U 形管可用普通玻璃制成，标准液体通常采用水银。装有试样的 U 形管用石英、氧化铝等耐火材料制成。熔体液面的高度差用电接触法探测。此法只是用于测定低温熔盐和低熔点金属。

9.3.3.2　气泡最大压力法

　　气泡最大压力法不仅可用于测定熔体的表面张力，还可以用来测定熔体的密度。

　　测定熔体密度的原理和测定方法与测定表面张力是相同的，要测定熔体的密度，则在第一个插入深度下测量结束后，继续下降毛细管至第二个插入深度（一般下降 10～20mm 即可），再测出气泡的最大压力。根据这两组数据，用式（9-58）可计算出熔体密度。

$$\rho_1 = \frac{\rho_2(h_2 - h'_2)}{(h_1 - h'_1)} \quad\quad\quad (9\text{-}59)$$

式中　ρ_1——液体的密度；

　　　ρ_2——压力计中工作液体的密度；

h_1、h_2——分别为毛细管 1 插入液体的深度及对应的压力计液柱高度；

h'_1、h'_2——分别为毛细管 2 插入液体的深度及对应的压力计液柱高度。

9.3.3.3　比重计法

将试样在真空条件下熔融后注满已知容积的容器（比重计）中，冷凝后称量比重计内凝块的质量，即可算出熔融状态下的密度。

比重计的容积可用常温下注入水或水银的方法来标定，再考虑到比重计本身的体积膨胀，熔体的密度可由下式计算：

$$\rho = \frac{(m_M - m_C)\rho_W}{(m_W - m_C)(1 + \alpha t)} \quad\quad\quad (9\text{-}59)$$

式中　m_M——盛满熔体的比重计质量；

　　　m_C——空比重计的质量；

　　　m_W——室温时盛满水或水银的比重计质量；

　　　ρ_W——室温下水或水银的密度；

　　　α——比重计材料的体积膨胀系数。

此法宜于测定易挥发、易流动的熔体，常用于快速而粗略的测定。

9.3.3.4　阿基米德法

阿基米德法是利用阿基米德原理测定液体密度的方法，后来有人将其用于测定液体表面张力，并称做重锤法。阿基米德法用于测定液体密度时，又可分为直接阿基米德法和间接阿基米德法。

A　直接阿基米德法

阿基米德原理指出，沉入液体中的重物，其所受的浮力等于该重物排开的同体积液体的重量。如图 9-31 所示，若将特制的重锤用细丝悬挂在天平上，测出其未浸入熔体前的质量 M_1 和浸入熔体后的质量 M_2。重锤在熔体中所受到的浮力是 $P = (M_1 - M_2)g$，则熔体的密度为

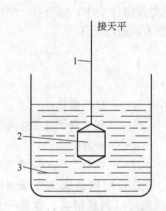

图 9-31　直接阿基米德法原理图
1—细丝；2—重锤；3—熔体

$$\rho = \frac{P + P'}{(V + v)g} \qu\quad\quad (9\text{-}60)$$

式中　P'——由表面张力引起的附加力，$P' = 2\pi R\sigma\cos\theta$。其中，$R$ 是细丝的半径，σ 是熔体的表面张力；θ 是细丝与熔体的润湿角；

　　　V——重锤的体积；

　　　v——细丝浸入熔体部分的体积。

因为这种方法是将重锤直接浸入待测熔体中进行测定的，故称做直接阿基米德法。

直接阿基米德法测定熔体密度时，其相对误差可控制在 ±0.1% 左右。此法简便而又准确，

被广泛地使用于测定各类熔体的密度。但是如果熔体黏度太大导致重锤无法沉入熔体时，直接法就不适用了，这种情况可考虑采用间接法。

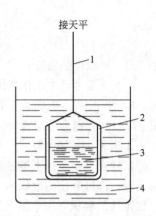

图 9-32　间接阿基米德法原理图
1—细丝；2—坩埚；3—熔体；
4—惰性液体

B　间接阿基米德法

如图 9-32 所示，将待测熔体装入已知体积的坩埚内，用细丝悬挂浸入已知密度和膨胀系数的惰性液体中，以确定其所受的浮力 p。此时，待测熔体的密度可用下式计算：

$$\rho = \frac{\rho' m}{p - \rho' v' + m' + p'} \tag{9-61}$$

式中　ρ'——惰性液体的密度；

　　　m——待测熔体的质量；

　　　m'——待测熔体、坩埚和细丝的质量；

　　　v'——坩埚和细丝被浸入部分的体积；

　　　p'——由表面张力引起的附加力。

惰性液体在低温时可采用油类，高温时可采用氯化钠或其他熔盐。其密度可用直接阿基米德法事先测定。坩埚材料通常选用石英、MgO、W、Mo 等材料。

9.3.3.5　膨胀计法

测定已知质量的试样熔融后的体积，由此来计算密度。将已知质量的试样置于特制的容器（称做膨胀计）中，熔融后，熔体的密度与液面的高度成反比。测定液面的高度，熔体的密度根据下式进行计算：

$$\rho = \frac{M}{\pi R^2 H + V_0} \tag{9-62}$$

式中　M——试样质量；

　　　V_0——到细管颈处的体积；

　　　R——容器的半径；

　　　H——细管颈中的液面高度。

膨胀计可以做成具有细颈的瓶状，试料体积的微小变化能引起液面高度较大的变化，从而能提高测量精度。容器一般用耐热玻璃或石英做成液面高度的变化可用电接触法探测。

此法只适用于测定低温熔盐和易熔金属，可连续地测出变温时熔体的密度并直接得到熔体的膨胀系数。

思考题与习题

9-1　简述四分法（缩分）取样的步骤。

9-2　如何进行粉体比表面积的测定？

9-3　粉体的粒度测量有哪些方法，各有何优缺点？

9-4　如何进行粉体表面能的测定？

9-5　如何进行粉体密度的测定？

9-6 如何进行粉体压制性的测定？

9-7 测定钢渣的黏度可以用哪些方法？

9-8 如何测量氟化物熔盐的密度及表面张力，可否用旋转柱体法测量其黏度？

9-9 可否用钼重锤、钼拉筒测量熔体的密度及表面张力，应注意什么？

10 现代检测技术

10.1 X射线衍射分析

X射线学是利用X射线与物质的相互作用、研究物质的成分、缺陷、组织、结构和结构变化的一门科学。其中X射线衍射学主要是研究晶体和非晶物质的结构测定以及研究结构与结构变化相关的各种问题。

10.1.1 X射线衍射分析方法

至目前为止，X射线衍射分析主要有劳厄照相法、粉末照相法、衍射仪法等。

10.1.1.1 劳厄照相法

用连续X射线照固定单晶的方法称为劳厄照相法。1912年劳厄发现晶体衍射X射线时，就使用这种方法。劳厄照相法主要用于晶体取向的测定和晶体对称性的测定等。

A 劳厄相机

劳厄照相法使用劳厄相机，它分透射和背射两种。它们包括光阑、照相和试样架等部分。当试样位于X射线源和底片之间时，称为透射劳厄照相法；当X射线源和底片位于试样的同一侧时，称背射劳厄照相法。

B 试样

劳厄照相法所用试样为单一晶体（可以是一个孤立的单晶，也可以是多晶系中某个较大的晶粒）。吸收系数小的试样（如铝、镁、铍等试样）适合用透射法，此时X射线穿过晶体而产生衍射。对于吸收系数较大的试样，需磨制成或腐蚀成极薄的薄片，使X射线可以透过，用于背射法的试样厚度和吸收系数都无限制，故应用较广。

10.1.1.2 粉末照相法

粉末照相法是用单色（或标识）X射线照射转动（或固定）多晶体试样，用相机底片记录衍射花样的一种实验方法。试样可为块、板等形状，但最常用粉末，故称粉末法或多晶粉末法。根据照相机结构的不同，粉末法又分为德拜—谢乐法、聚焦照相法、平板底片照相法及高低温照相法等。这几种方法的成相原理相同。

A 德拜—谢乐法

德拜—谢乐法主要用于多晶体的研究。德拜—谢乐法记录的衍射角范围大，衍射环的形貌能直接地反映晶体内部组织的一些特点（如亚晶尺寸、微观应力和择优取向等），同时衍射线位的误差分析简单且易于消除，测量精度高，试样用量少（<1mg）；缺点是衍射强度低，曝光时间长。

德拜法所用试样是圆柱形的粉末物质黏合体，也可是多晶体纫丝，其直径0.2~1.0mm，长约10mm。试样粉末可用胶水粘在纫玻璃丝上，或填充于硼酸锂玻璃或醋酸纤维制成的纫管中。粉末粒度应控制在0.061~0.043mm（250~350目），过粗使衍射环不连续，过细则使衍射线发生宽化。为避免衍射环出现不连续现象，可使试样在曝光过程中不断以相机轴为轴旋转，以增加参加衍射的粒子数。

底片裁成长条形，按光阑位置开孔，贴相机内壁放置。底片有正装法、倒装法和不对称装法三种安放方式。

B   聚焦法

聚焦法是将具有一定发散度的单色X射线照射到多晶表面,由各$\{hkl\}$晶面族产生的散射束分别聚焦成一细线的衍射方法。聚焦法也适用于多晶体。与德拜法相比较,聚焦法具有如下特点：

（1）入射线强度高，被照试样面积大，衍射线聚焦，以上诸因素均使衍射强度高而缩短了曝光时间；

（2）在相机半径相同的条件下，聚焦法的衍射线条分辨本领高；

（3）聚焦法的缺点是衍射角范围小，背射聚焦相机的衍射角范围约92°~166°。聚焦法使用的相机称为聚焦相机或塞曼—巴林相机。衍射时，片状多晶试样的表面曲率与圆筒状相机相同，X射线从狭缝入射到试样表面，各点上同一$\{hkl\}$晶面所产生的衍射线都与入射线成相等的2θ夹角。

10.1.1.3   衍射仪法

A   工作原理

衍射仪法是用计数管来接收衍射线，它可省去照相法中暗室内装底片、长时间曝光、冲洗和测量底片等繁杂费时的工作，又具有快速、精确、灵敏、易于自动化操作及扩散功能的优点。自20世纪50年代以来，衍射仪在光源、探测器、附件配备以及操作和数据处理的自动化方面都有迅猛的发展，其衍射原理如图10-1所示。

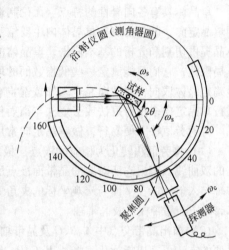

图10-1   衍射仪的衍射几何图

B   X射线衍射仪的运行方式

衍射仪在工作时，可进行$\theta/2\theta$扫描（即：$\omega_s : \omega_c = 1 : 2$），也可用$\theta$或$2\theta$分别扫描。其运行方式有两种：连续扫描和步进扫描。

a   连续扫描

连续扫描即计数管在以匀速转动的过程中记录衍射强度的运行方式，其扫描速度可调，如每分钟0.5°、1°、2°等。连续扫描时使用计数速率计，其中沿积分线路的参数-时间常数的选择应与扫描速度及接收狭缝宽度做适当配合。扫描速度快、时间常数大会使衍射峰变宽，并向扫描方向位移，接收狭缝窄使衍射线形明锐，提高分辨率，但降低记录的强度。通常这些参数可根据下列经验公式确定：

物相分析时，$\omega\tau/r < 10$；

点阵常数测定或线形分析时，$\omega\tau/r \approx 2$。

式中 ω——2θ扫描速度，(°)/min；

τ——时间常数，s；

r——接收狭缝宽度，mm。

b   步进扫描

计数管和测角器轴（试样）的转动是不连续的，它以一定的角度间隔脉动前进，在每个角度上停留一定的时间（各种衍射仪其角度步宽和停留时间都有可供选择的范围），用定标器和定时器计数和计算计数率。步进扫描可用定时计数（在各角度停留相同的时间）和定数计时（在各角度停留达到相同计数的时间，其倒数即为计数率）。步进扫描所得衍射峰没有角度的滞后，适合于衍射角的精确定位和衍射线形的记录，有利于弱峰的测定。定标器的数字输出可由微处理机或计算机进行数据处理，达到自动分析的目的。

从衍射仪的运行方式可知，用此法所得衍射谱中各衍射线不是同时测定的，因而对 X 射线发生器和记录仪表的长期稳定性有很高的要求。

10.1.2　X 射线衍射的应用

10.1.2.1　单晶定向

单晶体具有各向异性的特点。无论制造、使用或研究单晶体都必须首先知道它的取向。所谓单晶定向，就是要确定单晶体内主要结晶学方向与试样的宏观坐标之间的方位关系。为被测单晶提供切割和分析的基本依据，单晶体的取向可用解理法、光图像法等确定，但这些方法有其局限性，它们只能测定一些低指数面的取向，且解理法是有损的。X 射线法可无损而高精度地确定晶体取向，对取向完全未知或晶向偏离量较大的晶体也能方便地定向。用 X 射线衍射进行单晶定向多用劳厄法或劳厄法与衍射仪法相配合。本节主要介绍劳厄法。

背射劳厄法方便易行，做单晶定向常用此法。由背射劳厄法进行单晶定向的步骤为：

（1）将劳厄法转化为相应的极点（极射赤面投影）。利用格仑宁格网（格氏网）测量底片上的双曲线，得出它所对应的晶带面极点所在大圆及晶带轴的方位 γ 及 α，$\gamma = 90° - \phi$，α 为晶带轴与入射线所在平面与宏观坐标的夹角。根据 γ 和 α 就可在乌氏网上标出晶带面极点大圆及晶带轴 P、晶带极点及晶带轴。

（2）求出晶带交点中 A、B、C 及晶带轴中 P_1、P_2、P_3 的晶体学指数。用与单晶体标准投影图对照的方法可完成指标化。将 A、B、C、P_1、P_2、P_3 中任一点假设为低指数面的极点，利用乌氏网的操作使该点转到投影图的中心，其他各点做相同的转动达到新位置，以此图和单晶体的标准投影图对照，待所有点与标准投影图对上，即完成指标化。

（3）确定晶体方位。用乌氏网测待定宏观坐标 N 与主要结晶学方向之间的夹角。在投影图转动时，待定的宏观坐标极点也应作相同的转动，完成指标化后，应测量它与周围最近的 [001]、[011] 及 [111] 之间的夹角，至此完成单晶定向。

10.1.2.2　测定多晶体点阵常数

点阵常数是晶体物质的基本结构参数，它与晶体中原子间的结合能有直接的关系；点阵常数的变化反映了晶体内部成分、受力状态、空位浓度等的变化。所以点阵常数的精确测定可用于晶体缺陷及固溶体的研究、测量膨胀系数及物质的真实密度，而通过点阵常数的变化测定弹性应力已发展为一种专门的方法。

精确测定已知多晶材料点阵常数的基本步骤为：

（1）拍摄待测试样的粉末衍射相，用照相法或衍射仪法；

（2）根据衍射线的角位置计算晶面间距 d；

（3）标定各衍射线条的指数 hkl（指标化）；

（4）由 a 及相应的 hkl 计算点阵常数 a（及 b、c 等）；

（5）消除误差得到精确的点阵常数值。

测量点阵常数最寻常的方法是德拜—谢乐法。主要包括：精确的试验技术和消除误差。

A　精确的试验技术

采用德拜—谢乐法，从试样、设备和测试方法等方面限制误差的产生，就可能得到相当高精度的点阵常数值。精确试验的要求：

（1）相机。相机直径应大于57.3mm，入射光阑直径小于0.5mm，采用不对称法安装底片（应选用单面乳胶底片）；

（2）试样。取用直径小于0.1mm的Be-Li-B玻璃（对X射线"透明"）细丝，将试样细丝粘于其上制成直径小于0.2mm的试样，以减少吸收的影响；

（3）试样安装。用读数显微镜观察并调整试样，使其轴高度准确地与相机轴重合（偏心小于0.01mm），以限制试样偏心误差；

（4）底片测量。线位的测量精度应达0.01mm，这就需要使用具有相应精度的比长仪，测量3~6次；

（5）环境温度。在整个曝光和测量过程中应保持环境温度波动在±0.1℃以内。温度波动一方面使线条的明锐程度降低，另一方面是使测量结果失去相互对比的意义。所以不仅应控制温度稳定，还应记下实际测量温度，当温度波动在几度的范围内时，就会使点阵常数小数点后第四位发生变化，十分之几度的温度波动也会对小数点第五位有影响（单位：0.1nm）。

（6）测算的点阵常数应做折射修正。X射线从一种介质入射到另一种介质时要发生折射，虽然其折射率 μ 近于1，但其影响在精确测定中必须考虑。

严格地应用Straumanis法，选取 $\theta > 80°$ 的衍射线条，不需任何其他数学处理方法，就可得到精确到 $0.5 \times 10^{-5} n$（$\Delta a/a$ 的点阵常数值）。

B　误差的消除

德拜—谢乐法的误差来源主要是：相机半径误差、底片收缩、试样位置偏离相机轴线及试样的吸收。它们均可以采用相应的方法加以消除。

10.1.2.3　物相的定性分析

多晶体X射线衍射花样能很方便地应用于物相分析，这是因为由衍射花样上各线条的角度位置所确定的晶面间距 d 以及它们的相对强度 I/I_1 是物质的固有特性。每种物质都有其特定的晶格类型、晶胞尺寸，晶胞中各原子的位置也是一定的，因而对应有确定的衍射花样，即使该物质存在于混合物中也不会改变，所以可以像根据指纹来鉴别人一样用衍射花样来鉴别晶体物质，一旦未知物质衍射花样的 d 值和 I/I_1 与已知物质相符，便可确定其相结构。

定性相分析的基本方法就是将未知物的衍射花样与已知物质花样的 d、I/I_1 值对照。为了使这一方法切实可行，就必须掌握大量已知相的衍射花样。哈纳瓦尔特（Hanawalt J. D.）等人首先进行了这一工作，后来美国材料试验学会等在1942年出现了第一组衍射数据卡片（ASTM卡片），以后逐年增编，称之为JCPDS粉末衍射卡组（PDEF），目前已编辑出版粉末衍射卡组38组，包括有机及无机物质卡片40000余张。

复杂物相的定性分析是十分冗长繁琐的工作，随着材料科学的发展，新材料日新月异，对定性分析提出了更高的要求。自20世纪60年代中期以来，计算机在物相鉴别方面的应用获得很大发展。计算机内可贮存全部或部分PDF的内容，检索时，将测量的数据输入与之对照，它可在数分钟之内输出可能包含的物相，大大提高复杂物质的分析速度。

在进行物相分析时，应注意：d 值是鉴定物相的主要依据，但由于试样及测试条件与标准状态的差异，所得 d 值必然有一定的偏差，因此将测量数据与卡片对照时，要允许 d 值的差别，此偏离量一般应小于0.002nm，但当被测物相中含有固溶元素时，差值可能更为显著，这就有赖于测试者根据试样本身的情况加以判断。从实际工作的角度考虑，应尽可能提高 d 值的测量精度，在必要时，可用点阵常数精确测定的方法。

衍射强度是对试样物理状态和实验条件很敏感的因素，即使采用衍射仪获得较为准确的强度测量也不能避免与卡片数据的差异。当测试所用辐射波长与卡片不同时，相对强度的差别更为明显。所以定性分析时,强度是较次要的指标。结构的存在以及不同相衍射线条可能出现的重叠对强度有明显影响,都是应注意的问题。

用 X 射线衍射分析方法来鉴定物相有它的局限性,单从 d 值和 I/I_1 数据进行鉴别,有时会发生误判或漏判。有些物质的晶体结构相同,点阵参数相近,其衍射花样在允许的误差范围内可能与几张卡片对上,这时就需分析其化学成分,并结合试样来源、热处理和其他冷热加工条件,根据物质相组成关系方面的知识(如相图等),在满足结果的合理性和可能性条件下,判定物相的组成。

10.1.2.4　物相的定量分析

在多相物质中各相的衍射强度随其含量的增加而提高,这是定量分析的依据。为了测量准确,定量分析对试验条件,试样都有严格的要求。衍射仪的稳定性要高(综合稳定度优于1%),定量分析时的扫描速度要慢(每分钟 0.5° 或 1°),时间常数为 2s 或 4s。固态试样要有足够的大小和厚度,保证入射线的光斑在扫描时不穿透试样。粉末试样的粒度一般为 0.1 ~ 50μm。

定量分析常用的方法有直接对比法、内标法、外标法及无标料相分析法。其中直接对比法和内标法较常用。

A　直接对比法

直接对比法适用于求块状试样中各相的体积百分数。它直接应用物相定量分析的基本公式进行计算:

$$I_{ij} = \frac{k_{ij} V_f}{\mu_i} \tag{10-1}$$

式中　I_{ij}——相对积累强度;

　　　k_{ij}——强度因子(或物相实验参数);

　　　V_f——物相的体积分数;

　　　μ_i——多相物质的平均线吸收系数。

条件是多相物质中各相均为已知的晶态物质,且其强度因子可以计算。

若多相物质中含有 N 相,每相各选一根不相重叠的衍射线,计算其强度因子,按式(10-1)列出下列方程。

第一相:$I_1 = \dfrac{K_1 V_1}{\mu_1}$,第二相:$I_2 = \dfrac{K_2 V_2}{\mu_2}$,…,第 N 相:$I_N = \dfrac{K_N V_N}{\mu_1}$。

取 I_1 线为相对强度的基准,得出如下方程组:

$$\frac{I_1}{I_2} = \frac{K_2}{K_1} \times \frac{V_2}{V_1} \qquad V_2 = \frac{I_2}{K_2} \times \frac{K_1}{I_1} V_1$$

$$\frac{I_3}{I_2} = \frac{K_3}{K_1} \times \frac{V_3}{V_1} \qquad V_3 = \frac{I_3}{K_3} \times \frac{K_1}{I_1} V_1$$

$$\sum_{n=1}^{N} V_n = 1 \qquad V_1 = \left(\frac{K_1}{I_1} \sum_{n=1}^{N} \frac{I_n}{K_n} \right)^{-1} = \frac{I_1}{K_1} \left(\sum_{n=1}^{N} \frac{I_n}{K_n} \right)^{-1} \tag{10-2}$$

同理,对多相物质中的任意相 J 其含量 V_j 为:

$$V_J = \left(\frac{K_J}{I_1} \sum_{n=1}^{N} \frac{I_n}{K_N} \right)^{-1} = \frac{I_1}{K_J} \left(\sum_{n=1}^{N} \frac{I_n}{K_n} \right)^{-1} \tag{10-3}$$

式（10-3）为直接对比法求 N 相物质各相对含量的通式。

B 内标法

把一定量的标准物质（待测试样中不包含）加入待测多相物质中，构成均匀的复合试样，对此试样进行测算，以求得原试样内各物相的含量，此法称内标法。用这种方法避免了强度因子的计算。内标法更适用于测定粉末状试样的重量百分比。

设：X_s——内标物质 S 在复合试样中的质量百分数；

$X_s = \dfrac{w_s}{W}$（w_s 为内标物的质量，W 为复合试样质量）；

X_J——原试样内 J 相的质量百分数；

X'_J——复合试样内待测 J 相的质量百分数；

$X_J = \dfrac{X'_J}{1 - X_s}$；

I_{ks}——内标相的 k 衍射线强度；

K_{ks}——内标相 k 衍射线的强度因子。

复合试样中待测相和内标相的二衍射线强度分别为：

$$I'_{ij} = \frac{K_{ij}X'_j}{\rho_J \overline{\mu}_m} \quad , \qquad I_{ks} = \frac{K_{ks}X_s}{\rho_s \overline{\mu}_m} \tag{10-4}$$

两强度相比得：

$$\frac{I'_{ij}}{I_{ks}} = \frac{K_{ij}}{K_{ks}} \times \frac{\rho_s}{\rho_J} \times \frac{X'_j}{X_s} \tag{10-5}$$

且

$$X'_J = X_J(1 - X_J) \tag{10-6}$$

则：

$$X_J = \frac{K_{ks}}{K_{ij}} \times \frac{\rho_J}{\rho_s} \times \frac{X_s}{1 - X_s} \times \frac{I'_{ij}}{I_{ks}} = K' \frac{I'_{ij}}{I_{ks}} \tag{10-7}$$

式（10-6）表明 X_j 与 I'_{ij}/I_{ks} 呈线性关系，此式即为内标法的表达式。式中常数 K' 是用制备定标曲线的方法得到的：

（1）制备一系列已知 X_j 不同的标样，各标样中均加入相同百分数 X_s 的内标物质，制成复合标样；

（2）测定各复合标样的 I'_{ij} 和 I_{ks}，绘制 I'_{ij}/I_{ks}—X_j 的关系图，如图 10-2 所示，即内标法的定标曲线（可用最小二乘法求出斜率 K'）。

在进行定量分析时，应在待测试样中加入与定标曲线相同量的 X_s，并以相同的实验条件测定 I'_{ij}/I_{ks}，利用定标直线或 K' 就可求得 X_j。常用的内标物质有：MgO、NaCl、SiO_2、α-Al_2O_3 等。

10.1.2.5 X射线宏观残余应力的测定

残余应力是指当产生应力的各种因素不复存在时，由于形变、相变、温度或体积变化不均匀而存留在构件内部并且保持自动平衡的应力，构件中的宏观残余应力与其疲劳强度、抗应力腐蚀能力及尺寸稳定性等因素有关，从而影响使用寿命。因此测定残余应力，对于控制各类加工工艺，检查表面强

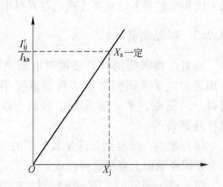

图 10-2 内标法定标直线

化或消除应力工序的工艺效果均有重要的实际意义。

X 射线衍射测量宏观残余应力是利用应力敏感性，具有无损、快速、精度高和能测量小区域应力等优点，发展很快。

宏观应力的测量方法主要有同倾法和侧倾法。

10.1.2.6   X 射线衍射的其他应用

测定细粉末粒子的尺寸（小于几十纳米），固体物质中的小空隙及均匀分布的第二相粒子的尺寸，测定薄膜的厚度，分析非晶态物质的结构以及精确测定实际常数等。

10.2   透射电子显微镜

透射电子显微镜（TEM）是以电子束作为照明源，用电磁透镜聚焦成像的一种高分辨率电子光学仪器。它由电子光学系统，电源和控制系统以及真空系统三部分组成。

透射电镜具有在原子和分子尺度直接观察材料的内部结构；能方便地研究材料内部的相组成的分布以及晶体中的位错、层错、晶界和空位团等缺陷，是研究材料微观组织的有力工具。

10.2.1   成像原理

透射电子显微镜常用热阴极电子枪来获得电子束作为照明源。热阴极（如加热发夹形钨丝）发射的电子在阳极加速电压（一般 50 ~ 100kV）的作用下高速地穿过阳极孔，被聚光镜会聚成很细的电子束照明样品。透过样品的电子束强度取决于样品微区的厚度、平均原子序数、晶体结构或位向的差别，经过物镜聚焦放大在其相平面上形成一幅反映样品微观特征的高分辨的透射电子像。然后再经中间镜和透射镜进一步放大，透射到荧光屏上，投射电子的强度分布转换为人眼直接可见的光强度分布，或由照相底片感光记录，从而得到一幅具有一定衬度的高放大倍数的图像。

为了确保显微镜的高分辨本领，镜筒要有足够的刚度，一般做成直立积木式结构，顶部是电子枪，接着是聚光镜、样品室、物镜、中间镜和投影镜，最下部分是荧光屏和照相装置。这样的结构既便于固定，又利于真空密封。

镜筒的复杂程度主要取决于显微镜的综合性能。简易透射电子显微镜（分辨本领劣于 5nm）只有两个透镜，即物镜和投影镜；普通性能透射电子显微镜（分辨本领 2 ~ 5nm）有四个透镜，即单聚光镜、物镜、中间镜、投影镜和相应的机械式或电磁式对中装置；而高性能透射电子显微镜（分辨本领优于 1nm）有 5 ~ 6 个透镜，即双聚光镜、物镜、第一及第二中间镜、投影镜和比较完善的机械式或电磁式对中装置。

10.2.2   样品制备

透射电镜需要的样品必须对电子束"透明"，因此样品的制备技术是透射电子显微镜利用透射电子像研究微观结构的重要手段和前提。制备方法主要为复型技术，主要包括塑料一级复型、碳一级复型、塑料—碳二级复型、抽取复型、氧化物复型、支持膜和粉末样品制备等。

（1）塑料一级复型。这是最简单的一种表面复型，用预先配制好的塑料溶液在已浸蚀好的金相试样表面上直接浇铸而成。

（2）碳一级复型。碳一级复型又叫直接碳复型，它是在已制备好的试样表面上直接蒸发沉积碳膜制成。它克服了塑料一级复型分辨率较低和电子束照射下分解等缺点，具有分辨率高，稳定等优点；缺点是操作麻烦。

（3）塑料—碳二级复型。这是普遍使用的技术，它兼有塑料一级复型和碳一级复型的优点。

（4）抽取复型。抽取复型，又叫萃取复型。是利用一种薄膜，把经过深浸蚀的试样表面一些第二相粒子黏附下来，它在复型膜上的分布保持不变。所以抽取复型可以观察材料中第二相粒子的形状、大小、分布和物相。

（5）氧化物复型。铝及其合金可以利用其表面经阳极氧化后生成的致密的三氧化二铝来制备复型，这叫做氧化物复型。

（6）支持膜和粉末样品制备。如果样品很薄，或样品为粉末（颗粒），不能直接用样品铜网来承载，则需要在样品铜网上预先黏附一层连续的，很薄的支持膜（约20nm的厚度），把样品铜网孔覆盖，使薄样品成粉末不从网孔上漏掉。

粉末样品制备的成败关键取决于能否使其均匀分散地撒到支持膜上，通常用超声波搅拌器把样品与溶剂搅拌成悬浮溶液，再滴到黏附有支持膜的样品铜网上，静止干燥后即可使用。

10.2.3 透射电镜的应用

（1）金相分析。电子透射电镜可用于（观察）金属材料的微观研究，组织形态研究，物相的鉴定等。

（2）金属断口分析。运用透射电镜可以深刻认识断口的特征、性质、揭示断裂过程机制，研究影响断裂的各种因素，也可以进行失效分析。

（3）研究粉末的粗糙度与结构。

10.3 扫描电子显微镜

扫描电子显微镜（SEM）是近十几年来获得迅速发展的一种新型电子光学仪器。它的成像原理与光学显微镜或透射电子显微镜不同，不用透镜放大成像，而是以类似电视摄影显像的方式，用细聚焦电子束在样品表面扫描时激发产生的某些物理信号来调制成像。

扫描电子显微镜的出现和不断完善弥补了光学显微镜和透射电子显微镜的一些不足之处。它既可以直接观察大块的试样，又具有介于光学显微镜和透射电子显微镜之间的性能指标。扫描电子显微镜具有样品制备简单，放大倍数连续调节范围大、景深大、分辨本领比较高等项特点，是进行样品表面分析研究的有效工具，尤其适合于比较粗糙表面如金属断口和显微组织三维形态的研究，使之在许多部门获得了广泛的应用。

在实际分析工作中，往往在获得样品表面形貌放大像后，希望能在同一台仪器上进行原位化学成分或晶体结构分析，提供包括形貌，成分、晶体结构或位向在内的丰富资料。为此，近来相继出现了扫描电子显微镜—电子探针或扫描电子显微镜—透射电子显微镜等兼有多种分析功能的组合型仪器。

10.3.1 工作原理

当一束聚焦高能电子沿一定方向射入固体试样时，将与试样物质的原子核及核外电子作用，发生弹性和非弹性散射，构成各种物理信号，如图10-3所示。

在扫描电子显微镜中，用来成像的信号主要是二次电子，其次是背散射电子和吸收电子。用来分析成分的信号主要是X射线和俄歇电子，用这种信号的能量直接表征元素的性质。

（1）二次电子。入射电子与试样原子的核外电子发生非弹性散射，核外电子从入射电子获得大于相应的结合能的能量后，脱离原子成为自由电子，若能量还大于材料逸出功时，可能从试样表面逸出，成为真空中的自由电子，这种电子称二次电子。与结合能较高的内层电子相比，价电子的结合能低得多，对于金属来说大致在 10eV 左右。因此二次电子能量比较低，一般小于 50eV，大部分在 2～3eV 之间。在入射电子与样品中原子的相互作用过程中，其他方式也能产生逸出表面的低能量电子，它们与二次电子是不能区分的，因此，习惯上把样品上方检测到的、能量小于 50eV 的自由电子都称为二次电子。

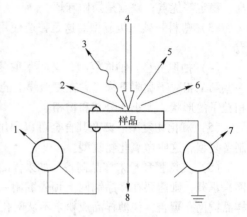

图 10-3   电子束与固体样品相互作用
产生的各种物理信号
1—束感生电效应；2—阴极荧光；3—特征 X 射线；
4—入射电子束；5—背散射电子；6—二次电子；
7—吸收电子或样品电流；8—透射电子

（2）背散射电子。入射电子在试样内，被反射出试样表面的一部分入射电子，它们能量损失很小，其能量值接近入射电子，但相对于二次电子的划分，通常把能量大于 50eV 的电子通称为背散射电子，也称反射电子。试样表面散射电子的能力取决于材料的平均原子序数。平均原子序数越大，背散射回来的电子数越多。如果在试样附近放置一接收电子的检测器，可以接收到试样表层几个微米深度范围内背散射回来的电子，其能量范围大多和入射电子的能量范围接近。若用此信号成像，即为背散射电子像。主要用来显示试样的表面形貌及反映试样的平均原子序数。

（3）吸收电子。随着入射电子与样品中原子发生非弹性散射次数增多，其能量和活动能力不断降低以致最后被样品所吸收，不能再逸出表面，这部分就是吸收电子，如果样品与地之间接上一个高灵敏的电流放大器，所检测到的电流信号，就是吸收电子或称样品电流信号。

（4）透射电子。当试样厚度适当地小时，将有一部分入射电子与原子核或核外电子发生有限次数的弹性或非弹性散射后透过试样，从另一表面射出，称透射电子。可以被装在试样下方的电子检测器所检测。其强度取决于试样的厚度及性质。用这种信号成像称为扫描透射电子像。由于不用透镜，故不受色差的影响，可以检测更厚的试样和得到更好的衬度。

（5）特征 X 射线及俄歇电子。高能电子与试样物质的核外电子相互作用除引起大量的价电子电离外，还引起一定数量的内层电子电离。当内层（如 K 层）电子被击出时，低能级上出现空位，使原子处于能量较高的激发状态。这是一种不稳定状态，较高能级上的电子（如 L_2 层电子）将迁入低能级空位，使原子能量降低，趋向较稳定的状态，该过程称为跃迁。在跃迁过程中伴随能量的释放（如释放的能量为 $E_K - E_{L2}$）。

能量释放的形式有两种，即特征 X 射线和俄歇电子形式。特征 X 射线形式是一种辐射形式。由于每种元素的 E_K、E_{L2}……都有确定的特征值，发射的 X 射线波长也有特征值，故称特征 X 射线。可以通过试样上方放置的 X 射线接收系统接收其信号。主要用来进行微区元素的定量及定性分析，也可直接作 X 射线图像。

俄歇电子释放形式是将核外另一电子打出，脱离原子成为二次电子。它与发射特征 X 射线的形式两者必居其一。俄歇电子也具有固定的能量值，随元素不同而异。

由于俄歇电子是二次电子，故能量较低。在试样较深处产生的俄歇电子向表层运动时会因不断碰撞而损失能量（甚至被吸收），使之失去具有特征能量的特点。检测到的具有特征能量的俄歇电子主要来自试样表面2~3个原子层（即表层0.5~2nm范围），因此适用于表层化学成分的分析。

其他还有阴极荧光、电子束感生电效应等物理信号。

在以上各种物理信号中用得最普遍的是二次电子（作形貌观察）、特征X射线信号（作微区成分分析）。其次是背散射电子及吸收电子，作为前两者的补充。

10.3.2 样品制备

扫描电子显微镜的样品制备方法非常简便。对于导电性材料来说，除要求尺寸不得超过仪器规定的范围外，只要用导电胶把它粘贴在铜或铝制的样品座上，即可放到扫描电子显微镜中直接进行观察。对于导电性较差或绝缘的样品来说，由于在电子束作用下会产生电荷堆积，影响入射电子束斑形状和样品发射的二次电子运动轨迹，使图像质量下降。因此，这类样品粘贴到样品座之后要进行喷镀导电层处理。通常采用二次电子发射系数比较高的金、银或碳真空蒸发膜做导电层，膜厚控制在200A左右。形状比较复杂的样品在喷镀过程中要不断旋转，才能获得较完整和均匀的导电层。

在实际分析中可能遇到各种类型的断口，如试样断口和故障构件断口。试样断口表面一般比较清洁，可以直接放到仪器中去观察；而构件断口表面的状况则取决于服役条件，可能有沾污或锈斑，那些在高温或腐蚀性介质中断裂的断口往往被一层氧化或腐蚀产物所覆盖。该覆盖层对构件断裂原因的分析是有价值的。倘若它们是在断裂之后形成的，则对断口真实形貌的显示不利，甚至还会引起假象。所以这类覆盖物同样必须予以清除。如果沾污情况并不严重，用塑料胶带或醋酸纤维薄膜干剥几次可以将其除去，否则应该用适当的有机或无机试剂进行清洗。

10.3.3 扫描电镜的应用

（1）断口分析。对试样或构件断口进行分析，不需要制备复型，是扫描电子显微镜的优势。它可以在很宽的倍率范围内连续观察，并进行低倍大视域观察，并在此基础上确定某些感兴趣的区域进行高倍观察分析，显示断口形貌的细节特征。

（2）动态分析。在试样原位动态分析方面，扫描电子显微镜采用较为符合实际的块状试样；样品室尺寸大，样品台的设计和换装比较灵活，在动态分析过程中可以方便地利用扫描电子显微镜本身附有的电视扫描来显示和录像，方便地观察试验过程中样品表面形貌的变化。

（3）显微组织三维立体形态的观察和分析。利用扫描电子显微镜景深大的特点，可获得无论是光学显微镜还是现代电子显微镜等其他显微镜都无法解决的组成相三维立体形态的显示，为进一步分析组成相形成机理及其三维立体形态特征提供了一种有效的方法。所以在多相结构材料、共晶材料和复合材料的显微组织观察和分析方面多有应用。

（4）化学成分分析。利用背散射电子、吸收电子和特征X射线等信号对微区原子序数或化学成分的变化，来进行化学成分分析。可以判断相应区域内原子序数的相对高低，也可以分析金属及合金的显微组织。另外，还可以利用样品发射的某元素的特征X信号分析元素在样品表面的分布图像。

（5）电子通道分析。通过电子通道的分析，可以确定晶体的衍射晶面间距，取得微区晶体学位间、晶体对称性等资料。同时也可用来研究晶体的变形和应变程度等。

10.4 X射线光电子能谱仪

用单色的X射线照射样品，具有一定能量的入射光子同样品原子相互作用，光致电离产生了光电子，这些光电子从产生之处输运到表面，然后克服逸出功而发射，这就是 X 射线光电子发射的三步过程。用能量分析器分析光电子的动能，得到的就是 X 射线光电子能谱（XPS）。

X 射线光电子能谱揭示的化学变化是价层电子发生变化，从而影响内层电子的结合能。一般光谱方法都通过测定两个能级差来间接地得到一些有关电子结构的信息，XPS 则直接测定来自样品的某个能级光电发射电子的能量分布从而直接得到电子能级结构的信息。

10.4.1　基本原理

原子中不同能级上的电子具有不同的结合能。当频率为 γ 的光子照射样品，则光子同原子相互作用可产生光电效应。只要入射光的能量足够克服电子结合能，电子就可以从原子中的各个能级发射出来。但实际上物质在一定能量的光子作用下，从原子中各个能级发射出来的光电子数并不相同，这称为光离子化几率不同。

原子中的内层电子受原子核库仑引力和核外其他电子斥力作用，任何核外电荷分布的变化都会影响内层电子的屏蔽作用。当外层电子密度减少时，则屏蔽作用减弱，内层电子的结合能增加，反之结合能将减少，于是光电子能谱图上可以看到谱峰位置的移动。我们把这种原子的内层电子结合能随原子周围化学环境变化的现象称为化学位移。大量的实验结果证明，对于确定的内层能级，弛豫能基本上不随化学环境的变化而变化。也就是说，对某个确定的元素，无论化学环境如何，原子的弛豫能基本上是相同的，所以 XPS 谱图中得到的化学位移基本上反映了中性分子基态的化学环境。

化学位移是从 XPS 谱图得到的最重要的信息之一，但 XPS 的化学位移比较小，要对化学状态作出正确的鉴定，首先必须区分光电子峰和伴峰。一般来说，XPS 谱图与 IR、NMR 相比，比较简单、直观，也比较容易识别，但要正确识别谱图，还必须根据各谱峰的位置、形状、强度以及谱峰之间的能量间距等来判断各谱峰是哪个过程产生的，是属于哪一类谱线。

在 XPS 谱图中，可以观察到几种类型的谱线，其中光电子谱线（主峰）是基本的，另一些谱线如振激、振离、多重分裂、能量损失等则取决于所测样品的物理化学性质。

10.4.2　X 射线光电子能谱的应用

10.4.2.1　定性分析

XPS 定性分析主要是鉴定物质的元素组成及化学状态，在一定条件下，XPS 还可以用来分析有机物的官能团和分析混合物的成分。由于 XPS 的定性分析的绝对灵敏度高达 10^{-18} g，而相对灵敏度仅有 0.1% 左右，因此对于定性分析来讲它的微量分析比较好，而对痕量分析则比较差。

一般定性分析首先进行全扫描（整个 X 射线光电子能量范围扫描），以鉴定存在的元素，然后再对所选择的谱峰进行窄扫描，以鉴定化学状态。在 XPS 谱图时，1s，2s，2P 能组的谱峰通常比较明显，应首先鉴别出来，并鉴别其伴线。然后由强到弱逐步确定测得的光电子谱峰，最用"自旋-轨道耦合双线"核对所得结论。

周期表中每一种元素的原子结构不相同，原子内层能级上电子的结合能是元素特性的反映，具有标识性，可作为元素分析的"指纹"。标识谱图有以下几种方式：

（1）根据内层能级电子结合能标识谱图。固体原子的外层电子轨道相互重叠形成能带，内层电子能级基本保持原子状态，我们可以利用每个元素的特征电子结合能来标识元素。

化学位移对原子体系会有微扰。但在 XPS 的定性分析中，可以根据化学位移确定元素的价态，并可计算分子中电荷的分布。

（2）根据俄歇化学位移标识谱图。对于 XPS 内层电子结合能化学位移比较小的金属元素化合物，根据 XPS 谱线很难判定它的化学状态。但它们的 X 射线激发的俄歇电子谱线往往有相当大的化学位移，强度几乎接近于光电子的主峰的强度，因此可以用俄歇谱线的化学位移来鉴定这些化合物中的元素的化学状态。

（3）根据二维化学状态图标识谱图。二维化学状态图是一种既能反映光电子化学位移又能反映俄歇电子化学位移的能谱图。它把同一元素的不同化学状态的光电子结合能作横坐标，把它的俄歇电子动能作纵坐标，其中俄歇电子的动能 $E_K(A)$ 等于光子能量 h_γ 减去与俄歇谱线对应的结合能 $E_b(A)$。二维化学状态图对鉴定化学状态很有用。

（4）根据自旋-轨道耦合双线间距和强度比标识谱图。在分析样品时，如果含量少的某元素的主峰与含量多的另一元素的弱峰位置相近或相同，致使两峰重叠，势必对鉴定造成困难，此时可利用自旋-轨道双线间距和相对强度比来作辅助方法。

由于电子的轨道运动和自旋之间的相互作用，原子内层能级发生分裂。当这种分裂足够大时，光电子能谱图上记录到的 p、d、f 等光电子谱线均呈双重线。双重线之间的能量间距随原子序数的增大而增加，对于同一元素，自旋-轨道耦合双重线的化学位移是一致的，双重谱线间的能量间距的变化很少超过 0.2eV。

自旋-轨道双重线之间的相对强度比可用下式表示：

$$I_r = \frac{2\left(L + \frac{1}{2}\right) + 1}{2\left(L - \frac{1}{2}\right) + 1} \tag{10-8}$$

式中 I_r——双重线间相对强度比值；

L——角量子数。

常用谱线（最强谱线）双重线间能量相距可查表得知。再对照 I_r 公式就能鉴定样品中存在的元素。

10.4.2.2 定量分析

定量分析的任务是根据光电子谱峰强度，确定样品表面元素的相对含量。光电子谱峰强度可以是峰的面积，也可以是峰的高度，计算峰的面积要正确地扣除本底，峰高也要扣除本底。

元素的相对含量可以是试样表面区域单位体积原子数之比 $\dfrac{n_i}{n_j}$，也可以是某种元素在表面区域

的原子浓度 $C = \dfrac{n_i}{\sum\limits_j n_j}$（j 包括 i）。

XPS 定量分析主要采用灵敏度因子法，这里具体介绍。

A 灵敏度因子法

定义灵敏度因子为：

$$S = Af\sigma y\lambda\Theta T \tag{10-9}$$

测得的各元素的光电子谱峰强度，i 元素强度以 I_i 表示，j 元素强度以 I_j 表示。

$$\frac{n_i}{n_j} = \frac{I_i}{I_j}\left(\frac{S_i}{S_j}\right) \tag{10-10}$$

而 i 元素的原子浓度 C_i 为

$$C_i = \frac{n_i}{\sum_j n_j} = \frac{\dfrac{I_i}{S_i}}{\sum_j \dfrac{I_j}{S_j}} = \frac{1}{\sum_j \left(\dfrac{I_j}{I_i}\right)\left(\dfrac{S_i}{S_j}\right)} \tag{10-11}$$

式中，$\dfrac{I_i}{I_j}$ 是可以测得的，只要求得 $\dfrac{S_i}{S_j}$，那么 $\dfrac{n_i}{n_j}$ 及 C_i 就可求得。

一般生产 X 射线光电子谱仪的厂家已针对具体仪器及分析器工作方式确定了灵敏度因子，用于定量分析。从手册和文献资料中，可查到适合于某些类型谱仪和分析器工作方式的灵敏度因子。X 射线光电子谱用因子法定量，结果的准确性比较高，一般误差不超过 20%。

B　标样法

标样法主要包括校正曲线法、比较法和内标法三种。

(1) 校正曲线法。校正曲线法测定同一元素不同价态的组分十分方便，快速，可用于生产过程的控制分析。

(2) 比较法。比较法选用于分析有机化合物，它采用与标准样品比较的方法测定元素的相对含量。

(3) 内标法。将一定量纯物质作为内标加入样品中，然后进行 XPS 分析，测定出内标元素和被测元素的光电子峰面积，再根据预先求得的被测元素和内标元素之间的校正系数，可求出被测元素在样品中的百分含量。

10.4.2.3　结构分析

XPS 结构分析的特点是直接捕获表征化合物的化学键和电荷分布的信息，从而研究化学键和分子结构。目前它的研究已涉及到有机结构分析、表面分析、高分子结构分析、生物分子结构分析等。

(1) 有机结构分析。在有机分子中，原子上的电荷密度受有机反应历程中出现的各种效应的影响。这些效应主要有取代效应、位效应、配位效应、相邻集团效应、共轭效应、混合价效应和屏蔽效应。这些效应均有可能使原子上的电荷密度发生变化，导致内层电子结合能出现化学位移，从而推测原子上电荷密度的变化和分子中原子间键合的性质。

(2) 表面分析。表面分析中表面层厚度一般为 1~5nm，XPS 的取样深度一般为 2nm 左右。XPS 的表面分析可以定性地给出表面元素的组成、元素的化学状态和价带的状态密度。

(3) 高分子结构分析。XPS 在高分子结构研究中涉及了以下几个方面：各种高分子化合物的结构，高分子化学反应机理，催化反应机理，光降解和等离子聚合等组成。

XPS 在化合物结构研究中应用范围很广。其通过测量分子中有关原子的电子结合能的化学位移，十分有效地解决了许多结构上的问题。但由于 XPS 分辨率较低，不能提供立体结构的信息，应用时须与其他分析技术相结合。

10.5　电子探针 X 射线显微分析

电子探针 X 射线显微分析仪（习惯上简称电子探针仪，EPA 或 EPMA）是目前较为理想的一种微区化学成分分析手段。根据高能电子与固体物质相互作用的原理，利用能量足够高的一束细聚焦电子束轰击样品表面，将在一个有限的深度和侧向扩展的微区体积内，激发产生特征 X 射线讯号，它们的波长（或能量）和强度将是表征该微区内所含元素及其浓度的重要信息。电子探针仪采用适当的谱仪和检测、计数系统，达到成分分析的目的。与已有的许多化学及物理的成分分析方法相比，化学及物理方法都只能得到被分析试样的平均成分，无法提供元素在微区领域内分布不均匀性的资料（例如同一元素在晶粒内部与晶界上的偏析情况等），而这些资料却是完整地研究材料显微组织所必不可少的。电子探针仪不仅可以用作微区成分分析，还能配合作微观结构观察。因而在地质、陶瓷、半导体材料、石油化工、生物及医学等各方面，特别是冶金领域，都得到广泛的应用。

现代的电子探针是扫描型电子探针，通过电子束在样品表面进行光栅扫描，并利用色散的特征 X 射线信号调制阴极射线管的亮度。这样得到的扫描图像可显示表面元素的分布状态。

电子探针分析的特点是：

（1）分析区域可小到几个微米，能提供元素微观尺度上的成分的不均匀信息。

（2）分析的灵敏度达到 $10^{-4} \sim 10^{-6}$ g，而绝对量可达到 $10^{-15} \sim 10^{-18}$ g。

（3）把分析成分与显微组织观察有机地结合起来。

（4）样品制备方便，不损耗原始样品。

10.5.1　电子探针分析原理

每一种元素都有自己特征能量的 X 射线，根据特征 X 射线的能量或波长就可鉴别所含元素的种类，这就是定性分析。在定性分析的基础上，根据特征 X 射线的相对强度确定各种元素的相对含量，这就是定量分析。

10.5.2　电子探针的分析方法

10.5.2.1　样品要求

使用电子探针对样品进行分析可解决三个方面的问题：

（1）样品上某一点的元素浓度，采用的方法为点分析。

（2）在样品的一个方面上的元素浓度分布，采用线分析法。

（3）与显微图像相对应的样品表面的元素浓度分布，采用的方法为面分析。

同时，电子探针分析对样品也有三点要求。

（1）样品要求导电。对不导电的样品，需要在表面蒸发沉积对 X 射线吸收少的碳、铝等薄膜；

（2）样品表面要经一定的处理。用波谱仪做成分分析时，对定性和半定量分析来说，试样可按金相样品制备。如做定量分析时，试样表面要求很平，最好是抛光态，不要浸蚀。对能谱仪来说，由于其没有聚焦要求，可方便地对像断口那样表面粗糙的试样进行定性和半定量的成分分析，例如断口中夹杂物的成分分析。

（3）样品尺寸对不同仪器有不同的要求。特别小的样品要用导电材料镶嵌起来。

10.5.2.2　分析方法

A　定性分析

（1）点分析。主要用作试样表面定点的全谱扫描定性或半定量分析。先选定试样欲分析的微区，将电子束固定在要分析的点上。然后改变分光晶体和检测器的相对位置，即可接受到该点内的不同元素的 X 射线。

定点微区成分分析是电子探针仪最重要的工作方式，常用作合金的沉淀相和夹杂相的鉴定。

（2）线分析。主要用于分析金属材料在某指定的直线上的成分不均匀性。例如测定晶粒内部与晶界上元素分布的不均匀性，显示浓度与扩散距离的关系曲线等。

入射电子束沿试样表面选定的直线方向扫描，使谱仪固定检测所含某一元素的特征 X 射线信号，通过检测在荧光屏上或记录仪上记录下该元素的 X 射线强度，即可得到某元素在选定的直线上的强度分布曲线（即该元素的浓度曲线）。

通常直接在二次电子像或背散射电子像上叠加浓度分布曲线，这样能更清楚地表明元素浓度的不均匀性与试样组织之间的关系。

（3）面扫描。主要给出特定元素浓度分布的扫描图像。使入射电子束在试样表面上扫描，谱仪固定接收其中某一元素的特征 X 射线信号，并以此调制显像管亮度，即可在荧光屏上获得某元素的面分布，图中亮区就是试样表面该元素含量高的地方。故特征 X 射线扫描图像既提供了元素浓度的面分布不均匀性的资料，又反映了其微观组织形貌。面分析可以提供元素浓度的二维分布信息，并可与显微组织对应分析。把各元素的面扫描像和 X 射线衍射物相鉴别结合起来分析，有助于确定该合金内氧化形成的过程和机制。

B　定量分析

首先精确地测量未知样品和标样中同一元素的同名特征谱线的强度，取得强度比 k_A 值。由于未知样品与标样化学成分有差异，需要进行修正，把 k_A 换算成未知样品中该元素的真实浓度。因手续麻烦，通常都用电子计算机处理数据。

10.5.3　电子探针的应用

电子探针 X 射线显微分析对微区、微粒和微量的成分分析具有分析元素范围广、灵敏度高、准确、快速以及不损耗样品等特点，可以进行定性和定量分析。在金属领域的应用如下：

（1）测定合金中相成分。合金中的析出相往往很小，有时几种相同时存在，因而用一般方法鉴别十分困难。例如不锈钢在 1173℃ 以上长期加热后，析出很脆的 σ 相和 X 相，其外形相似，金相法难以区别。但用电子探针测定 Cr 和 Mo 的成分，可以从 Cr/Mo 的比值为区分 σ 相（Cr/Mo 为 2.63~4.34）和 X 相（Cr/Mo 为 1.66~2.15）。

（2）测定夹杂物。用电子探针和扫描电子显微镜附件能很好地测定出非金属夹杂物的成分、大小、形状和分布。

（3）测定元素的偏析。晶界与晶内、树枝晶中的枝干和枝间，母材与焊缝常造成元素的富集和贫乏现象，这种偏析有时对材料的性能带来极大的危害，有电子探针通常很容易分析出各种元素偏析的情况。

（4）测定元素在氧化层中的分布。表面氧化是金属材料经常发生的现象。利用二次电子像和特征 X 射线扫描像，可把组织形貌和各种元素分布有机地结合起来分析，也可用线分析方法，清楚地显示出元素从氧化层表面至内部基体的分布情况。如果把电子探针成分分析和 X 射线衍射相分析结合起来，这样能把氧化层中各种相的形貌和结构对应起来。用类似的方法还可以测定元素在金属渗层中的分布，为工艺的选择和渗层组织的分析提供有益的信息。

思考题与习题

10-1　投射电子显微镜有哪些应用，如何进行样品制备？

10-2 扫描电子显微镜有哪些应用，如何进行样品制备？

10-3 X 射线光电子能谱仪工作原理是什么，如何对物质的元素组成进行定性分析？

10-4 扫描电子显微镜有哪些应用，如何进行样品制备？

10-5 电子探针有哪些应用，对样品有何要求？

10-6 X 射线衍射有哪些应用，如何进行物相的定性分析？

11 科技论文写作

11.1 科技论文的种类和基本要求

11.1.1 科技论文的种类

科技论文是对科学技术研究成果进行理论分析和总结后的文稿，是科技成果的书面表达方式，是科研信息传播的主要途径。

按照写作目的，科技论文可分为学术论文和学位论文。

（1）学术论文。学术论文是就某一学术课题所作的，在实验性、理论性或观测性上，具有新见解、新知识或创新性研究成果的科学记录；或是针对某种已知原理应用于实际中取得的新进展所作的科学总结；或就某一时期内某一学科或专题的研究成果或技术成就，进行比较系统、全面的分析研究，进而归纳整理或做出的综合评述。学术论文一般在学术刊物上发表，或者在学术会议上宣读、交流，或作其他用途。

学术论文在内容上要有新发现、新见解，而不是重复、模仿或抄袭前人，"新"是学术论文的重要特点。

（2）学位论文。学位论文是作者将从事科学研究取得的创新性成果，用文字撰写出来，并作为申请相应学位时评审用的学术资料。学位论文表明作者本人已具备了相当的科研能力，具有相关学位要求的学识水平。学位论文包括学士论文、硕士论文和博士论文。

学士论文要求申请者运用所学的基础理论和知识，分析解决某一不太复杂的科研课题，并加以总结，以巩固和深化所学到的知识和技能。学士论文应能表明作者已较好地掌握了本学科的基础理论、专门知识和基本技能，并具有从事科学研究工作或担负专门技术工作的能力。论文篇幅一般为 1~2 万字。

硕士论文应能表明作者已经掌握了本学科坚实的基础理论和系统的专门知识，并对所研究课题有新见解，具有从事科学研究工作或独立担负专门技术工作的能力。论文篇幅一般为 2~5 万字。

博士论文则应能表明作者已经掌握了本学科坚实宽广的基础理论和系统深入的专门知识，在所研究领域做出了创新性的科研成果，具有独立从事科学研究工作的能力。论文篇幅一般为 10 万字左右。

学术论文与学位论文之间的不同主要体现在两个方面：

（1）写作目的不同。学术论文是为了传播和总结科研成果，学位论文则作为考察学位申请人学术水平的依据。

（2）写作要求不同。学术论文带有很强的功利性，它必须是成果的总结，或是新观点的阐述。学术论文大多发表在各类刊物或会议论文集上，要求行文简洁，篇幅不宜过长，一般在 8000 字左右。学位论文则带有一定的考察性，反映作者对某一学科领域掌握知识的广度和深度，要求有一定的理论性和综合性。学位论文一般不公开发表，篇幅的限制也不是很严格。

11.1.2 科技论文的基本要求

科技论文必须具有鲜明的论点、充分的论据和科学的论证，即在创新性、理论性、科学性及规范性等方面符合以下基本要求。

（1）创新性要求。科技论文所表达的内容要有创新，这是衡量科技论文价值的根本标准。科技论文是人们认识和改造客观世界实践活动的科学总结。它将科研活动中取得的科研成果以论文的形式作为信息载体，交流学术新成就，报道新发现、新发明，阐述新理论、新认识，提出新设想、新方法，探索新定理等等。科技论文贵在创新，没有这种"新"，科学就不可能发展，技术就不会进步。

（2）理论性要求。科技论文的一个重要目的是用于学术交流，因此，科技论文应具有一定的理论性。科技论文是对科研实践活动的理论性总结，侧重对事物进行抽象的叙述或论证，基本内容不是客观事物的外部直观形态和过程，而是事物发展的内在本质和发展变化的规律。它要求作者运用科学的逻辑思维方法，经过"去粗取精，去伪存真，由此及彼，由表及里"的归纳处理，形成理论的概念和系统。科技论文不仅要表达描述的客观事物是什么，更重要的是要在理论上解释为什么。

（3）科学性要求。科技论文的论述应准确。科技论文的科学性包括两层意义：一是内容要科学，二是表达要科学。

科技论文的内容必须真实且先进可行，这就是科学性对内容的要求。具体如下：1）内容必须是客观存在的事实或被实践检验的正确理论，论述或探讨的问题必须符合客观事物的发展规律，符合被实践证明的法则、公理；2）提供的成果或阐述的理论应能在相当长的时期内促进生产力的发展，在相同的条件下其成果能够推广使用，其理论能指导实践活动；3）提出的成果能代表当前科学技术的先进水平；4）提出的成果在技术上行得通，办得到，有应用价值。

科技论文在表达上应做到立论客观、论据充足、论证严密。其立论不应带有个人好恶和偏见，不得主观臆断，必须从客观实际出发。在论据上，要求作者周密观察，详细调查，认真实验，尽可能多地占有材料，以充分、切实有力的事实作为依据。科技论文的论证要严密，从事实出发，以严格的逻辑推理导出结论。

（4）规范性要求。为了能方便有效地进行交流、传播，科技论文必须具备良好的可读性。一方面，科技论文的写作必须遵循一定的格式。国际标准化组织（ISO）对科技论文的编写格式制定了相应的标准，我国也对科学技术报告、学位论文和学术论文的编写格式制定了相应的标准。这些规范化的标准，就是为了便于科技信息的国际交流，促进科学技术水平的提高，迅速将科研成果转化为生产力，推动经济建设，以获得更大的经济效益和社会效益。因此，进行科技论文写作时，应执行有关的标准。另一方面，科技论文在文字表达上，应做到语言简洁明确，层次分明，图解形象，论述严谨，客观，通顺，准确。

11.2 科技论文的基本格式及写作方法

11.2.1 科技论文的基本格式

科技论文一般包括前置部分、主体部分和末尾部分。前置部分包括标题、作者及其工作单位、摘要（中文）、关键词（中文）、目次页（必要时），主体部分包括导论、正文、致谢、参考文献，末尾部分包括标题（英文，必要时）、作者及工作单位（英文，必要时）、摘要（英文，必要时）、关键词（英文，必要时）、附录（必要时）。论文的上述结构向读者提供了四个方面的信息：第一，研究的是什么问题，为什么研究这个问题；第二，怎样研究；第三，有何发现；第四，该发现有何意义。以下为学术论文的一般格式。

（1）标题。标题是科技论文的题目，要简洁、准确地反映论文的中心内容，使读者通过它能大致了解论文阐述的主要问题。

（2）作者及工作单位。作者是科技论文的主要完成者。其姓名放在论文的标题下，一般按对研究成果的贡献大小排定次序，每位作者姓名的下方要用括号注明其工作单位。需注意的是，作者署名要用真实姓名。

（3）摘要。摘要是对科技论文内容的高度浓缩，是不加注解和评论的概括性陈述。其内容包括：研究目的、对象、方法、结果、结论和应用范围等。摘要要忠于原文，语言精炼，内容具体完整，通常不采用图、表、化学结构等，只采用标准科学术语和命名，不对论文观点进行评价，摘要的篇幅一般在 130 ~ 400 字。

（4）关键词。又称主题词，是论文信息最高度的概括，是为了便于读者检索，从论文中选出的最能代表论文中心内容特征的词或词组。通常可选 3 ~ 5 个关键词，逐个排列，列于摘要的下面。列举关键词应注意：同义词、近义词不要并列为关键词，复杂有机化合物一般以基本结构的名词作关键词，有机化合物名称中表示取代基位置和立体异构现象的词冠从略，化学分子式不作关键词。

（5）目次页。长篇论文（如学位论文）可以有目次页，短文则无需目次页。目次页由论文的篇、章、条、款、项、附录、题录等的序号、名称和页码组成，另页排在正文之前。

（6）导论。导论，又叫前言、序言、引子、引言、概述等，是文章的开场白。导论的作用是说明研究的背景、文献回顾、问题的提出、研究的目的和意义及本论文的实施方法简介。

（7）正文。正文是论文的核心部分，占主要篇幅，是作者学术理论和创造才能的体现。正文内容上要力求做到中心明确、重点突出、论证充分、逻辑严密、实事求是、态度端正，表达方面还应注意图表的精确、语言的规范化和流畅等。

（8）致谢。现代科学研究往往不是一个人能独立完成的，需要他人的协助。因此，当研究成果以论文形式发表时，必须对有关单位的支持或他人的劳动给予充分的肯定，并表示感谢。致谢对象和范围包括：国家科学基金、资助研究工作的奖学金基金、合同单位、资助或支持的企业、组织或个人；协助完成研究工作和提供便利条件的组织或个人；在研究工作中提出建议和提供帮助的人；给予转载和引用全的资料、图片、文献、研究思想和设想的所有者；其他应该感谢的组织和个人。致谢也可不写，而改用其他方式表达。

（9）参考文献。作者在阐述论点、罗列论据并进行论证过程中，不可避免地会引用他人的观点或研究成果（文献）。为尊重他人的研究成果，也为方便读者查阅，需要将引用的文献一一列出。该项一般放在文章的结尾。对于期刊，参考文献列出的项目一般为作者、发表年份、题目、期刊名称、卷（期）号、起止页数等。如为图书，应写出作者、出版年份、书名、编者姓名、书名版次、页数、出版者和出版社等。科技论文中，凡不是作者本人而是他人的实验结果、结论、原理、概念、公式、学说等，均应注明出处。科普性文章和书籍不能作为参考依据，不要引用。参考文献的著录格式要符合国家的标准。

（10）英文部分。为便于国际交流，一般需将中文科技论文的标题、作者、摘要、关键词译为英文。其中，英文标题（Topic or Title）的写法，除介词和非标题首词的冠词用小写字体外，其余的名词、形容词、动名词等首字母应为大写字母体。还应注意，需要动词表示的，要换成动名词或分词代替。英文摘要与中文摘要基本一致，但不一定完全一样，应注意内容的完整性和独立性，一般用被动语态。

（11）附录。附录是在论文末尾作为正文主体的补充项目。它包括附注、统计表、附图、计算机程序、计算推导过程等有用而必须说明的信息。附录只是在必需时采用。

11.2.2 科技论文的写作方法

11.2.2.1 科技论文的写作步骤

撰写论文一般分为四个步骤：准备工作，拟写提纲，编写初稿，初稿修改及定稿。

A 准备工作

准备工作包括资料准备及思路准备。

资料准备工作包括收集资料及利用资料。收集资料是以利用资料为目的，利用资料是以收集资料为基础的。资料的准备工作包括以下内容：

（1）计算和列表。把以往在进行实验后所作的计算和所得的结果，重新检查并核对。如有可能，用各种不同方法进行计算。对于较为复杂的计算过程，应该重复几次；重复计算工作，最好不要在同一天进行；在进行后次计算时，不要看前一次的计算。对于需要用统计分析的数据，应该考虑用适当的方法进行处理。应该注意数字的有效位数。把计算结果列成表。把观察和叙述性的记录归类并排好次序。

（2）绘图。尽可能把实验结果用图表达出来。大多数实验结果，尤其是某些因素变化的趋势，用图来表达最为明显。绘图是对实验结果进行比较分析、解释和讨论的重要手段，对论文结果和结论的形成很有益处。

（3）结论。仔细研究有关系的图、表和分类的叙述性观察记录，进行分析，找出各项因素之间的关系，想想对所得数据能作什么解释。如果对某一事实可能有几种不同的解释，就不要只着重一种解释，应该对于各种可能性作同等的看待。做出暂时性的结论，写出笔记、仔细检查什么地方会产生错误，错误的影响如何，由此可以估计结论的正确性。

（4）补充实验。如果需要，且时间许可，应重复或补充一些实验，收集更多的数据，看看这些实验结果是否与结论符合。

（5）修正结论。把记录数据和计算结果以及叙述性记录反复核对，看看暂时性结论是否恰当。检查一下在什么情况之下结论是适用的，在另外什么情况之下结论是不适用的。如有必要，修改结论的措辞，检查结论是否与类似的已知事物一致。

（6）例外。检查一下记录数据或计算结果，与结论比较。看看是否有例外、不符、差异或反常的现象。如果有，对于这些数据或结果作进一步的仔细核对。从异常的结果会得到启发，甚至会有新的发现。对于例外或异常的现象，作适当的解释。根据这些例外或异常的现象，对结论作适当的修改。

（7）笔记。在进行上述反复检查与核对工作过程中，每有见解，立即做笔记。记录时用活页纸分条写出，每条见解占一张纸，以便把各种见解分类。把属于一类的见解归在一起，加以整理便可作为一段或一节的内容。用这种方法写笔记，分类整理编排，也便于增减内容或变更次序。

积累了大量资料，有了新鲜的构思，或者有了独创的见解或新发明，不等于就可以顺利开始写出科技论文了。这是因为构成这些想法的种种材料以及由此而形成的概念和判断之间的逻辑联系，还没有充分显现出来，还处于不确定不连续、无条理、若明若暗、主次不分的思维状态。因此在动笔前，还有一项必不可少的工作要做，这就是理清自己所要表达的思想，使之精确化、简明化、条理化，这项工作就是理清思路。

在理清思路的准备工作中，最主要的是要确立论文的中心，明确论文的三要素。理清思路包括：

（1）确立中心。科技论文的写作，虽然离不开写作前积累各种科技资料（包括理论的和实践的、过去的和现在的），因为若没有资料，写作便失去基础和依托。但是，具备了基础之后，还必须确立论文的中心。中心与资料既是说明与被说明、又是统率与被统率的关系。中心是从资料中归纳提炼出来的，并且要靠资料去说明或表现，同时，确立的中心又像一根红线一样把资料内容组织贯穿起来，成为完整的一体，并调动一切手段给予完美的表达。不确立中心，论文就统一不起来，写成的文章，各部分也因缺乏内在联系而变得杂乱无章。

论文阐述的中心问题，又称中心思想，同研究工作解决的中心问题不完全一样。研究工作只指出研究问题的方向，解决的问题也不止一个，而作为论文的中心思想，就必须进行提炼，形成集中而单一的主题。常有这种情况，初学写论文的人对研究获得的连带成果往往不忍割爱，想把什么问题都说清楚，结果枝蔓丛生，主次不明，什么也说不清。

科技论文是一种目的明确、意识性很强的创作过程，执笔撰写之前，对所写论文已在头脑中构成雏形。从选题实践搜集资料开始，就伴随着向既定方向追索的研究和思考。随着科研实践活动的展开和资料的积累，作者的认识不断加深。一方面以高度集中的精神专注于外部客观世界的形态变化；一方面又以理智的思索在内心进行着分析、综合，待原先选定的目标在头脑中有了清晰的轮廓时，形成论文中心的时机就成熟了。这时，对即将下笔的文章要进行全面的思考，流通思路使之周密化、条理化，把对于客观世界事物的准确判断和分析，同内心思想的理智给合起来，形成了论文的中心。提炼论文中心的一般思维方法，是以概括为主。首先，在回顾研究过程和全面熟悉材料的基础上，尽量放开思路，从各方面广泛联想，进行所谓"发散思维"，尽量将问题想广些，想深些，将思考的问题逐条及时记录在纸上，接着反复思考这些问题之间的逻辑联系，进行概括、分类，这就是所谓"收敛思维"，最后整理出全文的中心。

确立科技论文中心的具体方法是：

1）从科研的结论出发。科技研究工作基本结束后，获得了明确的结论。这个时候的结论和将写成的科技论文的中心思想有着直接的关系。结论是在本学科中的新见解、新成果，结论自然是中心。结论符合自己在研究前的预测，结论也可以作中心，有若干个结论，就可以用这若干个结论作中心。如果结论与自己的预测有矛盾，这时需要努力判断是结论正确，预测有错误，还是结论错了，预测是对的。如果结论正确，以结论为中心；如果结论错了，就要检查错误的原因，这是确立科技论文中心的最基本的方法。

2）从实验的结果出发。在科技研究过程中，往往只得到一些实验结果和现场考察记录，并没有明确的结论。这个时候需要从已有的实验结果中提炼出结论来。然后再以这个结论作中心写成论文。提炼的方法有很多种，有分析法，通过分析实验结果、看它能说明什么问题；有逻辑法，通过归纳、演绎或类比推理，得出新结论。总之，要从不同的方面或不同的角度，寻求对实验结果的理论论证。

3）从搜集到的信息资料出发。若科研工作未取得结论，也没有获得实验的结果，要确定论文的中心，可以凭搜集积累的信息资料作一番分析，概括和比较，着眼于开掘与深化，去粗取精、去伪存真、由表及里进行提炼，从纷繁的客观事物矛盾中，寻找出最能揭示事物本质和反映事物特点的东西来做中心，以统率全篇。

（2）明确"三论"，即确定论点、论据、论证三个基本要素。论点，即行文的基本观点；论据，即作者建立论点的依据；论证，就是用论据来证明论点的过程。

1）论点。在任何一篇论文中论点总是基本的要素，是论文的核心与主干，体现了作者的研究成果的表达，表达了作者对所论述问题的观点、见解与结论。论点，就其在论文中的地位来说，大致可分为总论点、中心论点与分论点三种。当然，这要看论文的规模与层次，有的论文只有一个论点，其论据与论证集中地围绕着这个论点的出现而展开，就用不着区分开什么是总论点，什么是分论点。有的论文由于论述的问题比较复杂，层次比较多，就需要适当地区别，要分清层次。总论点，实际上就是全篇论文的主题：中心论点是每一章或每一节或每一大段落的中心议题，它只是围绕着主题，在主题展开过程中出现的；分论点，则是每一个小节或每一段的议题，服务于中心议题。当然这并不是说，在论文的每一节每一段里，一定要有一个论点，这要根据主题的需要，依主题展开的情况而定。有些段落，只有论据论证，而没有论点。论点在哪里？论点就是主题本身，论点，不论其在论文中的地位如何，都需符合以下三点要求：第一，它必须是准确无误的，正确反映客观事物的规律性，经得起推敲与反驳；第二，它必须是明确的，清晰的；第三，与上述要求相联系，它必须是高度概括的，行文要简洁，切忌冗长、繁杂。除此三个要求外，还必须注意论点的前后一贯，既不能中途变换论点，也不能改变论点的内涵与外延，否则就会犯"论点转移"或"本末倒置"、逻辑混乱的错误。

2）论据。论点是否站得住脚，是否具有说服力，在相当大的程度上取决于论据是否充分，是否真实可靠。论据是论证的基础，任何一个论点，只有得到论据的充分证明，才能令人信服。没有论据，就无从论证。论据的来源很广泛，这取决于作者的科学实践与积累，取决于对科学认识的深度与广度，取决于对科研信息的把握与处理。在科技论文中，可以作为论据的材料很多。按其来源可分为第一手论据与第二手论据；按其形态可分为具体论据与抽象论据。

第一手论据，又叫直接论据，产生于作者自身的科学实践之中，是科学研究的直接成果，非常重要。许多科技论文中的论据，大量来自作者自身的实践结果与实验记录，它不仅可以给作者以直接的启示，而且，由于这些论据经过作者的直接检验，一般都是可以信赖的，尽管如此，作者在引用这些论据时，仍需对这些论据进行再检验。

第二手论据，又叫间接论据，来自他人的科学实践。这些论据，对于引用者来说是间接的，而对于提供者来说却是直接的，也是可贵的劳动成果。这些论据，通常已经正式发表和被社会所认可，一般地说，具有一定的可靠性和说服力。但因为它是第二手论据，就要有一个吸收与融合的问题，即把这些论据融合到论文中去，同作者的观点结合起来；当然，也要有一个再检验的问题。

理论性论据，又叫抽象论据或科学论据。通常是经过科学的抽象，具有一定的理论形态，是已被实践证明和检验过的科学原理，如科学的定律、定义、定理、公式、公理以及著名科学家的言论、语录等。一般地说，理论性论据通常是带有权威性的，得到学术界的认可，具有一定的说服力。但切忌选用那些有争议的、未被认可的材料作为正面论据，当然，如果作者想从反面来论证自己的观点，作为一种对比，也可以从否定的意义上引用一些有争议的、或已被证明是谬误的论据，也可以取得一定的论证效果。不过，这样的引用，宜少不宜多。即使是正确的论据，如果引用得不恰当，也会收到相反的效果。对于论据，不能采取片面的、实用主义的态度，必须进行科学的分析，决定其取舍。

事实性论据，又叫具体论据，与理论性论据相对而言，是对客观事物的描述和概括，具有直接现实性的品格。列宁用"事实胜于雄辩"的警句强调了事实性论据的有力作用。事实性论证也就是通常人们所说的"摆事实"，只有摆了事实，才能"讲道理"进行论证。科技论文所引用的事实性论据，大量来自作者本人或他人的观察、实验成果，许多论据往往是用数字的形式表现的，数字是事实的概括和总结。这种用数字来表现的论据，就叫数据，在科技论文中是很重要的论据。它可以给人以量的形象，也可以给人以质的感觉，可以令人信服，也可以使人联想。

3）论证。论证是用论据证明论点的过程，是论点与论据之间的桥梁与纽带，必不可少的中间环节。论文的特点主要体现在是否有充分的论证上。它像一条红线，把需要的论据围绕着论点组织起来，贯穿起来，交织成一张合乎逻辑的网络，使论点显得更为突出、有力。这是一个比较复杂的过程，作者要深入剖析论点和论据之间的内在联系，说明事物间的因果关系，按照逻辑思维的规律，有层次地、一环套一环地加以论证，这就要学会讲道理，学会组织观点，组织语言。一般地说，作者的理论水平与写作能力，都会在论证中表现出来的。

B　拟写提纲

（1）目的和作用。准备了足够的材料，确立了论文中心，完成了论文结构的构思，就可以拟写提纲了。提纲是论文的骨架，是在写作准备工作完成之后，将长久酝酿的构思付诸实施的重要环节，是作者执笔成文的第一步。提纲是由序号和文字组成的一种逻辑顺序。在提纲中，分散的原始材料按照构思组合起来形成纲目，纲目一般要求能清楚概括各部分的内容，它们依次罗列，使各部分有序化。提纲是论文的前身和缩影，是论文结构的雏形。它便于检查论文的结构是否完整，内容是否充实，层次是否清晰。

在拟写提纲的过程中，为了把材料组合成一个层次清晰、有严密逻辑关系、内容主次详略得当的体系，它促使作者考虑：全文的布局，材料的取舍，增删和调整，层次的安排，论证逻辑的展开以及语言文字的表达等各方面因素。从而帮助作者理清思路，进一步提炼中心思想。

拟写提纲是安排论文结构的一个行之有效的方法，它是整篇论文结构的设计图。拟写提纲的过程，就是作者对论文内容具体构思的过程。论文作者通常总是先写好提纲，然后才动笔成文，而且在写提纲时，促使思考更加仔细，加上提纲写得越详细，论文的质量就越高。

（2）提纲的构成。内容和目的不同的论文，其提纲的构成不一样。如以实验为研究手段的学术论文，其提纲的构成可参考主体部分的内容，主要有以下六个项目：1）论文的题目；2）引言：题目来源、动态、目的、范围、意义；3）实验材料、对象：材料的性质、特性、采样方法和处理方法；4）实验方法：实验目的、原理、实验用仪器和设备，操作方法、过程，出现的问题和采取的措施；5）实验结果：最好以图、表和照片表示；6）结果讨论：对所研究的结果做出解释，自己的结果与自己过去所持观点的相符合之处，实验结果有所发展与深入之处，自己的成果与他人研究成果及其观点的异同，尚存问题，对研究或实验的建议等等。

（3）拟写提纲的方法及步骤。拟写提纲有两种写法：一种是标题式写法，一种是句子式写法。

标题式写法，是以简要的语言，以标题的形式把该部分内容概括出来。其长处是：简洁、扼要，一目了然，效率高；短处是：只能自己了解，别人看不明白。而且，时间久了，自己也会模糊。

句子式写法。是以能够表达完整意思的句子形式，把该部分内容概括出来。其长处是：具体、明确，经久不忘，别人也能看懂；短处是：不醒目、不便于思考，文字多，写起来费力，效率低。有时也可将两种写法混合起来使用。

拟写提纲通常分两步进行，即先写"粗纲"，再写"细纲"。具体步骤如下：1）确定论文粗略的大纲，用序码和文字列出论文各部分的标题，就像书的目录，勾勒出论文的眉目。2）把论文的主要论点及主要部分展开，根据使用的材料，构思的层次，把"粗纲"加以扩展，形成近似论文概要的详细提纲。

C　初稿的写作

提纲拟好后，就可以进入写作活动。如果是较短的论文，可以按提纲一气呵成，初稿完成后再推敲、加工、修改；如果是较长的论文，可以按提纲分成若干部分写，一部分一部分地写好后，进行全文统稿。论文的执笔顺序，或是按自然顺序写，先写导论，次写正文，再写结论；或是先从正文入手，写完结论后再写导论。正文是作者研究成果的集中反映，结论是正文的自然结果。写好了正文和结论，导论就有眉目了。

在写一篇论文时，无论是材料如何齐全，计划如何周密，提纲如何有条理，只有在写的过程中，才能确实知道把材料如何组织起来，把字句如何安排适当，直到把所有的材料都插进去，把所有的意思都写出来之后，才能看出这篇论文究竟是什么样子。因此，写初稿的目的是要把所有想说的话全都写出来，把内容的先后次序尽可能安排适当。初稿只是被用来评价所用的材料是否妥当，内容的层次是否清楚；从初稿可以更好地看出工作还有什么漏洞。在文字方面，当然无论是什么时候总是要尽可能写得确切，尽可能避免语法上的错误。在写初稿时（或以前），可能是已经把论文所需要的材料作了一番选择，已经把一些被认为是不需要的材料去掉了。但是应该知道，在写初稿阶段所用的材料，最好是宁多勿少。在修改稿子时删去一些内容，要比翻阅原始材料来补充内容更为方便。

在写初稿的过程中，可能有时会感觉到原订的计划有不妥当之处，如果确实有必要在某些地方改变原订计划，当然可以立刻改变；但是在这个阶段最好不要改变太多，而是应该等到把初稿写完之后，抄出清稿，把全篇论文从头至尾反复看几遍，再订修改计划。在写初稿的过程中，应该尽可能把每一节和每一段的所有标题和分标题全部写出来。最好是使大节段的标题在稿纸上居中，使第一分标题齐左边开始并单占一行，使第二分标题从左边空两字开始（如同一个段的开始）并不必单占一行，以下的分标题可以不另起一段。在所有的标题前边都按层次加数字或字母标号；将所有的分标题文字，按层次画出不同式样的线（水纹线或单、双直线），这些措施都是为在修改时查找方便。

初稿里的某些标题，在定稿时可以取消，因而初稿里标题的数目和标号就不一定和定稿里的完全相同。

在初稿里，凡是引用文献的地方，都简明地写出著者的姓氏、刊物名称、年份、卷、期和页数，并用括号括起。这样做，有利于和自己的文献卡片核对。在抄定稿时，便于改成刊物中规定的格式。

在初稿里，凡是需要加的脚注，应该紧接着正文的相应位置把注释的全文写出，并加上圆括号。如果脚注很多，在抄定稿时，把全篇论文所有的脚注都提出来，集中抄在另一页或几页纸上，把每条加上标号，同时在正文的相应位置上分别加以同样标号。

D 初稿修改及定稿

初稿完成后，应进行多次修改。一般地，初稿完成后立即进行阅读修改，一些错误往往发现不了；而放置一段时间，如数周后，再进行阅读修改，这些错误则很容易发现。当然，如有条件，最好先请同领域的专家帮助审阅。经过多次修改并最终定稿后，论文应符合规范，即符合编辑部规定的式样。

（1）文字书写要求。1）定稿后，稿件（即投期刊杂志的论文稿）格式必须统一。在采用章、条、款、项的序号编码方法时，论文题目要居中书写，并在下面内容空一行，其余层次标题均顶格，序号与标题文字空一格。2）作者在需要请编辑人员在编辑过程中注意的地方，用铅笔在文稿上一一注明。3）稿件修改之处必须按标准 ZB1—81《校对符号及其用法》的规定符号勾划清楚，删去的文字应涂抹彻底；添改应在原句的上方，不得改在远处用长线牵连。大段添加字句，应将原稿纸剪开贴到相应位置。修改多的稿页要重新抄写或打印。4）全部文稿在稿纸右下角书写或打印统一连续的页码，其它无效页码一律除掉。对正文文字中的插图和图注，应留出适当空白位，并标出图号、图注等。

（2）数学、物理、化学式的书写要求。1）正文中出现的公式、算式或方程式应编序号、其序号可按在论文中出现的先后顺序编号，也可接章节编号。公式较长必须转行时，最好在等号处转行，如不能在等号处转行，则需在"＋"、"－"、"×"（在带括号的两式相乘的式子处）、（÷）处转行，这些符号均加在转行处的行首，式的序号标注在公式末端同一行的最右边。化学方程式的写法、编码与数学公式相同。如长方程式需转行时，尽可能在"→"、"＋"、"＝"、"≡"、"－"、"."等处转行。正文中的化学式应置于其名称后，不用括号或标点，如硫酸 H_2SO_4。表示化学成分者可直接书写元素符号，如 Mg1.5%。2）分数式必须用长于分子和分母的分数线将分子与分母分清。可以将分数形式改写成"／"或负指数。3）一律用"."表示小数点符号，大于 999 的整数和多于三位数的小数一律用半个阿拉伯数字符的小间隔分开，不用千位撇"，"。4）在书写字符时，应特别注意区分拉丁文、希腊文、英文、罗马数字和阿拉伯数字；区分字符的正体、斜体、黑体及其大小写，以免混同。要书写清楚上、下角标和上下偏差，特别是多层次字符要标清楚。不清楚的、形态相似的混用字符，要用铅笔标明是何种文字，清楚的不必标注。

（3）计量单位及其常用符号的写法。科技论文所用的计量单位应一律采用《中华人民共和国法定计量单位》，并遵照《中华人民共和国法定计量单位使用方法》执行。论文中所用各种量、单位和符号，必须遵循国家标准 GB1434—78，GB89—65，GB3100—82，GB3101—82，GB3112/1—13—827 等规定。单位名称和符号的书写方式一律采用国际通用符号。

（4）符号和缩略词的书写。符号和缩略词应遵照国家标准的有关规定执行。如无标准可循，可采纳本学科或本专业的权威性机构或学术团体所公布的规定；也可以采用全国自然科学名词审定委员会编印的各学科词汇的用词。对于作者自定的符号、记号、缩略词、首字母缩写字等时，均应一一在第一次出现时加以说明，给以明确的定义。

11.2.2.2　常用科技论文的写作方法

A　有关综述和述评的写作

a　综述和述评的特点

综述是对某一时期内的某一学科或专题的研究成果或技术成就，进行系统的较全面的分析研究，进而归纳整理后作出的综合叙述，属于三次文献的性质。

综述既能全面、系统地综合反映某一学科或某一技术在某一历史时期的发展概况，但又"述而不评"，也就是说，它只是把大量的实际数据、资料和原则观点作综合归纳整理。一般不作评论，也不提出具体建议。综述大致可分为综合性综述、专题性综述和科普综述三类。综合性综述是指有关学科或学科分支的综述；专题综述指有关技术、产品或某一问题的综述；主要介绍知识作用的综述称科普综述。

述评是在综述的基础上，全面系统总结某一专题的科学技术或技术经济的各种数据、情况和观点，并给予分析评价，提出明确建议的一种文体。述评有两个主要特点即有述、有评；先进行述，然后是评。其中，"评"是对某一理论的意义或某一成果或技术的价值从不同角度进行评论，指出其优缺点等。因此，述评往往要求本专业的专家执笔，而其中的叙述部分则只对某些细节作详细描述，不进行全面概括的叙述。并且其中的"述"是为"评"服务的。特点二是它具有通俗性，述评的读者面更广，可以包括领导者、非本专业科技人员甚至一般读者，而不仅限于本专业的科技人员。

述评大致可分为事例介绍分析型述评、事例对比分析型述评、系统分析型述评和评论述评4 种。

b 综述和述评写作的一般格式

综述和述评的一般格式可分为：摘要、前言、正文、结束语、参考文献、附录等。下面逐一作简单介绍：（1）摘要：与一般科技论文的摘要相似，通常放在正文前，用简短确切的语句叙述综述和述评的性质、内容和结论。（2）前言：主要阐述本综述或述评写作的缘由、意义和目的、使用对象、搜集资料范围、编写原则和过程，以及文章的性质属一般性研究还是全面深入的研究。（3）正文：是科技综述和述评的主体。首先要提出问题，并分析历史发展、以往状况，尤其是对现状和发展趋势作重点、详细、具体的叙述，收集各种数据，可按内容和需要制成表格附上。还要提出具体的改进建议。内容上要符合综述和述评各自本身的特点。（4）结束语：简述作者在该综述或述评研究中所得出的结论。另外，有关本研究的意义、存在分歧意见和待解决的问题等，正文未叙述的也可写进结语部分。（5）参考文献：综述或述评中所列出的参考文献有其特殊的意义，因为人们利用综述或述评的目的之一就是根据综述提供的线索去查找原始资料，以便深入研究。（6）附录：主要列出重要参考文献的目录。图表、数据、谈话记录、会议报告、考察报告等都可以根据需要作为附件附于全文之后。

c 综述和述评的写作方法

综述的写作步骤包括：（1）破题：综述的开端就要接触到所要讲的问题，绝不绕一点圈子。综述的题目是经过仔细选择后确定的，它应当符合国家科技发展方向。（2）课题内容的一些基本情况介绍：主要讲清下面几个问题：课题研究的主要方面，历史过程概述，已解决的问题，主要的困难和存在的问题。（3）目前该课题的发展水平：综述的作者往往要概括出当前有代表性的几种型号产品，说明每一种型号的原理、特点和待解决的问题，在理论方面也要列出各种派别的主要观点和成就是什么。（4）发展方向预测：通过上述分析，总结课题发展的主流和方向，从而做出较可靠的预测。（5）参考文献：列出该综述中所引用文献以便于查考。

述评的写作步骤与综述大同小异。

此外，写综述或述评时，在技术上还应注意，凡是引述或概括他人的见解、材料，都必须加以说明，不允许把自己的观点与别人的见解混在一起而不加解释，使读者误认为都是作者的见解。应充分利用图表，并尽量采用通用符号，以使正文精悍、醒目。

B 学位论文的写作

a 学位论文的写作步骤

学位论文的写作大致分三步：论文准备、论文课题的研究和论文的完成。（1）论文工作准备阶段：论文的选题阶段，学位论文选题，一般是指导教师命题与自选题相结合，学生可以从指导老师公布的若干题目中选择一个合适的题目，或在公布的某个题目范围中选一个更具体的题目。选题是论文工作的第一步，而且是关键的一步。选择一个有意义的而又可行的课题，就有可能获得有创造性的研究成果，写出有新思想、新见解的学位论文。通过调查研究和查阅文献，选择研究课题，确定研究目标、设计方案，进行可行性论证，写出主题论证报告书。（2）论文课题研究阶段：开展课题研究（设计、实验、调查、观察），进一步搜集整理材料，研究材料，并从中选择出与课题观点相一致的内容进行整理。（3）论文完成阶段：即论文的写作阶段。经过前两步的准备工作后，就可以开始编拟论文写作提纲，行书写文，反复修改，最后完成合乎要求的论文。

一般大学毕业生毕业论文写作时间为 3~6 个月，硕士研究生论文为 1~2 年，博士研究生为 2~3 年。

b 学位论文的写作格式

　　根据国家标准 GB7713—87《科学技术报告、学位论文和学术论文的编写格式》的规定，通常一篇学位论文至少要包括以下 8 项：封面、目录、摘要、引言、正文、结论、致谢、参考文献表。(1) 封面：学位论文的封面内容主要有标题、作者及其单位，指导教师姓名、职称，申请的学位，课题的专业方向，完成论文的日期等。学位论文封面一般都有其相应统一的格式。(2) 目录：由论文的篇、章、条、款、附录的序号、题名和页码组成。一般应另页排在封面之后。(3) 摘要：论文内容不加注释和评论的简短陈述。学士论文一般以 200～300 字为宜，硕士论文一般为 500～800 字，博士论文一般为 800～1500 字；外文一般为英文摘要，一般放在中文摘要后面。(4) 引言：引言是学位论文的开头. 既要对课题和选择这一课题的原因作较详细的说明，又要对与论文主题有关的文献进行综述，还应对研究工作的界限、规模、工作量作必要说明。语言上要做到言简意赅。(5) 正文、致谢、参考文献表，这几项写作要求和学术论文相应各项的写作要求是一致的。对于博士论文或硕士论文，如果论文中的某一部分或某几部分已在学术刊物上刊载，则可将发表的原文"原版"嵌入论文正文中相应章节位置。

11.3　科技英语论文写作

　　科技英语论文组成与中文类似，一般由 Title（或 Topic，标题）、Author's name（作者姓名）、Abstract（或 Summary，摘要）、Keywords（关键词）、Introduction（引言）、Body（正文，包括 experimental、result and discussion 和 conclusion）、Acknowledgement（致谢）、References（参考文献）、Appendix（附录）及 Authors（或 Resume，作者简介）组成。下面结合具体文章阐述。

11.3.1　引言部分（Introduction）

　　Introduction 部分有两个主要的功能，阐述研究的动机和说明研究的目的。引言常常至少包含下列四个基本步骤：

　　步骤一，Background Information（背景资料），导论一开始，先介绍作者的研究领域，叙述有关该研究领域的一般信息，并针对研究论文将要探讨的问题或现象提供背景知识。

　　步骤二，Review（文献回顾），介绍并评论其他学者对该问题或现象曾经发表的相关研究。

　　步骤三，Problem（指出问题），作者指出仍然有某个问题或现象值得进一步研究。

　　步骤四，Purpose（说明研究目的），最后，作者说明自己研究工作的具体目的，叙述自己的研究活动。

　　几乎每一篇科技研究论文的导论中都会包含上述四个步骤。此外，导论有时还会包括一两个其他的步骤：

　　步骤五，Value（价值），指出本研究工作的理论价值或应用价值。作者解释自己的研究对于相关领域的贡献，例如指出可能具有的理论价值或实际应用意义。

　　步骤六，Structure（结构），说明本研究论文的组织结构。简明说明论文的组织结构，以便读者对作者介绍研究结果的方式有大致的了解。这一步骤学士论文中比较少见。

　　下面是背景资料和文献综述的例子：

Study of free convection frost formation on a vertical plate

　　背景资料：Frost formation processes are of great importance in numerous industrial applications including refrigeration, cryogenics, and process industries. In most cases, frost formation is undesirable because it contributes to the increase in heat transfer resistance and pressure drop. Frost formation is a complicated transient phenomenon process in which a variety of heat and mass transfer mechanisms are simultaneous.

文献回顾: Typical frost formation periods have been described by Hayashi et al. an initial one-dimensional (1-D) crystal growth is followed by a frost layer growth periods characterizes long time processes, in which the frost surface can reach the melting temperature. Each growth mode is characterized by peculiar values of frost density which in turn affects the other frost parameters (thickness, apparent thermal conductivity). Furthermore, as observed in several studies, the features of the heat transfer rate (through the wall-to-air temperature difference) and of the mass transfer rate (which depends on air moisture content too) affect the frost structure and control the length of the growth periods. Owing to the complexity of the phenomenon, the development of reliable frost formation models as well as of correlation to evaluate frost properties is a demanding task, experimental data are required to check both the assumptions made in the theoretical analysis and the predicted results.

As clearly reported in some review papers frost formation during the forced convection of humid air has been extensively studied, while, on the other hand, only a limited number of investigations deal with mass-heat transfer during natural convection on a surface at subfreezing temperature. This problem was tackled by Kennedy and Goodman (study of frost formation on a vertical surface), Tajima et al. (flat surface with different orientations), Cremers and Mehra (outer side of vertical cylinders), Tokura et al. (vertical surface). To the author's knowledge, no data are available for the natural convection in channels, despite the practical significance of this phenomenon in such devices as evaporative heat exchangers for cryogenic liquid gasification.

研究目的与活动: The present paper reports the results of an experimental investigation of frost formation on a vertical plate inside a rectangular channel where ambient air is flowing due to natural convection. The experiments have been conducted in the range of low-intermediate values of the relative humidity (31% ~58%) for which frost temperature, during frost growth, is always below the triple - point temperature, thus acting as a further parameter of the study. The measured data have been compared with the results of a mathematical model developed for predicting frost growth and heat flux at the cold plate.

提出问题: In spite of several decades of intensive research, many important characteristics of frost growth cannot yet be accurately predicted. Moreover, few experimental studies have been conducted in the range of low humidity conditions, which indicate that the dew point of the incoming air is near or below the freezing point of water, these being typical air conditions in winter.

研究活动及目的: In this study, an experimental investigation was undertaken to characterize the effects of environmental parameters on the frost formation occurring on a vertical plate in the entrance region. This study aims to present the effects of various environmental parameters on the frost formation, typical experimental data, and empirical correlations.

理论价值列举: Our results may help to clarify whether the design of decentralized PI control system based on Nyquist stability analysis is effective.

The results of this study may help to explain how helpful the technique strategy can be in prompting the innovation culture in an organization.

The results of this survey may add to the literature on the factors that motivate engineers to prefer to remain in the traditional career paths (managerial and technical paths).

Further data of this kind are of importance for understanding how the behavior of individual team members can enhance or impede team performance.

Experiment similar to those reported here should be conducted by using a wider variety of working conditions.

应用价值列举：The methods reported here could be beneficial to research at tempting to increase the performance of wettable filters.

The results of this study may be of interest to managers and educators attempting to develop programming standards and may help to increase programmer productivity.

The results obtained from this novel approach would provide better insight to planners and operators in the field of power engineering to handle the uncertainties affectively.

The results reported here could be used for qualitative and quantitative nondestructive evaluations and also for computing the acoustic material signature of a composite medium with defects.

11.3.2　实验与方法部分（Experimental）

在研究论文的实验与方法部分中，作者必须清楚、详细地描述实验方法（Experimental method）及程序（Experimental procedure）。其基本内容应该包含下列项目：

（1）对于采用的材料（material，reagent），设备、仪器仪表（apparatus）及测试系统（test system）所作的详细介绍。

（2）对于实验程序所作的清楚说明（details）。

在撰写实验及方法部分时，作者通常需按照实验进行的先后顺序来排列所介绍的内容。具体来说，在开始时对整个实验作一二句话的概述（包括实验目的），并叙述该实验的研究对象、样本或材料；然后介绍测试仪器仪表及测试系统（可用附图）；接着描述实验步骤；最后指出实验结果的收集方式和分析结果的方法。但是，对于上述内容的排列顺序，不同的研究领域、不同的学术期刊以及不同的作者都各有不同的习惯。

在某些研究领域中，作者会把实验及方法部分的内容分成几个小节，每个小节专门介绍基本内容中的一个项目。现举例如下（内容有删减）：

Experimental Apparatus and Procedure

The objective of the present experiment was to investigate the heat transfer characteristics of flowing ice water slurry in a straight pipe, and thus to provide fundamental information for the new ice thermal energy storage system.

The schematic diagram of experimental apparatus is shown in Fig. 11-1 The apparatus fundamentally consisted of a test section, an

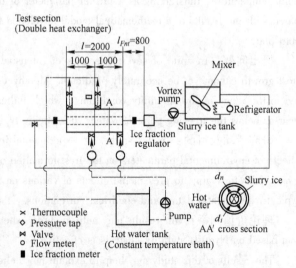

Fig. 11-1　Schematic diagram of experimental setup

ice water slurry tank, a hot water circulating loop, and associated measuring instruments. The test section was a horizontal double tube heat exchanger of 2,000 mm in length with an entrance section of 800mm in length, ice water slurry flows in .

In this study, ice packing factor (IPF = volume of ice/volume of ice water slurry) . If ice water slurry is a very important factor, so an IPF controller and an IPF measuring device were used. IPF controller, which was a double tube, is shown in Fig. 11-2 .

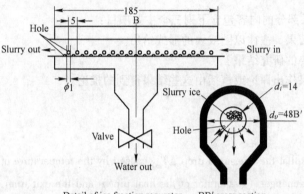

Fig. 11-2 Detail of IPF controller

For measuring IPF of ice water slurry, the electric conductivity method was chosen in this experiment. It is a method using a principle that the electric conductivity of mixture depends on the packing rate of the components of the mixture . Fig. 11-3 shows the detail of the IPF measuring device. It consisted of power supply, and measuring instruments. Considering the balance between the resistance rate of the ice water slurry and that of water, the IPF of the ice water slurry in this experiment was obtained by solving the following equation.

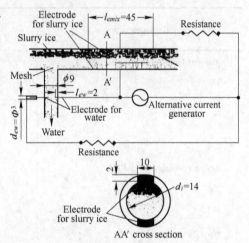

$$IPF = \left\{ A + B \times \frac{\left(\frac{\gamma_{\min}}{\gamma_w}\right) - 1}{\left(\frac{\gamma_{\min}}{\gamma_w}\right) + 0.5} \right\} \times 100$$

$$A = -0.0016, B = 1.1$$

Fig. 11-3 Detail of IPF controller

The velocity of ice water slurry in the test section was controlled by a vortex pump with an inverter. Thermocouples (C. A; 0.1mm O. D.) were set in the test section to measure both the inlet and outlet temperature of the ice water slurry and the hot water.

The experiments were performed by using the following procedure. The ice particles were mixed with water in the ice water slurry tank. After controlled IPF and velocity of the ice water slurry, it was passed through the test section and heated by hot water. The amount of melting heat transferred from hot water to ice water slurry was calculated with the difference between the inlet and outlet temperature of hot water. In addition, the behavior of the ice particles passed through the test section was recorded by a video camera for flow visualization.

For the present experiment, the ice water slurry velocity, u_i, ranged from 0. 15 to 0. 6m/s, the IPF of ice water slurry at the test section inlet, IPF in, between 0 and 15% , the hot water temperature. Thin, between 20 and 30℃ , and the hot water velocity, $u_h = 0. 35$m/s.

11. 3. 3　结果部分（Results）

一般而言，结果部分的内容包含下列三个主要项目：
（1）介绍研究结果，往往以图或表的形式给出。
（2）概述最重要的研究结果。
（3）对研究结果作出评论或概括由这些结果得到的推论。
举例如下：

Results

Table 11-1 shows that the measured drop ΔT_{exh} caused by the temperature of exhaust gases between the inlet to the heat exchanger（evaporator of the heat pipe）and the exit from it is considerably more than what was predicted by modeling studies. Thus, referring to Table 11-1, it is observed that the T_{xeh} values measured on the actual setup are consistently above the predicted values. This occurrence is especially striking at the tower inlet temperatures. These observations signal that the modeling was on the conservative side.

Table 11-1　Temperature drop（ ）of exhaust gases in the heat exchanger

Inlet temperature	ΔT_{exh} (measured)	ΔT_{exh} (predicted)	Ratio of recovery/%
Ambient temperature = 25℃			
378	154	131	71
361	140	117	70
212	106	53	93
274	46	12	88
Ambient temperature = 30℃			
206	38	9	83
312	142	80	93
476	231	212	73
Ambient temperature = 35℃			
155	30		not applicable
501	258	234	76

11. 3. 4　讨论部分（Discussion）

在撰写讨论部分时，作者通常首先阐述自己的研究工作，并指出具体的研究结果。然后讨论自己的研究结果的内涵，以及这些研究结果对自己领域内的研究工作有无重要性与贡献。典型的讨论部分通常由以下六个项目构成：

（1）研究目的，再次概述自己研究的主要目的或假设。

（2）研究结果，简述最重要的结果，并指出这些结果能否支持原先的假设或是否与其他研究者的结果相互一致。有时还会再次强调个别的重要结果。

（3）对结果的说明，对自己的研究结果提出说明、解释或猜测。

（4）推论或结论，指出依据自己的研究结果所得出的结论或推论。

（5）研究方法或结果的限制，指出自己研究的限制以及这些限制对研究结果可能产生的影响。

（6）研究结果的实际应用或建议新的研究题目，指出自己研究结果可能的实际应用及其价值，对进一步的研究方向或新的课题提出建议。

从原则上讲，研究论文的讨论部分应该包含上述完整的六个项目。事实上，也有不少作者并没有完全按照上面六个项目的排列顺序，而是灵活地将上述项目（1）、（3）及（4）分散到各个段落中重复进行，还有些研究论文会省略其中的一、两个项目。举例如下：

Discussion

研究目的：The studies reported in this paper have sought to determine the efficacy of the SHERPA and TAFEI as methods for human error identification for use in device evaluation. Both methods out-performed heuristic analysis, suggesting that there is merit to structured application.

结果概述及说明：The results of experiment one show that SPERPA and TAFEI provide a better means of predicting errors than an heuristic approach, and demonstrates a respectable level of concurrent validity. These findings suggest that SPERPA and TAFEI enable analysis to structure their judgment. However, the results run counter to the literature in some areas (such as usability evaluation) which suggest the superiority of heuristic approaches. The views of Lansdale and Ormerod may help us to reconcile these findings. They suggest that, to be applied successfully, an heuristic approach needs the support of an explicit methodology to 'ensure that the evaluation is structured and thorough'. The use of the error classification system in the heuristic group provided some structure, but a structured theory is not the same as a structured methodology. Heuristics are typically a set of $10 \sim 12$ statements against which a device is evaluated. This strikes us as a poorly designed checklist, with little or no structure in the application of the method. SHEPRA and TAFEI, on the other hand, provided a semi-structured methodology which formed a framework for the judgment of the analysis without constraining it. It seems to succeed precisely because of its semi-structured nature which alleviates the burden otherwise placed on the analyst's memory while allowing them room to use their own heuristic judgment. Other researchers have found that the use of structured methods can help as part of the design process, such as idea generation activities.

The results of experiment two show that the test-retest reliability of SHERPA and TAFEI remains fairly consistent over time. However, the correlation coefficient for test-retest reliability was moderate (by analogy to psychometric test development) and it would have been desirable to have participants achieve higher levels of reliability. Reliability and validity are interdependent concepts, but the relationship is in one direction only. Whilst it is perfectly possible to have a highly reliable technique with little validity, it is impossible for a technique to be highly valid with poor liability. As Aitken notes 'reliability is a necessary condition but not a sufficient condition for validity'. Consequently, establishing the validity of a HEI technique is of paramount importance. The current investigation is the first reported study of people learning to use a HEI technique; all previously reported studies have been with expert users. As a result, it is conceivable that the moderate reliability values (r = 0.4 ~ 0.6mm) obtained here may simply be an artefact of lack of experience. With this in mind, it is important to note that Baber and Stanton report much higher values when users are experts.

结论或推论：The results are generally supportive of both SHERP and TAFEI. They indicate that novices are able to acquire the approaches with relative ease and reach acceptable levels of performance within a reasonable amount of time. Comparable levels of sensitivity are achieved and both techniques look relatively stable over time. This is quite encouraging, and it shows that HEI techniques can be evaluated quantitatively. Both SHERPA and TAFEI would be respectable methods for designer to use in device design and evaluation. Any methods that enable the designers to anticipate the use of their device should be a welcome prospect. We would certainly recommend incorporating human error analysis as part of the design process, and this is certainly better practice than testing device on the purchasers and waiting for complaints. The methodologies require something of a mind-shift in design, such that designers need to accept that 'designer-error' is the underlying cause of 'user-error'.

11.3.5　结论部分（Conclusions）

论文的结论部分通常应包含以下内容：

（1）概述主要的研究工作（此项内容可有可无）。

（2）陈述研究的主要结论，包括简略地重复最重要的发现或结果，指出这些发现或结论的重要内涵，对发现或结果提出可能的说明。

（3）本研究结果可能的应用前景以及进一步深入的研究方向或具体课题（此项内容可有可无）。举例如下：

Conclusions

Based on the analytical and experimental investigations presented in this paper, the following conclusions may be made：

1. The radially rotating miniature high-temperature heat pipe has simple structure, low manufacturing cost, very high effective thermal conductance and large heat transfer capability. At the same time; the heat pipe can withstand strong vibrations and work in a high – temperature environment. Therefore, the turbine engine component cooling incorporating radially rotating miniature high-temperature heat pipes is a feasible and effective cooling method.

2. The non-condensable gases in the heat pipe have an adverse effect on the heat pipe performance. It results in a large temperature gradient near the condenser end and reduces the effective thermal conductance and heat transfer capability of the heat pipe.

3. Eqs. (33) and (34) predict reasonably well the temperature distributions along the heat pipe length and are a useful analytical tool for heat design and performance analysis.

11.3.6　内容提要（Abstract）

内容提要有 abstract 和 summary 两种。前者较简单，往往用在文章前面，而后者则详细。

在向国际会议提稿时，往往只要求作者先提出不超过规定字数的 summary。审阅人由此了解论文的内容，确定是否可以录用。关于 Abstract 举例如下。

This paper describes a new framework for the analysis and synthesis of control systems, which constitutes a genuine continuous-time extension of results that are only available in discretetime. In contrast to earlier results the proposed methods involve a specific transformation on the Lyapunov variables and a reciprocal variant of the projection lemma, in addition to the classical linearizing transformations on the controller data. For a wide range of problems including robust analysis and synthesis, multi-channel H/sub 2/state and out put-feedback syntheses, the approach leads to potentially less conservative liner matrix inequality (LMI) characterizations. This comes from the fact that the technical restriction of using a single Lyapunov function is to some extent ruled out in this new approach. Moreover, the approach offers new potentials for problems that can not be bundled using earlier techniques. An important instance is the eigenstructure assignment problem blended with Lyapunov type constraints which is given simple and tractable formulation.

11.3.7 科技英语论文写作中的一些具体问题

11.3.7.1 冠词

A 不定冠词

文章中遇到单数可数名词时，要在其前面加不定冠词（a 或 an）。名词的可数、不可数性很难掌握，只能通过实践逐渐积累。统而言之，不是不可数名词的，就是可数名词。典型的不可数名词有以下几类：

（1）语种名：English, French, Arabic 等。

（2）学科名：physics, geography, chemistry 等。

（3）爱好名：photography, swimming, stamp-collecting 等。

（4）固体、液体、气体名：coal, steel, silk, water, nitric acid, milk, air, oxygen, methane 等。

（5）粉状物名：salt, sand, sugar 等。

（6）其他：advice, behavior, cardboard, cloth, clothing, concrete, damage, energy, equipment, evidence, furniture, grass, gravel, health, heat, homework, information, luggage, machinery, produce, progress, research, rubber, safety, shipping, slag, strength, sunlight, timber, traffic, training, transport, treatment, work 等。

B 定冠词

定冠词的用法可归纳为三种。

（1）在一段文章中如后面提到的名词是在前面已经提到的那一个，则其冠词用 the。可是有例外，如果这段话是用作定义性的，习惯上用 a 不用 the。例如：

They poured the liquid into a beaker. The beaker was then placed in a retort stand. The retort stand was then moved into the hood.

A keyhole saw is a saw with a narrow blade, used for cutting holes in wood.

A suspension bridge is a bridge with a long central span suspended from cables.

后两句是定义性质的，所以后面的名词虽然在前面已经提到了而且也是同一个东西，但后者不用 the，仍用 a。

下面有两句话,后面一句中述及的名词就是前一句的那一个时,用 the 指出,使读者看到两句话是讲同一个实验的步骤。如果不用 the,读者很可能还以为这个实验是要做几件互不相关的事。

It has a small engine in its front. The engine has a capacity of 1100cc.

后面一句中的 the engine 是提请读者注意就是前句中的那个 small engine。

（2）在文章中所提到的名词其含义是每个读者都会有相同的理解和认识，不会产生不相同的认识时，这个名词之前用定冠词 the。检查这一冠词用得对否的办法是，让作者处在读者的位置，认真阅读所写的这段话，从整体上看是否会得到作者原来想表达的意思，若相同，则冠词就用对了。例如：

The sun rises in the east. （天上只有一个太阳，神话中才有几个太阳）

Information about the weather comes from weather observation stations. （当然指地球气候）

The oxygen balance in the atmosphere is maintained by photosythesis. （当然是指环境大气）

The decimal system is widely used in science. （还有第二种十进制吗?）

（3）凡是名词后面有 of…短语者，名词之前用定冠词。例如：

The area of a circle equals $2\pi^2$.

Everybody recognizes the importance of practical work.

The coefficient of expansion of brass is 0.000026 per ℃.

The apparent loss of weight of a substance which is immersed in a liquid equals the weight of liquid displaced.

除了上述三种用法外，大量要用 the 的地方是在具体有所指的名词前面。什么是有所指或具体的、特定的名词？从信息的传递角度来说，就是指作者特别要提醒读者注意这个名词，而不是一般说说的。这就需要分辨一般与具体，这个问题说说如何去分辨倒也不难，真去决定也不是那么容易。关键是在文章作者提笔书写时想传递给读者什么信息。例如：

Water boils at 100℃. （一般陈述）

Has the water boiled? （指让你去烧开的那杯水）

Television was invented in the 20th century. （一般陈述）

The first television sets had only small screens. （指最初生产的那些电视机）

Hydrometers measure the specific gravity of liquids. （一般陈述）

Milk quality is determined by the hydrometer. （指牛奶相对密度的测量有专门的牛奶比重计）

Mild steel is used for making wire. （一般陈述）

The steel plate is 5 mm thick. （指 5 mm 厚的那块）

再看下面的例句：

（1）They will read books.

（2）They will read technical books.

（3）They will read books on heat, light and sound.

（4）They will read the books on heat, light and sound recommended to them.

第一句，一般人都会认为不具体，第四句，一般人都会认为很具体了。

最后还有一个 the 的特殊用途。在一些看上去很像一般性的叙述，但内容上有定义性质时，其主要名词前要用 the，下面是几句这种类型的例句。

The steam engine was invented in the nineteenth century.

The hydrogen bomb is the most dangerous thing that man has invented.

The lathe is one of the most important tools in a mechanical workshop.

The camel is being superseded as a means of transporting goods.

这四句话按照前面所讲的三种用法来看，都不符合任何一种的要求。按照不定冠词的用法，在定义性的句子中，主要名词前应使用 a。因此这种用法属于特例。

11.3.7.2 图

图的表达词很多。例如：graph、plot、drawing、diagram、view、chart、sketch、map 等，这些词有不同的用法。

坐标图 coordinate graph

一览图 schedule graph

方框图 block diagram

电路图 circuit diagram

投影图 projection diagram

草 图 sketch drawing

剖面图 cross-fectional view

全貌图 close-up view

索引图 key chart

平面圈 plane chart

示意图 diagrammatic sketch

略 图 outline map

交通图 traffic map

极坐标图 polar plot

A 图的概况

（1）图的编号。文章中涉及的图要进行适当的编号。如 Fig. 1、Fig. 2……

如论文中图较多，可章节编号。如 Fig. 1-1、Fig. 2-1 等

文章中图的全称用 Figure，编号用 Fig.，不能用 Fig. one. ….

（2）图题与图例。图号的后面要有图题（caption），对图的内容加以说明。如图中 –▲–、

–■–、–○– 表示不同的结果或条件，可采用图后注明等方式说明。

（3）图的来源。自己作的图不必说明是自制的，而引自其它文献的图则涉及版权问题，要在图中注明来源（source）。例如：

Fig. 11-4 Energy and emotion distribution of speech（source Bell sys. Tech. J. July. 1931）

另外，按照国外投稿惯例，书稿在申请出版或发表的同时，必须将版权转让给出版商。因此一经发表，版权即归出版商所有。在必须引用某些书稿中的内容时，可向相应的出版商提出申请。例如：

Fig. 3-11 A elemental three-stage grid copyright America Telephone and Telegraph company，1961。

这是在图题后注明版权单位，也可在图题、正文中对来源加以说明。

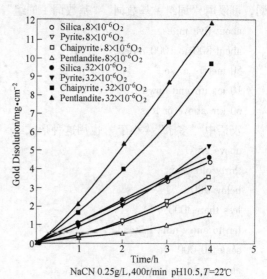

NaCN 0.25g/L,400r/min pH10.5,T=22℃

Fig. 11-4　Effects of pyrite, chalcopyrite, pentlandite and oxygen on gold dissolution

（4）对图的要求。在许多情况下出版单位不对原图再加工，要求原图可供直接照相制版或胶版印刷，所以要按照出版要求制图。为保证出版物的质量，绘图要用碳素墨水。线条要清晰均匀，对比度要好。

B　图的用语

as in Fig. 1　如图 1 所示

对图中出现几个部分，可分别表达

top left 或 upper left corner　左上角

top right 或 upper right corner　右上角

bottom　下面

Fig. 1 is drawn not to scale　按比例图

Fig. 1 TEXAS instruments Junction FET type Tixs80（magnification X50）　放大 50 倍

11.3.7.3　表

表的概述

（1）表的编号。表的英文词为 table。当表有序号时，要大写首字母 Table 1，不能用 Table one。

（2）表的标题。表可以有表名，表名写在编号的后面。也可无表名而仅有编号。

例如：Table 2. Table of squares

　　　　Table 2-5

（3）表的来源。表的来源与图的来源相似。

（4）常用词。measured value　实测值

　　　　　　　calculated value　计算值

　　　　　　　tabulated　　　　表列值

　　　　　　　total　　　　　　总计

11.3.7.4　数词的表达

科技论文中涉及的数字，多用阿拉伯数字形式表达。汉语中"大约""左右""上下"等词，可以用"词组＋基数词""基数词＋词组"组成，例如：

about five miles

about 800 to 1000 miles

50 meters or so

10 ms up and down

60 km above or less

汉语中"多于""小于"也用这种形式

above 25℃

thirty old years

below 980

less than 3000

ten to one（nine in ten）

some 30 000

above average

1 atom in about 10^9

about one hundred-billionth of a Newton

一般 over 多用于表示数量和长度的短语，above 多用于表示高低、刻度等。

附　　录

附录 A　F 分布表、t 分布表及相关系数检验表

表 A-1　相关系数检验表

α $n-2$	0.05	0.01	α $n-2$	0.05	0.01
1	0.997	1.000	21	0.413	0.526
2	0.950	0.990	22	0.401	0.515
3	0.878	0.959	23	0.396	0.505
4	0.811	0.917	24	0.388	0.496
5	0.754	0.874	25	0.381	0.487
6	0.707	0.834	26	0.374	0.478
7	0.666	0.798	27	0.367	0.470
8	0.632	0.765	28	0.361	0.463
9	0.602	0.735	29	0.355	0.456
10	0.576	0.708	30	0.349	0.449
11	0.553	0.684	35	0.325	0.418
12	0.532	0.661	40	0.304	0.393
13	0.514	0.641	45	0.288	0.372
14	0.497	0.623	50	0.273	0.354
15	0.482	0.606	60	0.250	0.325
16	0.468	0.590	70	0.230	0.302
17	0.456	0.575	80	0.217	0.283
18	0.444	0.561	90	0.205	0.267
19	0.433	0.549	100	0.195	0.254
20	0.423	0.537	200	0.138	0.181

表 A-2　F 分布表（$\alpha = 0.01$）

$P(F \geqslant F_{\alpha}) = \alpha$ 的 F_{α} 值

f_1 f_2	1	2	3	4	5	6	7
1	4052	4999	5403	5625	5764	5859	5928
2	98.49	99.01	99.17	99.25	99.30	99.33	99.34
3	34.12	30.81	29.46	28.71	28.24	27.91	27.67

f_1 / f_2	1	2	3	4	5	6	7
4	21.20	18.00	16.69	15.98	15.52	15.21	14.98
5	16.21	13.27	12.06	11.39	10.97	10.67	10.45
6	13.74	10.92	9.78	9.15	8.75	8.47	8.26
7	12.25	9.55	8.45	7.85	7.46	7.19	7.00
8	11.26	8.65	7.59	7.01	6.63	6.37	6.19
9	10.56	8.02	6.99	6.42	6.06	5.80	5.62
10	10.04	7.56	6.55	5.99	5.64	5.39	5.21
11	9.65	7.20	6.22	5.67	5.32	5.07	4.88
12	9.33	6.93	5.95	5.41	5.06	4.82	4.65
13	9.07	6.70	5.74	5.20	4.86	4.62	4.44
14	8.86	6.51	5.56	5.03	4.69	4.46	4.28
15	8.68	6.36	5.42	4.89	4.56	4.32	4.14
16	8.53	6.23	5.29	4.77	4.44	4.20	4.03
17	8.40	6.11	5.18	4.67	4.34	4.10	3.93
18	8.28	6.01	5.09	4.58	4.25	4.01	3.85
19	8.18	5.98	5.01	4.50	4.17	3.94	3.77
20	8.10	5.34	4.94	4.43	4.10	3.87	3.71
30	7.59	5.39	4.51	4.02	3.70	3.47	3.30
40	7.31	5.18	4.31	3.83	3.51	3.29	3.12
50	7.17	5.06	4.20	3.72	3.41	3.18	3.02
∞	6.64	4.00	3.78	3.32	3.02	2.80	2.64

f_1 / f_2	8	9	10	20	30	∞
1	5981	6022	6056	6208	6258	6366
2	99.36	99.38	99.40	99.45	99.47	99.50
3	27.49	27.34	27.25	26.69	26.50	26.12
4	14.80	14.66	14.54	14.02	13.83	13.16
5	10.27	10.15	10.05	9.55	9.38	9.02
6	8.10	7.98	7.87	7.39	7.23	6.88
7	6.84	6.71	6.62	6.15	5.98	5.65
8	6.03	5.19	5.82	5.36	5.20	4.86
9	5.47	5.35	5.26	4.30	4.64	4.31
10	5.06	4.95	4.85	4.41	4.25	3.91
11	4.74	4.63	4.54	4.10	3.94	3.60
12	4.50	4.39	4.30	3.86	3.70	3.36

f_2＼f_1	8	9	10	20	30	∞
13	4.30	4.19	4.10	3.67	3.51	3.16
14	4.14	4.03	3.94	3.51	3.34	3.00
15	4.00	3.89	3.80	3.36	3.20	2.87
16	3.89	3.78	3.69	3.26	3.10	2.75
17	3.79	3.68	3.59	3.16	3.00	2.65
18	3.71	3.60	3.51	3.07	2.91	2.57
19	3.63	3.52	3.43	3.00	2.84	2.49
20	3.56	3.45	3.37	2.94	2.77	2.42
30	3.17	3.06	2.98	2.55	2.38	2.01
40	2.99	2.88	2.80	2.37	2.20	1.81
50	2.88	2.78	2.70	2.26	2.10	1.68
∞	2.51	2.41	2.32	1.87	1.69	1.00

表 A-3 F 分布表（α = 0.05）
$$P(F \geqslant F_\alpha) = \alpha \text{ 的 } F_\alpha \text{ 值}$$

f_2＼f_1	1	2	3	4	5	6	7
1	161	200	216	225	230	234	237
2	18.51	19.00	19.16	19.25	19.30	19.33	19.36
3	10.13	9.55	9.28	9.12	9.01	8.94	8.88
4	7.71	6.94	6.59	6.39	6.26	6.16	6.09
5	6.61	5.79	5.41	5.19	5.05	4.95	4.88
6	5.99	5.14	4.76	4.53	4.39	4.28	4.21
7	5.59	4.74	4.35	4.12	3.97	3.67	3.79
8	5.32	4.46	4.07	3.84	3.69	3.58	3.50
9	5.12	4.26	3.86	3.63	3.48	3.37	3.29
10	4.96	4.10	3.71	3.48	3.33	3.22	3.14
11	4.84	3.98	3.59	3.36	3.20	3.09	3.01
12	4.75	3.88	3.49	3.26	3.11	3.00	2.92
13	4.67	3.80	3.41	3.18	3.02	2.92	2.84
14	4.60	3.74	3.34	3.11	2.96	2.85	2.77
15	4.54	3.68	3.29	3.06	2.90	2.79	2.70
16	4.49	3.63	3.24	3.01	2.85	2.74	2.66
17	4.45	3.59	3.20	2.96	2.81	2.70	2.62
18	4.41	3.55	3.16	2.93	2.77	2.66	2.58
19	4.38	3.52	3.13	2.90	2.74	2.63	2.55

f_1 / f_2	1	2	3	4	5	6	7
20	4.35	3.49	3.10	2.87	2.71	2.60	2.52
30	4.17	3.32	2.92	2.69	2.53	2.42	2.34
40	4.08	3.23	2.84	2.61	2.45	2.34	2.25
50	4.03	3.18	2.79	2.55	2.40	2.29	2.20
∞	3.84	2.99	2.60	2.37	2.21	2.09	2.01

f_1 / f_2	8	9	10	20	30	∞
1	239	241	242	248	250	254
2	19.37	19.37	19.39	19.44	19.46	19.50
3	8.84	8.81	8.78	8.66	8.62	8.53
4	6.04	6.00	5.96	5.80	5.74	5.63
5	4.82	4.78	4.74	4.56	4.50	4.36
6	4.15	4.10	4.06	3.87	3.81	3.67
7	3.73	3.68	3.68	3.44	3.38	3.23
8	3.44	3.39	3.34	3.15	3.08	2.93
9	3.23	3.18	3.31	2.96	2.86	2.71
10	3.07	3.02	2.97	2.77	2.70	2.54
11	2.95	2.90	2.86	2.65	2.57	2.40
12	2.85	2.80	2.76	2.54	2.46	2.30
13	2.77	2.72	2.67	2.46	2.38	2.21
14	2.70	2.65	2.60	2.39	2.31	2.13
15	2.64	2.59	2.55	2.33	2.25	2.07
16	2.57	2.54	2.49	2.28	2.20	2.01
17	2.55	2.50	2.45	2.23	2.15	1.96
18	2.51	2.46	2.41	2.19	2.11	1.92
19	2.48	2.43	2.38	2.15	2.07	1.88
20	2.45	2.40	2.35	2.12	2.04	1.84
30	2.27	2.21	2.16	1.93	1.84	1.62
40	2.18	2.12	2.07	1.84	1.74	1.51
50	2.13	2.07	2.02	1.78	1.69	1.44
∞	1.94	1.88	1.83	1.57	1.46	1.00

表 A-4   F 分布表 ($\alpha = 0.10$)

$P(F \geqslant F_\alpha) = \alpha$ 的 F_α 值

f_2 \ f_1	1	2	3	4	5	6	7
1	39.1	49.5	53.6	55.8	57.2	58.2	58.9
2	8.53	9.00	9.16	9.24	9.29	9.33	9.35
3	5.54	5.46	5.39	5.34	5.31	5.28	5.27
4	4.54	4.32	4.19	4.11	4.05	4.01	3.98
5	4.06	3.78	3.62	3.52	3.45	3.40	3.37
6	3.78	3.46	3.29	3.18	3.11	3.05	3.01
7	3.59	3.26	3.07	2.96	2.88	2.83	2.78
8	3.46	3.11	2.92	2.81	2.73	2.67	2.62
9	3.36	3.01	2.81	2.69	2.61	2.55	2.51
10	3.29	2.92	2.73	2.61	2.52	2.46	2.41
11	3.23	2.86	2.66	2.54	2.45	2.39	2.34
12	3.17	2.81	2.61	2.48	2.39	2.33	2.28
13	3.14	2.76	2.56	2.43	2.35	2.28	2.23
14	3.10	2.73	2.52	2.39	2.31	2.24	2.19
15	3.07	2.70	2.49	2.36	2.27	2.21	2.16
16	3.05	2.67	2.46	2.33	2.24	2.18	2.13
17	3.03	2.64	2.44	2.31	2.22	2.15	2.10
18	3.01	2.62	2.42	2.29	2.20	2.13	2.08
19	2.99	2.61	2.40	2.27	2.18	2.11	2.06
20	2.97	2.59	2.38	2.25	2.16	2.09	2.04
30	2.88	2.49	2.28	2.14	2.05	1.98	1.93
40	2.84	2.44	2.23	2.09	1.97	1.93	1.87
60	2.79	2.39	2.18	2.04	1.95	1.87	1.82
∞	2.71	2.30	2.08	1.94	1.85	1.77	1.72

f_2 \ f_1	8	9	10	20	30	∞
1	59.4	59.9	60.2	61.7	62.3	63.3
2	9.37	9.38	9.39	9.44	9.46	9.49
3	5.25	5.24	5.23	5.18	5.17	5.23
4	3.95	3.94	3.92	3.84	3.82	3.76
5	3.34	3.32	3.28	3.21	3.17	3.11
6	2.98	2.96	2.94	2.84	2.80	2.72
7	2.75	2.72	2.70	2.59	2.56	2.47
8	2.59	2.56	2.54	2.42	2.38	2.29

f_1 / f_2	8	9	10	20	30	∞
9	2.47	2.44	2.42	2.30	2.25	2.16
10	2.38	2.35	2.32	2.20	2.16	2.06
11	2.30	2.27	2.25	2.12	2.08	1.97
12	2.24	2.21	2.19	2.06	2.02	1.90
13	2.20	2.16	2.14	2.01	1.96	1.85
14	2.15	2.12	2.10	1.96	1.91	1.80
15	2.12	2.09	2.06	1.92	1.87	1.76
16	2.09	2.06	2.03	1.89	1.84	1.72
17	2.06	2.03	2.00	1.86	1.81	1.69
18	2.04	2.00	1.98	1.84	1.78	1.66
19	2.02	1.98	1.96	1.81	1.76	1.63
20	2.00	1.96	1.94	1.79	1.74	1.61
30	1.88	1.85	1.82	1.67	1.61	1.46
40	1.83	1.79	1.76	1.61	1.54	1.38
60	1.77	1.74	1.71	1.54	1.48	1.29
∞	1.67	1.63	1.60	1.42	1.34	1.00

表 A-5　t 分布表

$P(t \geqslant t_\alpha) = \alpha$ 的 t_α 值

f / α	0.001	0.01	0.02	0.05	0.1	0.2	0.3
1	636.619	63.657	31.821	12.706	6.314	3.078	1.963
2	31.598	9.925	6.965	4.303	2.920	1.886	1.386
3	12.924	5.841	4.511	3.182	2.353	1.638	1.250
4	8.610	4.604	2.747	2.776	2.132	1.533	1.100
5	6.850	4.032	3.365	2.571	2.015	1.176	1.156
6	5.959	3.707	3.143	2.447	1.943	1.440	1.134
7	5.405	3.499	2.998	2.365	1.895	1.415	1.119
8	5.041	3.355	2.896	2.306	1.860	1.397	1.103
9	4.781	3.250	2.821	2.262	1.833	1.383	1.100
10	4.587	3.169	2.764	2.228	1.812	1.372	1.093
11	4.437	3.106	2.718	2.201	1.796	1.363	1.088
12	4.318	3.055	2.681	2.179	1.782	1.356	1.083
13	4.221	3.012	2.650	2.160	1.771	1.350	1.079
14	4.140	2.977	2.624	2.145	1.761	1.345	1.076

f ＼ α	0.001	0.01	0.02	0.05	0.1	0.2	0.3
15	4.073	2.947	2.602	2.131	1.758	1.341	1.074
16	4.015	2.921	2.583	2.120	1.746	1.337	1.071
17	3.965	2.898	2.567	2.110	1.740	1.333	1.069
18	3.922	2.878	2.552	2.101	1.734	1.330	1.067
19	3.883	2.861	2.539	2.003	1.720	1.328	1.066

f ＼ α	0.4	0.5	0.6	0.7	0.8	0.9
1	1.376	1.000	0.727	0.510	0.325	0.158
2	1.061	0.316	0.617	0.445	0.289	0.142
3	0.978	0.765	0.584	0.424	0.277	0.137
4	0.941	0.741	0.569	0.414	0.271	0.134
5	0.920	0.727	0.559	0.408	0.267	0.132
6	0.006	0.718	0.553	0.404	0.265	0.131
7	0.896	0.711	0.549	0.402	0.263	0.130
8	0.889	0.706	0.546	0.399	0.262	0.130
9	0.883	0.703	0.543	0.398	0.261	0.129
10	0.879	0.700	0.542	0.397	0.260	0.129
11	0.876	0.697	0.540	0.396	0.260	0.129
12	0.873	0.695	0.539	0.395	0.259	0.128
13	0.870	0.694	0.538	0.394	0.259	0.128
14	0.868	0.692	0.537	0.393	0.258	0.128
15	0.866	0.691	0.536	0.393	0.258	0.128
16	0.865	0.690	0.535	0.392	0.258	0.128
17	0.863	0.689	0.534	0.392	0.257	0.128
18	0.862	0.688	0.534	0.392	0.257	0.127
19	0.861	0.688	0.533	0.391	0.257	0.127

附录 B　网络资源、搜索引擎

B.1　专题性资源指南

（1）http://www.physlink.corn　提供物理研究和教育方面的网上资源。

（2）http://www.ChemCenter.org/search.html　美国化学学会建立的化学资源站点，提供检索功能。

（3）http://www.chem.rpi.edu/icr/chemres.html　美国印第安纳大学整理的化学化工资源。

（4）http://www.chem.ucla.edu/chempointer.html　美国加利福尼亚大学洛杉矶分校整理

的化学虚拟图书馆。

（5）http://biotech.chem.indiana.edu/lib/search.html　由印第安纳大学提供的生物和化学方面的站点资源。

（6）http://www.cetin.net.cn/　中国工程技术信息网之航空航天资源。

（7）http://amms-www.bmi.ac.cn/amms/guide/gmain.html　中国军事医学科学院整理，提供重要的网上 www 生物医学信息。

（8）http://www.ama.caltech.edu/resources.html　提供各数学研究机构、大学数学系和数学软件服务的网址。

（9）http://euclid.math.fsu.edu/Science/math.html　包括各类数学 gopher 服务器、数学网络新闻组和数学研究机构的网址。

（10）http://macwww.db.erau.edu/www_virtual_lib/aeronautics　网上航空资源虚拟图书馆。

（11）http://www.education-word.com　收集了十万多个关于教育的网站资源，包括教育资源、站点评价和学校目录等。

（12）http://www.ilrg.com　收集了全球约四千多个与法律密切相关的网站，提供全面的法律信息检索。

（13）http://www.ceregroup.com/cgi-bin/find-aqweb.cgi 由 Ceres Online 公司负责开发，收集了 13000 多个农业方面的站点，有相应的数据库和会议预告等。

（14）http://www.eevl.ac.uk/search.html　这是一个工程虚拟图书馆，提供许多有用的网址、数据库、电子期刊等。

（15）http://www.ub2.1u.se/eel/eelhome.html　由瑞典收集的工程技术网上资源指南，可按工程索引采用的分类方法进行浏览，也可用关键词检索，网页数量达十万多个。

B.2　综合性资源指南

（1）http://vlib.org/overview.html　网上著名的信息资源指南，提供各类网上信息资源。

（2）http://www.ugems.psu.edu/owens/VL/overview.html　这是一个著名的、综合性的 www 虚拟图书馆，包含丰富的 INTERNET 学术资源。

（3）http://logicl7.ucr.edu/　该站点为全世界的高校师生搜集整理了丰富的各类网上资源。

（4）http://www.socscisearch.com　加拿大 Carleton 大学收集的人文与社会科学方面的网络资源。

（5）http://sosig.esrc.brjs.ac.uk　由英国多家大学合作开发的有关教育、经济、法律、社会学等方面的网络资源。

（6）http://www-sci.lib.uci.edu/HSG/Ref.html　由美国 UCI 大学建立的庞大的科学资源指南站点，学科资源几乎覆盖所有科学领域。

（7）http://lib-www.ucr.edu　由美国加州大学河滨分校建立的网络资源综合站点，提供社会科学、自然科学和工程技术方面的网络资源。

（8）http://www.nlc.gov.cn　中国国家图书馆。

（9）http://www.las.ac.cn　中国科学院文献情报中心。

（10）http://www.isc.chinainfo.gov.cn　中国科技信息中心。

（11）http://www.ssreader.com　全球最大的中文数字图书馆。

（12）http://www.sdstc.gov.cn　中国专利局专利馆。

（13）http://www.lib.tsinghua.edu.cn　清华大学图书馆。

（14）http://www.lib.pku.edu.cn　北京大学图书馆。

B.3　搜索引擎

（1）Google(http://www.google.com)

目前最优秀的支持多语种的搜索引擎之一，约搜索 3 083 324 652 张网页。提供网站、图像、新闻组等多种资源的查询。包括中文简体、繁体、英语等 35 个国家和地区的语言资源。

（2）百度(http://www.baidu.com)

全球最大中文搜索引擎。提供网页快照、网页预览/预览全部网页、相关搜索词、错别字纠正提示、新闻搜索、Flash 搜索、信息快递搜索、百度搜霸、搜索援助中心。百度支持搜索 4 亿中文网页。

（3）北大天网(http://e.pku.edu.cn)

天网是中国教育和科研计算机网（CERNET）示范工程应用系统课题之一，由北京大学开发，有简体中文、繁体中文和英文三个版本。提供全文检索、新闻组检索、FTP 检索（北京大学、中科院等 FTP 站点），是一个 www 资源索引和查找服务系统。支持简体中文、繁体中文、英文关键词搜索，不支持数字关键词和 URL 名检索。

（4）Alta Vista(http://www.altavista.com)

由 DEC 公司 1995 年底对外推出，每天可快速采集 WWW 和 USENET 资源，建立网页全文索引。Alta Vista 已成为互联网上资源规模最大、功能最强、访问人数最多的检索工具之一。Alta Vista 支持多语种检索，无论在简单检索还是高级检索，只要点击"any language"，即可选择你所要检索的信息资源的语种，并可对检索结果进行翻译。Aha Vista 提供简单、标准和详细三种输出格式。

它的特点是检索功能同传统的联机检索服务有很大的相似性，提供布尔 AND，OR，NOT，NEAR 算符操作和嵌套提问表达式、介词、联机帮助和举例帮助。

Alta Vista 支持自然语言检索。它的关键词检索方式具有简单和高级两种查询方法。简单查询不支持布尔算符，而用不同句法的组合来表示词语、相邻词、必用词和禁用词，可用页名、URL 等作为字段进行检索，检索结果按相关程度排序。高级查询采用与简单查询一样的句法来定义单词、词语、通配符等，但是可用布尔算符来组合单词和词语，并可对检索式进行修改，还可进行专题信息检索。

（5）雅虎(http://www.yahoo.com)

Yahoo! 是世界上最著名的目录搜索引擎。其最大特色是提供方便的主题浏览，用人工方式对网站、网页信息按主题建立分类索引，按字母顺序列出 14 个大类，每个大类所包含的子类有精练的描述，每个子类有数以千计的相关的 Internet 信息资源。使用 Yahoo! 还可采用关键词检索。

（6）Go(http://go.com)

原为 http://www.infoseek.com，1995 年由 Infoseek 公司推出，对 WWW、FTP、Gopher、NewsGroups 网点进行全文索引，现为 YAHOO! 所有。使用 Go 可采用分类浏览和关键词检索的方式，其关键词查询方式有基本检索和高级检索两种方式，支持自然语言检索。

其服务采用词频统计方法来确定词语的重要性和相关性，可按词序检索，词汇大小写有区别，采用双引号（词语检索）、加号（结果中必须包含输入的词）、减号（结果中不包含输入的词）来表示词语的句法，并支持字段检索。检索结果按相关性排列。可用于德语和日语词语的检索。

（7）Excite（http://www.excite.com）

Excite 允许用户使用自然语言提问，例如"How to find Beijing map"。由于它采用一个称为"智能概念抽取"（ICE）的专用查询软件，因而具有以下特点：

1）用 ICE 自动编制摘要。

2）可进行概念检索。查询软件自动把同义词和相关词找出来（如查询"知识产权"，可以同时把含有"软件版权"和"版权法"的内容检索出来）。

3）提供"FIND Similar"功能（例如查询"Jordan"一词，这个功能可以区分是国家"约旦"还是篮球巨星空中飞人"乔丹"）。

使用 Excite 查询网上信息，采用的方法有分类目录浏览和关键词检索，其中关键词检索又分为简单检索和高级检索。

在简单检索中，可用""进行词组检索；用"＋"或"－"限定结果中出现或不出现指定的关键词；可使用基本逻辑算符 and，or，and not 等（and not 与"－"的作用相似）。

在高级检索中，用户可按页面上给定的检索功能及限制进行各种组合，可修改检索要求，并可进行相似检索（More like this），但不能使用逻辑算符和"＋"、"－"等。

（8）Lycos（http://www.lycos.com）

到目前为止，Locos 标引的网页数约为 2000 万个（包括 WWW，FTP 和 gopher），多数网页索引的内容为页名、URL、子标题、文本的前 20 行和 100 个加权的词。

使用 Lycos 查询网上信息，可采用网页目录浏览和关键词检索两种方式。

与多数搜索引擎相似，Lycos 也具有简单检索和高级检索。在高级检索中，可使用 and，or，not 等逻辑算符，可用 adj 连接两个相邻的词（不限制顺序），用 near 限制两个词的距离不超过 25 个词，用 before 限制一个词在另一个词的前面等。Lycos 同时提供了大量的选择按钮，并可选择检索范围、对象等。在结果的排序中也提供多种方式。

（9）Webcrawler（http://www.webcrawler.com）

是 WWW 查询引擎的元老之一，1994 年开始联机服务，1996 年被 Excite 收购。

Webcrawler 与其他搜索引擎类似，它的关键词检索同样具有简单和高级两种方式。检索结果按相关性排序，可以是简单标题列表，也可以是含摘要的详细描述。支持自然语言查询和布尔算符查询，用户输入一串词语时可指定任何一词匹配或全部词语匹配。

（10）一搜（http://www.yisou.com）

一搜是雅虎公司基于全球领先的 YST（Yahoo Search Technology）技术，在中国推出的搜索门户。这是第一家互联网国际巨头正式进军中国搜索市场，也是雅虎公司在全球第一次推出独立的品牌。可以搜索全球 50 亿网页，网页搜索支持 38 种语言，居国际领先水平。一搜具有简洁专业、海量、客观精准、国际化、稳定高速等特点。

（11）中搜（http://www.sowang.com）

中搜，原为慧聪搜索，2002 年正式进入中文搜索引擎市场，全球最大的中文搜索引擎服务商，为新浪、搜狐、网易、TOM 等知名门户网站，以及中国搜索联盟上千家各地区、各行业的优秀中文网站提供搜索引擎技术。

（12）搜狗（http://www.sogou.com）

搜狐公司继搜狐搜索引擎（http://www.sohu.com）之后推出的又一大型网上中文搜索引擎，功能比原来更强大。

（13）网易搜索（http://so.163.com）

网易搜索是面向全球华人的网上资源查询系统。拥有网站搜索、网页搜索、新闻搜索、人才搜索、职位搜索、交通搜索、个人网页搜索、餐厅搜索、食谱搜索、打折搜索、比价搜索等多项搜索功能，相应拥有网站库、网页库、人才库、职位库、交通信息库、个人网页库、餐厅库、食谱库、线下打折信息库、线上商品比价信息库。

（14）新浪搜索（http://cha.sina.com.cn）

互联网上规模最大的中文搜索引擎之一。设大类目录 18 个、子目一万多个，收录网站 20 余万。提供网站、中文网页、英文网页、新闻、汉英辞典、软件、沪深行情、游戏等多种资源的查询，支持分类和关键词检索。

（15）Goyoyo 悠游中文搜索引擎（http://www.goyoyo.com）

Goyoyo 是一个极具高度智慧的中文搜索器，可自动进行繁简体字的转换，随时带你畅游全球七十多万个中文互联网网页。

Goyoyo 中文搜索器有超智能的 Robot 系统，分秒不停地穿梭于全球数以百万个互联网网页之中，寻找新网页和每日更新的资料，自动识别和分类。假如读者不懂任何中文输入法，也可以使用分类检索；更可凭借相关网页的索引，进入其他相关的网址。Goyoyo 除提供智能检索外，尚有精确匹配检索。

附录 C 常用正交表

表 C-1 $L_4(2^3)$

列号\试验号	1	2	3	列号\试验号	1	2	3
1	1	1	1	3	2	2	2
2	1	2	2	4	2	2	1

表 C-2 $L_8(2^7)$

列号\试验号	1	2	3	4	5	6	7
1	1	1	1	1	1	1	1
2	1	1	1	2	2	2	2
3	1	2	2	1	1	2	2
4	1	2	2	2	2	1	1
5	2	1	2	1	2	1	2
6	2	1	2	2	1	2	1
7	2	2	1	1	2	2	1
8	2	2	1	2	1	1	2

表 C-3 $L_8(2^7)$ 二列间的交互作用

列号\列号	1	2	3	4	5	6	7
	(1)	3	2	5	4	7	6
		(2)	1	6	7	4	5
			(3)	7	6	5	4

续表 C-3

列号＼列号	1	2	3	4	5	6	7
				(4)	1	2	3
					(5)	3	2
						(6)	1
							(7)

表 C-4　$L_8(2^7)$ 表头设计

因子数＼列号	1	2	3	4	5	6	7
3	A	B	$A\times B$	C	$A\times C$	$B\times C$	
4	A	B	$A\times B$ $C\times D$	C	$A\times C$ $B\times D$	$B\times C$ $A\times D$	D
4	A	B $C\times D$	$A\times B$	C $B\times D$	$A\times C$	D $B\times C$	$A\times D$
5	A $D\times E$	B $C\times D$	$A\times B$ $C\times E$	C $B\times D$	$A\times C$ $B\times E$	D $A\times E$ $B\times C$	E $A\times D$

表 C-5　$L_8(4\times2^4)$

列号＼试验号	1	2	3	4	5	列号＼试验号	1	2	3	4	5
1	1	1	1	1	1	5	3	1	2	1	2
2	1	2	2	2	2	6	3	1	1	2	1
3	2	1	1	2	2	7	4	2	2	2	1
4	2	2	2	1	1	8	4	2	1	1	2

表 C-6　$L_{12}(2^{11})$

列号＼试验号	1	2	3	4	5	6	7	8	9	10	11
1	1	1	1	1	1	1	1	1	1	1	1
2	1	1	1	1	1	2	2	2	2	2	2
3	1	1	2	2	2	1	1	1	2	2	2
4	1	2	1	2	2	1	2	2	1	1	2
5	1	2	2	1	2	2	1	2	1	2	1
6	1	2	2	2	1	2	2	1	2	1	1
7	2	1	2	2	1	1	2	2	1	2	1
8	2	1	2	1	2	2	2	1	1	1	2
9	2	1	1	2	2	2	1	2	2	1	1
10	2	2	2	1	1	1	1	2	2	1	2
11	2	2	1	2	1	2	1	1	1	2	1
12	2	2	1	1	2	1	2	1	2	2	2

表 C-7　$L_9(3^4)$

试验号	1	2	3	4	试验号	1	2	3	4
1	1	1	1	1	6	2	3	1	2
2	1	2	2	2	7	3	1	3	2
3	1	3	3	3	8	3	2	1	3
4	2	1	2	3	9	3	3	2	1
5	2	2	3	1					

表 C-8　$L_{27}(3^{13})$

试验号	1	2	3	4	5	6	7	8	9	10	11	12	13
1	1	1	1	1	1	1	1	1	1	1	1	1	1
2	1	1	1	1	2	2	2	2	2	2	2	2	2
3	1	1	1	1	3	3	3	3	3	3	3	3	3
4	1	2	2	2	1	1	1	2	2	2	3	3	3
5	1	2	2	2	2	2	2	3	3	3	1	1	1
6	1	2	2	2	3	3	3	1	1	1	2	2	2
7	1	3	3	3	1	1	1	3	3	3	2	2	2
8	1	3	3	3	2	2	2	1	1	1	3	3	3
9	1	3	3	3	3	3	3	2	2	2	1	1	1
10	2	1	2	3	1	2	3	1	2	3	1	2	3
11	2	1	2	3	2	3	1	2	3	1	2	3	1
12	2	1	2	3	3	1	2	3	1	2	3	1	2
13	2	2	3	1	1	2	3	2	3	1	3	1	2
14	2	2	3	1	2	3	1	3	1	2	1	2	3
15	2	2	3	1	3	1	2	1	2	3	2	3	1
16	2	3	1	2	1	2	3	3	1	2	2	3	1
17	2	3	1	2	2	3	1	1	2	3	3	1	2
18	2	3	1	2	3	1	2	2	3	1	1	2	3
19	3	1	3	2	1	3	2	1	3	2	1	3	2
20	3	1	3	2	2	1	3	2	1	3	2	1	3
21	3	1	3	2	3	2	1	3	2	1	3	2	1
22	3	2	1	3	1	3	2	2	1	3	3	2	1
23	3	2	1	3	2	1	3	3	2	1	1	3	2
24	3	2	1	3	3	2	1	1	3	2	2	1	3
25	3	3	2	1	1	3	2	3	2	1	2	1	3
26	3	3	2	1	2	1	3	1	3	2	3	2	1
27	3	3	2	1	3	2	1	2	1	3	1	3	2

附录 D　几种常用标准热电偶分度表

表 D-1　铂铑-铂（S 型）热电偶分度表（自由端温度，0℃）　　　　mV

温度/℃	0	1	2	3	4	5	6	7	8	9
0	0.000	0.005	0.011	0.016	0.022	0.027	0.033	0.038	0.044	0.050
10	0.055	0.061	0.067	0.072	0.078	0.084	0.090	0.095	0.101	0.107
20	0.113	0.119	0.125	0.131	0.137	0.143	0.149	0.155	0.161	0.167
30	0.173	0.179	0.185	0.191	0.197	0.204	0.210	0.216	0.222	0.229
40	0.235	0.241	0.248	0.254	0.260	0.267	0.273	0.280	0.286	0.292
50	0.299	0.305	0.312	0.319	0.325	0.332	0.338	0.345	0.352	0.358
60	0.365	0.372	0.378	0.385	0.392	0.399	0.405	0.412	0.419	0.426
70	0.433	0.440	0.446	0.453	0.460	0.467	0.474	0.481	0.488	0.495
80	0.502	0.509	0.516	0.523	0.530	0.538	0.545	0.552	0.559	0.566
90	0.573	0.580	0.588	0.595	0.602	0.609	0.617	0.624	0.631	0.639
100	0.646	0.653	0.661	0.668	0.675	0.683	0.690	0.698	0.705	0.713
110	0.720	0.727	0.735	0.743	0.750	0.758	0.765	0.773	0.780	0.788
120	0.795	0.803	0.811	0.818	0.826	0.834	0.841	0.849	0.857	0.865
130	0.872	0.880	0.888	0.896	0.903	0.911	0.919	0.927	0.935	0.942
140	0.950	0.958	0.966	0.974	0.982	0.990	0.998	1.006	1.013	1.021
150	1.029	1.037	1.045	1.053	1.061	1.069	1.077	1.085	1.094	1.102
160	1.110	1.118	1.126	1.134	1.142	1.150	1.158	1.167	1.175	1.183
170	1.191	1.199	1.207	1.216	1.224	1.232	1.240	1.249	1.257	1.265
180	1.273	1.282	1.290	1.298	1.307	1.315	1.323	1.332	1.340	1.348
190	1.357	1.365	1.373	1.382	1.390	1.399	1.407	1.415	1.424	1.432
200	1.441	1.449	1.458	1.466	1.475	1.483	1.492	1.500	1.509	1.517
210	1.526	1.534	1.543	1.551	1.560	1.569	1.577	1.586	1.594	1.603
220	1.612	1.620	1.629	1.638	1.646	1.655	1.663	1.672	1.681	1.690
230	1.698	1.707	1.716	1.724	1.733	1.742	1.751	1.759	1.768	1.777
240	1.786	1.794	1.803	1.812	1.821	1.829	1.838	1.847	1.856	1.865
250	1.874	1.882	1.891	1.900	1.909	1.918	1.927	1.936	1.944	1.953
260	1.962	1.971	1.980	1.989	1.998	2.007	2.016	2.025	2.034	2.043
270	2.052	2.061	2.070	2.078	2.087	2.096	2.105	2.114	2.123	2.132
280	2.141	2.151	2.160	2.169	2.178	2.187	2.196	2.205	2.214	2.223
290	2.232	2.241	2.250	2.259	2.268	2.277	2.287	2.296	2.305	2.314
300	2.323	2.332	2.341	2.350	2.360	2.369	2.378	2.387	2.396	2.405
310	2.415	2.424	2.433	2.442	2.451	2.461	2.470	2.479	2.488	2.497
320	2.507	2.516	2.525	2.534	2.544	2.553	2.562	2.571	2.581	2.590

温度/℃	0	1	2	3	4	5	6	7	8	9
330	2.599	2.609	2.618	2.627	2.636	2.646	2.655	2.664	2.674	2.683
340	2.692	2.702	2.711	2.720	2.730	2.739	2.748	2.758	2.767	2.776
350	2.786	2.795	2.805	2.814	2.823	2.833	2.842	2.851	2.861	2.870
360	2.880	2.889	2.899	2.908	2.917	2.927	2.936	2.946	2.955	2.965
370	2.974	2.983	2.993	3.002	3.012	3.021	3.031	3.040	3.050	3.059
380	3.069	3.078	3.088	3.097	3.107	3.116	3.126	3.135	3.145	3.154
390	3.164	3.173	3.183	3.192	3.202	3.212	3.221	3.231	3.240	3.250
400	3.259	3.269	3.279	3.288	3.298	3.307	3.317	3.326	3.336	3.346
410	3.355	3.365	3.374	3.384	3.394	3.403	3.413	3.423	3.432	3.442
420	3.451	3.461	3.471	3.480	3.490	3.500	3.509	3.519	3.529	3.538
430	3.548	3.558	3.567	3.577	3.587	3.596	3.606	3.616	3.626	3.635
440	3.645	3.655	3.664	3.674	3.684	3.694	3.703	3.713	3.723	3.732
450	3.742	3.752	3.762	3.771	3.781	3.791	3.801	3.810	3.820	3.830
460	3.840	3.850	3.859	3.869	3.879	3.889	3.898	3.908	3.918	3.928
470	3.938	3.947	3.957	3.967	3.977	3.987	3.997	4.006	4.016	4.026
480	4.036	4.046	4.056	4.065	4.075	4.085	4.095	4.105	4.115	4.125
490	4.134	4.144	4.154	4.164	4.174	4.184	4.194	4.204	4.213	4.223
500	4.233	4.243	4.253	4.263	4.273	4.283	4.293	4.303	4.313	4.323
510	4.332	4.342	4.352	4.362	4.372	4.382	4.392	4.402	4.412	4.422
520	4.432	4.442	4.452	4.462	4.472	4.482	4.492	4.502	4.512	4.522
530	4.532	4.542	4.552	4.562	4.572	4.582	4.592	4.602	4.612	4.622
540	4.632	4.642	4.652	4.662	4.672	4.682	4.692	4.702	4.712	4.722
550	4.732	4.742	4.752	4.762	4.772	4.782	4.793	4.803	4.813	4.823
560	4.833	4.843	4.853	4.863	4.873	4.883	4.893	4.904	4.914	4.924
570	4.934	4.944	4.954	4.964	4.974	4.984	4.995	5.005	5.015	5.025
580	5.035	5.045	5.055	5.066	5.076	5.086	5.096	5.106	5.116	5.127
590	5.137	5.147	5.157	5.167	5.178	5.188	5.198	5.208	5.218	5.228
600	5.239	5.249	5.259	5.269	5.280	5.290	5.300	5.310	5.320	5.331
610	5.341	5.351	5.361	5.372	5.382	5.392	5.402	5.413	5.423	5.433
620	5.443	5.454	5.464	5.474	5.485	5.495	5.505	5.515	5.526	5.536
630	5.546	5.557	5.567	5.577	5.588	5.598	5.608	5.618	5.629	5.639
640	5.649	5.660	5.670	5.680	5.691	5.701	5.712	5.722	5.732	5.743
650	5.753	5.763	5.774	5.784	5.794	5.805	5.815	5.826	5.836	5.846
660	5.857	5.867	5.878	5.888	5.898	5.909	5.919	5.930	5.940	5.950
670	5.961	5.971	5.982	5.992	6.003	6.013	6.024	6.034	6.044	6.055
680	6.065	6.076	6.086	6.097	6.107	6.118	6.128	6.139	6.149	6.160
690	6.170	6.181	6.191	6.202	6.212	6.223	6.233	6.244	6.254	6.265

温度/℃	0	1	2	3	4	5	6	7	8	9
700	6. 275	6. 286	6. 296	6. 307	6. 317	6. 328	6. 338	6. 349	6. 360	6. 370
710	6. 381	6. 391	6. 402	6. 412	6. 423	6. 434	6. 444	6. 455	6. 465	6. 476
720	6. 486	6. 497	6. 508	6. 518	6. 529	6. 539	6. 550	6. 561	6. 571	6. 582
730	6. 593	6. 603	6. 614	6. 624	6. 635	6. 646	6. 656	6. 667	6. 678	6. 688
740	6. 699	6. 710	6. 720	6. 731	6. 742	6. 752	6. 763	6. 774	6. 784	6. 795
750	6. 806	6. 817	6. 827	6. 838	6. 849	6. 859	6. 870	6. 881	6. 892	6. 902
760	6. 913	6. 924	6. 934	6. 945	6. 956	6. 967	6. 977	6. 988	6. 999	7. 010
770	7. 020	7. 031	7. 042	7. 053	7. 064	7. 074	7. 085	7. 096	7. 107	7. 117
780	7. 128	7. 139	7. 150	7. 161	7. 172	7. 182	7. 193	7. 204	7. 215	7. 226
790	7. 236	7. 247	7. 258	7. 269	7. 280	7. 291	7. 302	7. 312	7. 323	7. 334
800	7. 345	7. 356	7. 367	7. 378	7. 388	7. 399	7. 410	7. 421	7. 432	7. 443
810	7. 454	7. 465	7. 476	7. 487	7. 497	7. 508	7. 519	7. 530	7. 541	7. 552
820	7. 563	7. 574	7. 585	7. 596	7. 607	7. 618	7. 629	7. 640	7. 651	7. 662
830	7. 673	7. 684	7. 695	7. 706	7. 717	7. 728	7. 739	7. 750	7. 761	7. 772
840	7. 783	7. 794	7. 805	7. 816	7. 827	7. 838	7. 849	7. 860	7. 871	7. 882
850	7. 893	7. 904	7. 915	7. 926	7. 937	7. 948	7. 959	7. 970	7. 981	7. 992
860	8. 003	8. 014	8. 026	8. 037	8. 048	8. 059	8. 070	8. 081	8. 092	8. 103
870	8. 114	8. 125	8. 137	8. 148	8. 159	8. 170	8. 181	8. 192	8. 203	8. 214
880	8. 226	8. 237	8. 248	8. 259	8. 270	8. 281	8. 293	8. 304	8. 315	8. 326
890	8. 337	8. 348	8. 360	8. 371	8. 382	8. 393	8. 404	8. 416	8. 427	8. 438
900	8. 449	8. 460	8. 472	8. 483	8. 494	8. 505	8. 517	8. 528	8. 539	8. 550
910	8. 562	8. 573	8. 584	8. 595	8. 607	8. 618	8. 629	8. 640	8. 652	8. 663
920	8. 674	8. 685	8. 697	8. 708	8. 719	8. 731	8. 742	8. 753	8. 765	8. 776
930	8. 787	8. 798	8. 810	8. 821	8. 832	8. 844	8. 855	8. 866	8. 878	8. 889
940	8. 900	8. 912	8. 923	8. 935	8. 946	8. 957	8. 969	8. 980	8. 991	9. 003
950	9. 014	9. 025	9. 037	9. 048	9. 060	9. 071	9. 082	9. 094	9. 105	9. 117
960	9. 128	9. 139	9. 151	9. 162	9. 174	9. 185	9. 197	9. 208	9. 219	9. 231
970	9. 242	9. 254	9. 265	9. 277	9. 288	9. 300	9. 311	9. 323	9. 334	9. 345
980	9. 357	9. 368	9. 380	9. 391	9. 403	9. 414	9. 426	9. 437	9. 449	9. 460
990	9. 472	9. 483	9. 495	9. 506	9. 518	9. 529	9. 541	9. 552	9. 564	9. 576
1000	9. 587	9. 599	9. 610	9. 622	9. 633	9. 645	9. 656	9. 668	9. 680	9. 691
1010	9. 703	9. 714	9. 726	9. 737	9. 749	9. 761	9. 772	9. 784	9. 795	9. 807
1020	9. 819	9. 830	9. 842	9. 853	9. 865	9. 877	9. 888	9. 900	9. 911	9. 923
1030	9. 935	9. 946	9. 958	9. 970	9. 981	9. 993	10. 005	10. 016	10. 028	10. 040
1040	10. 051	10. 063	10. 075	10. 086	10. 098	10. 110	10. 121	10. 133	10. 145	10. 156

温度/℃	0	1	2	3	4	5	6	7	8	9
1050	10. 168	10. 180	10. 191	10. 203	10. 215	10. 227	10. 238	10. 250	10. 262	10. 273
1060	10. 285	10. 297	10. 309	10. 320	10. 332	10. 344	10. 356	10. 367	10. 379	10. 391
1070	10. 403	10. 414	10. 426	10. 438	10. 450	10. 461	10. 473	10. 485	10. 497	10. 509
1080	10. 520	10. 532	10. 544	10. 556	10. 567	10. 579	10. 591	10. 603	10. 615	10. 626
1090	10. 638	10. 650	10. 662	10. 674	10. 686	10. 697	10. 709	10. 721	10. 733	10. 745
1100	10. 757	10. 768	10. 780	10. 792	10. 804	10. 816	10. 828	10. 839	10. 851	10. 863
1110	10. 875	10. 887	10. 899	10. 911	10. 922	10. 934	10. 946	10. 958	10. 970	10. 982
1120	10. 994	11. 006	11. 017	11. 029	11. 041	11. 053	11. 065	11. 077	11. 089	11. 101
1130	11. 113	11. 125	11. 136	11. 148	11. 160	11. 172	11. 184	11. 196	11. 208	11. 220
1140	11. 232	11. 244	11. 256	11. 268	11. 280	11. 291	11. 303	11. 315	11. 327	11. 339
1150	11. 351	11. 363	11. 375	11. 387	11. 399	11. 411	11. 423	11. 435	11. 447	11. 459
1160	11. 471	11. 483	11. 495	11. 507	11. 519	11. 531	11. 542	11. 554	11. 566	11. 578
1170	11. 590	11. 602	11. 614	11. 626	11. 638	11. 650	11. 662	11. 674	11. 686	11. 698
1180	11. 710	11. 722	11. 734	11. 746	11. 758	11. 770	11. 782	11. 794	11. 806	11. 818
1190	11. 830	11. 842	11. 854	11. 866	11. 878	11. 890	11. 902	11. 914	11. 926	11. 939
1200	11. 951	11. 963	11. 975	11. 987	11. 999	12. 011	12. 023	12. 035	12. 047	12. 059
1210	12. 071	12. 083	12. 095	12. 107	12. 119	12. 131	12. 143	12. 155	12. 167	12. 179
1220	12. 191	12. 203	12. 216	12. 228	12. 240	12. 252	12. 264	12. 276	12. 288	12. 300
1230	12. 312	12. 324	12. 336	12. 348	12. 360	12. 372	12. 384	12. 397	12. 409	12. 421
1240	12. 433	12. 445	12. 457	12. 469	12. 481	12. 493	12. 505	12. 517	12. 529	12. 542
1250	12. 554	12. 566	12. 578	12. 590	12. 602	12. 614	12. 626	12. 638	12. 650	12. 662
1260	12. 675	12. 687	12. 699	12. 711	12. 723	12. 735	12. 747	12. 759	12. 771	12. 783
1270	12. 796	12. 808	12. 820	12. 832	12. 844	12. 856	12. 868	12. 880	12. 892	12. 905
1280	12. 917	12. 929	12. 941	12. 953	12. 965	12. 977	12. 989	13. 001	13. 014	13. 026
1290	13. 038	13. 050	13. 062	13. 074	13. 086	13. 098	13. 111	13. 123	13. 135	13. 147
1300	13. 159	13. 171	13. 183	13. 195	13. 208	13. 220	13. 232	13. 244	13. 256	13. 268
1310	13. 280	13. 292	13. 305	13. 317	13. 329	13. 341	13. 353	13. 365	13. 377	13. 390
1320	13. 402	13. 414	13. 426	13. 438	13. 450	13. 462	13. 474	13. 487	13. 499	13. 511
1330	13. 523	13. 535	13. 547	13. 559	13. 572	13. 584	13. 596	13. 608	13. 620	13. 632
1340	13. 644	13. 657	13. 669	13. 681	13. 693	13. 705	13. 717	13. 729	13. 742	13. 754
1350	13. 766	13. 778	13. 790	13. 802	13. 814	13. 826	13. 839	13. 851	13. 863	13. 875
1360	13. 887	13. 899	13. 911	13. 924	13. 936	13. 948	13. 960	13. 972	13. 984	13. 996
1370	14. 009	14. 021	14. 033	14. 045	14. 057	14. 069	14. 081	14. 094	14. 106	14. 118
1380	14. 130	14. 142	14. 154	14. 166	14. 178	14. 191	14. 203	14. 215	14. 227	14. 239
1390	14. 251	14. 263	14. 276	14. 288	14. 300	14. 312	14. 324	14. 336	14. 348	14. 360

温度/℃	0	1	2	3	4	5	6	7	8	9
1400	14. 373	14. 385	14. 397	14. 409	14. 421	14. 433	14. 445	14. 457	14. 470	14. 482
1410	14. 494	14. 506	14. 518	14. 530	14. 542	14. 554	14. 567	14. 579	14. 591	14. 603
1420	14. 615	14. 627	14. 639	14. 651	14. 664	14. 676	14. 688	14. 700	14. 712	14. 724
1430	14. 736	14. 748	14. 760	14. 773	14. 785	14. 797	14. 809	14. 821	14. 833	14. 845
1440	14. 857	14. 869	14. 881	14. 894	14. 906	14. 918	14. 930	14. 942	14. 954	14. 966
1450	14. 978	14. 990	15. 002	15. 015	15. 027	15. 039	15. 051	15. 063	15. 075	15. 087
1460	15. 099	15. 111	15. 123	15. 135	15. 148	15. 160	15. 172	15. 184	15. 196	15. 208
1470	15. 220	15. 232	15. 244	15. 256	15. 268	15. 280	15. 292	15. 304	15. 317	15. 329
1480	15. 341	15. 353	15. 365	15. 377	15. 389	15. 401	15. 413	15. 425	15. 437	15. 449
1490	15. 461	15. 473	15. 485	15. 497	15. 509	15. 521	15. 534	15. 546	15. 558	15. 570
1500	15. 582	15. 594	15. 606	15. 618	15. 630	15. 642	15. 654	15. 666	15. 678	15. 690
1510	15. 702	15. 714	15. 726	15. 738	15. 750	15. 762	15. 774	15. 786	15. 798	15. 810
1520	15. 822	15. 834	15. 846	15. 858	15. 870	15. 882	15. 894	15. 906	15. 918	15. 930
1530	15. 942	15. 954	15. 966	15. 978	15. 990	16. 002	16. 014	16. 026	16. 038	16. 050
1540	16. 062	16. 074	16. 086	16. 098	16. 110	16. 122	16. 134	16. 146	16. 158	16. 170
1550	16. 182	16. 194	16. 205	16. 217	16. 229	16. 241	16. 253	16. 265	16. 277	16. 289
1560	16. 301	16. 313	16. 325	16. 337	16. 349	16. 361	16. 373	16. 385	16. 396	16. 408
1570	16. 420	16. 432	16. 444	16. 456	16. 468	16. 480	16. 492	16. 504	16. 516	16. 527
1580	16. 539	16. 551	16. 563	16. 575	16. 587	16. 599	16. 611	16. 623	16. 634	16. 646
1590	16. 658	16. 670	16. 682	16. 694	16. 706	16. 718	16. 729	16. 741	16. 753	16. 765
1600	16. 777	16. 789	16. 801	16. 812	16. 824	16. 836	16. 848	16. 860	16. 872	16. 883
1610	16. 895	16. 907	16. 919	16. 931	16. 943	16. 954	16. 966	16. 978	16. 990	17. 002
1620	17. 013	17. 025	17. 037	17. 049	17. 061	17. 072	17. 084	17. 096	17. 108	17. 120
1630	17. 131	17. 143	17. 155	17. 167	17. 178	17. 190	17. 202	17. 214	17. 225	17. 237
1640	17. 249	17. 261	17. 272	17. 284	17. 296	17. 308	17. 319	17. 331	17. 343	17. 355
1650	17. 366	17. 378	17. 390	17. 401	17. 413	17. 425	17. 437	17. 448	17. 460	17. 472
1660	17. 483	17. 495	17. 507	17. 518	17. 530	17. 542	17. 553	17. 565	17. 577	17. 588

表 D-2　镍铬-镍硅（K 型）热电偶分度表（自由端温度，0℃）　　　　mV

温度/℃	0	−1	−2	−3	−4	−5	−6	−7	−8	−9
−50	−1. 889	−1. 925	−1. 961	−1. 996	−2. 032	−2. 067	−2. 103	−2. 138	−2. 173	−2. 208
−40	−1. 527	−1. 564	−1. 600	−1. 637	−1. 673	−1. 709	−1. 745	−1. 782	−1. 818	−1. 854
−30	−1. 156	−1. 194	−1. 231	−1. 268	−1. 305	−1. 343	−1. 380	−1. 417	−1. 453	−1. 490
−20	−0. 778	−0. 816	−0. 854	−0. 892	−0. 930	−0. 968	−1. 006	−1. 043	−1. 081	−1. 119
−10	−0. 392	−0. 431	−0. 470	−0. 508	−0. 547	−0. 586	−0. 624	−0. 663	−0. 701	−0. 739
0	0. 000	−0. 039	−0. 079	−0. 118	−0. 157	−0. 197	−0. 236	−0. 275	−0. 314	−0. 352

温度/℃	0	1	2	3	4	5	6	7	8	9
0	0.000	0.039	0.079	0.119	0.158	0.198	0.238	0.277	0.317	0.357
10	0.397	0.437	0.477	0.517	0.557	0.597	0.637	0.677	0.718	0.758
20	0.798	0.838	0.879	0.919	0.960	1.000	1.041	1.081	1.122	1.163
30	1.203	1.244	1.285	1.326	1.366	1.407	1.448	1.489	1.530	1.571
40	1.612	1.653	1.694	1.735	1.776	1.817	1.858	1.899	1.941	1.982
50	2.023	2.064	2.106	2.147	2.188	2.230	2.271	2.312	2.354	2.395
60	2.436	2.478	2.519	2.561	2.602	2.644	2.685	2.727	2.768	2.810
70	2.851	2.893	2.934	2.976	3.017	3.059	3.100	3.142	3.184	3.225
80	3.267	3.308	3.350	3.391	3.433	3.474	3.516	3.557	3.599	3.640
90	3.682	3.723	3.765	3.806	3.848	3.889	3.931	3.972	4.013	4.055
100	4.096	4.138	4.179	4.220	4.262	4.303	4.344	4.385	4.427	4.468
110	4.509	4.550	4.591	4.633	4.674	4.715	4.756	4.797	4.838	4.879
120	4.920	4.961	5.002	5.043	5.084	5.124	5.165	5.206	5.247	5.288
130	5.328	5.369	5.410	5.450	5.491	5.532	5.572	5.613	5.653	5.694
140	5.735	5.775	5.815	5.856	5.896	5.937	5.977	6.017	6.058	6.098
150	6.138	6.179	6.219	6.259	6.299	6.339	6.380	6.420	6.460	6.500
160	6.540	6.580	6.620	6.660	6.701	6.741	6.781	6.821	6.861	6.901
170	6.941	6.981	7.021	7.060	7.100	7.140	7.180	7.220	7.260	7.300
180	7.340	7.380	7.420	7.460	7.500	7.540	7.579	7.619	7.659	7.699
190	7.739	7.779	7.819	7.859	7.899	7.939	7.979	8.019	8.059	8.099
200	8.138	8.178	8.218	8.258	8.298	8.338	8.378	8.418	8.458	8.499
210	8.539	8.579	8.619	8.659	8.699	8.739	8.779	8.819	8.860	8.900
220	8.940	8.980	9.020	9.061	9.101	9.141	9.181	9.222	9.262	9.302
230	9.343	9.383	9.423	9.464	9.504	9.545	9.585	9.626	9.666	9.707
240	9.747	9.788	9.828	9.869	9.909	9.950	9.991	10.031	10.072	10.113
250	10.153	10.194	10.235	10.276	10.316	10.357	10.398	10.439	10.480	10.520
260	10.561	10.602	10.643	10.684	10.725	10.766	10.807	10.848	10.889	10.930
270	10.971	11.012	11.053	11.094	11.135	11.176	11.217	11.259	11.300	11.341
280	11.382	11.423	11.465	11.506	11.547	11.588	11.630	11.671	11.712	11.753
290	11.795	11.836	11.877	11.919	11.960	12.001	12.043	12.084	12.126	12.167
300	12.209	12.250	12.291	12.333	12.374	12.416	12.457	12.499	12.540	12.582
310	12.624	12.665	12.707	12.748	12.790	12.831	12.873	12.915	12.956	12.998
320	13.040	13.081	13.123	13.165	13.206	13.248	13.290	13.331	13.373	13.415
330	13.457	13.498	13.540	13.582	13.624	13.665	13.707	13.749	13.791	13.833
340	13.874	13.916	13.958	14.000	14.042	14.084	14.126	14.167	14.209	14.251
350	14.293	14.335	14.377	14.419	14.461	14.503	14.545	14.587	14.629	14.671

温度/℃	0	1	2	3	4	5	6	7	8	9
360	14.713	14.755	14.797	14.839	14.881	14.923	14.965	15.007	15.049	15.091
370	15.133	15.175	15.217	15.259	15.301	15.343	15.385	15.427	15.469	15.511
380	15.554	15.596	15.638	15.680	15.722	15.764	15.806	15.849	15.891	15.933
390	15.975	16.017	16.059	16.102	16.144	16.186	16.228	16.270	16.313	16.355
400	16.397	16.439	16.482	16.524	16.566	16.608	16.651	16.693	16.735	16.778
410	16.820	16.862	16.904	16.947	16.989	17.031	17.074	17.116	17.158	17.201
420	17.243	17.285	17.328	17.370	17.413	17.455	17.497	17.540	17.582	17.624
430	17.667	17.709	17.752	17.794	17.837	17.879	17.921	17.964	18.006	18.049
440	18.091	18.134	18.176	18.218	18.261	18.303	18.346	18.388	18.431	18.473
450	18.516	18.558	18.601	18.643	18.686	18.728	18.771	18.813	18.856	18.898
460	18.941	18.983	19.026	19.068	19.111	19.154	19.196	19.239	19.281	19.324
470	19.366	19.409	19.451	19.494	19.537	19.579	19.622	19.664	19.707	19.750
480	19.792	19.835	19.877	19.920	19.962	20.005	20.048	20.090	20.133	20.175
490	20.218	20.261	20.303	20.346	20.389	20.431	20.474	20.516	20.559	20.602
500	20.644	20.687	20.730	20.772	20.815	20.857	20.900	20.943	20.985	21.028
510	21.071	21.113	21.156	21.199	21.241	21.284	21.326	21.369	21.412	21.454
520	21.497	21.540	21.582	21.625	21.668	21.710	21.753	21.796	21.838	21.881
530	21.924	21.966	22.009	22.052	22.094	22.137	22.179	22.222	22.265	22.307
540	22.350	22.393	22.435	22.478	22.521	22.563	22.606	22.649	22.691	22.734
550	22.776	22.819	22.862	22.904	22.947	22.990	23.032	23.075	23.117	23.160
560	23.203	23.245	23.288	23.331	23.373	23.416	23.458	23.501	23.544	23.586
570	23.629	23.671	23.714	23.757	23.799	23.842	23.884	23.927	23.970	24.012
580	24.055	24.097	24.140	24.182	24.225	24.267	24.310	24.353	24.395	24.438
590	24.480	24.523	24.565	24.608	24.650	24.693	24.735	24.778	24.820	24.863
600	24.905	24.948	24.990	25.033	25.075	25.118	25.160	25.203	25.245	25.288
610	25.330	25.373	25.415	25.458	25.500	25.543	25.585	25.627	25.670	25.712
620	25.755	25.797	25.840	25.882	25.924	25.967	26.009	26.052	26.094	26.136
630	26.179	26.221	26.263	26.306	26.348	26.390	26.433	26.475	26.517	26.560
640	26.602	26.644	26.687	26.729	26.771	26.814	26.856	26.898	26.940	26.983
650	27.025	27.067	27.109	27.152	27.194	27.236	27.278	27.320	27.363	27.405
660	27.447	27.489	27.531	27.574	27.616	27.658	27.700	27.742	27.784	27.826
670	27.869	27.911	27.953	27.995	28.037	28.079	28.121	28.163	28.205	28.247
680	28.289	28.332	28.374	28.416	28.458	28.500	28.542	28.584	28.626	28.668
690	28.710	28.752	28.794	28.835	28.877	28.919	28.961	29.003	29.045	29.087
700	29.129	29.171	29.213	29.255	29.297	29.338	29.380	29.422	29.464	29.506
710	29.548	29.589	29.631	29.673	29.715	29.757	29.798	29.840	29.882	29.924

温度/℃	0	1	2	3	4	5	6	7	8	9
720	29.965	30.007	30.049	30.090	30.132	30.174	30.216	30.257	30.299	30.341
730	30.382	30.424	30.466	30.507	30.549	30.590	30.632	30.674	30.715	30.757
740	30.798	30.840	30.881	30.923	30.964	31.006	31.047	31.089	31.130	31.172
750	31.213	31.255	31.296	31.338	31.379	31.421	31.462	31.504	31.545	31.586
760	31.628	31.669	31.710	31.752	31.793	31.834	31.876	31.917	31.958	32.000
770	32.041	32.082	32.124	32.165	32.206	32.247	32.289	32.330	32.371	32.412
780	32.453	32.495	32.536	32.577	32.618	32.659	32.700	32.742	32.783	32.824
790	32.865	32.906	32.947	32.988	33.029	33.070	33.111	33.152	33.193	33.234
800	33.275	33.316	33.357	33.398	33.439	33.480	33.521	33.562	33.603	33.644
810	33.685	33.726	33.767	33.808	33.848	33.889	33.930	33.971	34.012	34.053
820	34.093	34.134	34.175	34.216	34.257	34.297	34.338	34.379	34.420	34.460
830	34.501	34.542	34.582	34.623	34.664	34.704	34.745	34.786	34.826	34.867
840	34.908	34.948	34.989	35.029	35.070	35.110	35.151	35.192	35.232	35.273
850	35.313	35.354	35.394	35.435	35.475	35.516	35.556	35.596	35.637	35.677
860	35.718	35.758	35.798	35.839	35.879	35.920	35.960	36.000	36.041	36.081
870	36.121	36.162	36.202	36.242	36.282	36.323	36.363	36.403	36.443	36.484
880	36.524	36.564	36.604	36.644	36.685	36.725	36.765	36.805	36.845	36.885
890	36.925	36.965	37.006	37.046	37.086	37.126	37.166	37.206	37.246	37.286
900	37.326	37.366	37.406	37.446	37.486	37.526	37.566	37.606	37.646	37.686
910	37.725	37.765	37.805	37.845	37.885	37.925	37.965	38.005	38.044	38.084
920	38.124	38.164	38.204	38.243	38.283	38.323	38.363	38.402	38.442	38.482
930	38.522	38.561	38.601	38.641	38.680	38.720	38.760	38.799	38.839	38.878
940	38.918	38.958	38.997	39.037	39.076	39.116	39.155	39.195	39.235	39.274
950	39.314	39.353	39.393	39.432	39.471	39.511	39.550	39.590	39.629	39.669
960	39.708	39.747	39.787	39.826	39.866	39.905	39.944	39.984	40.023	40.062
970	40.101	40.141	40.180	40.219	40.259	40.298	40.337	40.376	40.415	40.455
980	40.494	40.533	40.572	40.611	40.651	40.690	40.729	40.768	40.807	40.846
990	40.885	40.924	40.963	41.002	41.042	41.081	41.120	41.159	41.198	41.237
1000	41.276	41.315	41.354	41.393	41.431	41.470	41.509	41.548	41.587	41.626
1010	41.665	41.704	41.743	41.781	41.820	41.859	41.898	41.937	41.976	42.014
1020	42.053	42.092	42.131	42.169	42.208	42.247	42.286	42.324	42.363	42.402
1030	42.440	42.479	42.518	42.556	42.595	42.633	42.672	42.711	42.749	42.788
1040	42.826	42.865	42.903	42.942	42.980	43.019	43.057	43.096	43.134	43.173
1050	43.211	43.250	43.288	43.327	43.365	43.403	43.442	43.480	43.518	43.557
1060	43.595	43.633	43.672	43.710	43.748	43.787	43.825	43.863	43.901	43.940
1070	43.978	44.016	44.054	44.092	44.130	44.169	44.207	44.245	44.283	44.321

温度/℃	0	1	2	3	4	5	6	7	8	9
1080	44.359	44.397	44.435	44.473	44.512	44.550	44.588	44.626	44.664	44.702
1090	44.740	44.778	44.816	44.853	44.891	44.929	44.967	45.005	45.043	45.081
1100	45.119	45.157	45.194	45.232	45.270	45.308	45.346	45.383	45.421	45.459
1110	45.497	45.534	45.572	45.610	45.647	45.685	45.723	45.760	45.798	45.836
1120	45.873	45.911	45.948	45.986	46.024	46.061	46.099	46.136	46.174	46.211
1130	46.249	46.286	46.324	46.361	46.398	46.436	46.473	46.511	46.548	46.585
1140	46.623	46.660	46.697	46.735	46.772	46.809	46.847	46.884	46.921	46.958
1150	46.995	47.033	47.070	47.107	47.144	47.181	47.218	47.256	47.293	47.330
1160	47.367	47.404	47.441	47.478	47.515	47.552	47.589	47.626	47.663	47.700
1170	47.737	47.774	47.811	47.848	47.884	47.921	47.958	47.995	48.032	48.069
1180	48.105	48.142	48.179	48.216	48.252	48.289	48.326	48.363	48.399	48.436
1190	48.473	48.509	48.546	48.582	48.619	48.656	48.692	48.729	48.765	48.802
1200	48.838	48.875	48.911	48.948	48.984	49.021	49.057	49.093	49.130	49.166
1210	49.202	49.239	49.275	49.311	49.348	49.384	49.420	49.456	49.493	49.529
1220	49.565	49.601	49.637	49.674	49.710	49.746	49.782	49.818	49.854	49.890
1230	49.926	49.962	49.998	50.034	50.070	50.106	50.142	50.178	50.214	50.250
1240	50.286	50.322	50.358	50.393	50.429	50.465	50.501	50.537	50.572	50.608
1250	50.644	50.680	50.715	50.751	50.787	50.822	50.858	50.894	50.929	50.965
1260	51.000	51.036	51.071	51.107	51.142	51.178	51.213	51.249	51.284	51.320
1270	51.355	51.391	51.426	51.461	51.497	51.532	51.567	51.603	51.638	51.673
1280	51.708	51.744	51.779	51.814	51.849	51.885	51.920	51.955	51.990	52.025
1290	52.060	52.095	52.130	52.165	52.200	52.235	52.270	52.305	52.340	52.375
1300	52.410	52.445	52.480	52.515	52.550	52.585	52.620	52.654	52.689	52.724
1310	52.759	52.794	52.828	52.863	52.898	52.932	52.967	53.002	53.037	53.071
1320	53.106	53.140	53.175	53.210	53.244	53.279	53.313	53.348	53.382	53.417
1330	53.451	53.486	53.520	53.555	53.589	53.623	53.658	53.692	53.727	53.761
1340	53.795	53.830	53.864	53.898	53.932	53.967	54.001	54.035	54.069	54.104
1350	54.138	54.172	54.206	54.240	54.274	54.308	54.343	54.377	54.411	54.445
1360	54.479	54.513	54.547	54.581	54.615	54.649	54.683	54.717	54.751	54.785
1370	54.819	54.852	54.886							

参 考 文 献

1　王常珍主编. 冶金物理化学研究方法. 北京：冶金工业出版社，2002

2　徐南平编. 钢铁冶金实验技术和研究方法. 北京：冶金工业出版社，1995

3　凌善康，李湜然编著. 温度测量基础. 北京：中国标准出版社，1997

4　刘海涛等编著. 无机材料合成. 北京：化学工业出版社，2003

5　王魁汉编著. 温度测量技术. 沈阳：东北工学院出版社，1991

6　方宜仙，向禹. Ei Village 2 数据库系统及其检索技术分析. 科技情报开发与经济，2004，14

7　罗春荣. Ei Village 2 和 Web of Knowledge 数据库平台的比较分析. 图书馆论坛，2004，24

8　陈柏暖主编. 国外科技信息及文献检索. 北京：机械工业出版社，2003

9　王梦丽，张利平，杜慰纯编著. 信息检索与网络应用. 北京：北京航空航天大学出版社，2001

10　周亚光，翟秀静著. 现代物质结构研究方法. 哈尔滨：哈尔滨出版社，1996

11　廖乾初，蓝芬兰编著. 扫描电镜原理及应用技术. 北京：冶金工业出版社，1990

12　徐萃章. 电子探针分析原理. 北京：科学出版社，1990

13　严凤霞，王篌敏编著. 现代光学仪器分析理论. 上海：华东师范大学出版社，1992

14　陆永和，陈长彦编著. 现代分析技术. 北京：清华大学出版社，1995

15　王英华，许顺生编著. X 光衍射基础. 北京：原子能出版社，1993

16　黄建彬编. 工业气体手册. 北京：化学工业出版社，2002

17　中国计量出版社编. 热电偶. 北京：中国计量出版社，2000

18　费业泰主编. 误差理论与数据处理. 北京：机械工业出版社，2000

19　翟秀静，金哲男著. 超细粉制备. 沈阳：东北大学出版社，2002

20　李凤生等编著. 超细粉体技术，北京：国防工业出版社，2000

21　姚德超主编. 粉末冶金实验技术. 北京：冶金工业出版社，1990

22　胡荣泽等编著. 粉末颗粒和孔隙的测量. 北京：冶金工业出版社，1982

23　陈惠钊编著. 黏度测量. 北京：中国计量出版社，2002

24　黄培云主编. 粉末冶金原理. 北京：冶金工业出版社，1982

25　黄桂柱编. 有色冶金试验研究方法. 北京：冶金工业出版社，1986

26　张铁茂编. 试验设计与数据处理. 北京：兵器工业出版社，1990

27　高允彦编. 正交及回归试验设计方法. 北京：冶金工业出版社，1988

28　吴贵生编. 试验设计与数据处理. 北京：冶金工业出版社，1997

29　关颖男编. 混料试验设计. 上海：上海科学技术出版社，1990

30　方开泰编. 正交与均匀试验设计. 北京：科学出版社，2001

31　陈丕瑾编著. 真空技术的科学基础. 北京：国防工业出版社，1987

32　刘作桐编. 真空技术及设备. 南京：东南大学出版社，1991

33　钟书华编著. 科技论文写作 100 问. 北京：新时代出版社，1992

34　周启源编著. 科技论文写作须知. 上海：上海科学技术出版社，1983

35　孙乐民编著. 科技论文写作与投稿. 北京：国防科技大学出版社，2002

36　周春晖. 科技英语写作. 北京：化学工业出版社，2003

37　愈炳丰. 科技英语论文实用写作指南. 西安：西安交通大学出版社，2003

冶金工业出版社部分图书推荐

书 名	作 者	定价(元)
材料成形工艺学	宋仁伯	69.00
材料分析原理与应用	多树旺 谢东柏	69.00
材料加工冶金传输原理	宋仁伯	52.00
粉末冶金工艺及材料（第2版）	陈文革 王发展	55.00
复合材料（第2版）	尹洪峰 魏 剑	49.00
废旧锂离子电池再生利用新技术	董 鹏 孟 奇 张英杰	89.00
高温熔融金属遇水爆炸	王昌建 李满厚 沈致和 等	96.00
工程材料（第2版）	朱 敏	49.00
光学金相显微技术	葛利玲	35.00
金属功能材料	王新林	189.00
金属固态相变教程（第3版）	刘宗昌 计云萍 任慧平	39.00
金属热处理原理及工艺	刘宗昌 冯佃臣 李 涛	42.00
金属塑性成形理论（第2版）	徐 春 阳 辉 张 弛	49.00
金属学原理（第2版）	余永宁	160.00
金属压力加工原理（第2版）	魏立群	48.00
金属液态成形工艺设计	辛啟斌	36.00
耐火材料学（第2版）	李 楠 顾华志 赵惠忠	65.00
耐火材料与燃料燃烧（第2版）	陈 敏 王 楠 徐 磊	49.00
钛粉末近净成形技术	路 新	96.00
无机非金属材料科学基础（第2版）	马爱琼	64.00
先进碳基材料	邹建新 丁义超	69.00
现代冶金试验研究方法	杨少华	36.00
冶金电化学	翟玉春	47.00
冶金动力学	翟玉春	36.00
冶金工艺工程设计（第3版）	袁熙志 张国权	55.00
冶金热力学	翟玉春	55.00
冶金物理化学实验研究方法	厉 英	48.00
冶金与材料热力学（第2版）	李文超 李 钒	70.00
增材制造与航空应用	张嘉振	89.00
安全学原理（第2版）	金龙哲	35.00
锂离子电池高电压三元正极材料的合成与改性	王 丁	72.00